"十二五"普通高等教育本科国家级规划教材

Microcontroller and Interface Technology

微机原理与接口技术

王晓萍◎编著

ZHEJIANG UNIVERSITY PRESS
浙江大学出版社

图书在版编目（CIP）数据

微机原理与接口技术 / 王晓萍编著. —杭州:浙江大学
出版社，2015.1(2019.6 重印)
ISBN 978-7-308-13969-4

Ⅰ.①微… Ⅱ.①王… Ⅲ.①微型计算机－理论－高
等学校－教材②微型计算机－接口技术－高等学校－教材
Ⅳ.①TP36

中国版本图书馆 CIP 数据核字(2014)第 241464 号

微机原理与接口技术

王晓萍　编著

责任编辑	徐　霞(xuxia@zju.edu.cn)
封面设计	续设计
出版发行	浙江大学出版社
	(杭州市天目山路 148 号　邮政编码 310007)
	(网址:http://www.zjupress.com)
排　　版	杭州中大图文设计有限公司
印　　刷	杭州日报报业集团盛元印务有限公司
开　　本	787mm×1092mm　1/16
印　　张	26.75
字　　数	619 千
版 印 次	2015 年 1 月第 1 版　2019 年 6 月第 6 次印刷
书　　号	ISBN 978-7-308-13969-4
定　　价	59.00 元

序

　　微控制器技术的迅猛发展与广泛应用对人类社会产生了巨大影响,因此微控制器技术、微机接口技术和微机系统设计已成为电子信息类、机电控制类、仪器仪表类和计算机类专业学生必须具备的专业知识体系中的重要内容,微控制器应用能力也成为衡量这些专业大学生业务素质与能力的标志之一。

　　浙江大学光电系王晓萍教授在总结多年"微机原理与接口技术"等微机类课程教学和改革实践的基础上,编写了本教材。纵观全书,具有以下明显特点。

　　具有学科内容上的系统性、先进性。全书主要结合 8051 微控制器比较全面地讲述了微控制器原理、微机接口技术和微机系统设计。全书注重将经典技术与先进技术相结合,如对于微控制器系统的程序设计,同时介绍了汇编语言、C51 及两种程序设计方法,绝大部分实例均给出了两种语言设计的程序;对于串行接口与通信技术,除微控制器具有的 UART 外,还介绍了 RS232、RS485 通信技术以及近年来应用越来越多的 I^2C、SPI、1-Wire 等串行扩展总线;对于人机接口技术,不仅介绍键盘和 LED 数码管显示接口,同时介绍了点阵式 LED 显示器、LCD 显示器和触摸屏及其接口。

　　具有组织结构上的科学性、严谨性。全书以 8051 微控制器为核心,硬件从微控制器原理、内部功能模块到外部的串行总线与接口、人机接口、模拟接口、数字接口等技术与应用,再到系统可靠性设计和具体系统设计案例分析;软件从指令系统、汇编程序设计到 C51 基础及程序设计。在结构上,从原理到技术再到系统,循序渐进、逐步深广,符合学科规律、工程规律;在表述上,先介绍不依赖于具体微控制器的基本概念、基本原理和基本结构,再引入 8051 微控制器的具体实现和应用,符合认知规律、教学规律。

　　具有原理概念上的清晰性、准确性。本书涉及的基本概念、原理多,教学难点也多,为了帮助学生尽好地理解、掌握这些概念与原理,全书在着力深入浅出地把它们讲准、讲清的基础上,还采取了一些其他办法。例如,精心设计、选编100 余个例题,引导学生从问题出发,思考分析、触类旁通;引入、制作较多的图、表与文字阐述相互配合、相互补充,达到一目了然、相得益彰的目的;对于器件引脚、寄存器名称和指令符号等所有第一次出现的英文缩写,均提供了英文全称,并在教材最后以附录形式汇总给出,以帮助学生理解记忆。

　　具有教学方法上的启迪性、参考性。本书独特设计的第 0 章"课程概述",图文并茂地介绍了教材内容的组成和各章节的作用,以及开展课程教学的"教学内容设计"和"实践内容设计"。给出的两种不同学时的理论教学安排建议和实验教学安排建议,可满足不同专业学科在教学上的不同需求。此外,从讲授方法改革、学习方法改革、考试方法改革、硬件与软件相结合、课内与课外教学相结合、先进与传统教学手段相结合、理论与实践教学相结合等方面,提出了具体的教学方法、教学策略建议。这对于任课教师的具体教学实施具有直接的参考价值。

正因为本书具有上述特点,所以它对相应课程的教学具有较好的适用性。因此,本书对于高等院校相关专业开展微机类课程教学来说,不失为一本值得选用的好教材或好参考书,适于本科生、研究生和相关领域工程技术人员学习和参考。

2014 年 11 月 15 日

前　言

以 Intel 公司 MCS-51 微控制器内核为架构的 8051 微控制器,在庞大的 8 位微控制器家族中具有典型性、代表性,也是很多公司推出的增强型、扩展型 8051 系列微控制器的基础。通过学习掌握一种典型微控制器的原理与应用,帮助学生打下坚实基础,使他们能够迅速学习并掌握与应用其他系列的微控制器,是课程教学和教材编写的主要目标之一。因此,本书以普遍应用于国内高校教学的 8051 微控制器为例,介绍微控制器的基本原理、接口技术与应用系统设计。

作者自 1990 年主讲"微机原理与接口技术"课程以来,结合微机技术的发展,不断调整和完善教学内容,开展课程资源建设和教学方法改革,取得明显的教学效果。该课程被评为国家级精品课程和国家级精品资源共享课程。近年来,作者和课程组任课教师结合微机类课程的教学实践及相关科研经验,编写了"微机原理与接口技术"和"微机系统设计与应用"两门必修课程的教学讲义,现将两门课程的教学内容整合成本书出版。全书内容从体系上分为微控制器原理、微机接口技术和微机系统设计三大部分,循序渐进地介绍了微控制器的工作原理、组成结构和功能模块、多种接口技术及系统可靠性设计和微机系统设计实例。

第 0 章为课程概述,首先介绍了教材内容的组成结构,并对各章节内容的作用作了说明。然后介绍了课程的教学目标、教学内容设计和教学方法设计,其中教学内容设计又包括理论教学内容设计和实践教学内容设计;教学方法设计不仅包括"教授方法改革、学习方法改革和考试方法改革"等教学方法,还包括"硬件软件结合、理论实践结合、课内课外结合"的教学策略。

第 1~6 章为微控制器原理部分,重点介绍 8051 微控制器的硬件结构、指令系统、汇编语言程序设计和 8051 的 C 语言与程序设计,以及微控制器的基本功能模块:中断系统、定时器/计数器、UART 串行接口等。通过该部分内容的学习,应掌握微控制器的典型体系结构。这是微控制器系统设计的基础。

第 7~10 章为微机接口技术部分,包括目前常用的串行总线技术、人机接口技术、模拟接口技术和数字接口技术。通过该部分内容的学习,应掌握多种外围功能器件与微控制器的接口形式和编程方法。这是微控制器系统设计的手段。

第 11~12 章为微机系统设计部分,介绍了微机系统的可靠性设计技术与微机系统的设计实例。通过该部分内容的学习,应掌握应用系统的设计方法和总体思路,使微机系统的设计从纯功能性设计推进到综合品质设计。这是微控制器系统设计的根本。

值得一提的是,除本理论教材外,与之配套的实验教程《微机原理与系统设计实验教程》已于 2012 年由浙江大学出版社出版;教育部国家级资源共享课程网站("爱课程",http://www.icourses.cn/coursestatic/course_4265.html)和浙江大学光电系"微机原理与接口技术"专业课程网站(http://opt.zju.edu.cn/weijiyuanli/)均提供了包括教学大纲、教学课件、课程视频、实践教学与相关视频等教学资源,读者可以通过教材封底的二维码扫描进入相应的网站进行分享。拓展资源还包括:课程重点难点的 Flash 展示,用动态形象的序列 Flash 帧频解析和展示抽象、复杂的控制逻辑和工作时序,从而揭示相关知识点的内涵;对于课程实践教学,设置了三层次递进式(基础型、设计型、探究型)的实验内容,并配有典型实验的分析和过程讲解以及演示录像;给出了学生每年创作的大量优秀作品的设计总结、作品演示录像等内容,从学习者角度展现课程的创造性和魅力,有利于激发读者的兴趣。另外,根据本教材完善和增加的课件、课程视频以及更多知识点的 Flash 和相关教学资源,也将陆续推出。《微机原理与接口技术》、《微机原理与系统设计实验教程》的电子教材也在建设中,届时将提供更丰富、全面的立体化课程教学资源。

王晓萍教授参与了全书的编写、完善和审定工作;王立强副教授参与了第 4、7、12 章的编写,刘玉玲副教授参与了第 3、5 章的编写,梁宜勇副教授参与了第 2、10 章的编写,张秀达副教授参与了第 6、10 章的编写,赵文义副研究员参与了第 8 章部分内容的编写,蔡佩君老师参与了书稿的审核和完善工作,研究生潘乐乐、吕蒙等完成教材中例程的编写和调试。感谢同学们在讲义试用过程中提出的宝贵意见。另外,编写过程中也参考并借鉴了一些文献资料,在此一并表示衷心感谢。

由于微控制器技术发展迅速,书中错漏之处在所难免,敬请广大读者批评指正。

作　者

2014 年 12 月于求是园

目　录

第一部分　微控制器原理

第二部分　微机接口技术

第三部分　微机系统设计

第0章

课程概述

0.1 教材内容

全书内容从体系上设置为微控制器原理、微机接口技术和微机系统设计三大部分,循序渐进地介绍了微控制器的工作原理、组成结构和功能模块,以及微机接口技术与系统设计。

0.1.1 微控制器原理

在第1章介绍微控制器的发展历史、典型结构、性能及发展趋势后,围绕微控制器典型结构中的各个模块介绍微控制器原理,其内容与章节组成如图0-1所示。第2章介绍8051微控制器的硬件结构,包括CPU、存储器(ROM/RAM)和I/O接口等;第5章介绍8051微控制器的中断系统;第6章介绍8051微控制器的定时器/计数器;第7章的第一部分介绍8051微控制器的UART。由于微控制器的工作过程是基于硬件平台执行程序的过程,所以微控制器的工作需要硬件和软件的共同支持。对于相同的MCU硬件系统,运行不同的程序可以实现不同的功能。因此,第3章和第4章分别介绍8051指令系统与汇编程序设计、8051的C语言与程序设计。

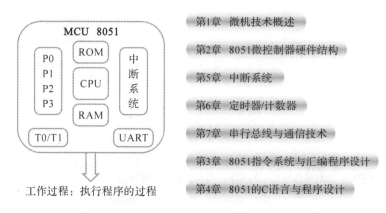

图 0-1 "微控制器原理"章节组成

0.1.2 微机接口技术

在学习"微控制器原理"的基础上,将学习微控制器连接外设的多种接口技术,从而掌握设计开发微机系统的知识结构。微机系统的设计原则是尽量利用微控制器的内部资源来构建最小应用系统。但是,为满足实际应用系统的功能需求,通常需要在 MCU 内部资源的基础上,进行串行接口、人机交互接口、模拟接口、数字接口等的扩展,这些接口的扩展技术即为"微机接口技术"的内容,共四章。

每一章接口技术的作用、所能连接的外设,如图 0-2 所示。随着 I^2C、SPI 等外围串行接口芯片的不断增加,I/O 接口的并行扩展已被串行扩展所替代,通过简单的串行总线或接口,可以扩展 I/O 接口、外部存储器以及 ADC、DAC 等功能芯片。为实现微机系统与计算机(如 PC 机)等设备的数据通信,以及将多个微机系统构建成一个智能的监测网络,将介绍 RS232 和 RS485 等通信技术,这是第 7 章的第二部分内容即串行扩展和通信技术,如图 0-2(a)所示。为实现操作者与微机系统的人机信息交互,要求微机系统连接键盘、数码管、液晶显示器 LCD 等输入输出设备,因此需要进行人机接口的扩展,这是第 8 章人机接口技术的内容,如图 0-2(b)所示。微控制器的一个重要应用是仪器仪表和测量控制领域,要求微机系统能够测量模拟信号和不同类型的数字信号,以及能够输出模拟和数字的控制信号,因此需要进行模拟接口和数字接口的扩展,这是第 9 章模拟接口技术和第 10 章数字接口技术的内容,如图 0-2(c)、(d)所示。

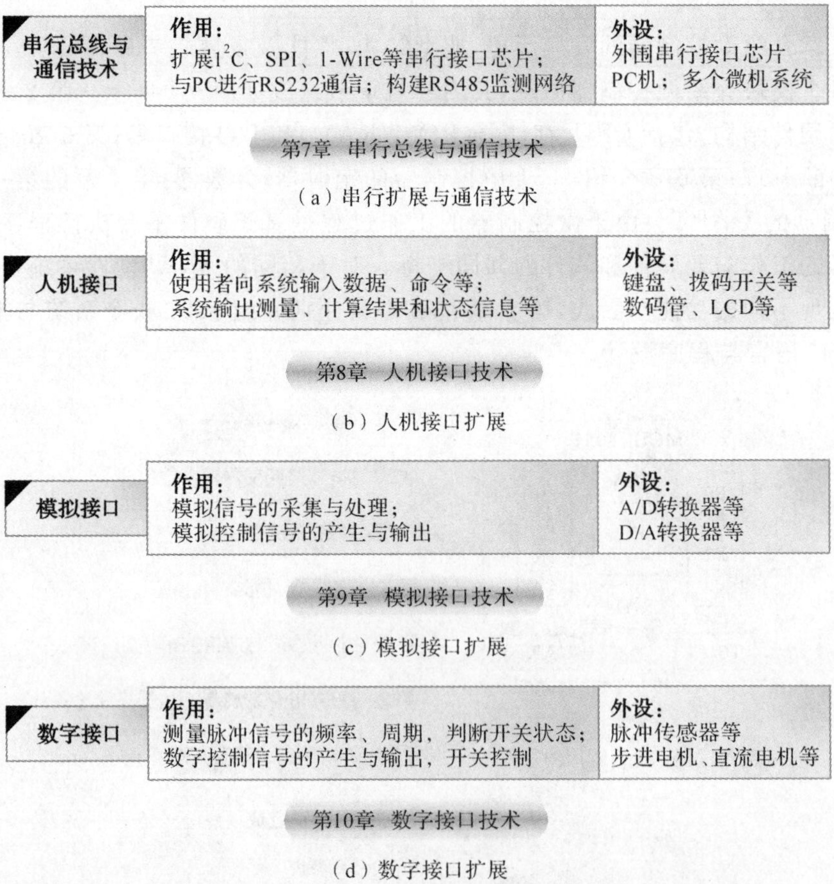

串行总线与通信技术	作用: 扩展I^2C、SPI、1-Wire等串行接口芯片; 与PC进行RS232通信;构建RS485监测网络	外设: 外围串行接口芯片 PC机;多个微机系统

第7章　串行总线与通信技术

（a）串行扩展与通信技术

人机接口	作用: 使用者向系统输入数据、命令等; 系统输出测量、计算结果和状态信息等	外设: 键盘、拨码开关等 数码管、LCD等

第8章　人机接口技术

（b）人机接口扩展

模拟接口	作用: 模拟信号的采集与处理; 模拟控制信号的产生与输出	外设: A/D转换器等 D/A转换器等

第9章　模拟接口技术

（c）模拟接口扩展

数字接口	作用: 测量脉冲信号的频率、周期,判断开关状态; 数字控制信号的产生与输出,开关控制	外设: 脉冲传感器等 步进电机、直流电机等

第10章　数字接口技术

（d）数字接口扩展

图 0-2　"微机接口技术"章节组成

0.1.3　微机系统设计

通过"微控制器原理"和"微机接口技术"的学习,即可以进行微机应用系统的设计。但是,一个实用的微机应用系统,不仅要实现预期的功能要求,还应在设计过程的各个环节充分考虑系统的可靠性,即要进行系统的可靠性设计,这是第 11 章的内容;对于一个实际微机系统的设计,通常包括系统总体构成和功能分析,硬件设计、软件设计和系统调试等环节。因此需要采用规范的设计过程,运用结构化设计方法,合理划分功能模块分步进行设计开发和调试,第 12 章用实例说明微机系统的开发过程。

"微控制器原理"、"微机接口技术"和"微机系统设计"三大部分,完整地涵盖了从原理到接口到设计的全部内容。教材内容组成结构如图 0-3 所示。

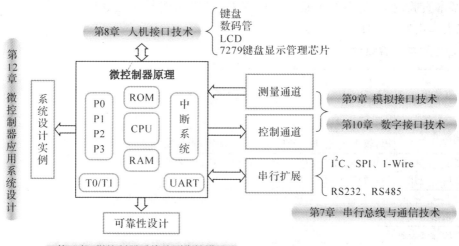

图 0-3　教材内容组成结构

0.2　课程教学设计

0.2.1　课程教学目标

本课程的目标定位,是通过教学使学生获得微控制器体系结构、工作原理、接口技术及构建微机系统的基础知识、基本思想和基本方法与技能,培养学生利用微控制器技术、建立硬件与软件相结合的处理问题意识,以及分析、解决本专业领域问题或其他实际问题的思维方式和初步能力,为进一步学习和应用微机方面的新知识、新技术,开发微机应用系统,开展微机控制和信息处理等相关领域的研究,打下必要基础。

在课程教学中,既要重理论又要强实践,要实施"理论指导实践、实践强化理论"的教学指导思想,使学生能够结合课程学习,开展微控制器程序的设计和调试、多种接口技术的应用,以及软硬件结合的微机应用系统的设计与调试。通过课程的实践训练,使学生掌握微控制器应用程序设计和调试方法,培养和训练他们设计、开发和调试微机应用系统的能力。

0.2.2 教学内容设计

按照本教材全部内容,把教学内容从体系上分为微控制器原理、接口技术和系统设计三大部分,共 12 个教学模块(教材的章)、51 个教学单元(教材的节),每个教学单元又包含若干主要内容。

根据不同专业学科对微控制器技术的不同教学要求及教学课时设置,开展教学活动。本教学内容设计中给出的 48、64 两种理论学时的教学安排仅供参考(总的来说,教材内容较多,教学学时编排上比较紧凑,因此有些内容可以布置学生自主学习。表格中有下划线的内容没有考虑课堂学时,建议作为自学内容);也可根据实际教学需要选择相关教学单元及内容来重新构建课程教学内容。对于课程的实践教学内容与安排,这里仅给出 16～20 学时的基本实验内容,更多的实验内容请参考《微机原理与系统设计实验教程》(王晓萍编著,浙江大学出版社 2012 年版)。

1. 理论教学内容设计

教学模块	教学单元	主要内容	推荐学时	教学学时 64	48
课程概括	课程概况	课程概括:教学目标与要求,教学内容与安排,实验内容和安排,教学资源,教学方法,考核和成绩评定方法等;根据实际情况确定学时	1	√	√
第1章 微机技术概述	微机技术的发展与应用	微机技术的两大分支:通用微型计算机;微处理器、嵌入式系统、微控制器;微控制器的发展与应用	1	√	√
	微控制器的体系结构	两种存储结构(哈佛结构与普林斯顿结构);两种指令集处理器(CISC 与 RISC)		√	√
	微控制器的典型结构与运行管理模式	CPU 系统;CPU 外围电路(ROM/RAM、I/O、SFR);基本功能单元,外围扩展单元,内部总线;<u>MCU 的运行管理模式</u>	1.5	√	√
	微控制器的性能与发展趋势	微控制器的性能指标;微控制器的发展趋势,I/O 接口性能的增强			
第2章 8051 微控制器硬件结构	微控制器结构	8051 微控制器组成结构;功能特点;引脚与功能(32 条 I/O 引脚、4 条控制引脚、电源引脚、晶振引脚)	1	√	√
	微控制器工作原理	CPU 的结构和组成(运算器、控制器);微控制器的工作过程(指令的执行过程)	1.5	√	√
	存储器结构与地址空间	存储器配置(内部外部统一编址的 64K ROM,内部 RAM 256B、外部 RAM 64K);程序存储器;数据存储器(工作寄存器区、位寻址区、用户数据区);特殊功能寄存器 SFR(A、B、PSW、SP 等)	2.5	√	√
	P0～P3 端口内部结构与特点	端口的内部结构(锁存器＋输出驱动＋引脚);端口功能分析(第一功能、第二功能,准双向口的输入与输出);端口的结构特点与应用特性	1.5	√	√
	时钟与复位	时钟电路与时序概念(时钟/振荡周期、状态周期、机器周期、指令周期);复位与复位电路	0.5	√	√
	微控制器的工作方式	低功耗工作方式;程序执行方式,复位方式	0.5	√	√
	8051 微控制器的技术发展	内部资源扩展(速度扩展、CPU 外围扩展、基本功能单元扩展和外围单元扩展);内部资源删减(并行扩展功能的删减);<u>增强型 8051 MCU 简介</u>	0.5	√	√

续表

教学 模块	教学单元	主要内容	推荐 学时	教学学时	
				64	48
第 3 章 8051 指令系 统与汇 编程序 设计	指令系统基础	指令系统概述(指令分类、指令格式、指令中常用的符号);7 种寻址方式及寻址空间	1.5	√	√
	指令系统	五大功能指令:数据传送类指令 29 条,算术操作类指令 24 条,逻辑操作类指令 24 条,控制转移类指令 17 条,位操作类指令 17 条	3	√	√
	典型指令的应用	查表指令;堆栈操作指令;十进制调整指令;逻辑指令与字节状态操作;偏移量的确定方法,程序散转与散转指令,比较指令的分支转移	2	√	1
	汇编语言程序设计基础	编程语言(机器语言、汇编语言、高级语言);汇编语言编程风格;汇编程序中的伪指令;汇编与调试过程(编辑、汇编和调试)	1	√	√
	汇编语言程序设计	程序设计的结构化(顺序结构、分支结构、循环结构);基本程序设计(几种结构程序举例)	2	√	1
	子程序设计	子程序概述;子程序的参数传递;现场的保护与恢复;子程序设计举例	1	√	√
第 4 章 8051 微控制 器的 C 程序 设计	C51 特点	C51 结构特点;C51 与汇编的区别;C51 与标准 C 的区别;C51 编程的优缺点;C51 编译器	0.5	√	√
	C51 基础	数据类型;存储器类型与存储模式;数组;指针;函数;预处理命令	2	√	√
	C51 的流程控制	顺序结构;选择结构(if,switch-case);循环结构(while,do-while,for)	1.5	√	√
	C51 程序设计方法	C51 语言编程风格;C51 程序设计应注意的问题;基本程序设计(三种结构程序举例)	1	√	√
	模块化程序设计	模块化程序设计实例	1	√	
第 5 章 中断 系统	中断系统概述	中断的概念;中断的作用;中断源;中断系统的功能(中断的允许和禁止、中断响应和返回、中断优先级和中断嵌套)	0.5	√	√
	8051 微控制器的中断系统	8051 MCU 中断系统的结构(由中断源、中断标志、中断允许控制、中断优先级控制组成);中断的控制(中断系统有关寄存器)	1	√	√
	中断处理过程	中断响应的自主操作过程;中断响应条件;中断响应过程;中断响应时间;响应中断与调用子程序的异同	1	√	√
	中断程序设计	中断初始化;汇编中断程序设计(现场保护与恢复、中断程序的安排);C51 的中断函数与处理(格式、注意点);中断程序设计举例,利用 I/O 口扩展外部中断源	1	√	√
第 6 章 定时器 /计数 器	定时器/计数器概述	定时器/计数器的原理;定时器/计数器的功能	0.5	√	√
	8051 微控制器的定时器/计数器	定时器/计数器 T0、T1 的组成结构;T0、T1 的控制(相关 SFR:TMOD、TCON 和 T0、T1 的数据寄存器);T0、T1 的工作方式;T0、T1 的初始化;短、中、长定时间隔的实现	2	√	√
	定时器/计数器的应用	定时方式的应用;计数方式的应用;脉冲宽度的测量;扩展外部中断;实时时钟的设计	2	√	√

续表

教学模块	教学单元	主要内容	推荐学时	教学学时 64	48
第7章 串行总线与通信技术	总线与串行通信概述	总线的概念和分类;异步通信与同步通信;串行通信的数据传送方式;通信协议与校验方式	0.5	√	√
	8051微控制器的UART接口	UART组成结构和相关SFR(SCON、PCON、接收和发送SBUF);UART的4种工作方式;UART的波特率计算;UART的应用与编程	3	√	√
	串行通信技术与应用	RS232通信;RS485通信(RS485的组网、多机通信);部分内容自学	1	√	0.5
	I²C串行总线	概述(总线结构、总线容量、寻址方法和地址);总线操作(总线时序、读写时序);C51编程的软件模拟;部分内容自学	1.5	√	1
	SPI串行接口	概述;数据传送原理;总线扩展方法	0.5	√	√
	1-Wire总线	概述;总线操作方式与时序;应用实例(DS18B20温度传感器,温度监测系统与程序设计);部分内容自学	1	√	
第8章 人机接口技术	键盘接口技术	键盘基础知识(键盘的组织、键盘的工作方式、键抖动与消除、键连击的处理、串键保护与实现);独立式键盘接口;矩阵式键盘接口(行扫描法与程序实现、线路反转法与程序实现);多功能键及复合键的设计	1.5	√	√
	LED显示接口技术	LED显示原理(共阴、共阳数码管原理、连接与控制方式);数码管显示技术(静态显示、动态显示);点阵式LED显示技术(双色LED的显示与控制方式)	1.5	√	√
	键盘显示管理芯片HD7279	HD7279的功能与引脚;HD7279的应用(硬件连接、软件控制、工作时序、程序设计)			
	液晶显示与接口技术	LCD显示原理;LCD控制器ST7920(组成结构和功能);12864液晶显示器(引脚与功能、与MCU的连接、控制时序、ST7920指令集);LCD的程序设计(驱动函数、字符显示、图形显示);部分内容自学	3	√	
	触摸屏接口技术	触摸屏组成;种类与原理;控制芯片;简单应用			
第9章 模拟接口技术	模拟输入输出通道	模拟输入通道基本结构;模拟输出通道基本结构;A/D转换器与特性;D/A转换器与特性	1	√	√
	A/D转换器与接口技术	并行A/D转换器与接口技术(以ADC0809为例);串行A/D转换器与接口技术(以TLC549为例);其他A/D转换器(高精度、高速);A/D转换器应用(数据采集系统、利用A/D通道扩展按键)	2	√	√
	D/A转换器与接口技术	并行D/A转换器与接口技术(以DAC0832为例);串行D/A转换器与接口技术(以LTC1446为例);D/A转换器应用(波形发生器)	1.5	√	√
第10章 数字接口技术	数字信号调理技术	光电隔离技术;磁电隔离技术;电平转换技术	0.5	√	
	数字测量技术	脉冲信号接口形式;脉冲信号测量技术(高频测频法、低频测周法)	1.5	√	1
	数字控制技术	功率驱动技术(三极管、继电器、晶闸管);步进电机驱动技术;直流电机驱动技术;闭环控制与PID控制	1.5	√	
第11章 微控制器系统的可靠性设计	可靠性与干扰	可靠性基本概念;干扰的耦合与抑制方法;干扰引入的主要途径	1	√	
	硬件可靠性设计	元器件选择原则;电源抗干扰技术;系统接地技术;PCB设计技术;低功耗设计技术;输入输出的硬件可靠性	1	√	
	软件可靠性设计	输入输出的软件可靠性;程序设计的可靠性;数字滤波技术	1.5	√	

续表

教学模块	教学单元	主要内容	推荐学时	教学学时	
				64	48
第12章微控制器应用系统设计	设计过程	总体设计;硬件设计步骤;软件设计步骤;仿真与调试;文档编制	1	√	√
	设计实例	LED 照明控制系统设计要求;总体设计方案;硬件设计(主要硬件模块);软件设计(总体流程、功能模块划分、模块程序设计、程序结构)	2	√	

2. 实践教学内容设计

软件实验		推荐学时	
实验名称	实验内容	课内	课外
存储器操作数据查表(用汇编编程)	熟悉给内部 RAM 和外部 RAM 赋值的方法,编写程序实现内部 RAM 与外部 RAM 之间数据传送的程序 用查表指令,设计一个查"0~20"之间数值平方的程序	1	3
算术运算(用汇编编程)	熟悉十六进制加法、减法以及 BCD 码加法的汇编程序实现方法 设计程序,实现多字节(设字节数为 n)压缩 BCD 码的相加 设计程序,实现多字节(设字节数为 n)十六进制无符号数的减法	1	3
数制与代码转换(用 C51 编程)	设计程序,将 BCD 码 12345678 转换成十六进制数 设计程序,将十六进制数 0XBC614E 转换成 BCD 码数 设计程序,将多字节(设字节数为 n)十六进制数,转换成 ASCII 码	1	3
查找和转移(用 C51 编程)	在外部 RAM 1000H 开始处有 50H 个带符号数,设计寻找最大值和最小值的程序 在外部 RAM 1000H 开始处有 50H 个带符号数,设计按从小到大排列的排序程序 设计程序,求出上面 50H 个数据的平均值,并统计大于均值和小于均值的数据个数	1	3

硬件实验		推荐学时	
实验名称	实验内容	课内	课外
I/O 口控制实验外部中断实验	**基础型**:8 条 I/O 口线连接 8 个 LED,8 条 I/O 口线连接 8 个拨码开关(或按键)。输出控制 8 个 LED 循环轮流点亮,每个 LED 点亮 0.25s(用延时子程序);读入 8 个拨码开关的状态,并输出控制 8 个 LED **设计型**:用一个按键连接 $\overline{INT0}$ 引脚,按键操作触发中断请求。根据外部中断次数,控制 8 个 LED 的不同显示状态(全亮、全灭、循环点亮、奇偶位亮灭闪烁) **探究型**:8 条 I/O 口线控制 4 个双色 LED(能够显示红、绿、黄三种颜色),模拟十字路口 4 个方向的交通灯。模拟控制交通灯工作状况	4	3
定时器/计数器实验	**基础型**:用定时器进行定时,控制 8 个 LED 循环轮流点亮,每个 LED 点亮 0.25s **设计型**:定时功能:一分钟倒计时器设计;计数功能:将一个按键连接到 T0 或 T1 引脚,按键动作模拟外部脉冲输入,记录按键按下的次数 **探究型**:设计 24 小时的实时时钟	4	3

续表

硬件实验		推荐学时	
实验名称	实验内容	课内	课外
按键与显示实验	**基础型**：查询式键盘实验，静态和动态数码管显示实验 **设计型**：在静态数码管或动态数码管上显示自己学号的后6位；用按键输入自己学号的后6位，并显示在数码管上 **探究型**：在6位数码管上，从右到左滚动显示自己10位数字的学号；按键连击的消除和利用（当按键时间长于2秒时，每0.5秒数码管加1，连续累加，直到按键释放）	4	3
ADC、DAC应用实验	**基础型**：利用ADC0809或其他ADC采集模拟信号，并把结果显示在数码管上 **设计型**：利用DAC0832或其他DAC，输出一个频率为50Hz的方波、锯齿波和正弦波信号 **探究型**：利用DAC设计一个简易的信号发生器，能够产生方波、锯齿波和正弦波，信号的频率和幅值均可通过键盘设置	4	3

0.2.3　教学方法设计

1. 教学方法

在教学过程中，各位老师为提高教学实效都会采用行之有效的教学方法。这里主要介绍浙江大学光电系微机课程组采用的一些教学方法。一直以来，我们注重探索和运用有利于学生自主性、研究性学习的启发式、开放式、互动式教学方法，重视先进教学手段与传统教学手段的结合，合理运用多媒体课件和课程网络平台等信息化工具辅助教学。同时，通过教师的"教授方法"和"考试方法"改革，如实行多元化、过程化考核以及基于课程项目设计的"优生免考"等考核方法，促进学生"学习方法"的转变。

● 教授方法改革。采用启发式、互动式的教学方法，如知识难点和硬件功能模块工作过程的Flash动态演示、实验分析与录像、丰富的课程网络资源和网上在线交流答疑等，把学生完成的优秀课程设计作为案例，加强理论联系实际，扩展学生的知识面，激发学习兴趣；通过选做的探究型实验和"优生免考"的差异化教学方法，因材施教，挖掘优秀学生的潜能。

● 学习方法改革。重视课程教学资源建设，如构建了功能丰富、信息全面的课程网站，为学生自主学习、探究性学习提供条件，同时展示学生的优秀作品和教改成果，供学生们学习借鉴；开展探究型实验、开放的探索性作业、课程项目设计等，锻炼学生发现问题、分析问题、解决问题的能力，加强学用结合和学以致用。

● 考试方法改革。对"平时＋实验＋考试"的考核形式进行改革，减少期末考试成绩比重，建立多方位评价体系。采用两种差异化的考核方法，一种是针对大部分学生的考核方法，其成绩包括平时成绩（到课情况、作业情况、课程参与度）、实验成绩（实验准入、过程检查、实验报告、实验理论考和操作考）、考试成绩（随堂考、期中考、期末考），并设置有一定的奖励分（对课程有建设性建议和贡献等）；另一种是针对部分优秀学生的"优生免考"方法，其成绩包括平时成绩、项目设计及完成情况、验收答辩与演示以及项目总结资料质量等，实现了从结果评价向结果和过程相结合的评价。这种过程化的评价方式，杜绝了部分学生"临时抱佛脚"的应试心态，促使学生认真对待每个教学环节，脚踏实地地学习和掌握课程知识。

2. 教学策略

● 教学主线。课程内容包括原理、接口、系统设计三大部分。教学组织中要兼顾课程内容的基础性、先进性,在介绍微机工作原理等基本、核心内容的同时,加强与时俱进发展的新内容、新技术,并结合科研进行案例教学,通过分析微控制器的实际应用案例,在巩固知识的同时,提高学生的学习兴趣;务求学生通过学习在熟练掌握基本知识的基础上,掌握微机各功能模块和接口技术以及系统设计相关内容和应用方法。

● 硬件与软件相结合。微控制器的工作过程本质上是以硬件为基础执行程序即运行软件的过程,所以课程教学要硬件与软件相结合,重视培养学生利用微机硬件为主技术、从硬件与软件的结合上处理问题的思维方式和分析、解决问题的能力。

● 理论与实践相结合。作为实践性很强的课程,教学中要切实贯彻理论与实践紧密结合的原则。一方面,要强调从应用的角度开展课堂教学,如结合教学内容,增强知识的实践性和应用性;另一方面,要强化实践性教学环节在课程教学中的地位,改革实践教学,设计递进式、多层次以及趣味性的实验内容,构建基础型、设计型、探究型实验内容。同时,加大实验成绩的比重,并从多方面进行实验考核,如实验准入测试(加强实验预习)、采取实验相关内容的理论知识考试和实际操作考试等。

● 课内与课外教学相结合。课堂教学、课后作业、实践教学是课程教学中,各有侧重又紧密联系的几个环节。课外作业是课堂教学的延伸、补充和深化,实践教学是理论教学的延伸、补充和深化。有些内容可以有意识地设计成以作业形式留待学生自己去学习、理解;有些应用性、实践性较强的内容在课堂上简述原理和方法后,主要安排到相应实验中去进一步理解和掌握;有些内容可采用研讨式、案例式教学方法,以"案例、问题"为牵引,引导学生开展自主学习和研究性学习。

● 先进教学手段与传统教学手段相结合。构建内容丰富、资讯全面以及具有师生、生生互动功能的课程网站,来辅助传统的课堂教学。如增加网站的功能,实现作业的布置和提交;实验准入测试、实验预约和报告提交;"优生免考"学生项目总结报告、演示 DV 等提交;构建习题库和考试中心,学生能够自主进行自测自评等;开展不受时空限制的答疑讨论等互动;在课堂教学过程中,运用多媒体课件,同时通过板书的合理运用,充分发挥两者的特长,达到扬长避短、优势互补的效果。

微机原理与接口技术
Microcontroller and Interface Technology

第一部分
微控制器原理

## 第 1 章

微机技术概论

电子计算机的出现为数值计算和工业控制带来了极大便利,随着计算机技术的发展和应用的日趋广泛,出现了嵌入式微型计算机的发展分支。而微控制器作为最典型的嵌入式微型计算机,它的出现是近代计算机技术的里程碑事件。微控制器的起源可追溯到 1971 年世界上第一块微控制器芯片 Intel 4004,它将微处理器 CPU、存储器(ROM 和 RAM)、输入输出(I/O)接口等组成微型计算机的各部件集成在一个半导体芯片上,因此微控制器也称为单片微型计算机或单片机。微控制器经过数十年的发展和演变,在结构特点和性能指标上已取得了多元化的发展,派生了很多采用 CISC 或 RISC 指令集处理器,哈佛或冯·诺依曼存储结构,集成 ADC、DAC、PCA 等功能单元或外设的增强型微控制器。

本章介绍通用计算机与嵌入式计算机两大分支的发展与应用,并以微控制器为主,介绍其体系结构,包括存储结构、CISC 与 RISC 指令体系;微控制器的典型组成结构,包括 CPU、CPU 外围电路、基本功能单元和外围扩展单元等;以及微控制器的性能与发展趋势。

1.1 微机技术的发展与应用

1946 年,美国宾夕法尼亚大学研制了人类历史上真正意义的第一台电子计算机 ENIAC(Electronic Numerical And Calculator),这是 20 世纪最先进的科学技术发明之一。在此后的近 70 年间,计算机的发展可谓日新月异,给人类社会带来了翻天覆地的变化,促进了科技、国防、工业、农业以及日常生活等各个领域的飞速发展。计算机使人类社会进入一个新的科学技术和信息革命时代。

20 世纪 90 年代始,随着电子集成技术和半导体工艺技术的发展,计算机从功能单一、体积较大向着微型化、网络化、智能化等方向发展。同时,根据不同领域的应用需求,逐渐出现了通用计算机和嵌入式计算机这两大分支,分别形成了高速、海量数值分析处理和嵌入式智能化实时控制的两条发展道路。

1.1.1 微机技术的两大分支

1. 计算机的两大分支

①通用计算机(General Computer)。20 世纪 70 年代初,微处理器的诞生,使电子计算机迅速进入微型计算机时代。与早期的电子计算机相比,微型计算机突出了小型化、廉价型、高可靠的特点,由于其可广泛应用于科技、国防、工业、农业以及日常生活的各个领域,

而被称为"通用计算机";是具有独立形态、通用的微型计算机,其典型代表是大家熟知的个人计算机(PC 机)。

②嵌入式计算机(Embedded Computer)。微型计算机高可靠的运行状态,使其走出了专用机房,可以在工业现场环境下可靠运行;微型机自身的小体积,使将微型机嵌入到一个对象体系中,实现对象系统的智能化测控变为可能;同时,微型机价格的迅速下降,使许多大型机电设备有可能用微型机以嵌入方式实现计算机的智能化控制;为了适应嵌入式应用的需要,嵌入式微型计算机应运而生。嵌入式计算机就是嵌入到对象体系中,实现对象体系智能化控制的微型计算机,因其具有专门的功能和用途,因此也称为专用计算机(Special-purpose Computer)。

2. 两大分支的发展

通用计算机的主要用途是科学计算、数值分析、图像处理、模拟仿真、人工智能、多媒体和网络通信等,其发展动力和方向是满足人类无止境的高速、海量运算和处理的需求。在巨大需求的推动下,其核心部件微处理器的数据总线宽度不断更新,迅速从 8 位、16 位过渡到 32 位、64 位,通用操作系统和各类软件不断地完善,使通用计算机扩展到社会的各个领域,已遍及学校、企事业单位,进入寻常百姓家,成为信息社会必不可少的工具。

嵌入式计算机以满足嵌入到对象体系中,实现对象体系的测控智能化为目的,其发展动力和方向是满足各领域不断增长的实时测控和各种嵌入式应用需求。同样,在巨大需求的推动下,嵌入式系统的性能不断提升,如增强实时测量、控制以及响应外部事件的能力,降低功耗和成本、减小体积,优化和完善开发环境等。

1.1.2 通用微型计算机

1. 通用微型计算机的组成

通用微型计算机包括硬件和软件两大部分。硬件又包括主机和外设,主要由中央处理器、存储器、输入输出接口和多种外部设备组成。中央处理器是运行软件和对信息进行运算处理的部件;存储器用于存储程序、数据和文件,常由快速的主存储器(容量可达数百兆字节)和慢速海量辅助存储器(容量可达数 G 字节以上)组成。输入输出接口用于连接多种外部设备,如显示器、键盘、鼠标等。其组成结构如图 1-1 所示。

软件主要包括操作系统和实用程序等。操作系统实施对各种软硬件资源的管理控制;实用程序是为用户所设,如 office 软件、网络软件、安全软件等。

2. 通用微型计算机的发展历程

随着半导体技术和集成工艺的发展(从 PMOS→NMOS→HMOS 和 CMOS)、芯片集成度的不断提高(从每单位 cm^2 的几千个→几万个→几百万个→几千万个→……)、核心部件中央处理器(CPU)位数的不断增多(从 4 位→8 位→16 位→32 位→64 位,以及多 CPU 等),使得计算机的运算速度越来越快(从每秒钟可执行指令小于 1MIPS→1～10MIPS→上百 MIPS→600MIPS→……MIPS:Million Instructions Per Second,百万条指令/秒),微机的功能已经达到甚至超过小型计算机,完全可以胜任多任务、多用户的作业。

对于微型计算机的发展,一般以字长和典型的微处理器芯片作为划分标志,大致可划分为五个阶段。

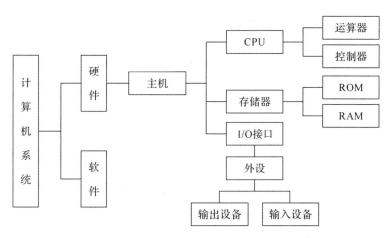

图 1-1　通用微型计算机的组成结构

第一阶段：是 4 位和 8 位低档微处理器时代，典型产品是 Intel 4004 和 Intel 8008 微处理器和分别由它们组成的 MCS-4 和 MCS-8 微机。其基本特点是采用 PMOS 工艺，集成度低，系统结构和指令系统都比较简单，主要采用机器语言或简单的汇编语言，指令数目较少（20 多条指令），基本指令周期为 20～50μs。

第二阶段：是 8 位中高档微处理器时代，典型产品是 Intel 公司的 8080/8085、Motorola 公司的 MC6800、Zilog 公司的 Z80 等。以 I8080 为例，I8080 采用 NMOS 工艺，字长 8 位，基本指令 70 多条，基本指令周期为 2～10μs，时钟频率高于 1MHz，集成度约为 6000 晶体管/片。

第三阶段：是 16 位微处理器时代，典型产品是 Intel 公司的 8086/8088、80286，Motorola 公司的 M68000，Zilog 公司的 Z8000 等微处理器。其特点是采用 HMOS 工艺，集成度（20000～70000 晶体管/片）和运算速度（基本指令执行时间是 0.5μs）都比第二代提高了一个数量级。指令系统更加丰富、完善，采用多级中断、多种寻址方式、段式存储机构、硬件乘除部件，并配置了软件系统。这一时期的著名微机产品有 IBM 公司的个人计算机 PC（Personal Computer）。1981 年推出的 IBM PC 机采用 8088 CPU。紧接着 1982 年又推出了扩展型的个人计算机 IBM PC/XT，它对内存进行了扩充，并增加了一个硬磁盘驱动器。1984 年，IBM 公司推出了以 80286 处理器为核心组成的 16 位增强型个人计算机 IBM PC/AT。由于 IBM 公司在发展 PC 机时采用了技术开放的策略，使 PC 机风靡世界。

第四阶段：是 32 位微处理器时代，典型产品是 Intel 公司的 80386/80486，Motorola 公司的 M68030/68040 等。其特点是采用 HMOS 或 CMOS 工艺，集成度高达 100 万晶体管/片，具有 32 位地址线和 32 位数据总线，运算速度达到了 600MIPS。

第五阶段：是奔腾（Pentium）系列微处理器时代，典型产品是 Intel 公司的奔腾系列芯片及与之兼容的 AMD 的 K6 系列微处理器芯片。其内部采用了超标量指令流水线结构，并具有相互独立的指令和数据高速缓存。随着 MMX（Multi Media Extended）微处理器的出现，使微机的发展在网络化、多媒体化和智能化等方面跨上了更高的台阶。

人类无止境的需求，推动着微机技术的飞速发展，使其运行速度越来越快、存储容量越来越大、功能越来越强。目前微型计算机产品更新换代的周期，通常只有 0.5～1 年。

1.1.3 微处理器、嵌入式系统与微控制器

在通用微型计算机发展的同时，电子技术也得到迅猛的发展，出现了大量的电子化产品，如电子仪器、家用电器、工业控制单元、机械电子等。这些产品中的电子控制单元，只能实现一些简单的电子控制，迫切要求微型计算机的嵌入来实现智能化控制的改造。由于大多数对象系统的体积与微型机相当或更小，价位也小于微型计算机，不能指望用微型计算机做嵌入式应用。因此，基于嵌入式应用的单片微型计算机迅速走上了独立的发展道路。

1. 微处理器、嵌入式系统、微控制器

微处理器(Micro Processor, MP 或 μP)是可编程化的特殊集成电路，其主要功能是完成取指令、解析指令、执行指令以及与存储器和逻辑部件交换信息、完成数据运算和处理等。微处理器也称为中央处理器(Central Processing Unit, CPU)，是微型计算机的核心部件。

嵌入式系统(Embedded System)实际上是"嵌入式计算机系统(Embedded Computer System)"的简称，相对于通用微型计算机而言是嵌入到对象体系中、实现嵌入对象智能化的计算机。它是把微型计算机的主要组成部件，如 CPU、存储器(ROM/RAM)、输入输出(I/O)接口等集成在一块芯片上，即将微型计算机芯片化，因此也称为单片微型计算机(Single Chip Microcomputer, SCMP)。在性能、体积、价位上，能满足绝大多数对象体系的嵌入式应用要求。

微控制器(Microcontroller Unit, MCU)是一种主要面向测控领域应用的单片微型计算机，也是使用最广泛的嵌入式系统。微控制器集成了 CPU、存储器、定时器/计数器、中断系统和并行/串行的输入输出接口等功能部件，由于其在单片微型计算机上，不断添加为实现嵌入对象控制要求的计算机外围电路，如为满足对象系统中物理参量采集的 A/D 转换器，满足控制要求的高速 I/O 接口、输出模拟信号的 D/A 转换器、脉宽调制电路(PWM)，以及满足外部通信、电路扩展需要的串行通信总线和串行接口等，是作为控制目的的单片微型计算机，因此国际上通行称为"微控制器"(MCU)。

2. 嵌入式系统的类型

嵌入式系统的发展首先是将计算机芯片化，而后为满足对象体系的控制要求，不断增加其测量与控制功能，派生了 32 位微处理器和 8 位微控制器两种常用的嵌入式系统。

(1)32 位微处理器

32 位微处理器是目前通常意义上的嵌入式系统，需要使用小型、用户可裁剪的操作系统(如 Linux、WinCE、μcDOS 等)，如 ARM(Advanced RISC Machine：是一个 32 位 RISC 处理器架构)、MIPS(Microprocessor without Interlocked Piped Stages：无内部互锁流水级的微处理器，是世界上很流行的一种 RISC 处理器)、PowerPC(Performance Optimized with Enhanced RISC：是一种 RISC 架构的 CPU)等。其中，ARM 是目前世界上应用最多的 32 位嵌入式处理器，具有强大的运算处理能力，以及低成本、高性能、低耗电等特点，大量应用于消费性电子产品，如硬盘驱动器、智能手机、数字电视和机顶盒以及平板电脑等，还在测试仪器、医疗设备、航空航天、军事装备甚至超级计算机上得到应用。

(2)8 位微控制器

8 位微控制器是一种使用最为广泛的嵌入式系统,通常是指不需要操作系统、能够满足嵌入对象测控要求的 8 位微控制器。尽管 32 位微处理器如 ARM 一般也配置 ROM、RAM、I/O 接口及 ADC、DAC、UART、SPI、CAN 等各种外设及通用接口,完全可取代 8 位微控制器的应用场合,但是 8 位微控制器,因其价格便宜、内核小巧、技术成熟,仍然能够满足不很复杂、计算要求不是很高的实际测控系统的要求。

随着微控制器功能的不断增加和半导体集成工艺的发展,已经出现很多为满足嵌入对象要求的最大化的电路集成,即片上系统(System on Chip,SoC)。其中,8051 微控制器已成为许多专用 SoC,如网络控制器、蓝牙控制器、USB 控制器等的基础内核。此外,非 8051 构架的微控制器也具有重要地位。如美国 Microchip 公司的 PIC 系列微控制器的出货量居于业界领导者地位,其突出的特点是体积小、功耗低,采用精简指令集,抗干扰性好,可靠性高;Atmel 公司的 AVR 系列微控制器种类众多,品种齐全,受支持面广;德州仪器的 MSP430 系列以低功耗闻名,常用于医疗电子产品及仪器仪表中,特别是对功耗敏感的设备。

3. 嵌入式系统的特点

尽管嵌入式计算机的发展可谓"日新月异",但无论怎样发展变化,嵌入式系统总是具有"内含计算机"、"嵌入到对象体系中"和"满足对象智能化控制要求"的技术特点。因此,可以将嵌入式系统定义为:"嵌入到对象体系中的专用计算机应用系统"。其具有 3 个基本特点:"嵌入性"、"专用性"与"计算机"。

①"嵌入性"是指将微型计算机嵌入到对象体系中,实现对象体系的智能测量与控制。

②"计算机"即是单片形态的微型计算机,是对象系统智能化的根本保证。随着嵌入式微型计算机向 MCU、SoC 发展,片内的计算机外围电路、接口电路、控制单元日益增多,功能越来越强大。

③"专用性"是指在满足测控要求及环境条件下,软、硬件的可裁剪性和可因需设置,从而构成满足嵌入对象需求的专用微型计算机。

> 由于"微控制器"(MCU)已成为国际上单片机界公认的、最终统一的名词,因此,本书一律采用微控制器。对于以微控制器为核心设计的应用系统,称之为微控制器系统或微机系统。

1.1.4　微控制器的发展与应用

1. 微控制器的发展

微控制器的发展,可分为以下三个阶段。

(1)第一阶段:单芯片化探索阶段

该阶段主要探索如何将微型计算机的主要部件集成在单芯片上,从 4 位逻辑器件发展到 8 位阶段,半导体工艺从 NMOS 过渡到 CMOS、HCMOS。典型代表是 Intel 公司构建面向控制的 MCS-48 系列单片微型计算机。这是单片机诞生的年代,"单片机"一词由此而来。

随后,Intel 公司在 MCS-48 基础上,推出了完善的、典型的 MCS-51 单片机系列,并通过不断完善结构体系、增加体现控制特性的位地址空间和位操作方式、丰富指令系统并突出控制功能的指令等,奠定了它在这一阶段的领先地位。Intel 公司也被认为是微控制器的首创公司,其产品曾经在世界微控制器市场占有 50% 的份额,而成为嵌入式系统的典型代表,其采用的体系结构也成为微控制器的经典结构。在这一阶段,Motorola 公司的 M68 系列和 Zilog 公司的 Z8 系列也占据了一定的市场份额。

(2)第二阶段:向微控制器发展的阶段

这一阶段主要是扩展为满足测控系统要求的各种外围电路与接口电路,突出其智能化控制能力。Intel 公司将 MCS-51 系列中的 8051 内核授权给世界许多著名 IC 制造厂商,如 Philips、Atmel、ADI、Sygnal、华邦等,这些公司基于 8051 内核,结合各自优势在芯片中集成了很多外围电路、增强了许多功能,体现了单片机的微控制器特征,这类单片机通称为 8051 微控制器。

在技术上,从并行总线扩展方式向串行总线扩展方式转变,出现了满足串行外围扩展的串行总线与接口,如 I^2C、SPI、Microwire 等;同时,出现了多核 MCU,即将多个 CPU 集成到一个 MCU 中;也出现了具有较高性能的 16 位微控制器。

(3)第三阶段:全面发展阶段

由于很多大半导体和电气厂商都开始参与到微控制器的研制和生产中,微控制器出现了快速全面发展的局面。显著的特点是 Flash 存储器的普遍应用以及低功耗技术的发展,逐渐出现高速、低功耗、强运算能力、多功能集成的 8 位、16 位、32 位微控制器,以及功能全面的片上系统(SoC)。

微控制器向 SoC 片上系统发展的关键因素,就是寻求应用系统在芯片上的最大化解决方案。随着微电子技术、IC 设计、EDA 工具的发展,基于 SoC 的微控制器将会得到更快的发展。

2. 微控制器的应用

微控制器的应用非常广泛,现代人类生活中的几乎每件电子和机械产品中都使用到了微控制器。如通信设备、电子玩具、掌上电脑以及鼠标等电脑配件中都配有 1~2 个微控制器;汽车上一般配备几十个微控制器,复杂的工业控制系统甚至可能有数百个微控制器在同时工作。微控制器的数量不仅远超 PC 机和其他计算机,甚至比人类的数量还要多,呈现出无时不有、无处不有的态势。

微控制器的主要应用领域包括:智能仪器仪表、集成智能传感器、工业自动化测控、计算机网络与通信设备、日常生活与家用电器、办公自动化和娱乐设施、汽车与航空航天电子系统等。

1.2 微控制器的体系结构

微控制器诞生于微型计算机时代,但其没有受到通用微型计算机技术的约束,而是采用了崭新的体系结构,并随着嵌入式系统技术的发展而不断完善和发展。

1.2.1 哈佛与普林斯顿两种存储结构

存储器是微控制器的重要组成部分,不同类型的微控制器,其采用的存储结构与容量不尽相同,但存储器的用途是相同的,用于存放程序和数据。微控制器中的存储器有两种基本结构形式。

1. 哈佛(Harvard)结构

哈佛结构是一种将程序存储和数据存储分为 2 个寻址空间的存储器结构,如图 1-2 所示。程序和数据分开存储,可以使指令和数据有不同的数据宽度,如 Microchip 公司的 PIC16 芯片的程序指令是 14 位宽度,而数据是 8 位宽度。采用哈佛结构的微处理器,通常具有较高的执行效率,是微控制器常用的存储结构。

采用哈佛结构的微控制器有:Microchip 公司的 PIC 系列芯片,摩托罗拉公司的 MC68 系列,Zilog 公司的 Z8 系列,Atmel 公司的 AVR 系列和安谋公司的 ARM9、ARM10 和 ARM11,8051 微控制器也属于哈佛结构。

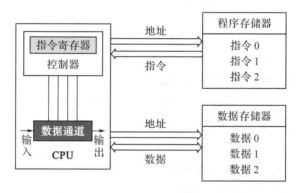

图 1-2 哈佛结构

2. 普林斯顿(Princeton)结构

普林斯顿结构也称冯·诺依曼结构(von Neumann),是一种将程序存储器和数据存储器合并在同一个寻址空间中的存储器结构,如图 1-3 所示。程序存储地址和数据存储地址

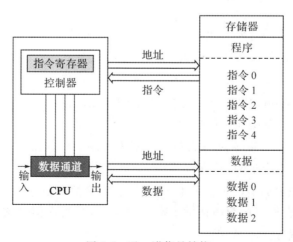

图 1-3 冯·诺依曼结构

指向同一个存储器的不同物理位置,因此程序指令和数据的宽度相同,如 Intel 公司的 8086 微处理器的程序指令和数据都是 16 位宽度。这是通用微型计算机常用的存储结构。

采用冯·诺依曼结构的中央处理器有:Intel 公司的 8086 及其系列处理器、安谋公司的 ARM7、MIPS 公司的 MIPS 处理器等。

1.2.2　CISC 与 RISC 两种指令集处理器

在微控制器的发展过程中,按照指令集的不同,出现了两种指令集处理器:复杂指令集计算机(Complex Instruction Set Computer,CISC)和精简指令集计算机(Reduced Instruction Set Computer,RISC)。

RISC 和 CISC 是目前设计制造微处理器的两种典型技术,虽然它们都是试图在体系结构、操作运行、软件硬件、编译时间和运行时间等诸多因素中做出某种平衡,以求达到高效的目的,但由于两种处理器的设计理念和方法不同,在很多方面存在较大差异。20 世纪 90 年代前期的 CPU 全都采用 CISC 架构,而后期的 CPU 则采用 RISC 架构居多。

1. CISC 体系结构

CISC 的设计理念是要用最少的指令来完成所需的计算、控制任务,即要尽量简化软件设计。因此 CISC 处理器的寻址方式多、指令丰富,一条指令往往可以完成一串动作,且有专用指令来完成特定的功能(如算术运算指令、逻辑运算指令、控制转移指令等)。因此 CISC 微处理器对于科学计算及复杂操作的程序设计相对容易,编程和处理特殊任务的效率较高。并且对汇编程序编译器的开发十分有利。

指令采用字节形式的代码表示,指令复杂程度不同其所占有的字节数也不同(即指令长度不同);在一个 8 位宽度的程序存储器中,不同长度的指令将占据不同数量的地址空间。同时指令的操作过程比较复杂,通常一条指令包含若干个操作步骤,需要若干个机器周期或时钟周期才能执行完毕,因此 CPU 运行速度低。

CISC 架构的微控制器,其复杂指令系统带来了复杂的操作进程、复杂的代码结构与复杂的指令空间,为了支持指令的操作,这种架构的 CPU 硬件结构复杂、面积大、功耗大,对工艺要求高。

2. RISC 体系结构

RISC 的设计理念是尽可能简化指令系统,提高程序运行速度,使大部分的常用指令能在高速时钟下运行,以满足微控制器在嵌入式应用中的测量与控制的实时性要求。

按照精简的原则,将 CISC 架构中的指令,采用简单操作与复杂操作分工。只保留经常使用的单周期指令,并尽量简化其操作过程,每条指令只包含最少的操作信息,使它们简单高效;对不常用的复杂指令功能,则通过精简指令的组合来完成。由于 RISC 指令代码长度较短,所以有可能将所有的指令统一成相同的代码长度,形成定长代码指令,如 12 位、14 位、16 位等,采用相应宽度的 ROM 保存指令,这样使得 RISC 结构有较高的代码效率。

在 RISC 结构中,精简的单周期、定长代码及一个地址对应一条指令的指令体系,形成了归一化的指令操作进程。在归一化指令操作进程下,可实现指令的并行流水操作。若每条指令都有归一化的取指、译码、操作、回授 4 个进程,则可实现 4 条指令相差一个进程的并行操作,即实现"取指—执行"的流水线操作方式,从而大大提高了指令的运行速度。如

RISC 架构的 AVR 系列微控制器,每条指令单机器周期为 4 个时钟周期,实现 4 条指令并行流水操作后,每个时钟周期可完成 1 条指令的操作,从而获得最佳的时钟效率。

　　RISC 构架中的指令代码短、种类少、格式规范,并且采用流水线技术,因此其硬件结构简单,布局紧凑,在同样的工艺水平下能够生产出功能更强大的 CPU。但在实现特殊或复杂功能时,汇编语言程序设计难度增大,编程效率较低,并且一般需要较大的内存空间。另外,对于编译器的设计也有更高的要求。

1.3　微控制器的组成结构与运行管理模式

　　微控制器是一个单芯片形态、嵌入式应用、面对测控对象的微型计算机系统,典型的微控制器的基本组成结构如图 1-4 所示。其 CPU 系统、CPU 外围单元、基本功能单元和外围扩展单元都是根据微控制器的特点而专门设计的。

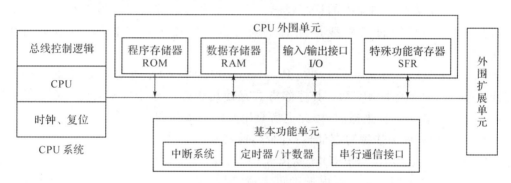

图 1-4　典型微控制器的基本组成结构

　　CPU 系统、CPU 外围单元和基本功能单元构成了一个微控制器的最小系统;在微控制器最小系统的基础上,扩展不同的外围电路则形成了兼容体系下形形色色的衍生系列产品。

1.3.1　CPU 系统

CPU 系统包含 CPU、时钟系统、复位电路和总线控制逻辑。

　　①CPU。微控制器中的 CPU 与通用 CPU 不同,它是按照面向测控对象、嵌入式应用和单芯片结构要求专门设计的,要保证有突出的控制功能。

　　②时钟系统。时钟系统要满足 CPU 及片内各单元电路对时钟的要求。同时在 CMOS 微控制器中,要满足功耗管理对时钟系统电路的可控要求。

　　③复位电路。能满足上电复位、信号控制复位的最简化电路。

　　④总线控制逻辑。总线控制逻辑要满足 CPU 对内部总线和外部总线的控制。内部总线控制用以实现片内各单元电路的协调操作;外部总线控制用于单片机外围扩展时的操作管理。

1.3.2　CPU 外围单元

CPU 外围单元是与 CPU 运行直接相关的单元电路,与 CPU 构成了微控制器的最小系统。包括程序存储器(ROM)、数据存储器(RAM)、输入输出接口(I/O)和特殊功能寄存器(SFR)。

1. 程序存储器 ROM(Read Only Memory)

ROM 是一种只读的半导体存储器,用于固化微控制器的程序代码、字库及表格、常数。根据信息存储方法可分为 PROM、OTPROM、EPROM、EEPROM、FLASH 等几种。

①PROM(Programmable ROM)是可编程 ROM。其内部有行列式的镕丝,可依使用者的需要,利用电流将其烧断,以写入所需的程序和数据,镕丝一经烧断便无法再恢复,亦即程序无法再更改。

②OTPROM(One Time Programmable ROM)是一次性编程 ROM。用户可通过专用写入器将应用程序写入 OTPROM,但只允许写入一次。

③EPROM(Erasable Programmable ROM)是可擦除可编程 ROM。芯片带有透明窗口,可通过紫外线擦除存储器中的程序代码。应用程序可通过专门的写入器写入到微控制器中,需要更改时可通过紫外线擦除后重新写入。因此可重复使用,但次数有限(约几十次)。

④EEPROM(Electrically Erasable Programmable ROM)是可电擦除可编程 ROM,是可多次编程写入和擦除的 ROM。其擦除方式是使用较高电压来完成,通常采用高于芯片工作电压的电源如+12V 来擦除,因此也需要用专门的擦除和写入设备。

⑤Flash ROM 称为快擦写存储器或闪存,能够使用几十万次到上百万次,使用寿命远大于 EEPROM;集成度比 EEPROM 高出 5~6 倍,因此容量可以做得很大且成本低廉,并且其擦除和写入均采用芯片工作电源即可完成,因此可作为"在系统编程"的程序存储器;目前,绝大多数微控制器均采用 Flash ROM。

2. 数据存储器 RAM(Random Access Memory)

RAM 是可随时读取或写入数据的半导体存储器,但断电后,其中的信息将全部丢失。在计算机中一般用来存放采集的数据和中间结果等。RAM 根据信息存储方法可分为 DRAM 和 SRAM 两种。

DRAM(Dynamic RAM),称为动态随机存取存储器。DRAM 采用电容保存信息,只能保持很短的时间,因此需要刷新电路,即每间隔一段时间对保存的数据进行一次刷新,否则存储的信息就会丢失。DRAM 有较高的集成度和相对低廉的成本,但刷新电路会增加复杂度。DRAM 是最为常见的系统内存,广泛应用于 PC 机,也可应用于部分 32 位嵌入式处理器。

SRAM(Static RAM),称为静态随机存取存储器。SRAM 是一种具有随机存取功能的内存,只要不掉电保存的数据就不会丢失。SRAM 同时具有访问速度快、存取简单的优点,但生产成本高、相对 DRAM 容量较小。SRAM 是微控制器最常用的内存。

目前,Flash RAM 也得到了应用,它具有掉电后信息不会丢失、又可以运用指令随机读取和写入(写入时间为 10ms)的特点,因此可用于保存灵敏度、报警限等系统参数。

3. 输入输出接口 I/O(Input/Output Interface)

输入输出接口包括输入接口和输出接口,是计算机和微控制器与外部设备交换信息和

传输数据的重要通道,所有外部输入输出设备均要通过 I/O 接口,才能与微控制器连接。I/O 接口有以下几种类型:

①输入/输出总线接口。用于扩展外部器件。

②用户 I/O 接口。用于连接与控制输入/输出设备。

③片内功能单元的输入/输出接口。例如定时器/计数器的计数输入、外部中断源输入等。

微控制器的 I/O 接口通过芯片的引脚引出。为了减少引脚数量,微控制器的 I/O 接口大多有复用功能。例如,一个 8 位的 I/O 引脚,既可以是系统扩展总线(如数据总线 D0~D7),又可以是用户使用的 8 位普通 I/O 口线。

4. 特殊功能寄存器 SFR(Special Function Register)

特殊功能寄存器 SFR 是管理与控制微控制器内部各功能部件运行的寄存器。片内每个功能单元都对应有一个或多个 SFR,可通过指令对其编程操作,以实现这些功能单元的方式设置、启动运行和状态读取等。

1.3.3　其他功能单元

1. 基本功能单元

基本功能单元是满足微控制器测控功能要求的基本外围电路,包括定时器/计数器、中断系统、串行通信接口等。CPU 系统、CPU 外围单元和基本功能单元组成了微控制器的基础结构,形成了微控制器的基核。

2. 外围扩展单元

外围扩展单元是为满足不同嵌入式应用需求而添加的扩展电路,如满足数据采集要求而扩展的模数转换器 ADC、满足伺服驱动控制的脉冲宽度调制(PWM)电路和满足程序可靠运行的监视定时器 WDT 等。通常,每个系列微控制器都有一个自己的基核,在基核上扩展不同的外围单元,则衍生出与该系列微控制器兼容的多种型号、多种功能的微控制器。

3. 内部总线

内部总线(Bus)或称片内总线,是从任意一个源点到任意一个终点的一组传输信息的公共通道,是计算机或微控制器内部 CPU 与各功能模块之间传送信息的公共通信干线。总线根据功能可以划分为数据总线 DB(Data Bus)、地址总线 AB(Address Bus)和控制总线 CB(Control Bus)三类,分别用来传输数据、地址和控制信号。

(1)数据总线

数据总线 DB 是双向的,用于传送数据,实现 CPU 与存储器、I/O 接口、各功能模块之间的信息交换,其方向取决于是读操作还是写操作。数据总线的位数即是计算机的字长,是表述计算机性能的重要指标,可据此分级计算机,如 8 位、16 位、32 位和 64 位计算机,计算性能随着数据总线位数的增加而增强。

(2)地址总线

地址总线 AB 是单向的,用于传送地址信息,一般由 CPU 发出,用来访问存储器和 I/O 接口。地址总线的位数决定了 CPU 可直接寻址的内存空间大小,如地址总线为 16 位,则其最大可寻址空间为 2^{16} = 64K 字节 = 64KByte = 64KB;地址总线为 20 位,其可寻址空间为 2^{20} = 1MByte = 1MB;若地址总线为 n 位,则其寻址空间为 2^n 字节(1 字节 = 1Byte = 8 位二进制＝8bit）。

（3）控制总线

控制总线 CB 用来传送控制信号或时序信号，是各种控制信号的组合。控制总线是单向的，有的是 CPU 输出到存储器和 I/O 接口电路，如读/写信号、片选信号等；有的是外设传送给 CPU 的，如中断请求信号、复位信号等。每个信号都有自己的功能，控制着微控制器有序工作。

微控制器中的 CPU 与各功能模块，通过内部三类总线连接为一个系统，在 CPU 内部总线控制逻辑的协同作用下，完成内部各种操作。

CPU 系统＋CPU 外围单元＋基本功能单元＋内部总线→微控制器基核

微控制器基核＋扩展的基本功能单元＋外围扩展单元→同系列多型号功能强大的微控制器

1.3.4 结构特点与运行管理

1. 结构特点

与通用计算机系统相比，微控制器有许多重要特点。

①哈佛结构体系。微控制器一般采用哈佛结构体系，程序存放在 ROM 中，不易受外界侵害，可靠性高。

②突出控制功能的指令系统。大量使用单字节指令来提高指令运行速度和操作效率；具有丰富的位操作指令，满足位寻址、位操作的控制要求；具有丰富的对外围电路的直接操作指令和转移指令。

③内部 RAM 的通用寄存器形式。通用寄存器和 SFR 都设置在内部 RAM，易实现 CPU 的直接存取，从而克服通过累加器存取带来的瓶颈效应。

④引脚结构满足嵌入式应用。微控制器具有简单、方便的时钟和复位电路，完善的外围扩展总线，大量可用于测控的 I/O 端口，并可编程实现多功能复用。

2. 运行管理模式

（1）SFR 的归一化管理模式

目前，微控制器使用较多的管理模式是 MCS-51 奠定的特殊功能寄存器（SFR）的管理模式。SFR 本质上是微控制器中所有硬件电路的一种集中映射机构，即微控制器内部功能模块均对应着 1 个或多个 SFR，这些 SFR 均按可编程集成器件的运行操作方式，通过对其编程操作就可实现对 MCU 相应硬件功能模块的操作。

微控制器的 SFR 管理模式，使得对 MCU 内部各功能模块的使用，归一化为对 SFR 的操作。因此使用户了解、掌握微控制器的应用变得十分容易。即对于使用而言，可不必把内部模块的硬件电路和运用原理弄得很清楚，只需了解电路结构和掌握相应 SFR 的定义、规范，就可以实现对该资源的运行操作。

（2）SFR 的设置原则

①按可编程应用集成器件的运行操作方式，设置专门操作管理的寄存器来实现功能模块的方式设置、启动、控制和状态查询等。

②设置集中的操作管理寄存器空间,集中所有功能电路的操作寄存器到 SFR 寄存器区,并且形成统一规范的归一化操作界面。

③尽可能设置在内部 RAM 空间上,这样可实现与通用寄存器一样方便而快捷的操作。

(3)可编程 SFR 的种类

①方式寄存器。设置功能单元的应用方式,如设定定时器/计数器的定时方式或计数方式等。

②控制寄存器。控制功能单元的运行操作,如控制定时器/计数器的启动、停止等。

③状态寄存器。显示功能单元运行时的状态,如计数器是否溢出等。

④数据寄存器。功能单元运行操作时用于存放和传送数据的寄存器,如存放计数结果数据等。

但在微控制器中,许多功能单元的运行操作内容不多,因此通常将方式设置、操作控制、状态标志定义在一个字节不同的位,而合并为一个寄存器。

1.4　微控制器的性能及发展趋势

随着电子集成技术和半导体工艺技术的发展,微控制器的性能不断得到提升,并且正朝着多品种、高性能、低功耗、低价格、小体积的方向发展。

1.4.1　微控制器的性能指标

微控制器的性能指标,主要包括以下几个方面。

①CPU 主频。CPU 主频是指 CPU 内核工作的时钟频率(CPU Clock Speed),该指标反映了 CPU 的运行速度。对于不同构架、不同类型的 CPU,其指令周期数、流水线级数等存在差异,所以能采用的最高主频也不一样。通常用单位时间执行指令数(如 MIPS,百万条指令每秒)来表示 CPU 的运行速度。

②CPU 字长。CPU 字长指的是 CPU 一次能并行处理的二进制位数,也是内部数据总线的位数。字长总是 8 的整数倍,通常称处理字长为 8 位数据的 CPU 为 8 位 CPU,32 位 CPU 就是具有 32 条数据总线,能够并行处理字长为 32 位的二进制数据。

③位处理器。位处理器反映微控制器的位处理能力,能够反映 MCU 的控制性能。

④指令系统。指令系统是 CPU 能够识别的指令编码。

⑤存储容量。存储容量反映 ROM、RAM 的片内容量,以及微控制器的寻址能力。

⑥ I/O 端口。I/O 端口主要是指片内并行接口的数量,以及端口的特性。

⑦基本功能模块。基本功能模块包括中断系统、定时器/计数器、串行接口(如 UART、I^2C、SPI)等特性。

⑧外围功能单元。外围功能单元是指片内集成的外围功能单元及性能,如 ADC、DAC、PWM 等。

此外,还有工作电压、功耗等。

1.4.2 微控制器的发展趋势

通用计算机的应用特点,决定了其外围接口连接的都是一些通用外部设备,如打印机、键盘、显示器和光驱等。早期,这些外部设备都有专用的接口,近年来,已被通用的 USB 接口替代。与通用计算机相比,单片微型计算机的嵌入式应用特点是与对象体系的交互特性,主要表现为外部设备的特殊性和专用性,如控制电机和功率设备的接口、低功耗的显示接口等。因此,微控制器必须有专门设计的、丰富的、能满足嵌入对象具体应用和环境要求的外围接口电路。另外,低功耗、小体积、高性能、低价格、混合信号集成化以及调试开发的便利等,也是微控制器的发展趋势。

1. I/O 接口性能的增强

(1)I/O 口的串行扩展

早期的外围电路如键盘、LED 显示器大多数是并行接口,要求微控制器具有大量的并行 I/O 接口。因此,I/O 口大多采用复用技术,并且在无法满足要求时,采用并行总线方式进行扩展。如今,外围器件的串行扩展已成主流之势,几乎所有的外围器件都提供串行扩展接口。

串行扩展方式可大大节省微控制器的引脚,简化微机应用系统的结构,且随着串行总线传输速度的提高,以及大量串行外围接口芯片的产生,微机系统的外围器件扩展基本上都采用串行扩展方式。目前最通用的串行扩展总线有 I^2C 总线、串行外设接口 SPI 和 1-Wire 总线,片上功能最大化+串行外围扩展,是微机系统的发展方向。

(2)I/O 端口的电路结构扩展

为了满足 MCU 端口引脚与外部设备的适应性连接(即提供外设需要的端口电气特性),许多 I/O 口都提供了可编程选择的电路结构形式。根据传输特性,I/O 口有输入口、输出口、双向口和准双向口;根据电气特性要求,I/O 口可设置为推挽方式、开漏输出、弱上拉等。

(3)高速 I/O 口

通常,I/O 口用作外部输入或外部事件输出控制。由于 I/O 口是在指令指挥下执行的口锁存器数据传送操作,所以有一定的时间过程。当高速状态输入或高速输出控制无法满足高要求时,可以采用硬件电路实现 I/O 口的高速输入/输出。通常采用的是在定时器/计数器中设置捕获/比较模块的方法,在模块中,通过硬件电路能立即捕获到输入信息,并实现实时响应;或用比较输出模块,快速定时输出控制信号,实现实时控制。

(4)I/O 端口的驱动增强

为了简化外围电路设计,适应一般显示器件(如 LED)与功率器件(如步进电机)的直接驱动要求,许多微控制器 I/O 端口的驱动能力已达到几十毫安,成为功率 I/O 口。在某些功率 I/O 口中,还具有可编程的功率设定功能,以满足外部电路的功率控制要求。

(5)专用 I/O 接口的增加

为满足不同领域的特殊应用,派生了许多专用型微控制器,它们具有专用的 I/O 接口。如传感器接口、通信网络接口、人机交互接口,以及满足控制工业对象的电气接口等。

　　早期的微控制器都提供并行扩展的总线,即并行的地址总线 AB、数据总线 DB 和控制总线 CB。随着微控制器内部基本功能单元和外围扩展单元的增加,以及串行扩展技术的大量运用,使得微控制器并行扩展的需求日趋衰弱,许多 MCU 已不提供并行扩展总线,因此,本书也不作该方面内容的介绍。

2. 强大的功能发展

（1）低功耗管理

　　几乎所有的微控制器都有待机、掉电等多种低功耗运行方式。除了低功耗特性外,还具有功耗的可控性,使微控制器可以工作在功耗精细管理状态。此外,有些微控制器采用了双时钟技术,即有高速和低速两个时钟,在不需要高速运行时,即转入低速工作以降低功耗;有些微控制器采用高速时钟下的分频和低速时钟下的倍频控制运行速度,以降低功耗。低功耗的实现提高了产品的可靠性和抗干扰能力。

（2）宽工作电压范围

　　目前,一般微控制器的工作电压范围是 3.3～5.5V,有的产品可以到 2.2～6V,少数型号最低电压已经可以降到 1.8V。更宽的工作电压范围有利于微控制器长时间在省电模式下工作,也便于生产便携式产品。

（3）高性能化

　　高性能指的是进一步提高 CPU 的性能,加快指令运算的速度和提高系统控制的可靠性。近年来,微控制器开始由复杂指令系统（CISC）向精简指令系统（RISC）发展,RISC 能够实现的流水线技术,大幅度提高了运行速度,并加强了位处理能力、中断、复位和定时控制等功能。

（4）小体积、低价格

　　为满足微控制器的嵌入式要求,通过提高集成度、改变封装、芯片引脚的复用以及根据应用需求筛选内部资源做成专用微控制器等,使其体积更小,价格更低。有些微控制器甚至把时钟、复位电路等外围器件也全部集成到片内,进一步提高微控制器的性能价格比,为应用提供便利。

（5）混合信号集成化

　　混合信号,即数字—模拟相结合的集成技术,是微控制器内部资源增加的发展方向。随着集成度的不断提高,可以把众多的外围器件集成在片内,如模数转换器、数模转换器、脉宽调制器、监视定时器和液晶显示驱动电路等。

（6）ISP 及基于 ISP 的开发环境

　　Flash 闪存的出现和发展,推动了在系统可编程 ISP(In System Programmable)技术的发展。它的作用是在 PC 机上的集成开发环境（如 Keil C51）支持下,通过所定义的 JTAG 接口把在 PC 机上编好的程序,直接对微控制器目标系统进行仿真调试,并在调试正确后进行在线下载,即将目标代码直接传输并烧录到微控制器的闪存中。

习题与思考题

1. 微机技术发展的两大分支是什么？它们的主要技术发展方向是什么？

2. 通用微型计算机系统与嵌入式计算机系统，在技术和应用等方面的主要区别是什么？

3. 何为微处理器、嵌入式系统、微控制器？为什么说微控制器是一种嵌入式系统？嵌入式系统有哪些特点？

4. 微控制器的存储结构有哪两种？各有什么特点？

5. 什么是 CISC？什么是 RISC？各有什么特点？

6. 描述典型微控制器的组成结构。每个组成部分又包含哪些模块？

7. 描述微控制器的内部总线和功能。

8. 微控制器中的特殊功能寄存器 SFR 的主要作用是什么？

9. 微控制器的主要性能包括哪几个方面？

10. 描述微控制器的发展趋势。

本章内容总结

微机技术概论

- **微机技术的发展与应用**
  - 微机技术的两大分支
    - 计算机两大分支：
      - 通用微型计算机：独立形态、独立使用的微型机，典型代表：个人计算机（PC机）
      - 嵌入式计算机：嵌入到对象体系中，实现对象体系智能化测控的微型计算机
    - 两大分支的发展：
      - 通用微型计算机：发展动力是满足高速、海量运算和处理的需求
      - 嵌入式微型计算机：发展动力是满足实时测控和各种嵌入式应用需求
  - 通用微型计算机
    - 组成：硬件和软件两部分
    - 发展历程：以字长和典型的微处理器芯片作为划分标志，从8位向64位通常分为五个阶段
  - 微处理器、嵌入式系统与微控制器
    - 微处理器：即CPU，是微型计算机的核心部件
    - 嵌入式系统：嵌入式计算机系统，将微型计算机芯片化
    - 微控制器：面向测控领域应用的单片微型计算机，使用最广泛的嵌入式系统
    - 嵌入式系统的类型：32位微处理器（如ARM）；8位微控制器，不需要操作系统，价格便宜
    - 嵌入式系统的特点："嵌入性"、"专用性"与"计算机"
  - 微控制器的发展与应用
    - 微控制器的发展：单芯片化的检索向微控制器和片上系统（SoC）发展，分为三个阶段
    - 微控制器的应用：智能仪器仪表、集成智能传感器、工业自动化测控、日常生活与家用电器等

- **微控制器的体系结构**
  - 两种存储结构
    - 哈佛结构：程序存储器和数据存储器分为2个寻址空间，具有较高的执行效率，是微控制器常用的存储方式
    - 冯·诺依曼结构：程序存储器和数据存储器合并为一个寻址空间，指令和数据宽度相同，是通用计算机常用的存储方式
  - 两种指令体系
    - 复杂指令体系（CISC）：寻址方式多，指令丰富，定长指令，编程效率高，指令的长度不同，执行速度不同，速度慢；CPU硬件结构复杂
    - 精简指令体系（RISC）：单周期，定长指令，可并行流水式执行指令，速度快，CPU硬件结构简单，但编程效率较低

- **微控制器的典型结构与运行管理模式**
  - CPU系统：由CPU、时钟系统、复位电路和总线控制逻辑组成
  - CPU外围电路
    - 程序存储器ROM：PROM、OTPROM、EPROM、EEPROM、Flash ROM，目前Flash ROM最常用
    - 数据存储器RAM：DRAM(用于PC机和32位微处理器)、SRAM（用于微控制器），Flash RAM（掉电后信息不会丢失）
    - 输入输出I/O口：是计算机和微控制器与外部设备交换信息和传输编程数据的重要通道
  - 特殊功能寄存器SFR：用于管理与控制微控制器内部各功能部件的运行，通过指令系统编程操作
  - 其他功能单元
    - 基本功能单元：中断系统、定时器/计数器、串行通信接口
    - 外围扩展单元：模数转换器、数模转换器、脉冲宽度调制、看门狗模块等
  - 内部总线：数据总线DB、地址总线AB、控制总线CB

- **微控制器的性能与发展趋势**
  - 结构特点：哈佛结构、指令系统突出控制功能、通用寄存器以内部RAM形式出现、引脚功能丰富
  - 运行管理：硬件功能模块实现内部SFR的I/O化集中管理、操作方式与可编程集成器件相似
  - 性能指标：CPU主频（运行速度）、CPU字长、位处理器、指令系统、存储容量、I/O端口、基本功能模块、外围功能单元
  - 发展趋势
    - I/O接口功能的增强：I/O接口的串行化，端口的电路结构扩展、高速I/O和驱动功能力的增强
    - 强大的功能发展：低功耗、小体积、低价格、宽工作电压范围、高性能化、混合信号集成化、ISP及开发环境

## 第 2 章

8051 微控制器硬件结构

美国 Intel 公司自推出 MCS-51 微控制器后,就对其微控制器内核采取了开放授权策略,这使得众多厂家积极参与到 8051 系列微控制器的兼容性产品研发中,这些兼容 MCS-51 内核的微控制器可通称为 8051 微控制器。虽然不同厂家生产的 8051 微控制器型号繁多,但它们基本的硬件结构、内部功能单元和工作原理是相同的,并且支持相同的指令集,这使得我们可以通过对典型的一款 8051 微控制器的讨论,来深入学习 8051 的体系结构。

本章以典型的 8051 微控制器为例,介绍其组成结构、工作原理、存储器组织以及 I/O 端口内部结构与应用特性、时钟与复位、MCU 的工作方式等硬件构架。此外,还介绍了 8051 系列 MCU 的技术发展以及几款增强型 8051 微控制器。

2.1 微控制器结构

微控制器是把微型计算机的基本功能部件集成在一个芯片上的大规模集成电路,通常包含 CPU、存储器(ROM、RAM)、输入输出(I/O)接口、中断系统、定时器/计数器、串行接口、时钟和复位电路等。

2.1.1 组成结构

典型 8051 微控制器(为书写方便,以下简称 8051 MCU)的硬件组成结构如图 2-1 所示,采用的是 CPU 加上功能模块的传统微型计算机的结构模式,CPU 与各功能模块通过内部总线相连接,进行信息交互。其主要包括下列功能模块:

①中央处理器(CPU);

②数据存储器(RAM);

③程序存储器(ROM);

④4 个 8 位可编程并行 I/O 口(P0 口、P1 口、P2 口、P3 口);

⑤2 个 16 位定时器/计数器;

⑥中断系统;

⑦1 个全双工串行口;

⑧特殊功能寄存器 SFR(Special Function Register)。

2.1.2 功能特点

①CPU(中央处理器)。有一个 8 位的 CPU,是微控制器的核心,包括运算器和控制器

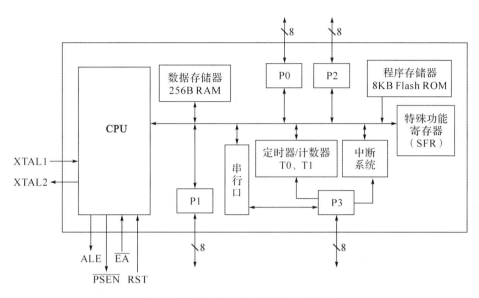

图 2-1　典型 8051 微控制器内部结构

两大部分,主要完成运算和控制功能。

②内部数据存储器(内部 RAM)。典型 8051 MCU 的内部 RAM 为 256B,地址为 00H~FFH。

③外部数据存储器(外部 RAM)。8051 MCU 可以通过数据总线和地址总线扩展外部 RAM,最大扩展容量为 64KB,地址范围为 0000H~FFFFH。

④内部程序存储器(内部 ROM)。8051 MCU 集成有 4~64KB 不等的 ROM。目前大多采用 Flash ROM,本书以内部 ROM 为 8KB(地址范围为 0000H~1FFFH)的 MCU 为例进行介绍。

⑤外部程序存储器(外部 ROM)。当内部 ROM 容量不够时,8051 MCU 可以进行外部 ROM 的扩展,最多可以外扩 64KB,地址范围为 0000H~FFFFH。

⑥中断系统。具有 5 个中断源,2 个中断优先权。

⑦定时器/计数器。有 2 个 16 位的定时器/计数器,具有 4 种工作方式。

⑧串行口。1 个全双工的通用异步接收和发送器 UART(Universal Asynchronous Receiver/Transmitter),具有 4 种工作方式,可进行串行通信和串行扩展 I/O 接口。

⑨4 个 8 位并行 I/O 口。P0 口、P1 口、P2 口、P3 口,除作为通用输入输出接口,大多有第二功能。用于通用 I/O 接口时,4 个端口均为准双向口。

⑩布尔处理器。具有较强的位寻址、位处理能力。

⑪特殊功能寄存器(SFR)。有 21 个特殊功能寄存器 SFR,用于对内部各功能模块的管理、控制和监视。SFR 实际上是内部各功能模块的控制寄存器和状态寄存器,这些 SFR 分布在地址为 80H~FFH 的专用 RAM 空间中。其地址与内部 RAM 高 128B 的地址空间重叠。

⑫时钟电路。通过外接石英晶体振荡器和微调电容,产生微控制器工作需要的时钟脉冲。

⑬指令系统。有 5 大功能,共 111 条指令,采用复杂指令系统(CISC)。

2.1.3 引脚与功能

1. 封装形式

8051 MCU 的生产厂家众多,不同厂家生产的芯片型号各不一样,封装形式、管脚数量、管脚定义也不尽相同。微控制器与集成电路一样具有三种封装形式。图 2-2(a)为 40 脚 DIP(Dual In-line Package)的封装形式;图 2-2(b)为 QFP(Quad Flat Package)封装形式,这种封装体积小巧并且很薄,属于表面贴焊的封装形式;图 2-2(c)为 PLCC(Plastic Leaded Chip Carrier)封装形式,这种封装也很小并且可配专门的方形插座。封装仅仅是芯片的外部表现形式。

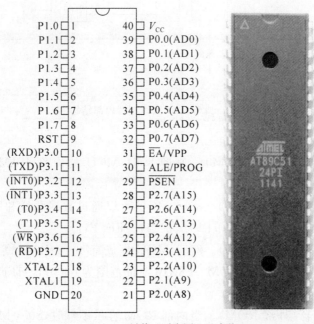

（a）DIP封装（引脚图）及实物

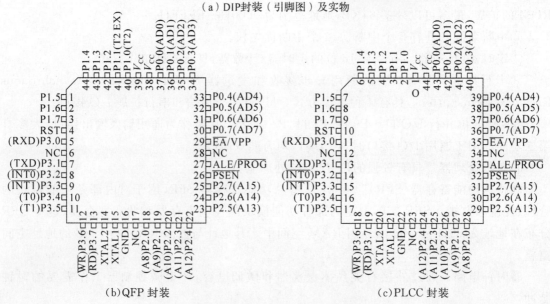

（b）QFP 封装   （c）PLCC 封装

图 2-2 微控制器的常见封装形式

2. 引脚功能

典型 8051 MCU 有 40 条引脚,可分为 4 组:电源引脚、时钟引脚、控制信号、I/O 口线。

①电源引脚(2 条):V_{CC}、V_{SS}(GND)。

● V_{CC}:电源端,接工作电压,一般为 +5V。

● V_{SS}:接地端,接电源参考地,一般为 0V。

②时钟引脚(2 条):XTAL1(External Crystal Oscillator)、XTAL2。

● XTAL1:接外部晶振一端,是内部时钟电路反相放大器的输入端。

● XTAL2:接外部晶振另一端,是内部时钟电路反相放大器的输出端,从该引脚可输出频率为晶振频率的时钟信号。

XTAL1 和 XTAL2 两个引脚除连接外部石英晶体外,还要连接外部起振电容。

③控制引脚(4 条):RST、$\overline{EA}$、ALE、$\overline{PSEN}$。

● RST(Reset):复位信号输入端,高电平有效。在该引脚输入高电平,微控制器即进入复位状态;此引脚为低电平时,微控制器正常工作。正常工作时,在该引脚输入 2 个机器周期的高脉冲,就可复位微控制器。

● $\overline{EA}$(External Access Enable):内部/外部程序存储器选择信号输入端,低电平有效。当 $\overline{EA}=0$ 时,CPU 只寻址外部 ROM,即 CPU 从外部 ROM 的 0000H 开始执行程序。当 $\overline{EA}=1$ 时,CPU 从内部 ROM 地址为 0000H 单元开始执行程序,当取指的 ROM 地址大于 1FFFH(即超出内部 8KB)时,则自动转向从外部 ROM 读取程序。

● ALE(Address Latch Enable):低 8 位地址锁存允许信号输出端,有效时输出一个高脉冲。

当微控制器进行外部 ROM 或 RAM 等扩展时,ALE 用于锁存 P0 口输出的低 8 位地址信息,以实现 P0 口分时输出的低 8 位地址线和 8 位数据线的分离。外扩 ROM 的连接如图 2-3 所示,P0 口的 8 条引脚与 8 位锁存器 74LS373 的输入端相连,ALE 信号连接到锁存器的使能端。当 P0 口输出地址信息 A7～A0 时,ALE 有效(输出一个高脉冲)。利用该信号将 A7～A0 锁存到 74LS373 的输出端,使得 P0 口瞬时出现的地址信息得以稳定输出到外扩的存储器芯片上。即通过这样的连接,运用 74LS373 扩展了低 8 位地址线 A7～A0,而高 8 位地址线 A15～A8 由 P2 口输出。这样连接后,P0 口可看作是 8 位数据口,这样 8051 MCU 就具备了外扩存储器需要的 8 位数据线和 16 位地址线。

● $\overline{PSEN}$(Program Strobe Enable):外部 ROM 选通信号输出端,低电平有效。当微控制器从外部 ROM 取指令时,该引脚输出一个低脉冲。该信号连接到外部 ROM 的输出使能端($\overline{OE}$),将 PC 所指的 ROM 单元中的指令送到数据线,完成 CPU 读取指令操作。

> 由于增强型 8051 MCU 均集成了很大容量的 ROM,所以基本不需要进行外扩。因此,除 RST 复位引脚外,其他控制信号已很少使用。

④I/O 引脚(32 条)。

8051 MCU 有 4 个 8 位的准双向 I/O 接口,共有 32 条 I/O 口线。其引脚标记、名称和功能,列于表 2-1。

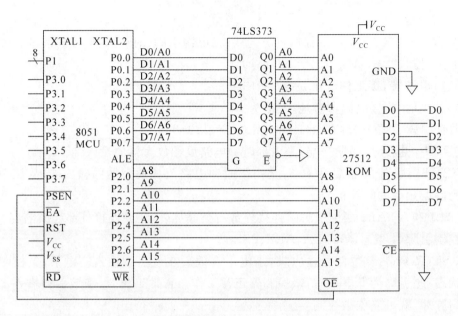

图 2-3　P0 口作数据线和低 8 位地址线的分离和 ALE 的作用

表 2-1　I/O 端口的引脚标记、名称和功能

引脚标记	引脚和功能
P0.0～P0.7	P0 口:开漏结构的准双向口。第一功能是普通 I/O 口,需外接上拉电阻;第二功能是分时复用的 8 位数据线和低 8 位地址线
P1.0～P1.7	P1 口:带内部上拉电阻的准双向口,无第二功能
P2.0～P2.7	P2 口:带内部上拉电阻的准双向口。第一功能是普通 I/O 口;第二功能是高 8 位地址线

引脚标记	引脚和功能
P3.0～P3.7	P3 口:带内部上拉电阻的准双向口。第一功能是普通 I/O 口;第二功能定义如下:

口　　线	第二功能	英文注释
P3.0	RXD(串行口输入)	Receive External Data
P3.1	TXD(串行口输出)	Transmitted External Data
P3.2	$\overline{\text{INT0}}$(外部中断 0 输入)	Interrupt 0
P3.3	$\overline{\text{INT1}}$(外部中断 1 输入)	Interrupt 1
P3.4	T0(定时器 0 计数输入)	Timer 0
P3.5	T1(定时器 1 计数输入)	Timer 1
P3.6	$\overline{\text{WR}}$(外部 RAM"写"选通)	Write
P3.7	$\overline{\text{RD}}$(外部 RAM"读"选通)	Read

2.2　微控制器的工作原理

对微控制器使用者来说,并不需要详细了解其内部结构中的具体线路,但需要清楚理解微控制器的工作原理和过程。微型计算机和微控制器都是通过执行程序开展工作的,执行不同的程序就能完成不同的任务。因此,CPU 执行程序的过程实际上就体现了微控制器的工作原理与工作过程。

2.2.1　CPU 的结构与组成

CPU 由运算器和控制器两大部分组成。运算器是用来对数据进行算术运算和逻辑操作的执行部件;控制器是用来统一指挥和管理微控制器工作的部件。其组成结构如图 2-4 所示。

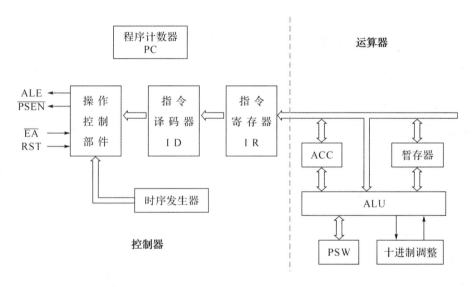

图 2-4　CPU 组成结构

1. 控制器

控制器是 CPU 的大脑中枢。其功能是从 ROM 中逐条读取指令,进行指令译码,并通过定时和控制电路,在规定的时刻发出执行指令操作所需的控制信号,使各部分按照一定的节拍协调工作,实现指令规定的功能。

控制器由指令部件、时序部件和操作控制部件三部分组成。

(1)指令部件

指令部件是一种能对指令进行分析、处理并产生控制信号的逻辑部件,也是控制器的核心,由 16 位程序计数器 PC(Program Counter)、指令寄存器 IR(Instruction Register)、指令译码器 ID(Instruction Decode)等组成。

①程序计数器 PC:是一个 16 位专用寄存器,由高 8 位 PCH 和低 8 位 PCL 组成。用于存放下一条要执行指令的 ROM 地址,其寻址范围是 2^{16} 即 64KB。

②指令寄存器 IR：8 位寄存器，存放当前指令的操作码，等待译码。

③指令译码器 ID：对当前指令操作码进行译码。所谓"译码"，就是通过操作控制部件，把指令转变成执行此指令所需要的各种控制信号，使微控制器完成该指令规定的操作。

（2）时序部件

时序部件由一个时钟电路和一组计数分频器组成，用于产生操作控制部件所需的时序信号。通过外部引脚连接的晶振为时钟电路提供振荡源，时钟电路输出的信号频率即为外接晶振的频率。该时钟信号是 CPU 工作的时钟基准，其周期称为振荡周期或时钟周期。这个基准信号经过进一步的计数分频，产生微控制器工作所需的状态周期、机器周期等信号。

（3）操作控制部件

操作控制部件为指令译码器的输出信号配上节拍电位和节拍脉冲，也可以和外部输入的控制信号组合，共同形成内部硬件需要的操作控制序列信号，以完成规定的操作。

2. 运算器

运算器的任务是数据的处理和加工。8051 MCU 中，除有 8 位运算器和处理电路外，为了提高位操作能力，还有布尔（位）处理器和位处理逻辑电路，因此使 8051 MCU 具有强大的位处理能力。

运算器由算术逻辑运算部件 ALU（Arithmetic Logic Unit）、位处理器、累加器 A（Accumulator）、暂存寄存器、程序状态字寄存器 PSW（Program Status Word）和 BCD 码运算调整电路等组成。

①算术逻辑运算部件 ALU。ALU 是对数据进行算术运算和逻辑操作的执行部件，由加法器和其他逻辑电路（移位电路和判断电路等）组成。在控制信号的作用下，能完成算术加、减、乘、除和逻辑与、或、异或等运算以及循环移位操作等功能。运算结果的状态信息保存在程序状态字寄存器（PSW）的有关标志位。

②位处理器（布尔处理器）。能直接处理位，在位逻辑和位功能上有独到优势，对于微控制器中的位寻址空间，能够进行位的置位、清零、取反、传送等操作。位处理器中功能最强、使用最频繁的位是 PSW 中的进位标志位 Cy，也称其为位累加器。

③暂存寄存器。用于暂存将进入运算器的数据，它不能访问。设置暂存器的目的是暂时存放某些中间过程产生的信息，以避免破坏通用寄存器的内容。

④A、PSW 等寄存器将在 2.3.4 中介绍。

2.2.2　微控制器的工作过程

微控制器的工作过程实质上是执行程序的过程。用户编写的程序要预先存放在 ROM 中，微控制器的工作过程就是从 ROM 中逐条取出指令并执行的过程。

1. 程序与指令

程序是为实现某个功能而编写的一系列指令的有序集合。而指令是微控制器指挥各功能部件工作的指示和命令。微控制器使用者熟悉的指令用助记符进行表示，而微控制器能识别的代码是指令的机器码，是一组二进制数。对于微控制器的指令类别、数量、助记符、机器代码等,因其使用的内核不同而不同,是由内核设计者规定的。采用 8051 内核的 MCU,其指令系统都是相同的。

一条指令包括两部分内容:

①操作码:指明指令的功能(即做什么操作);

②操作数:指明指令执行的数据或数据存放的地址(即操作对象)。

2. 指令样例

助记符		机器码(16 进制)		机器码(二进制)	
①ADD	A,#68H	24	68	00100100	01101000
②MOV	A,#15H	74	15	01110100	00010101
③SETB	P1.0	D2	90	11010010	10010000

助记符是微控制器指令的符号,是有助于使用者学习和掌握的一种汇编指令符号。机器码是存放在 ROM 中,将由 CPU 执行的指令。(相关内容见第 3 章)

第 1 条指令的操作码是 24H,操作数是 68H。指令执行的操作是将累加器 A 的内容与立即数 68H 相加,并把结果放回 A 中。即(A)←(A)+68。

第 2 条指令的操作码是 74H,操作数是 15H。指令执行的操作是将立即数 15H 赋给累加器 A,执行后 A 中的内容为 15H。即(A)←15H。

第 3 条指令的操作码是 D2H,操作数是 90H。指令执行的操作是将 P1 口的 D0 位即 P1.0 置为 1,执行后 P1.0 引脚变为高电平。即 P1.0←1。

3. 指令执行过程

每条指令的执行可分为 3 个阶段,即读取指令、分析指令和执行指令。

①读取指令。根据程序计数器 PC 中的值,从 ROM 中读出当前要执行的指令,送到指令寄存器 IR。

②分析指令。将指令寄存器 IR 中的操作码送入指令译码器进行译码,分析该指令要求进行什么操作、操作数在哪里等。

③执行指令。取出操作数,然后按照操作码规定的功能,由操作控制电路发出一系列时序和控制信号,完成指令规定的操作。

4. 指令执行过程实例

下面通过一条指令的执行过程,简要说明微控制器的工作过程。设要执行的指令为 "MOV　A,#15H",其功能是要把立即数 15H 送到累加器 A,指令的机器码是"74H,15H"(74H 是操作码,15H 是操作数)。假设这条指令存放在内部 ROM 的 0000H 和 0001H 单元中。8051 MCU 复位后,程序计数器 PC 中的值为 0000H,即指向 ROM 的 0000H 单元,表示 CPU 从该单元读取指令执行。微控制器指令执行的过程见图 2-5,具体执行过程如下。

(1)读取指令

①PC 的内容(0000H)通过地址总线 AB 送到地址寄存器 AR;然后,PC 指针自动加 1 (变为 0001H),指向指令的下一字节。

②地址寄存器的内容(0000H)送到程序存储器(ROM),经存储器中的地址译码电路寻址到 0000H 单元。

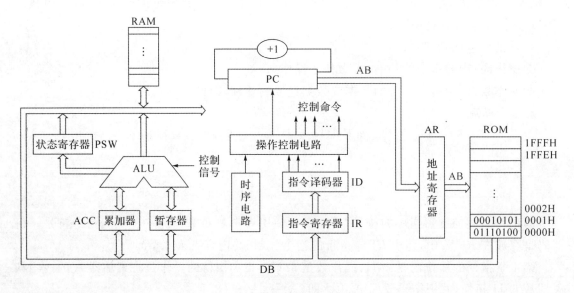

图 2-5   指令执行过程示意

③在内部控制逻辑作用下,被寻址的 ROM 单元的内容(此时为 74H),通过内部数据总线 DB 送到指令寄存器 IR。

(2)分析与执行指令

①IR 中的操作码 74H,送指令译码器 ID,并经译码后,CPU 就会知道该指令是要将一个立即数送到累加器 A 中,而该立即数(即操作数)就存放在操作码的下一个 ROM 单元。

②于是 CPU 执行一个与取操作码相似的过程,把 PC 所指的 0001H 单元中的操作数 15H 取出,经内部总线直接送入 A,而不是送入指令寄存器。

③PC 指针每次都会自动加 1,此时 PC 的值变为 0002H。

至此该条指令执行完毕,此时(PC)=0002H,CPU 将进入下一个指令的取指和执行。CPU 就是这样逐条执行存放在 RQM 中的指令,来实现程序所规定的功能的。所以微控制器的工作过程就是执行程序的过程。

> 微控制器在工作前,必须要把程序(完成一定功能的指令序列)存放在 ROM 中。微控制器上电后,即从 ROM 中逐条取出指令,开始执行程序。

2.3   存储器结构与地址空间

不同微控制器中存储器的用途是相同的,但其存储结构与容量却不完全相同。微控制器中的存储器有两种基本结构,分别为 ROM 和 RAM 统一编址的冯·诺依曼结构,以及 ROM 和 RAM 分别编址的哈佛(Harvard)结构。

2.3.1   存储器配置

8051 微控制器中的存储器采用哈佛结构,即 ROM 和 RAM 是分开寻址的。由于 8051

MCU 有 16 条地址线,所以可以分别扩展 64KB 的 ROM 和 64KB 的 RAM。如图 2-6 所示,是 8051 MCU 的存储器配置,在物理结构上有 4 个存储空间,分别为内部 ROM(8KB)、外部 ROM(64KB)、内部 RAM(256B)和外部 RAM(64KB);在逻辑上,即从用户使用的角度来看,可视作具有 3 个存储空间,分别为内部外部统一编址的 64KB ROM、256B 内部 RAM 和 64KB 外部 RAM。

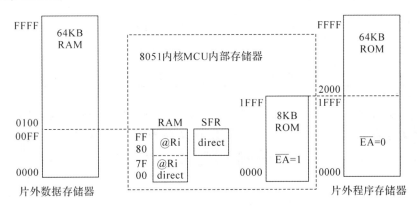

图 2-6　8051 MCU 的存储器结构与地址空间

2.3.2　程序存储器 ROM

程序存储器用于存放应用程序和数据表格,以及掉电后不希望丢失的信息。

1. ROM 的空间与地址

8051 MCU 内部有 8KB ROM,地址范围为:0000H～1FFFH;通过 16 位地址线可扩展 64KB 外部 ROM,地址范围为:0000H～FFFFH。由于 8051 MCU 的内部、外部 ROM 是统一编址的,即总存储空间是 64KB,因此内部 8KB ROM 和外部低 8KB ROM 只能选用其一。

2. ROM 的编址重叠问题

由于内部 8KB ROM 和外部低 8KB ROM,是具有相同地址的两个空间,即存在地址重叠问题。其解决方法是通过控制信号 $\overline{EA}$ 进行两个重叠空间的选择,即通过连接到 $\overline{EA}$ 引脚的电平,来确定低 8KB ROM 是选用内部还是外部。

$\overline{EA}=0$,表示选用外部 ROM,CPU 将从外部 ROM 的 0000H 开始执行程序。这时用户应将全部程序写入到外扩的 ROM 中。

$\overline{EA}=1$,表示地址为 0000H～1FFFH 的低 8KB 选用内部 ROM,这时 CPU 从内部 ROM 的 0000H 开始执行程序;当 PC 指针超过 1FFFH 时,自动转向外部 ROM 2000H 开始的空间取指执行。这种情况,用户应将前 8K 程序写到内部 ROM,超过部分写到外扩 ROM 2000H 开始的 ROM 中。

3. ROM 中的 6 个特殊单元

8051 MCU 的 ROM 中有 6 个特殊单元,被规定为特定的程序入口地址,一个复位入口和 5 个中断入口,如表 2-2 所示。所谓入口,是指程序一旦满足条件,PC 指针的值自动变为这些入口地址,CPU 将自动转向这些单元取指执行。

表 2-2 8051 的复位和中断地址向量

名 称	入口地址	意 义
复位	0000H	系统复位后(PC)＝0000H
外部中断 0	0003H	外部中断 0 响应时程序转向 0003H
计时器 T0 溢出	000BH	T0 中断响应时程序转向 000BH
外部中断 1	0013H	外部中断 1 响应时程序转向 0013H
计时器 T1 溢出	001BH	T1 中断响应时程序转向 001BH
串行口中断	0023H	串行口中断响应时程序转向 0023H

　　从表 2-2 可见,6 个特殊地址之间只有 3 个或 8 个存储单元的间隔,因此通常在复位入口和各中断服务程序的入口,存放一条无条件跳转指令,将程序引向相关程序真正的存放区执行程序(详见指令和中断相关章节内容)。

2.3.3 数据存储器 RAM

　　数据存储器一般用于存放实时采集的数据、计算的中间结果、控制参数、需要传送和显示的数据等。8051 MCU 的数据存储器有内部和外部两个空间,目前大多 8051 MCU 具有 256B 的通用内部 RAM(00~FFH),外部可以扩展 64KB RAM(0000H~FFFFH)。

1. 内部数据存储器

　　内部 RAM 的 256 字节,其中低 128B(00H~7FH)是基本数据存储器,可采用直接寻址、寄存器间接寻址、位寻址等多种寻址方式;高 128B(80H~FFH)是扩展数据存储器,只能采用寄存器间接寻址方式。为与特殊功能寄存器空间相区别,内部 RAM 也称为通用 RAM。

　　内部 RAM 可分为工作寄存器区、位寻址区和用户 RAM 区,如图 2-7 所示。

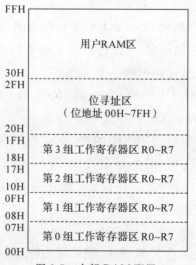

图 2-7 内部 RAM 配置

（1）工作寄存器区

工作寄存器区位于内部 RAM 的 00H～1FH 单元,共 32 字节,分为 4 个组,每个组的 8 个单元分别定义为 8 个工作寄存器 R0～R7。

工作寄存器 0 组是地址为 00H～07H 的 8 个单元,分别对应 R0～R7；

工作寄存器 1 组是地址为 08H～0FH 的 8 个单元,分别对应 R0～R7；

工作寄存器 2 组是地址为 10H～17H 的 8 个单元,分别对应 R0～R7；

工作寄存器 3 组是地址为 18H～1FH 的 8 个单元,分别对应 R0～R7。

对于 4 个工作寄存器组,任何时刻只能选择其中一组使用,被选中的一组称为当前工作寄存器组,上电复位后,默认选择第 0 组。当前工作寄存器组可通过设置程序状态字 PSW 中的 RS1、RS0 进行选择。表 2-3 为工作寄存器组选择和各组寄存器对应的地址。

表 2-3　工作寄存器组与寄存器地址

组	RS1	RS0	R0	R1	R2	R3	R4	R5	R6	R7
0	0	0	00H	01H	02H	03H	04H	05H	06H	07H
1	0	1	08H	09H	0AH	0BH	0CH	0DH	0EH	0FH
2	1	0	10H	11H	12H	13H	14H	15H	16H	17H
3	1	1	18H	19H	1AH	1BH	1CH	1DH	1EH	1FH

例如,若 RS0、RS1 均为 0,则第 0 组为当前工作寄存器组,此时 R0 就是内部 RAM 的 00H 单元,R1 就是 01H 单元,以此类推。如需选用第 1 组,则应将 RS0 置为 1,此时 R0 就是 08H 单元,R1 就是 09H 单元,以此类推。CPU 复位后,默认当前工作寄存器组为第 0 组。如果程序中不需要使用 4 组,则其余工作寄存器区空间可以作为一般数据存储器使用。

工作寄存器区是寄存器寻址区域,对该区域操作的指令数量多,且均为单周期指令,执行速度快。

（2）位寻址区

内部 RAM 的 20H～2FH 单元是位寻址区,16 个单元共 128 位,位地址为 00H～7FH。对于位寻址空间,MCU 可用位操作指令对其进行访问。位寻址能力是 MCU 用于控制的重要特征。128 个位地址和 16 个单元字节地址的关系见表 2-4。这些单元既可进行字节寻址,又可进行位寻址。

表 2-4　字节地址和位地址的关系

字节地址	MSB ← 位地址 → LSB							
	D7	D6	D5	D4	D3	D2	D1	D0
2FH	7FH	7EH	7DH	7CH	7BH	7AH	79H	78H
2EH	77H	76H	75H	74H	73H	72H	71H	70H
2DH	6FH	6EH	6DH	6CH	6BH	6AH	69H	68H
2CH	67H	66H	65H	64H	63H	62H	61H	60H

续表

字节地址	MSB ← 位地址 → LSB							
	D7	D6	D5	D4	D3	D2	D1	D0
2BH	5FH	5EH	5DH	5CH	5BH	5AH	59H	58H
2AH	57H	56H	55H	54H	53H	52H	51H	50H
29H	4FH	4EH	4DH	4CH	4BH	4AH	49H	48H
28H	47H	46H	45H	44H	43H	42H	41H	40H
27H	3FH	3EH	3DH	3CH	3BH	3AH	39H	38H
26H	37H	36H	35H	34H	33H	32H	31H	30H
25H	2FH	2EH	2DH	2CH	2BH	2AH	29H	28H
24H	27H	26H	25H	24H	23H	22H	21H	20H
23H	1FH	1EH	1DH	1CH	1BH	1AH	19H	18H
22H	17H	16H	15H	14H	13H	12H	11H	10H
21H	0FH	0EH	0DH	0CH	0BH	0AH	09H	08H
20H	07H	06H	05H	04H	03H	02H	01H	00H

(3)用户 RAM 区

内部 RAM 的 30H～FFH 空间,以及没有使用的工作寄存器区和位寻址区,均可作为用户 RAM 区,通常用作数据缓冲区和堆栈区。

数据缓冲区用来存放各种用户数据,如 A/D 转换结果、扫描得到的键值、参数设定值、数据处理结果、显示或通信缓冲区等等。

堆栈区是一种具有特殊用途的存储区域,其作用是用于暂存数据和地址;在子程序和中断服务程序中,用于保护断点和保护现场。

2. 外部数据存储器

外部 RAM 最多可以扩展 64KB,地址范围为 0000H～FFFFH。CPU 访问内部 RAM 和外部 RAM 的指令不同,内部 RAM 访问指令多、速度快,可采用直接寻址和寄存器间接寻址等方式;外部 RAM 访问指令少,速度也较慢,且只有一种寄存器间接寻址方式。

对于内部 RAM 256B 与外部 RAM 低 256B 的地址重叠问题,解决办法是:访问内部、外部 RAM,采用不同的指令。

2.3.4　特殊功能寄存器 SFR

特殊功能寄存器 SFR 也称"专用寄存器",主要用于内部功能模块(如定时器/计数器、串行口、中断系统等)的管理和控制,用来存放功能模块的控制命令、状态和数据。用户通过对 SFR 的编程,即可方便地管理和运用微控制器中的功能部件。

1. SFR 的定义与分布

8051 MCU 有 21 个 8 位的特殊功能寄存器 SFR,它们离散分布在专用寄存器 80H～FFH 的空间中,其余未定义的单元,访问无效。除程序计数器 PC 指针和 R0～R7 工作寄存器外,其余所有的寄存器都属 SFR。有些 SFR 可以位寻址,能位寻址的单元一定能字节寻址。21 个 SFR 的符号、地址、名称和作用、位寻址功能见表 2-5。

表 2-5　特殊功能寄存器的名称和地址

序　号	符　号	地　址	名称和作用		位寻址
1	B	F0H	称为 B 的一个寄存器(乘除指令中用)		√
2	A	E0H	Accumulator	累加器	√
3	PSW	D0H	Program Status Word	程序状态字	√
4	IP	B8H	Interrupt Priority	中断优先级控制寄存器	√
5	P3	B0H	Port 3	并行口 P3	√
6	IE	A8H	Interrupt Enable	中断允许控制寄存器	√
7	P2	A0H	Port 2	并行口 P2	√
8	SBUF	99H	Serial Data Buffer	串行口数据寄存器	
9	SCON	98H	Serial Control	串行口控制寄存器	√
10	P1	90H	Port 1	并行口 P1	√
11	TH1	8DH	Timer 1 High Byte	定时器 1 高 8 位	
12	TH0	8CH	Timer 0 High Byte	定时器 0 高 8 位	
13	TL1	8BH	Timer 1 Low Byte	定时器 1 低 8 位	
14	TL0	8AH	Timer 0 Low Byte	定时器 0 低 8 位	
15	TMOD	89H	Timer Mode	定时器/计数器方式寄存器	
16	TCON	88H	Timer Control	定时器/计数器控制寄存器	√
17	PCON	87H	Power Control	电源控制寄存器	
18	DPH	83H	Data Pointer High Byte	数据指针 DPTR 高 8 位	
19	DPL	82H	Data Pointer Low Byte	数据指针 DPTR 低 8 位	
20	SP	81H	Stack Pointer	堆栈指针	
21	P0	80H	Port 0	并行口 P0	√

2. SFR 的位寻址空间

在 21 个 SFR 中,字节地址的低位为 0H 或 8H 的 SFR,既可字节寻址,也可位寻址。它们的符号、寄存器名称、位地址与位名称、字节地址的对应关系见表 2-6。

通用 RAM 中的位寻址区(128 位)和 SFR 中的位寻址区(83 位),构成了 8051 MCU 的位寻址空间。

表 2-6　特殊功能寄存器(SFR)的位地址

符　号	寄存器名	位符号地址和物理地址								字节地址
		D7	D6	D5	D4	D3	D2	D1	D0	
B	B 寄存器	F7H	F6H	F5H	F4H	F3H	F2H	F1H	F0H	F0H
		B. 7	B. 6	B. 5	B. 4	B. 3	B. 2	B. 1	B. 0	
ACC	累加器	E7H	E6H	E5H	E4H	E3H	E2H	E1H	E0H	E0H
		ACC. 7	ACC. 6	ACC. 5	ACC. 4	ACC. 3	ACC. 2	ACC. 1	ACC. 0	
PSW	程序状态字	D7H	D6H	D5H	D4H	D3H	D2H	D1H	D0H	D0H
		Cy	AC	F0	RS1	RS0	OV	F1	P	
IP	中断优先级寄存器	BFH	BEH	BDH	BCH	BBH	BAH	B9H	B8H	B8H
		—	—	—	PS	PT1	PX1	PT0	PX0	
P3	P3 口	B7H	B6H	B5H	B4H	B3H	B2H	B1H	B0H	B0H
		P3. 7	P3. 6	P3. 5	P3. 4	P3. 3	P3. 2	P3. 1	P3. 0	
IE	中断允许寄存器	AFH	AEH	ADH	ACH	ABH	AAH	A9H	A8H	A8H
		EA	—	—	ES	ET1	EX1	ET0	EX0	
P2	P2 口	A7H	A6H	A5H	A4H	A3H	A2H	A1H	A0H	A0H
		P2. 7	P2. 6	P2. 5	P2. 4	P2. 3	P2. 2	P2. 1	P2. 0	
SCON	串行口控制寄存器	9FH	9EH	9EH	9CH	9BH	9AH	99H	98H	98H
		SM0	SM1	SM2	REN	TB8	RB8	TI	RI	
P1	P1 口	97H	96H	95H	94H	93H	92H	91H	90H	90H
		P1. 7	P1. 6	P1. 5	P1. 4	P1. 3	P1. 2	P1. 1	P1. 0	
TCON	定时器控制寄存器	8FH	8EH	8DH	8CH	8BH	8AH	89H	88H	88H
		TF1	TR1	TF0	TR0	IE1	IT1	IE0	IT0	
P0	P0 口	87H	86H	85H	84H	83H	82H	81H	80H	80H
		P0. 7	P0. 6	P0. 5	P0. 4	P0. 3	P0. 2	P0. 1	P0. 0	

　　在指令中,对于 SFR 寄存器和可位寻址的功能位有两种表示方式,一种是用符号地址,另一种是用物理地址。如 PSW 和 D0H 都代表程序状态字寄存器,两者是等价的;P0.0 和 80H 都代表 P0 口的最低位,两者是等价的。汇编程序对于符号地址和物理地址均能自动识别和编码。由于符号地址便于记忆且含义明确,并能增强程序的可读性,建议在程序设计中采用该表达方式。

3. 程序计数器 PC

　　程序计数器 PC,也称为程序指针或 PC 指针,是一个 16 位的专用寄存器,用于存放下一条要执行的指令地址。复位后 PC 的内容为 0000H,即指向 ROM 的 0000H 单元,表示CPU 将从 0000H 取指令执行程序。PC 不属于特殊功能寄存器,因此不占用 SFR 地址空间,是不可寻址的。在程序中不能直接访问,不能用指令对其进行赋值,但可以通过程序控制转移类指令间接赋值。如无条件转移、条件转移、子程序调用等指令能够改变 PC 指针的值,从而实现程序的循环、分支和调用等程序流程方式。

4. 特殊功能寄存器介绍

(1)累加器 A 或 ACC(Accumulator)

累加器 A 或 ACC 是 MCU 中使用最频繁的一个 8 位寄存器。在算术、逻辑类操作时,ALU 的一个输入来自于 A,运算结果也大多保存到 A 中。其字节地址为 E0H,可以位寻址,位地址分别为 E0H～E7H,如下所示:

位地址	E7	E6	E5	E4	E3	E2	E1	E0
位符号	ACC. 7	ACC. 6	ACC. 5	ACC. 4	ACC. 3	ACC. 2	ACC. 1	ACC. 0

(2)B 寄存器

在乘法和除法指令中,B 寄存器用来存放一个乘数或被除数,其他时候可以作为一般寄存器使用。B 寄存器的字节地址为 F0H,可以位寻址,位地址分别为 F0H～F7H。

(3)程序状态字寄存器 PSW(Program Status Word)

PSW 是一个 8 位寄存器,用于存放程序执行过程中所反映的状态信息,如运算过程中有没有产生进位或借位、带符号数运算有没有溢出等。其字节地址为 D0H,可以位寻址,位地址分别为 D0H～D7H,如下所示:

位地址	D7	D6	D5	D4	D3	D2	D1	D0
位符号	Cy	AC	F0	RS1	RS0	OV	F1	P
英文注释	Carry	Assistant Carry	Flag 0	Register bank Selector bit 1	Register bank Selector bit 0	Overflow	Flag 1	Parity Flag

在 PSW 的 8 个位中,其中 4 位(奇偶标志位 P、溢出标志位 OV、辅助进位标志位 AC 及进位标志位 Cy)是状态位,由 CPU 根据指令执行结果自动置 1 或清 0;另 4 位(F0、F1、RS1、RS0)是控制位,可由软件进行编程。F1、F0 没有给出具体定义,由用户使用;RS1 和 RS0 用于选择当前工作寄存器组。

4 个标志位的具体含义说明如下:

①进位标志位 C 或 Cy。在进行加法或减法运算时,若最高位(D7)发生进位或借位,则 C 置为 1,否则清为 0。

②辅助进位标志位 AC。在进行加法或减法运算时,若低半字节向高半字节(即 D3 向 D4)发生进位或借位,则 AC 置为 1,否则清为 0。

③溢出标志位 OV。表示在进行带符号数的加、减运算时是否发生溢出。当运算结果溢出(即超出了累加器 A 所能表示的带符号数的范围－128 ～＋127)时,OV 置为 1;运算结果没有溢出,OV 清为 0。

8 位无符号数的表示范围为 0～255,8 位带符号数的表示范围为－128～＋127。

判断 OV 标志的两种方法:

● 方法 1。当位 6 向位 7 有进位(借位),而位 7 不向 Cy 进位(借位)时;或位 6 不向位 7 进位(借位),而位 7 向 Cy 进位(错位)时;OV＝1,表示带符号数运算结果溢出,结果错误。当位 6、位 7 均向或均不向位 7、Cy 进位(借位)时,OV＝0,表示带符号数运算没有溢出,结果正确。

> 另一表述方法为:若以 C_i 表示位 i 向位 $i＋1$ 的进位或借位,当发生进位或借位时,$C_i＝1$;否则,$C_i＝0$。则 $OV＝C6 \oplus C7$,其中 $\oplus$ 表示异或。

● 方法 2。当加法或减法的运算结果超出 $-128 \sim ＋127$ 时,OV＝1;否则,OV＝0。如两个正数相加,结果变成负数;或两个负数相加,结果变成正数;均表示发生了溢出。

> 另外,对于乘法 MUL,当 A、B 两个乘数的积超过 255 时,OV＝1;否则,OV＝0。对于除法 DIV,若除数为 0 时,OV＝1;否则,OV＝0。

【例 2-1】 两个正数相加($57H＋79H＝87＋121＝209$)结果超过了 $＋127$,A 中的和变成了负数,表示产生了溢出,结果错误,这时 OV＝1。同样,根据 C6＝1、C7＝0,判断 OV＝$C6 \oplus C7＝1$,发生溢出,结果错误。

```
     0 1 0 1 0 1 1 1(＋87)              1 0 0 0 1 0 0 0(－120)
  +) 0 1 1 1 1 0 0 1(＋121)         +) 1 0 0 1 0 1 1 1(－105)
  ──────────────────────           ──────────────────────
  Cy＝0 1 1 0 1 0 0 0 0(结果为负)    Cy＝1 0 0 0 1 1 1 1 1(结果为正)
     C6＝1,C7＝0→OV＝1                 C6＝0,C7＝1→OV＝1
```

【例 2-2】 两个负数相加($88H＋97H＝(－120)＋(－105)＝－225$)结果小于 -128,A 中的和变成了正数,表示产生了溢出,这时 OV＝1。同样,根据 C6＝0、C7＝1,判断 OV＝$C6 \oplus C7＝1$,发生溢出、结果错误。

④奇偶标志位 P。表示累加器 A 中"1"的个数是奇数个还是偶数个。若 A 中有奇数个"1",则 P＝1;有偶数个"1",则 P＝0。凡是改变累加器 A 中内容的指令均影响该奇偶标志位。该标志位在串行通信的奇偶校验中要用到。

【例 2-3】 求 $86H＋68H$ 的值,并判断各标志位。

```
     1 0 0 0 0 1 1 0
  +) 0 1 1 0 1 0 0 0
  ──────────────────
     1 1 1 0 1 1 1 0
```

若当作无符号数:$86H＋68H＝134＋104＝238＝EEH$,结果未超出 255,所以 C＝0;

若当作带符号数:$86H＋68H＝(－122)＋(＋104)＝－18＝EEH$,结果未超出 -128,所以 OV＝0;或根据 D6、D7 均未向其高位进位,故 OV＝0。

因此,各标志位为:C＝0,AC＝0,OV＝0,P＝0。

【例 2-4】 求 $9AH＋8DH$ 的值,并判断各标志位。

```
     1 0 0 1 1 0 1 0
  +) 1 0 0 0 1 1 0 1
  ──────────────────
   1 0 0 1 0 0 1 1 1
```

若当作无符号数:9AH+8DH=154+141=295=127H,结果超出了255,所以C=1。

若当作带符号数:9AH+8DH=(-101)+(-114)=-215,结果超出了-128,所以OV=1;或根据D6=0、D7=1判断,OV=1;也即两个负数相加,结果A中内容(27H)为正,表示溢出OV=1。

因此,各标志位为:C=1,AC=1,OV=1,P=0。

(4)堆栈指针SP(Stack Pointer)

①"堆栈"的概念。堆栈是个特殊的存储区,主要功能是暂时存放数据和地址,通常用于保护断点和现场(详见第3章的子程序设计)。堆栈的特点是按照"先进后出"即"后进先出"的原则存取数据的,从堆栈弹出的总是栈顶的数据,最后进栈的数据最先被弹出。8051 MCU的堆栈为满顶法向上生成的软件堆栈,其堆栈区必须开辟在内部通用RAM中。

②堆栈指针SP。SP是存放当前堆栈栈顶地址的一个8位寄存器,字节地址为81H,不可位寻址。8051 MCU的堆栈是向上生成的,所以进栈操作,栈顶向高地址生长,SP的内容增加;出栈时栈顶向下回落,SP的内容减少,即SP堆栈指针的内容是随栈顶的改变而变化,SP总是指向堆栈的栈顶。

③堆栈的设置。8051 MCU复位后,堆栈指针SP的内容为07H,即默认堆栈区为08H开始向上的存储区。因为08H-1FH单元为工作寄存器区,20H-2FH为位寻址区,程序设计中很可能要用到这些单元,所以用户可以通过软件对SP赋值而重新设置堆栈区域,将堆栈区设置到用户RAM区。

④堆栈的操作方式。对堆栈的操作有两种方式:一种是指令方式,用户根据需要使用堆栈操作指令进行数据的进栈和出栈,对现场进行保护和恢复;另一种是自动方式,即在调用子程序或响应中断时,CPU会自动将返回地址(断点地址)压入堆栈保护;程序返回时,自动将断点地址弹回PC。后一种堆栈操作不需用户干预,是内部硬件自动完成的。

⑤堆栈的操作过程。堆栈有进栈与出栈两种操作,也称"压入"和"弹出"。通过这两种操作,可以将数据保存到堆栈中,也可以从堆栈中取出数据。如图2-8所示,堆栈的"栈底"(即第1个进栈数据所在的存储单元)为60H,然后其余数据依次进栈,最后进栈的数据所在的存储单元称为"栈顶"(图2-8(a)中为6BH),即堆栈指针SP的内容为6BH,栈顶中内容为98H。在图2-8(b)中,向堆栈中压入一个数D0H后,栈顶上移一个单元,SP的内容变为6CH。在图2-8(c)中,从堆栈中连续弹出2个数,即连续取出D0H和98H后,SP的内容变为6AH(此时的栈顶地址),此时栈顶中的数据为40H。最先入栈的数据(栈底数据,即图中60H的57H),将最后取出,只有比其后压入的数据全部取出后,才能再弹出该数据。

⑥堆栈的深度。由于子程序调用和中断都允许多级嵌套,而现场保护也往往需要使用堆栈,所以一定要保证堆栈有一定的深度,以免造成堆栈溢出而无法保证程序的正常运行。如设置(SP)=EFH,则堆栈从F0H开始,能用到FFH,即堆栈深度为16字节;如设置(SP)=DFH,则堆栈从E0H开始用到FFH,有32字节的堆栈深度;如设置堆栈指针(SP)=FFH,堆栈从哪里开始?是否可以?另外须注意:由于堆栈的占用,会减少内部RAM的可利用单元,因此要根据系统的实际需要,合理设置堆栈的空间和深度。

(5)数据指针DPTR(Data Pointer)

数据指针DPTR是一个16位的特殊功能寄存器,由两个8位寄存器组成,高8位为

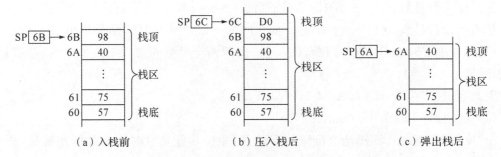

图 2-8　堆栈和堆栈指针示意图

DPH,低 8 位为 DPL。DPTR 的主要功能是作为外部 RAM 的地址指针。

（6）P0～P3 端口寄存器

P0、P1、P2、P3 分别是 I/O 端口 P0～P3 的锁存器,地址分别为 80H、90H、A0H、B0H,可以位寻址。对于端口引脚的操作实际上是对这些寄存器的操作,其端口引脚与端口寄存器的位具有一一映射关系。

微控制器复位后,除 SP 为 07H、P0～P3 为 FFH 外,其余均为 0。其他特殊功能寄存器如 IE、IP、TCON、TMOD、SBUF 等,将在后续相关章节中予以介绍。

> 内部 RAM 和 SFR 的寻址方式:
>
> 对于 00H～7FH 存储空间,可采用直接寻址方式和寄存器间接寻址方式进行访问。对于 80H～FFH 存储空间,只能采用寄存器间接寻址方式进行访问;而对于地址范围同为 80H～FFH 的特殊功能寄存器(SFR),则只能采用直接寻址方式。
>
> 即用不同的寻址方式解决通用 RAM 高 128B 和 SFR 这 2 个存储空间的地址重叠问题,避免存储单元访问的冲突。这也是解决存储空间地址重叠最常用的方法。

2.4　P0～P3 端口结构与特点

8051 微控制器内部带有 4 个 8 位的并行 I/O 端口 P0～P3,它们对应的 4 个端口输出锁存器,即为 SFR 的 P0、P1、P2 和 P3。4 个 I/O 端口除可按字节输入/输出外,均可按位操作,方便实现位控功能。

2.4.1　P0～P3 端口的内部结构

P0 口是一个双功能的 8 位并行端口,字节地址为 80H,位地址为 80H～87H;其第一功能是准双向 I/O 口,作输出口使用时,需要外接上拉电阻;第二功能是分时复用的数据线 D7～D0 和低 8 位地址线 A7～A0。P1 口是单功能的准双向 I/O 口,字节地址为 90H,位地址为 90H～97H。P2 口是一个双功能端口,字节地址为 A0H,位地址为 A0H～A7H;其第一功能是准双向 I/O 口,第二功能是高 8 位地址线 A15～A8。P3 口是一个多功能端口,字节地址为 B0H,位地址为 B0H～B7H;其第一功能是准双向 I/O 口,各位都分别定义有输入或输出的第二功能(见表 2-1)。P0～P3 端口的位电路结构如图 2-9 所示。

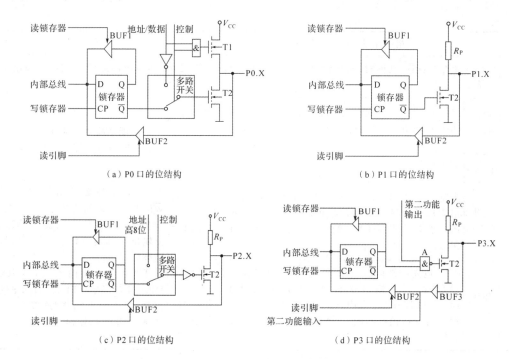

（a）P0 口的位结构　　　　　　　　　　（b）P1 口的位结构

（c）P2 口的位结构　　　　　　　　　　（d）P3 口的位结构

图 2-9　P0～P3 端口的内部结构

2.4.2　P0～P3 端口的功能分析

P0～P3 端口的功能分析如表 2-7 所示。

表 2-7　P0～P3 端口的功能分析

端口	第一功能（准双向 I/O 接口）		第二功能
	内部信号自动控制实现：第一功能时，输出电路与输出锁存器连接；第二功能时，输出电路与内部数据/地址连接		
P0	用作输出口	内部控制信号自动使 T1 截止，CPU 的"写锁存器"使内部总线上的数据写入 D 锁存器，并由引脚 P0.x 输出。当输出数据为"1"时（$\overline{Q}$ 端为 0），场效应管 T2 截止，输出为漏极开路（即高阻态）；当输出数据为"0"时（$\overline{Q}$ 端为 1），T2 导通，输出为低电平。P0 口在用作通用 I/O 接口时，必须外接上拉电阻，这样才能得到高电平信号的输出	第二功能是数据线 D7～D0 的输入输出（此时是真正的双向口）；以及低 8 位地址 A7～A0 的输出线（由于目前微控制器的内部存储器容量已足够大，因此并行外扩功能已很少使用，故这个功能不再详述）
	用作输入口	有两种读入方式："读锁存器"和"读引脚"。当"读锁存器"时，锁存器的 Q 状态经 BUF1 进入内部总线；当"读引脚"时，要求先向锁存器输出 1，而使场效应管 T2 截止，这样才能保证外部引脚的状态经 BUF2 进入内部总线（根据指令，CPU 自动进行读引脚或读端口操作，使用者不必细究具体过程）	
P1	用作输出口	若 CPU 输出 1（$\overline{Q}$=0），场效应管 T2 截止，引脚输出为 1；若 CPU 输出 0（$\overline{Q}$=1），场效应管 T2 导通，引脚输出为 0。内部有上拉电阻	
	用作输入口	同 P0 口	

续表

端口	第一功能(准双向 I/O 接口)		第二功能
P2	内部自动控制:第一功能时,输出锁存器与输出电路接通;第二功能时,内部地址高 8 位与输出电路连接		
	用作输出口	CPU 输出 1 时,场效应管 T2 截止,P2.x 引脚输出高电平;CPU 输出 0 时,场效应管 T2 导通,P2.x 引脚输出低电平	第二功能是高 8 位地址线 A15~A8(很少使用,具体原理不作详述)
	用作输入口	同 P0 口	
P3	用作输出口	内部电路使"第二功能输出"为高电平,"与非门"A 的输出取决于锁存器 Q 端的输出。CPU 输出 1 时,T2 截止,P3.x 引脚输出 1;CPU 输出 0 时,T2 导通,P3.x 引脚输出 0	对于"第二功能输出"信号 TXD、$\overline{\text{WR}}$、$\overline{\text{RD}}$ 时,内部使锁存器置 1,此时"与非门"A 的输出取决于"第二功能输出",其输出状态"1"或"0",从引脚输出
	用作输入口	CPU 应先向端口输出 1,加上"第二功能输出"自动输出 1,"与非门"A 输出 0,使 T2 截止,引脚状态通过输入 BUF3 和 BUF2 进入内部总线,完成"读引脚"操作。"读锁存器"时,锁存器的 Q 状态经过缓冲器 BUF1 进入内部总线	对于"第二功能输入"信号 RXD、$\overline{\text{INT0}}$、$\overline{\text{INT1}}$、T0、T1 时,内部将锁存器和"第二输出功能"均置为 1,T2 截止。"第二功能输入"信号的状态经 BUF3 后输入

2.4.3   P0~P3 端口的结构与应用特性

P0~P3 端口的每一位均由口锁存器、输出驱动电路组成。口锁存器是 D 触发器,用于位数据的输出锁存;P0 口的输出驱动电路由两个场效应管 T1、T2 组成,作 I/O 口使用时,内部控制 T1 截止,此时输出电路漏极开路,即为高阻态;所以作 I/O 接口使用时,需要外接上拉电阻,才能实现高、低电平的输出。P1~P3 口的输出驱动电路均由一个场效应管 T2和一个内部上拉电阻 R_P 组成。

P0~P3 端口的每一位均有两个三态的数据输入缓冲器 BUF1 和 BUF2,分别用于读锁存器数据和读引脚的输入缓冲;根据指令的不同,CPU 自动进行读引脚或读端口操作(对于指令进行的是读引脚还是读端口,不必细究)。

端口自动识别。无论是 P0、P2 口的总线复用,还是 P3 口的功能复用,内部资源会自动选择,不需要通过指令进行选择。

(1)准双向 I/O 口的结构特点

①P0~P3 的第一功能都是通用 I/O 接口,但此时它们是准双向口。准双向口的输入操作和输出操作的本质不同,输入操作是读引脚状态;输出操作是对口锁存器的写入操作。

②从 4 个 I/O 口的电路结构可知,当内部总线给端口锁存器置 1 或清 0 时,锁存器中的 0、1 状态立即反映在引脚上;但是在输入操作(读引脚)时,如果口锁存器状态为 0,则由于 T2 导通而使引脚被钳位在"0"状态,导致无法得到外部引脚的高电平状态。

(2)准双向 I/O 口的应用特性

①在输出时,与真正双向口一样,CPU 输出的"0"或"1",通过输出驱动电路在引脚上表现为低电平或高电平。

②在输入时,必须先向锁存器输出 1,使得输出驱动电路中的 T2 处于截止状态,也即

将端口设置为输入方式。只有这样,外部引脚的高、低电平状态才能被正确读入;反之,若 T2 处于导通状态,则端口的引脚被钳位在 0 电平,而无法得到引脚所接外设的真实状态。

③准双向口的输入操作:先向锁存器输出 1,然后再输入引脚状态,即读引脚。例如,要将 P1 口状态读入 A 中,应执行以下两条指令:

```
MOV   P1,♯0FFH      ;P1 口设置为输入方式
MOV   A,P1          ;读 P1 口引脚状态到 A
```

(3)I/O 口的驱动特性

P0 口的每一条 I/O 口线均可驱动 8 个 LSTTL 输入端,而 P1~P3 口可驱动 4 个 LSTTL 输入端。目前,微控制器应用系统已进入全盘 CMOS 化时代,尽管其 I/O 口通常只能提供几 mA 的驱动电流,但在全 CMOS 应用系统中,由于 CMOS 电路的输入驱动电流极微,因此通常不必考虑 MCU I/O 端口的扇出能力。只有在 I/O 端口作功率驱动,如 LED、可控硅、继电器等驱动时,才考虑 I/O 口的驱动能力。

　　如果在"读引脚"时(即输入时),端口锁存器的输出为 0 而使 T2 处于导通状态,则 Px.x 引脚电平将被钳位在 0 电平,而无法获取端口引脚所接外部设备的正确状态。此外,在 T2 导通状态下,引脚的高电平将被强行拉到低电平,可能发生大电流经过 T2 而烧坏芯片的情况。

2.5　时钟与复位

时钟电路为 CPU 和其他部件的协调工作提供基本的时序信号。为了保持各信号间的同步,时序电路必须以一个振荡源为基准,所有的时序信号都由它产生或合成。8051 MCU 的工作频率就是其外接晶振的频率 f_{osc},经典 8051 MCU 的 f_{osc} 在 1.2M~12MHz 之间,现在已有 f_{osc} 可达 40MHz 的 8051 MCU。

复位是使机器退出死机或无效状态,重新初始化、重新开始工作的过程,有冷复位和热复位两种。冷复位也叫上电复位,是上电开始工作的启动过程;热复位是在已通电情况下,通过复位键让机器退出当前状态,恢复初始化工作状态的过程。热复位不改变用户 RAM 中数据,用于程序运行出错或死机时恢复到正常运行状态。

2.5.1　时钟电路与时序

1. 时钟电路

8051 MCU 内部的时钟电路有一个高增益反相放大器,引脚 XTAL1 为反相放大器的输入端,XTAL2 为反相放大器的输出端。在引脚 XTAL1、XTAL2 上接晶体振荡器、电容,与内部电路构成时钟发生器(见图 2-10),产生 MCU 工作需要的时钟信号。这是 8051 MCU 最常用的时钟产生电路,该时钟信号也可以通过 XTAL2 引脚输出,向微控制器应用系统的其他芯片提供时钟信号,但使用中要注意其驱动能力和外接电路的电平匹配等问题。图 2-10 中的电容 C_1 和 C_2 对振荡频率起稳定微调作用。C_1、C_2 必须相等,一般取 20~30pF。

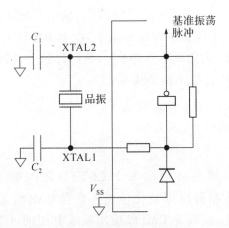

图 2-10 8051 MCU 时钟电路

2. 时序与工作周期

所谓时序,就是 CPU 在执行指令时,各控制信号之间的时间顺序关系。微控制器的内部电路在唯一时钟信号控制下,严格按时序执行指令规定的一系列操作。8051 MCU 中规定了几种工作周期,即时钟周期(振荡周期)、状态周期、机器周期和指令周期。

(1)时钟周期

时钟周期也称为振荡周期,是外接晶振频率的倒数。它是微控制器中最基本、最小的时间单位,在一个时钟周期内,CPU 仅完成一个最基本的动作。若晶振频率 f_{osc} 为 6MHz,则时钟周期为 $1/f_{osc}$ 即 $1/6\mu s$;若晶振频率为 f_{osc} 为 12MHz,则时钟周期为 $1/f_{osc}$ 即 $1/12\mu s$。由于系统时钟信号控制着 MCU 的工作节拍,因此时钟频率越高,MCU 的工作速度越快。不同型号 MCU 有不同的时钟频率范围,要根据芯片手册的参数进行设置不能随意提高。

(2)状态周期

在 8051 微控制器中,1 个时钟周期定义为 1 个节拍,用 P 表示,连续的两个节拍 P1 和 P2 定义为一个状态周期,用 S 表示。

(3)机器周期

机器周期是指 MCU 执行一个基本的硬件操作所需要的时间,如取指令、存储器读、存储器写等。8051 MCU 的一个机器周期由 6 个状态周期(S1~S6)即 12 个时钟周期组成,用 T_M 表示。采用精简指令集的微控制器已经取消了“机器周期”这一时序单位,一个时钟周期就完成一个基本操作,因此程序运行速度大大提高。

时钟周期、状态周期、机器周期之间的关系,如图 2-11 所示。

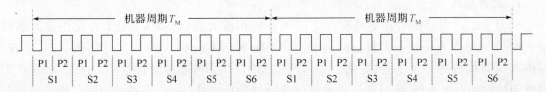

图 2-11 基本时序关系

（4）指令周期

指令周期是执行一条指令所需要的时间,由若干个机器周期组成。指令不同,所需的机器周期数也不同。8051 MCU 的 111 条指令,由 3 种指令周期的指令组成,分别为单周期指令、双周期指令和四周期指令。其中,四周期指令只有乘法和除法两条,其余都是单周期和双周期指令。

要注意,指令的长度（字节数）和执行速度（机器周期数）是两个方面的参数。字节数代表指令占用存储空间的大小,有单字节、双字节和三字节指令;机器周期数代表指令执行时间的长短,有单周期、双周期和四周期。指令的字节数和机器周期数两者之间没有必然联系,如乘除指令是单字节指令,但却需要 4 个机器周期来执行。

2.5.2 复位与复位电路

复位是微控制器的初始化操作,MCU 在启动运行时,首先要复位。其作用是使 CPU 和内部功能模块都处于一个确定的初始状态,并从这个状态开始工作。例如复位后,PC 的值被初始化为 0000H,表示 CPU 将从头开始执行程序。因此,复位是一个很重要的操作方式。经典的 8051 MCU 本身不能自动复位,必须配合相应的外部复位电路。增强型 8051 MCU 已具备外部和内部的多种复位功能。

1. 复位电路

8051 MCU 的外部复位电路包括上电复位（也称为"冷启动"）和按键复位（也称为"热启动"）两种,复位电路如图 2-12 所示。

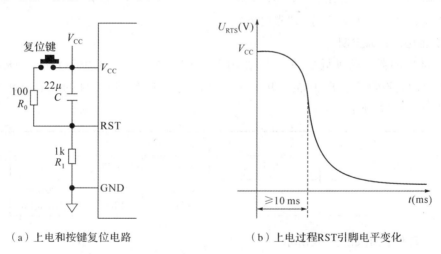

（a）上电和按键复位电路　　　　　　　（b）上电过程RST引脚电平变化

图 2-12　上电和按键复位电路

上电复位是利用电源对电容器的充电过程产生复位信号。上电瞬间,RST 引脚上是 V_{CC}（此时 C 相当于短路）,随着 V_{CC} 通过 R_1、C 向电容 C 充电,RST 引脚电压 U_{RST} 不断降低,直到 C 两端电压为 V_{CC}（此时 C 相当于断路）,U_{RST} 变为"0"（RST 引脚电位的变化如图 2-12 （b）所示）,从高电平的复位状态变为低电平的工作状态。只要复位信号的高电平维持 10ms 以上,就能使 MCU 有效复位。

按键复位是当按下"复位键"时,电容器 C 两端的电压通过 R_0 迅速放电;释放"复位键"

后，V_{CC} 又快速向 C 充电，出现一个类似于上电复位的过程，在 RST 端产生一个正脉冲，实现 MCU 的复位。热复位时，仅要求给 RST 端提供超过 24 个时钟周期（2 个机器周期）的高电平，即可实现 8051 MCU 的复位。

2. 复位状态

8051 MCU 的复位状态表现为 SFR 的复位状态。复位后，MCU 的状态如下：

①PC 的值为 0000H，即程序指针指向 ROM 的 0000H 单元；

②堆栈指针 SP 的值为 07H，即堆栈区域为 08H 开始向上的内存单元；

③4 个 I/O 端口的锁存器输出为 FFH，为准双向 I/O 口的输入状态；

④其余所有 SFR 的有效位均为 0。

MCU 复位对内部 RAM 的数据没有影响。对于上电复位的情况，由于 RAM 数据在掉电时会丢失，所以上电复位后为随机数。

2.6 微控制器的工作方式

8051 微控制器的工作方式包括低功耗工作方式、程序执行方式和复位方式。

2.6.1 低功耗工作方式

为了降低 MCU 的功耗、提高 MCU 的抗干扰能力，MCU 通常都有可程序控制的低功耗工作方式。低功耗方式也称为"省电方式"。

1. 低功耗方式的控制

8051 微控制器有两种低功耗方式，休闲 ID(IDle) 方式和掉电 PD(Power Down) 方式。通过电源控制寄存器 PCON 中的 IDL 位和 PD 位进行选择。PCON 的字节地址为 87H，不可位寻址，其定义如下：

位	7	6	5	4	3	2	1	0
位符号	SMOD	—	—	—	GF1	GF0	PD	IDL
英文注释	Serial Mode	—	—	—	General Flag 1	General Flag 0	Power Down bit	Idle Mode bit

PCON 各位作用如表 2-8 所示。

表 2-8 PCON 各位功能说明

位符号	功能说明
SMOD	波特率倍增位。在串行口工作方式 1，2 或 3 选用，SMOD＝1 使波特率加倍（详见第 7 章）
GF1/GF0	用户使用标志位
PD	掉电方式选择位。若 PD＝1，进入掉电工作方式
IDL	休闲方式选择位。若 IDL＝1，进入休闲工作方式；如果 PD 和 IDL 同时为 1，则进入掉电工作方式

2. 休闲方式

(1)休闲方式的工作特点

休闲方式时,内部时钟电路正常工作,但关闭了 CPU 的时钟,使 CPU 停止工作,中断系统、串行口和定时器/计数器继续工作。由于 CPU 停止工作,MCU 功耗得到大大降低。

(2)休闲方式的进入和退出

将 PCON 中的 IDL 置为 1(如执行"ORL　PCON,♯1"),MCU 即进入休闲方式。

利用复位或中断可终止休闲方式。复位 MCU 可使其退出休闲状态。另外,在休闲期间,任何一个允许的中断被触发,IDL 都会被硬件清 0,从而使 MCU 退出休闲方式。退出休闲方式后,内部 RAM、SFR 的内容不变。若要再次进入休闲状态,则要重新设置 PCON,使 IDL＝1。

3. 掉电方式

(1)掉电方式的工作特点

在掉电方式下,内部时钟电路不工作,内部所有功能单元停止工作,因此 MCU 功耗得到大幅降低。

(2)掉电方式的进入和退出

将 PCON 中的 PD 位置为 1(如执行"ORL　PCON,♯2"),MCU 即进入掉电方式。

退出掉电方式的唯一方法是复位 MCU。复位后,所有的特殊功能寄存器的内容重新初始化,但内部 RAM 的数据不变。

8051 MCU 休闲方式和掉电方式的时钟控制如图 2-13 所示。MCU 正常运行方式、休闲方式、掉电方式,在不同晶振频率下的功耗状况,见表 2-9。

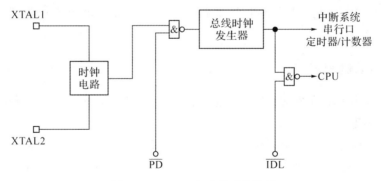

图 2-13　ID、PD 方式的时钟控制

表 2-9　8051 不同频率不同方式下的功耗状况

运行方式	电源电压/V	电源电流/mA	时钟频率/MHz
正常运行	5	25	16
		20	12
ID 方式	5	6.5	16
		5	12
PD 方式	5	0.075	—

2.6.2 程序执行与复位方式

程序执行方式与复位方式是微控制器的另两种工作方式。

1. 程序执行方式

程序执行方式是微控制器的基本工作方式。复位后,MCU 即进入程序执行方式,逐条执行存放在 ROM 中的程序,从而完成用户编写的程序功能。

2. 复位方式

复位是微控制器的初始化操作,复位时(RST 引脚为高电平)微控制器不工作,复位后微控制器中各 SFR 的内容恢复到初始值,CPU 重新开始运行程序。

2.7 8051 微控制器的技术发展

许多公司以 Intel 公司的 8051 CPU 为基础,通过不同的内部资源扩展,推出了一系列各具特色、性能优异的 8051 微控制器。如 80C552 除典型 8051 基核配置外,还增加了 I^2C 接口、8 通道 10 位 ADC、2 个 PWM 输出,并扩展了定时器/计数器的比较/捕获功能。又如 Silicon Labs 公司的 80C51Fxxx 系列 MCU,集成了 64K 的 Flash ROM、4K 的 XRAM(外 RAM),有 22 个中断源、7 种复位方式以及在线调试接口 JTAG;数字设备包括 8 个可编程数字 I/O(其中 4 个可通过交叉开关进行端口的灵活配置)、5 个 16 位的定时器/计数器、1 个可编程计数器阵列、2 个 UART、1 个 I^2C 串行总线和 1 个 SPI 串行接口;模拟外设包括 8 通道的 12 位 DAC 和 8 位 ADC 各 1 个、2 路 12 位 DAC、2 个电压比较器,因此成为真正的芯片系统 SoC。

2.7.1 内部资源扩展

8051 系列 MCU 的内部资源扩展遵循了基核不变性原则,从而使其具有更好的兼容性能。

1. 8051 基核不变性

①指令系统不变。8051 系列中所有微控制器都有完全相同的指令系统。

②总线不变。8051 系列所有总线型微控制器都保持了相同的并行扩展总线和串行接口 UART。

2. 内部资源扩展

图 2-14 给出了 8051 MCU 内部资源扩展的示意,其中粗线框为 8051 基核。内部资源扩展主要包括速度扩展、CPU 外围扩展、基本功能单元扩展和外围单元扩展等。

(1)速度扩展

速度扩展包括时钟频率扩展和总线速度扩展。

时钟频率扩展是指提高时钟频率。8051 的典型时钟频率上限是 12MHz,但目前许多型号为 16MHz、24MHz,最高可达 40MHz。

总线速度扩展是在时钟频率不变的情况下提高指令运行速度。典型的 8051 机器周期为时钟频率的 12 分频。目前,有些厂家通过改进 CPU 总线结构来降低机器周期从而提高

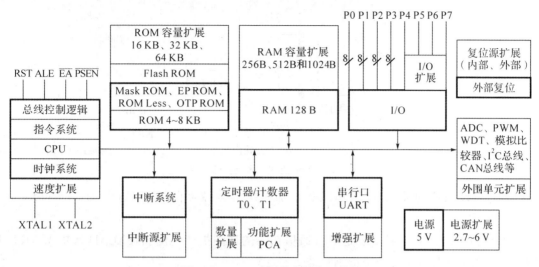

图 2-14 8051 系列的内部资源扩展

指令速度,如 Dallas 公司推出的 DS80C320 将机器周期降低到时钟频率的 4 分频。

(2)CPU 外围扩展

CPU 外围扩展包括 ROM 扩展、RAM 扩展和 I/O 端口扩展。

①ROM 扩展有供应状态扩展和容量扩展。供应状态扩展从早期的 EPROM、Mask ROM、EEPROM 等状态扩展到 Flash ROM;容量扩展从原来的 4～8KB 扩展到 16KB、32KB、64KB。

②RAM 仍为 SRAM 形式,但容量从 128B 扩展到 256B、512B 及 1024B。

③I/O 端口的数量不断增加,有些型号已扩展到 8 个 8 位端口。另外,I/O 端口的电气特性和驱动能力也在不断增强,并且可自由配置使用更灵活。如 80C51Fxxx 系列 MCU 的端口可配置为推挽、开漏、弱上拉等输出方式。

图 2-15(a)是开漏输出的电路图,在开漏输出状态下,端口上所有上拉 MOS 管被关闭。当输出"0"时,输出 MOS 管 T 导通,输出端口为低电平;当输出"1"时,MOS 管 T 截止,端口呈高阻态;作为逻辑输出时,必须外接上拉电阻;开漏模式下,可实现多个端口的线"与"逻辑。图 2-15(b)为推挽输出的电路图,当输出"0"、"1"状态时,2 个 MOS 管形成推挽状态电路。输出"0"时,MOS 管 T1 截止,T2 导通,输出端口为低电平;输出"1"时,T2 截止,T1 导通,输出端口直接连接到供电电源 V_{DD},若外接一个电阻并改变该电阻,该端口就可输出不同的驱动电流。所以推挽模式一般用于需要端口输出较大驱动电流的情况。图 2-15(c)为逻辑电平(弱上拉)输出电路图,当输出"0"时,T2 导通,输出端口为低电平;当输出"1"时,T2 截止,输出端口为高电平,输出电流为 $V_{DD}/100k$,驱动能力弱,仅表示逻辑电平状态。

(3)基本功能单元扩展

基本功能单元扩展主要是中断系统、定时器/计数器和串行口的扩展。

①中断系统扩展主要是中断源的扩展。8051 MCU 有 5 个中断源,随着内部功能单元的扩展,相应地增加了中断源。例如,Silicon Labs 公司的 80C51F020 MCU 有 22 个中断源。

②定时器/计数器扩展包括数量扩展和功能扩展。许多型号在 2 个定时器/计数器的基础上,增加了 T2 计数器,而 80C51F020 扩展到 5 个通用的 16 位定时器/计数器。功能扩展主要体

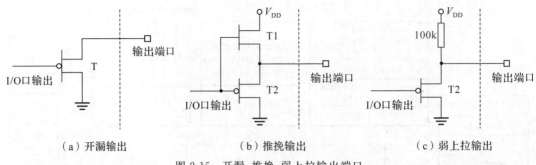

（a）开漏输出　　　　　　　　　（b）推挽输出　　　　　　　　　（c）弱上拉输出

图 2-15　开漏、推挽、弱上拉输出端口

现在定时器/计数器的捕获/比较功能和增加可编程计数器阵列 PCA(Program-able Counter Array)等。

③串行口 UART 扩展主要是串行通信功能的增强扩展。例如,8XC51FA 的 UART 中增加了自动地址识别和帧错误检测功能。

（4）外围单元扩展

外围单元扩展主要是在基本功能单元基础上,添加了一些功能单元电路,例如模数转换器 ADC、数模转换器 DAC、脉冲宽度调制 PWM、看门狗定时器 WDT、I²C 接口、CAN 总线接口、USB 接口等。

（5）电源扩展

经典 8051 MCU 的工作电源是 5V。目前,许多型号已扩展到 2.7～6V 的宽电压电源,如 80C51Fxxx 的工作电压为 3.3V。工作电源的降低,也大大降低了功耗。

（6）复位源扩展

复位功能和复位方式将影响 MCU 应用系统能否长期可靠地工作。目前,很多型号的 MCU 具有内部和外部的多种复位方式,如 80C51F020 有 7 个复位源,分别为片内 V_{DD} 监视器、看门狗定时器、时钟丢失检测器、由比较器 0 提供的电压检测器、软件强制复位、CNVSTR 引脚及/RST 引脚复位。当系统出现异常时,MCU 可选择多种复位方式,重启系统,提高应用系统的可靠性。

2.7.2　内部资源删减

在资源扩展的同时,为了满足构成小型、价廉 MCU 应用系统的要求,通过对 8051 MCU 内部资源的删减,也推出了不少小型、专用型、廉价型的 8051 MCU。主要体现在并行总线的删减。如飞利浦公司的 8X748、8X749 等系列,Atmel 公司的 89C1051 等,删除了并行总线,用串行扩展替代并行扩展,显著地减少了封装引脚,使得很多小型 8051 MCU 的引脚在 20～28 之间。

2.7.3　增强型 8051 微控制器简介

8051 微控制器经过多年发展已非常成熟,经过各部分内部资源的扩展,性能得到大幅度提高,如 NXP、ADI 和 Silicon Labs 等公司推出的 8051 系列微控制器。

1. NXP 公司的增强型 8051 微控制器

NXP 公司的 8051 MCU 主要包括:8051 系列 MCU、LPC700 系列 MCU、LPC900 系列

MCU、LPC9001 系列 MCU、LPC980 系列 MCU。

LPC900 系列是 NXP 半导体公司推出的 80C51 Flash 型 MCU。该系列微控制器采用先进的 2-clock 技术,比传统 80C51 快 6 倍,开发工具完善,可轻松入门。LPC900 系列 MCU 具有体积小、功耗低、高性能和低成本的特点,可广泛应用于各类智能型电子产品中。LPC900 系列 MCU 内部集成了大量的外设功能,在产品设计中可以节省大量的外围器件,在简化系统设计、降低成本的同时进一步提高了系统的可靠性。

LPC9001 系列微控制器是一款多功能、小封装、高速率、高性价比的 MCU,其基于增强型 80C51 内核,集成有内部复位电路、上电检测、掉电监测、WDT 等模块,使其具有非常强悍的抗干扰特性;内置 AD/DA、比较器、PGA、温度传感器,为其提供了优秀的模拟信号处理能力;低电压、低功耗设计以及掉电唤醒等功能,使其能轻松地应用于低功耗应用场合;I^2C 总线、SPI 总线、CCU、自带波特率发生器的 UART 等诸多模块,使其能够稳定可靠地操作各种外围器件。

LPC980 系列微控制器是一款宽电压、高可靠性、单片封装的微控制器,其电压范围为 $2.4\sim5.5V$。LPC980 系列微控制器采用高性能的处理器结构,指令执行时间只需 $2\sim4$ 个时钟周期,速率为标准 8051 MCU 的 6 倍,其内部集成了上电检测、掉电检测、UART、SPI、I^2C、比较器、RTC、WDT 等诸多外设,另外该芯片拥有 7 路定时器资源,可以满足绝大多数应用的需求。P89LPC98x 集成了许多系统级功能,这样可以减少元件数目及电路板大小,并降低系统成本。

NXP 公司的增强型 8051 MCU 具有灵活配置和灵活编程的特点。灵活配置主要包括复位电路的配置(外部复位/内部复位)、晶振选择(内部振荡器/外部晶振电路)、CPU 频率选择(PLL 分频倍率的配置)和 I/O 口配置(开漏、输入、输出模式)等。灵活编程包括在系统编程(In System Programming)、在应用编程(In Application Programming)和在电路编程(In Circuits Programming)等三种方式。

2. ADI 公司的增强型 8051 微控制器

ADI 公司推出的 MicroConverter 系列产品分为 ADuC70xx 和 ADuC8xx 两大类。其中 ADuC8xx 系列产品具有符合工业标准的 8051 MCU 内核,是增强型 8051 微控制器。

ADuC8xx 系列产品有 ADuC81x、ADuC82x、ADuC83x、ADuC84x,可以按照以下几种分类。

根据速度分,ADuC81x、ADuC82x、ADuC83x 系列是 12 指令周期内核;ADuC84x 系列是单指令周期内核,最高处理能力为 20MIPS。

根据 ADC 类型分,ADuC812、ADuC814、ADuC831、ADuC841、ADuC842、ADuC843 的内部 ADC 结构为 SAR 型;ADuC816、ADuC824、ADuC834、ADuC836、ADuC845、ADuC847、ADuC848 的内部 ADC 结构为 Sigma-Delta 型。

根据时钟范围分,ADuC812、ADuC831 的时钟范围为 $400k\sim16MHz$;ADuC814、ADuC842、ADuC843 的外接晶体时钟为 32.768kHz,通过内部的锁相环电路(PLL)倍频,时钟最高可达到 16.78MHz;ADuC816、ADuC824、ADuC834、ADuC836、ADuC845、ADuC847、ADuC848 的外接晶体时钟为 32.768kHz,通过内部的 PLL 倍频,时钟最高可达到 12.58MHz;ADuC832 的外接晶体时钟为 32.768kHz,通过内部的锁相环电路(PLL)倍频,时钟最高可达到 16.77MHz;ADuC841 的直接外接时钟,最高为 20MHz。

根据 Flash 空间大小分，ADuC812、ADuC814、ADuC816、ADuC824 的内部 ROM 容量为 8Kbyte；ADuC831、ADuC832、ADuC834 的内部 ROM 容量为 64Kbyte；ADuC84x 系列，其 ROM 容量随型号的不同而不同，有 8K、32K、64Kbyte 三种。

3. Silicon Labs 公司的增强型 8051 微控制器

以 Silicon Labs 公司的 C8051Fxxx 系列 MCU 为例，它基于增强的 CIP-51 内核，具有标准 8051 的组织架构，其指令集与 MCS-51 完全兼容，因此它可以使用标准的 803x/805x 汇编器和编译器进行软件开发。C8051F 的 CIP-51 采用流水线结构，70% 的指令执行时间为 1 个或 2 个系统时钟周期，是标准 8051 指令执行速度的 12 倍，其峰值执行速度可达 100MIPS（如 C8051F120 等），是目前世界上速度最快的 8 位微控制器之一。C8051Fxxx 还引入大量外设和功能单元，这使得它成为一款高性能的 SoC 芯片。

本书将典型 8051 MCU 作为学习微控制器的入门和基础，进行了系统全面的介绍。目前，基于 8051 内核的增强型 8051 MCU，均具有相同的基本功能和指令系统，只是进行了片内资源的扩展（包括速度扩展、CPU 外围扩展、基本功能单元扩展和外围单元扩展）。因此，本教材内容的学习对于快速掌握 8051 系列 MCU 非常有帮助。同时，由于 MCU 内部组成结构、基本功能模块等的相似性，因此对于不同类型、不同型号 MCU 以致嵌入式系统的学习，都可以起到触类旁通作用。

习题与思考题

1. 8051 MCU 包含哪些主要功能模块？经典 8051 MCU 有哪些功能特点？

2. 描述 CPU 的主要组成部分以及各部分的功能。

3. 描述微控制器的工作过程。

4. 8051 MCU 的存储器在结构上有何特点？ROM、RAM 各有哪几种地址空间？分别如何使用？

5. 8051 MCU 的内部 RAM 单元划分为哪 3 个主要部分？各部分的主要功能是什么？

6. 请描述 8051 MCU 的位寻址空间。

7. 程序状态寄存器 PSW 的作用是什么？常用状态标志有哪几位？作用是什么？

8. 什么是堆栈？堆栈的特点和功能是什么？堆栈指针 SP 的作用是什么？在程序设计时，为什么还要对 SP 重新赋值？

9. 程序存储器、堆栈和外部数据存储器各使用什么指针？

10. 简述 8051 MCU 4 个 I/O 端口的结构特点和功能。

11. 8051 MCU 的 4 个 I/O 端口在作通用 I/O 口使用时，需注意什么？

12. 8051 MCU 内部有哪些工作周期？分别是如何定义的？当晶振频率为 12MHz 时，各种周期分别等于多少微秒？

13. 复位的作用是什么？8051 微控制器复位后的状态如何？

14. 8051 MCU 有几种工作方式？有几种低功耗方式？如何实现？

15. 8051 MCU 的内部资源扩展，主要包括哪几方面？

本章内容总结

8051 微控制器硬件结构

- **微控制器结构**
  - 组成结构：CPU、存储器（ROM、RAM）、输入输出（I/O）接口、中断系统、定时器/计算器、串行接口、时钟和复位电路等
  - 功能特点：8位CPU，256B RAM，8KB ROM，4个8位I/O端口，中断系统（5个中断源），2个定时器/计数器，1个UART串行接口，布尔处理器，指令系统
  - 引脚与功能
    - 封装形式：DIP、QFP、PLCC等，后两者封装小巧
    - 引脚与功能：电源引脚2条，晶振引脚2条，控制引脚4条，I/O引脚32条；注意引脚名称和含义

- **微控制器工作原理**
  - CPU的结构与组成：
    - 控制器：包括指令寄存器、时序部件、操作控制器等部件，是指挥和控制微控制器执行指令的部件
    - 运算器：包括ALU、位处理器、暂存器、ACC、PSW等，是实现数据和逻辑运算操作的部件
  - 微控制器工作过程：就是执行程序的过程，指令的执行包括：读取指令、分析指令、执行指令

- **指存储器结构与地址空间**
  - 存储器配置：采用哈佛结构，具有内外部统一寻址的64KB ROM、256B内部RAM和可以扩展的64KB外部RAM
  - 程序存储器
    - ROM空间与地址：内部8KB ROM（0000H~1FFFH），最多可以扩展64KB外部ROM（0000H~FFFFH），内/外部ROM统一编址，最多可用64KB
    - 编址重叠问题：内外部ROM重叠的低8KB，通过控制信号EA进行选择，EA=0适用外部ROM，EA=1适用内部ROM
    - 6个特殊单元：复位入口地址和5个中断服务程序入口地址
  - 数据存储器
    - 内部RAM：256B，地址00~FFH；工作寄存器区00~1FH，位寻址区20~2FH，用户自定义区30~FFH
    - 外部RAM：最多可以扩展64KB，地址范围为0000H~FFFFH，外部RAM访问速度慢，访问指令少
    - 地址重叠问题：内部RAM，外部RAM低256B，采用不同指令访问
  - 特殊功能寄存器：21个SFR，分布于地址为80H~FFH的SFR区域；介绍其中的A、B、PSW、SP、DPTR、P0、P1、P2、P3；堆栈概念，标志位含义

- **P0~P3端口内部结构与特点**
  - 内部结构：4个端口均采用锁存器加驱动的方式，驱动输出有所不同，其第二功能也不相同
  - 功能分析：第一功能：通用I/O接口；第二功能：P0口地址/数据总线分时复用，P1无，P2高8位地址线，P3每条口线均有不同的第二功能
  - 结构特点与应用特性：端口第二功能自动识别，端口有锁存，准双向口（输出有锁存，输入有条件），驱动能力有差异

- **时钟与复位**
  - 时钟电路与时序
    - 时钟电路：引脚XTAL1、XTAL2接晶体振荡器和起振电容，为内部时钟电路提供振荡源
    - 时序与工作周期：时钟周期（振荡周期）、状态周期、机器周期、指令周期，机器周期=6×状态周期=12×时钟周期
  - 复位与复位电路：上电复位和按键复位，通过外接电路实现；复位后MCU中的SFR回复到初始值
  - 低功耗工作方式：由PCON选择休闲方式或掉电方式；休闲方式即CPU停止工作，定时器等功能模块继续工作；掉电方式即所有内部模块停止工作

- **工作方式**
  - 程序执行与复位方式
    - 程序执行方式：复位后MCU从0000H开始执行，通常在0000H位置放置一条跳转指令，跳转到实际主程序的存放区
    - 复位与复位方式：RST引脚为高电平时，复位后MCU处于初始状态，PC指针和相关SFR为初始值，停止工作

- **8051 微控制器技术的发展**
  - 内部资源扩展：保持8051基核的不变性，进行速度扩展，CPU外围电源扩展，基本功能单元扩展、电源扩展、复位源扩展
  - 内部资源精简减：采用行总线，并行总线精简减，显著减少引脚，小型价廉
  - 增强型8051 MCU的介绍：不同公司开发的增强型8051微控制器的性能、特点

## 第 3 章

8051 指令系统与汇编程序设计

指令是规定计算机（或微控制器）完成某种操作的指示和命令。不同的指令完成不同的功能，不同的微控制器有不同的指令系统，以 8051 为内核的 MCU 均采用相同的指令系统。根据特定任务要求，运用指令集编写的指令序列称为程序。微控制器执行不同的程序就可以完成不同的任务。针对不同的问题，应用微控制器的指令系统把解决该问题的步骤用指令有序地描述出来，这就是程序设计。8051 程序设计中常用的语言有汇编语言和 C51 高级语言。

本章详细介绍 8051 微控制器指令系统的寻址方式、5 大功能指令功能、典型指令的应用，以及汇编语言程序设计基础、结构化程序设计、子程序设计方法以及设计实例。

3.1 指令系统基础

3.1.1 指令系统概述

微控制器具有的指令集合即为该微控制器的指令系统（或指令集），指令系统中的各条指令对应不同的机器代码，这是由微控制器内核的设计人员确定的。

1. 指令分类

8051 微控制器采用 CISC 结构的指令集，共有 111 条指令。

按指令的长度（指令机器码的字节数）分类，可分为单字节指令（49 条）、双字节指令（46 条）和三字节指令（16 条）；

按指令的执行速度（指令的机器周期数）分类，可分为单机器周期指令（64 条）、双机器周期指令（45 条）和四机器周期指令（2 条）；

按指令的功能分类，可分为数据传送类指令（29 条）、算术运算类指令（24 条）、逻辑运算类指令（24 条）、控制转移类指令（17 条）和位操作类指令（17 条）。

2. 指令格式

指令的表示方式称为指令格式，任何一条指令均由操作码和操作数两部分组成。操作码用来规定指令所要完成的操作，即指令的功能；操作数是指令操作的对象。

指令的典型格式如下：

标号:助记符　目的操作数,源操作数　　　;注释

①标号。标号是该指令的符号地址，可以根据需要设置。标号的第一个字符必须是字

母,其余可以是符号或数字。标号与操作码之间用冒号":"分隔。

②助记符。用助记符表述指令的功能,规定执行某种操作。助记符用英文名称或缩写表示,如 MOV 表示数据传送操作、ADD 表示算术加法操作等。

③操作数。是指令操作的对象,可以是具体数据、数据保存的地址、寄存器或标号等。对于有两个操作数的指令,左边的为目的操作数,右边的为源操作数,并用逗号","分隔。助记符和操作数间用若干空格分隔。

④注释。通常是对该指令在程序中作用的说明,帮助阅读、理解和使用源程序。可有可无,与指令以分号";"分隔。

3. 指令代码

指令代码是用二进制数表示的指令编码(为方便书写和阅读,通常用十六进制表示),即指令的机器码。任何一条指令,无论是单字节、双字节或三字节指令,其第 1 字节机器码必定是该指令的操作码,表达指令的功能,第 2、3 字节为操作数。对于单字节指令,其操作数隐含在操作码中。表 3-1 列举了 5 条指令对应的指令代码、指令长度和指令时间等信息。

表 3-1　汇编指令与指令代码

汇编指令	指令代码		指令长度	指令时间
	操作码	操作数		
MOV　A,♯40H	74	40	双字节	单周期
MOV　A,40H	E5	40	双字节	单周期
ANL　A,♯40H	54	40	双字节	单周期
INC　A	04	隐含,实际为 A 的内容	单字节	单周期
DIV　AB	84	隐含,实际为 A、B 的内容	单字节	四周期

4. 符号约定

在汇编指令系统中,常用一些符号来表示指令中的寄存器、存储单元或立即数等。8051 微控制器指令系统采用的符号和含义列于表 3-2。

表 3-2　8051 微控制器指令系统采用的符号与含义

符　号	符号的意义
Rn($n=0\sim7$)	当前工作寄存器组的 8 个工作寄存器 R0~R7
Ri($i=0,1$)	当前工作寄存器组中可作为寄存器间接寻址的两个寄存器:R0 和 R1
direct	内部 RAM 的 8 位地址,包括内部 RAM 地址为 00H~7FH 的 128B 和特殊功能寄存器
♯data	指令中的 8 位立即数
♯data16	指令中的 16 位立即数
addr16	用于 LCALL 和 LJMP 指令中的 16 位目的地址,寻址空间为 64KB ROM
addr11	用于 ACALL 和 AJMP 指令中的 11 位目的地址,目的地址必须放在与下条指令第 1 个字节同一个 2KB 的 ROM 中
rel	相对转移指令中 8 位带符号的偏移量,用于所有条件转移和 SJMP 等指令中
DPTR	16 位数据寄存器,常作为外部 RAM 的 16 位地址指针

续表

符 号	符号的意义
bit	内部 RAM 和特殊功能寄存器(SFR)中的位寻址空间的位地址
A 或 ACC	累加器
B	B 寄存器,用于乘法和除法指令中
C 或 Cy	进位标志位 Carry,是布尔处理器中的累加器,也称累加位
@	寄存器间接寻址或(变址+基址)寻址的前缀
/	位地址的前缀标志,表示对该位取反
(x)	某 x 寄存器或 x 存储单元中的内容;如(A):表示 A 中的内容,(30H):表示内部 RAM 30H 中的内容
((x))	以 x 寄存器或 x 存储单元中的内容作为地址,该地址中的内容;如((A)):表示以 A 中内容为内存地址,该地址单元中的内容
←	指令操作流程,将箭头右边的内容送到箭头左边的寄存器或存储单元
∧	逻辑"与"
∨	逻辑"或"
⊕	逻辑"异或"

注:数制的符号表示为 H:十六进制数;B:二进制数;D 或缺省:十进制数。

3.1.2 寻址方式

寻址方式就是寻找指令的操作数或操作数所在地址的方式。一般来说,寻址方式越多,寻找指令中的操作数就越方便灵活,指令也会越丰富。8051 的指令系统有 7 种寻址方式,分别为:立即寻址、直接寻址、寄存器寻址、寄存器间接寻址、变址寻址、相对寻址和位寻址。寻址方式通常是指寻找源操作数的方式。

1. 立即寻址

指令中的操作数以立即数形式(♯data8、♯data16)给出。立即寻址方式的指令为双字节或三字节指令。数字前加"♯"符号,即为立即数。

指令举例	指令功能	备 注
MOV A,♯68H	将 8 位立即数 68H 送给 A,执行后 A 的内容为 68H	
MOV DPTR,♯368AH	将 16 位立即数送给 DPTR,执行后 DPTR 的内容为 368AH	其功能等价于分别向 DPH、DPL 送♯36H、♯8AH 的两条指令

2. 直接寻址

指令中给出的操作数是实际操作数的存储地址(direct),即指令给出的是存放实际操作数的内部 RAM 的单元地址或 SFR 的地址。该寻址方式的指令为双字节或三字节指令。

指令举例	指令功能	备　注
MOV　A,68H	把内部 RAM 68H 单元中的数据传送到累加器 A	注意:这里的 68H 是操作数所在的地址,即 direct
MOV　A,P1	等价于 MOV　A,90H;含义是把 P1 口的内容读入 A	用 P1 表达其地址 90H,程序可读性强。对于 SFR 只能用直接寻址方式

　　在 8051 微控制器中,直接寻址空间是内部 RAM 的低 128 字节(地址为 00H~7FH)和特殊功能寄存器 SFR 空间。

3. 寄存器寻址

　　寄存器寻址以指令指定的工作寄存器 R0~R7、累加器 A 中的内容作为操作数。该类指令大多数为单字节指令,操作数隐含在操作码中。操作码的高 5 位表示指令的功能,低 3 位 xxx(xxx=000~111)分别代表寄存器 R0~R7。

指令举例	指令功能	备　注
MOV　A,Rn	把 Rn 中的内容送到 A	操作码为:11101xxxB
ADD　A,Rn	将 Rn 中的内容与 A 相加,结果保存到 A 中	操作码为:00101xxxB

4. 寄存器间接寻址

　　寄存器间接寻址是将指令指定的寄存器的内容作为操作数的存放地址,该地址中的内容才是实际操作数。可用于间接寻址的寄存器有 R0、R1 和 DPTR,在寄存器前加"@"符号。可间接寻址的地址空间为全部内部 RAM(00H~FFH)和外部 RAM(0000H~FFFFH)。该类指令均为单字节指令。

指令举例	指令功能	备　注
MOV　A,@R0	将 R0 所指向的地址单元中的内容送到 A 中	注意:能够用作间接寻址的寄存器,只能是 Ri(R0 和 R1)
MOVX　A,@DPTR	将 DPTR 所指向的外部 RAM 单元中的内容送到 A 中	注意:DPTR 只用于外部 RAM 间接寻址

　　对于内部 RAM 高 128 字节和外部 RAM 均只能采用寄存器间接寻址。访问外部 64KB RAM,用 DPTR 作为间接寻址寄存器;对于其中的低 256 字节,也可用 R0 和 R1 作为间址寄存器。间接寻址的寄存器实际上是寻址空间的地址指针,其作用相当于 C 语言中的指针。

5. 变址寻址

　　变址寻址是以 DPTR 或 PC 作为基址寄存器,以 A 作为变址寄存器,将两个寄存器内容相加形成的 16 位地址作为操作数所在的存储地址(对于前 2 条指令)。变址寻址的寻址空间为程序存储器。采用变址寻址的指令只有以下 3 条:

```
MOVC   A,@A + DPTR      ;远程查表指令
MOVC   A,@A + PC        ;近程查表指令
JMP    @A + DPTR        ;散转指令
```

前两条指令用于程序存储器的查表操作,后一条指令用于程序的分支散转,这 3 条指令都是单字节指令。

6. 相对寻址

相对寻址是将程序相对于当前 PC 转移一个偏移量,跳转到目的地址的寻址方式。它以 PC 的当前内容(转移指令下一条指令的地址)为基址,加上指令中给出的偏移量(指令的第 2 字节,以 rel 表示)构成程序转移的目的地址,实现程序的转移。转移的目的地址可用下式计算:

$$
\begin{aligned}
\text{转移目的地址} &= \text{转移指令下一条指令首址} + \text{rel} \\
&= \text{转移指令所在地址} + \text{转移指令字节数} + \text{rel}
\end{aligned} \tag{3-1}
$$

在实际应用中,指令中通常给出转移的目的地址,要求计算转移的偏移量,计算公式如下:

$$
\text{rel} = \text{转移目的地址} - (\text{转移指令所在地址} + \text{转移指令字节数}) \tag{3-2}
$$

rel 是一个补码表示的 8 位带符号数,其范围为 $-128 \sim +127$。因此,相对转移是以转移指令的下一条指令所在地址为基点,向低地址(PC 值减小)方向最大可转移 128 字节,向高地址(PC 值增大)方向最大可转移 127 个字节。

7. 位寻址

8051 MCU 具有位寻址和位操作的布尔处理器,可以对数据位进行操作。位寻址是对位寻址空间进行位操作的寻址方式。8051 MCU 的位寻址空间包括通用 RAM 中 20H～2FH 这 16 个单元的 128bit 和 SFR 中 11 个可位寻址寄存器的 83bit(因为有 5 个 bit 没有定义)。对于位地址在指令中有如下 4 种表示方法:

①直接使用位地址表示方法。如 PSW 寄存器位 0 的位地址为 D0H。

②单元地址加位的表示方法。如 PSW 寄存器位 0,因 PSW 寄存器地址为 D0H,则位 0 可表示为(D0H.0)。

③特殊功能寄存器符号加位的表示方法。如 PSW 寄存器位 0,可表示为 PSW.0。

④位名称表示方法。如 PSW 寄存器位 0 是 P 标志位,则用 P 表示该位。

通常特殊功能寄存器中的可寻址位是有符号名称和含义的,如 PSW 的位 7 为 Cy 标志位,P1 的位 0 为 P1.0,建议在指令中使用位符号名称,以增加程序的可读性。例如:

```
MOV  C,P1.0      ;P1 口中最低位 P1.0 口线的状态输入到 Cy
```

8. 寻址方式与寻址空间

指令的寻址方式通常是指源操作数的寻址方式。以上介绍了 8051 指令系统源操作数的 7 种寻址方式,不同寻址方式可使用的变量与可寻址的空间有所不同,概括起来如表 3-3 所示。

表 3-3　8051 MCU 的寻址方式和寻址空间

寻址方式	使用的变量	寻址空间
直接寻址	direct	内部 RAM 低 128 字节、特殊功能寄存器
寄存器寻址	R0～R7、A	R0～R7、A
寄存器间接寻址	@R0～R1,SP(PUSH,POP)	内部 RAM 的 256 字节
	@R0～R1、@DPTR	外部 RAM
立即寻址	♯data、♯data16	程序存储器
变址寻址	基址寄存器 DPTR、PC;变址寄存器 A;@A＋PC,@A＋DPTR	程序存储器
相对寻址	PC＋偏移量	程序存储器
位寻址	bit、C	位寻址空间

3.2　指令系统

8051 微控制器的指令系统共有 111 条指令,根据其功能可分为 5 大类,本节将分类介绍指令的助记符及功能。

3.2.1　数据传送类指令

数据传送类指令包括数据传送、堆栈操作和数据交换等,共有 29 条。数据传送类指令不影响进位标志位 Cy(Carry)、半进位标志位 AC(Assistant Carry)和溢出标志位 OV(Overflow),但改变 A 内容的指令会影响奇偶标志位 P(Parity)。该类指令执行后,源操作数不变。

数据传送类指令按功能,又可分为以下 5 组。

1. 内部 RAM 数据传送指令(16 条)

该组指令实现 8051 MCU 内部工作寄存器、存储单元、SFR 之间的数据传送。其助记符为 MOV(Move)。根据指令中 4 种不同的目的操作数(A、Rn、direct 和@Ri),分述如下。

①以累加器 A 为目的操作数的指令(4 条):累加器 A 赋值指令。

指令格式	注　释	说　明
MOV　A,direct	(A)←(direct)	将内部 RAM direct 单元中的内容赋给 A
MOV　A,Rn	(A)←(Rn)	将寄存器 Rn 的内容赋给 A
MOV　A,@Ri	(A)←((Ri))	将 Ri 的内容作为内部 RAM 地址,该地址中的内容赋给 A
MOV　A,♯data	(A)←data	将立即数 data 赋给 A

②以内存单元地址为目的操作数的指令(5 条):内存单元赋值指令。

指令格式	注　释	说　明
MOV　direct2,direct1	(direct2)←(direct1)	将 direct1 单元中的内容赋给 direct2 单元
MOV　direct,♯data	(direct)←data	将立即数 data 赋给 direct 单元
MOV　direct,A	(direct)←(A)	将 A 中的内容赋给 direct 单元
MOV　direct,Rn	(direct)←(Rn)	将 Rn 中的内容赋给 direct 单元
MOV　direct,@Ri	(direct)←((Ri))	将 Ri 间接寻址的单元中的值赋给 direct 单元

　　试比较：MOV　50H,♯60H 与 MOV　50H,60H 的区别。前者是将立即数 60H 送入内部 RAM 50H 单元中；后者是将内部 RAM 60H 单元中的值送入内部 RAM 50H 单元中。

　　③以寄存器 Rn 为目的操作数的指令(3 条)：工作寄存器赋值指令。

指令格式	注　释	说　明
MOV　Rn,direct	(Rn)←(direct)	将内部 RAM 地址为 direct 的单元中的内容送到 Rn 中
MOV　Rn,♯data	(Rn)←data	将立即数 data 送到 Rn 中
MOV　Rn,A	(Rn)←(A)	将 A 中的内容送到 Rn 中 (注意：没有"MOV　Rn,Rn"指令)

　　④以间接地址为目的操作数的指令(3 条)：给 Ri 间接寻址的内存单元赋值。

指令格式	注　释	说　明
MOV　@Ri,direct	((Ri))←(direct)	将内部 RAM 地址为 direct 单元中的内容送到 Ri 间接寻址的内部 RAM 单元中
MOV　@Ri,♯data	((Ri))←data	将立即数 data 送到 Ri 间接寻址的内部 RAM 单元中
MOV　@Ri,A	((Ri))←(A)	将 A 中的内容送到 Ri 间接寻址的内部 RAM 单元中 (注意：没有"MOV　@Ri,Rn"指令)

　　试比较：MOV　R0,20H 与 MOV　@R0,20H 的区别。前者是将内部 RAM 20H 单元中的值送入 R0；后者是将内部 RAM 20H 单元中的值，送入以 R0 的内容为内存地址的存储单元中(R0 间接寻址的内存单元)。

　　⑤16 位数据传送指令(1 条)：DPTR 赋值指令。这是唯一的一条 16 位立即数传送指令。

指令格式	注　释	说　明
MOV　DPTR,♯data16	(DPTR)←♯data16	将一个 16 位的立即数送入 DPTR 中，其中高 8 位送入 DPH，即(DPH)←dataH；低 8 位送入 DPL，即(DPL)←dataL

2. 外部 RAM 数据传送指令(4 条)

　　该组指令实现 8051 MCU 与外部 RAM 的数据传送，共有 4 条指令。外部 RAM 只能采用寄存器间接寻址方式,间址寄存器为 Ri(i=0 或 1)和 DPTR。外部数据传送指令的助记符为 MOVX(Move External RAM)。

指令格式	注　释	说　明
MOVX　A,@Ri	(A)←((Ri))	将 Ri 间接寻址的外部 RAM 单元中的内容送到 A 中
MOVX　A,@DPTR	(A)←((DPTR))	将 DPTR 所指向的外部 RAM 单元中的内容送到 A 中
MOVX　@Ri,A	((Ri))←(A)	将 A 中的内容送到 Ri 间接寻址的外部 RAM 单元中
MOVX　@DPTR,A	((DPTR))←(A)	将 A 中的内容送到 DPTR 所指向的外部 RAM 单元中

注:前两条指令为微控制器读指令,将 Ri 或 DPTR 间接寻址的外部 RAM 单元中的值读入 A 中;后两条指令为微控制器写指令,将 A 中的内容写入 Ri 或 DPTR 间接寻址的外部 RAM 单元中。外部 RAM 数据的写入或读出,都要通过累加器 A 实现。

　　采用 R0 或 R1 作间址寄存器,可寻址外部 RAM 地址为 00～FFH 的 256 个单元;采用 DPTR 作为间址寄存器,则可寻址整个 64KB 的外部 RAM 空间。

3. 查表指令(2 条)

这组指令的功能是从 ROM 中读取数据,通常是对存放在 ROM 中的数据表格进行查找读取,因此称为查表指令,其目的操作数只能是累加器 A。基址寄存器为 DPTR 或 PC,变址寄存器为 A(取值 00～FFH),均为单字节指令。查表指令的助记符为 MOVC(Move Code)。

指令格式	注　释	说　明
MOVC　A,@A+DPTR	(A)←((A)+(DPTR))	将 DPTR 的内容与 A 的内容相加,作为一个 ROM 单元地址,将该 ROM 单元的内容送到 A。DPTR 内容不变

优点:该指令可以查找存放在 64K ROM 中任何地址的数据表格,因此称为远程查表指令
缺点:要占用 DPTR 寄存器

指令格式	注　释	说　明
MOVC　A,@A+PC	(PC)←(PC)+1 (A)←((A)+(PC))	将 A 和当前 PC 值相加,形成要寻址的 ROM 单元地址,将该单元中的内容送到 A (注意:当前 PC 值,应为该指令所在地址加 1)

优点:不占用其他的 SFR,不改变 PC 的值。根据 A 的内容就可查到数据
缺点:该指令只能查找该指令以后 256 字节范围内的数据表格(表格大小受限制),因此称为近程查表指令

查表指令的应用实例见 3.3.1。

4. 堆栈操作指令(2 条)

这组指令采用直接寻址方式,作用是把直接寻址单元的内容保存到堆栈指针 SP 所指的堆栈顶部单元中,以及把 SP 所指堆栈顶部单元的内容送到直接寻址单元中。2 条指令分别为:入栈操作指令 PUSH(Push onto Stack)和出栈操作指令 POP(Pop from Stack)。

指令格式	注 释	说 明
PUSH direct	(SP)←(SP)+1, ((SP))←(direct)	首先将 SP 的值加 1,指向将使用的堆栈单元(即新的堆栈顶部),再将 direct 中的数据压入该堆栈单元。称为入栈指令,进行把数据压入堆栈的操作
POP direct	(direct)←((SP)), (SP)←(SP)-1	首先将 SP 所指的堆栈顶部单元的内容送到 direct 中,再将 SP 的值减 1,指向新的堆栈顶部。称为出栈指令,进行从堆栈顶部弹出数据的操作

注:①PUSH direct:压栈指令是先修改 SP 指针的内容,指向新的栈顶,再进行入栈操作。

②POP direct:出栈指令是先进行出栈操作,再修改 SP 指针的内容,使 SP 指向新的栈顶。

堆栈指针 SP 的内容随着栈顶的改变而变化,即总是指向堆栈的顶部。

堆栈指令的应用实例见 3.3.2。

5. 数据交换指令(5 条)

数据交换指令共有 5 条,有整字节交换和半字节交换。指令的目标操作数均为 A,其功能是把 A 中的内容与源操作数所指的数据相互交换。数据交换指令的助记符分别为 XCH(Exchange,字节交换)、XCHD(Exchange Low-order Digit,低半字节交换)和 SWAP(Swap,A 内容的低四位与高四位交换)。

指令格式	注 释	说 明
XCH A,Rn	(A)↔(Rn)	A 与 Rn 的内容互换
XCH A,@Ri	(A)↔((Ri))	A 与 Ri 间接寻址的内部 RAM 单元中的内容互换
XCH A,direct	(A)↔(direct)	A 与内部 RAM 中 direct 单元中的内容互换
XCHD A,@Ri	(A)3~0↔((Ri))3~0	A 的低半字节与 Ri 间接寻址的内部 RAM 单元内容的低半字节互换
SWAP A	(A)3~0↔(A)7~4	A 内容的高低半字节互换

6. 数据传送类指令举例

【例 3-1】 将外部 RAM 100H 单元中的内容送入外部 RAM 200H 单元中。

【解】 程序如下:

```
MOV     DPTR,0100H     ;(DPTR)←0100H
MOVX    A,@DPTR        ;(A)←((DPTR)),DPTR 间址单元的内容读到 A
MOV     DPTR,0200H     ;(DPTR)←0200H
MOVX    @DPTR,A        ;((DPTR))←(A),A 的内容写到 DPTR 间址单元
```

【例 3-2】 已知 A=5BH,R1=10H,R2=20H,R3=30H,(30H)=4FH,执行以下指令后,R1、R2、R3 的结果分别是多少?

```
MOV     R1,A
MOV     R2,30H
MOV     R3,♯83H
```

【解】 结果:R1=5BH,R2=4FH,R3=83H。

3.2.2　算术运算类指令

算术运算指令是通过算术逻辑运算单元 ALU 进行数据运算与处理的指令,主要包括加、减、乘、除、加 1、减 1 和 BCD 码加法调整指令,共 24 条。虽然 8051 MCU 的算术逻辑单元仅能进行 8 位数据的运算,但结合进位标志 Cy,可进行多字节数据的运算;利用溢出标志 OV,也可以进行带符号数的运算等。

在使用中应特别注意,除加 1、减 1 指令外,这类指令都会影响标志位,即对 PSW 产生影响。判断各指令对标志位的影响情况,可采用如下方法:低半字节向高半字节(即 D3 向 D4)进位或借位时,半进位位 AC 置位,否则为 0;当字节 D7 有进位或借位时,Cy 标志置位,否则为 0。当 D6 与 D7 中一位产生进位另一位没有进位时,则 OV 置"1";两位均产生进位或均没有进位,则 OV 清"0"。

1. 不带进位的加法指令(4 条)

这组指令的功能是把源操作数和 A 中的值相加,结果保存到 A 中。不带进位加法指令的助记符为 ADD(Addition)。

指令格式	注　释	说　明
ADD　A,♯data	(A)←(A)+data	将 A 中的内容与立即数 data 相加,结果保存在 A 中
ADD　A,direct	(A)←(A)+(direct)	将 A 中的内容与 direct 单元中的内容相加,结果保存在 A 中
ADD　A,Rn	(A)←(A)+(Rn)	将 A 中的内容与 Rn 中的内容相加,结果保存在 A 中
ADD　A,@Ri	(A)←(A)+((Ri))	将 A 中的内容与 Ri 间接寻址单元中的内容相加,结果保存在 A 中

【例 3-3】　设 A=4AH,R0=5CH,求执行指令:ADD　A,R0 后的结果。

【解】
```
    01001010
+)  01011100
  ──────────
    10100110
```

结果:A6H。

在上述运算中,D3 向 D4 有进位,所以 AC=1;D7 没有进位,所以 Cy=0;D6 向 D7 有进位,而 D7 没有向 Cy 进位,所以 OV=1;结果中有偶数个 1,因此 P 为 0。

该例中,标志位 OV 位为"1",表示若是带符号数运算,其结果超过了 8 位带符号数所能表示的范围,结果是错误的。4AH(+74)+5CH(+92)=A6H(−90),即两个正数 74 和 92 相加,结果为负数,显然是错误的。若是无符号数运算,则所得结果为:4AH(74)+5CH(92)=A6H(166),结果正确。

标志位的意义与操作数是带符号数还是无符号数有关：

①无符号数相加时，如果 Cy 被置位，说明累加和超过了 8 位无符号数的最大值(255)，此时 OV 虽受影响但无意义；

②带符号数相加时，若溢出标志 OV 被置位，说明累加和超出了 8 位带符号数的表示范围(－128～＋127)。即出现了两个正数相加，和为负数；或两个负数相加，和为正数的错误结果。此时 Cy 虽受影响但已不需关注。

2. 带进位加法指令(4 条)

该组指令的功能是把源操作数、A 和当前 Cy 的值相加，结果保存到 A 中，共有 4 条。这类指令主要用于多字节加法中。其对标志位的影响与不带进位的加法指令相同。带进位加法指令的助记符为 ADDC(Addition with Carry)。

指令格式	注释	说明
ADDC A,direct	(A)←(A)＋(direct)＋(C)	将 A、direct 中的内容与 Cy 的值相加，结果保存在 A 中
ADDC A,#data	(A)←(A)＋data＋(C)	将 A 中的内容与 data、Cy 的值相加，结果保存在 A 中
ADDC A,Rn	(A)←(A)＋(Rn)＋(C)	将 A、Rn 中的内容与 Cy 的值相加，结果保存在 A 中
ADDC A,@Ri	(A)←(A)＋((Ri))＋(C)	将 A 中的内容与 Ri 间接寻址的内容、Cy 的值相加，结果保存在 A 中

【例 3-4】 已知 A＝AEH，R1＝81H，Cy＝1，求执行指令：ADDC A,R1 后的结果。

【解】

```
    10101110
    10000001
+)         1
------------
   100110000
```

结果：A＝30H，Cy＝1，OV＝1，AC＝1，P＝0。

3. 带借位减法指令(4 条)

这组指令的功能是将 A 中的值减去源操作数指定的值以及借位位 Cy(在加法操作中，称为进位位)，结果存放在 A 中，共有 4 条。带借位位减法指令的助记符为 SUBB(Subtract with Borrow)。

指令格式	注释	说明
SUBB A,direct	(A)←(A)－(direct)－(Cy)	A 中的内容与 direct 单元中的内容、连同借位位相减，结果存在 A 中
SUBB A,#data	(A)←(A)－data－(Cy)	A 中的内容与立即数、连同借位位相减，结果存在 A 中
SUBB A,Rn	(A)←(A)－(Rn)－(Cy)	A 中的内容与 Rn 中的内容、连同借位位相减，结果存在 A 中
SUBB A,@Ri	(A)←(A)－((Ri))－(Cy)	A 中的内容与 Ri 间接寻址的内容、连同借位位相减，结果存在 A 中

在进行减法运算前，如果不清楚标志位 Cy 的状态，则应先对 Cy 进行清“0”。

【例 3-5】 已知 A＝C9H,Cy＝1,求执行 SUBB A,♯54H 的操作结果。

【解】
```
      11001001
      01010100
  －)          1
  ───────────────
      01110100
```

结果：A＝74H,AC＝0,Cy＝0,OV＝1。OV＝1 说明结果发生了溢出错误,因为负数减正数应该为负数,而结果却为正数。

4. 乘法指令(1 条)

乘法指令实现两个 8 位数的相乘,助记符为 MUL(Multiply)。

指令格式	注 释	说 明
MUL AB	(B)(A)←(A)×(B)	将 A 和 B 中两个 8 位无符号数相乘,16 位结果中的高 8 位存于 B 中,低 8 位存于 A 中

使用该指令前,要把 2 个乘数分别赋给 A 和 B。

相乘结果若大于 255,即高位 B 不为 0 时,OV 置位;否则 OV 清 0。C 总是被清 0。

5. 除法指令(1 条)

除法指令实现两个 8 位数的相除,助记符为 DIV(Divide)。

指令格式	注 释	说 明
DIV AB	(A)和(B)←(A)÷(B)	A 中的 8 位无符号数除以 B 中的 8 位无符号数,得到的商存放在 A 中,余数存放在 B 中

使用该指令前,要把被除数赋给 A,除数赋给 B。

除数 B 的内容为 0,运算结果不定,OV 置位,表示除法溢出;否则 OV 清为 0。C 总是被清 0。

6. 加 1 指令(5 条)

加 1 指令的功能是将指令中的操作数加 1。该类指令除 INC A 会对 P 产生影响外,其余均不影响标志位。加 1 指令的助记符为 INC(Increment)。

指令格式	注 释	说 明
INC A	(A)←(A)+1	
INC Rn	(Rn)←(Rn)+1	
INC @Ri	((Ri))←((Ri))+1	将累加器 A、工作寄存器 Rn、寄存器间址单元、direct 单元和数据指针 DPTR 的内容加 1,结果保存到原处
INC direct	(direct)←(direct)+1	
INC DPTR	(DPTR)←(DPTR)+1	

7. 减 1 指令(4 条)

这组指令的功能是把指令中的操作数减 1。若源操作数为 00H,则减 1 后为 FFH。减 1 指令的助记符为 DEC(Decrement)。

指令格式	注　释	说　明
DEC　A	(A)←(A)−1	
DEC　Rn	(Rn)←(Rn)−1	将累加器 A、工作寄存器 Rn、间接寻址单元、direct 单元
DEC　@Ri	((Ri))←((Ri))−1	的内容减 1,结果仍存放在原单元中
DEC　direct	(direct)←(direct)−1	

> 无 DPTR 减 1 指令。因此当需要(DPTR)−1 时,就要编写一段程序来实现。

因为 DPTR 内容是 16 位的,所以要进行双字节减 1,程序如下:

```
DPTRSUB1: CLR    C
          MOV    A,DPL
          SUBB   A,#1
          MOV    DPL,A
          MOV    A,DPH
          SUBB   A,#0
          MOV    DPH,A
```

	DPH DPL		如:	01 00
−	00　01		−	00 01
	DPH DPL			00 FF

8. 十进制调整指令(1 条)

该指令对两个压缩 BCD 码(一个字节存放 2 位 BCD 码)数相加的结果进行十进制调整,助记符为 DA(Decimal Adjustment)。

指令格式	调整的条件和方法
DA　A	若累加和的(A3−A0)>9 或(AC)=1,则累计和低 4 位+6 调整,即自动执行(A3−A0)←(A3−A0)+6 若累加和的(A7−A4)>9 或(Cy)=1,则累计和高 4 位+6 调整,即自动执行(A7−A4)←(A7−A4)+6

> DA　A 指令只能用在 ADD 和 ADDC 指令后,对相加后存放在累加器 A 中的结果进行修正。
>
> 两个压缩 BCD 码按二进制数相加后,必须经过此指令的调整,才能得到正确的 BCD 码累加和结果。
>
> DA　A 指令对 C 的影响是只能置位,不能清 0。

DA　A 指令的应用实例见 3.3.3。

9. 算术运算类指令举例

【例 3-6】 编程实现双字节无符号数相加,被加数放在内部 RAM 的 20H 和 21H(低字节在前),加数放在 2AH 和 2BH,结果送回 20H 和 21H。

【解】 程序如下:

```
START:       MOV      R0,#20H          ;被加数的首地址
             MOV      R1,#2AH          ;加数的首地址
             MOV      A,@R0
```

ADD	A,@R1	;低字节相加
MOV	@R0,A	;和的低字节保存到 20H 单元
INC	R0	;R0 指向被加数的高字节
INC	R1	;R1 指向加数的高字节
MOV	A,@R0	
ADDC	A,@R1	;高字节相加
MOV	@R0,A	;和的高字节保存到 21H 单元

程序执行之后,双字节相加的进位状态保存在 Cy 中。

【例 3-7】　已知(A)＝FFH,(R0)＝55H,(56H)＝BBH,(DPTR)＝10FFH。问执行下列的指令后,A、R0、56H 及 DPTR 中的内容分别是什么?

INC	A	;(A) = 00H
INC	R0	;(R0) = 56H
INC	56H	;(56H) = BCH
INC	@R0	;(56H) = BDH
INC	DPTR	;(DPTR) = 1100H

【解】　这些指令执行后的结果为:(A)＝00H,(R0)＝56H,(56H)＝BDH,(DPTR)＝1100H。

3.2.3　逻辑操作类指令

逻辑操作类指令包括逻辑与、或、异或、求反、左右循环移位、清 0 等,共 24 条。该类指令不影响标志位,仅当其目的操作数为 A 时,对奇偶标志位 P 有影响。

1. 逻辑与操作指令(6 条)

这组指令的作用是将两个操作数内容按位进行逻辑"与"操作。逻辑与指令的助记符为 ANL(AND Logic)。

指令格式	注　释	说　明
ANL　A,direct	(A)←(A)∧(direct)	
ANL　A,Rn	(A)←(A)∧(Rn)	将目的操作数和源操作数按位相"与",结果放回目的操作数中。目的操作数有 A 和 direct,源操作数包括 direct、Rn、@Ri、♯deta 和 A、♯data
ANL　A,@Ri	(A)←(A)∧((Ri))	
ANL　A,♯data	(A)←(A)∧data	
ANL　direct,A	(direct)←(direct)∧(A)　·	
ANL　direct,♯data	(direct)←(direct)∧data	

2. 逻辑或操作指令(6 条)

这组指令的作用是将两个操作数的内容按位进行逻辑"或"操作。逻辑或指令的助记符为 ORL(OR Logic)。

指令格式	注　释	说　明
ORL　A,direct	(A)←(A)∨(direct)	将目的操作数和源操作数按位相"或",结果放回目的操作数中。目的操作数有 A 和 direct,源操作数包括 direct、Rn、@Ri、♯deta 和 A、♯data
ORL　A,Rn	(A)←(A)∨(Rn)	
ORL　A,@Ri	(A)←(A)∨((Ri))	
ORL　A,♯data	(A)←(A)∨ data	
ORL　direct,A	(direct)←(direct)∨(A)	
ORL　direct,♯data	(direct)←(direct)∨ data	

3. 逻辑异或操作指令(6 条)

这组指令的作用是将两个操作数的内容按位进行"异或"操作。逻辑异或指令的助记符为 XRL(Exclusive-OR Logic)。

指令格式	注　释	说　明
XRL　A,direct	(A)←(A)⊕(direct)	将目的操作数和源操作数按位相"异或",结果放回目的操作数中。目的操作数有 A 和 direct,源操作数包括 direct、Rn、@Ri、♯deta 和 A、♯data
XRL　A,Rn	(A)←(A)⊕(Rn)	
XRL　A,@Ri	(A)←(A)⊕((Ri))	
XRL　A,♯data	(A)←(A)⊕data	
XRL　direct,A	(direct)←(direct)⊕(A)	
XRL　direct,♯data	(direct)←(direct)⊕ data	

4. 累加器清零和取反指令(2 条)

累加器 A 清零指令,助记符为 CLR(Clear);累加器 A 取反指令,助记符为 CPL(Complement)。

指令格式	注　释	说　明
CLR　A	(A)←0	累加器 A 的内容清"0"
CPL　A	(A)←($\overline{A}$)	累加器 A 的内容逐位取反后存回

5. 循环移位指令(4 条)

移位操作只能对 A 中的数据进行,共 4 条指令。循环左移指令的助记符为 RL(Rotate Left),循环右移指令的助记符为 RR(Rotate Right),带进位位循环左移指令的助记符为 RLC(Rotate Left through Carry),带进位位循环右移的助记符为 RRC(Rotate Right through Carry)。

指令格式	注　释	说　明
RL　A	A.7 ⟶ A.0	A 的内容循环左移一位,最高位循环左移到最低位
RR　A	A.7 ⟶ A.0	A 的内容循环右移一位,最低位循环右移到最高位
RLC　A	Cy ⟶ A.7 ⟶ A.0	A 的内容连同 Cy 构成一个 9 位数据,循环左移一位;A.7 移到 Cy、Cy 移到 A.0
RRC　A	Cy ⟶ A.7 ⟶ A.0	A 的内容连同 Cy 构成一个 9 位数据,循环右移一位;Cy 移到 A.7、A.0 移到 Cy

6. 逻辑操作类指令举例

【例 3-8】　已知 A＝85H,(45H)＝A3H,分析执行"ANL　A,45H"指令、"ORL　A,45H"指令和"XRL　A,45H"指令后的结果。

【解】　(1)逻辑与:

```
          1 0 0 0 0 1 0 1
  ∧       1 0 1 0 0 0 1 1
  ─────────────────────────
          1 0 0 0 0 0 0 1
```

运行结果为:A＝81H,(45H)＝A3H,P＝0。

(2)逻辑或:

```
          1 0 0 0 0 1 0 1
  ∨       1 0 1 0 0 0 1 1
  ─────────────────────────
          1 0 1 0 0 1 1 1
```

运行结果为:A＝A7H,(45H)＝A3H,P＝1;

(3)逻辑异或:

```
          1 0 0 0 0 1 0 1
  ⊕       1 0 1 0 0 0 1 1
  ─────────────────────────
          0 0 1 0 0 1 1 0
```

运行结果为:A＝26H,(45H)＝A3H,P＝1。

【例 3-9】　设(A)＝B3H(10110011B),Cy＝0,分析以下指令的执行结果。

【解】　执行"RL　A"指令后,执行结果为:(A)＝67H(01100111)。

执行"RR　A"指令后,执行结果为:(A)＝D9H(11011001)。

执行"RLC　A"指令后,执行结果为:(A)＝66H(01100110),Cy＝1。

执行"RRC　A"指令后,执行结果为:(A)＝59H(01011001),Cy＝1。

3.2.4　控制转移类指令

程序的顺序执行是由程序计数器(PC)自动增 1 来实现的,要改变程序的执行顺序,控制程序的流向,必须通过控制转移类指令实现,所控制的范围为 ROM 的 64KB 空间。8051 MCU 的控制转移类指令,共 17 条,可分为无条件转移指令、条件转移指令、子程序调用和返回指令、空操作指令等,这些指令不影响标志位。

1. 无条件转移指令(4 条)

这组指令执行完后,CPU 就会无条件转移到指令指定的目标地址去执行程序,共有 4 条:相对转移指令 SJMP(Short Jump)、绝对转移指令 AJMP(Absolute Jump)、长转移指令 LJMP(Long Jump)和间接转移指令(散转指令)JMP(Jump Indirect)。

指令格式	注　释	说　明
SJMP　rel	$(PC)\leftarrow(PC)+2$, $(PC)\leftarrow(PC)+rel$	目标地址是当前 PC 值(该指令的下一条指令首址,即转移指令执行后的 PC 值)和转移偏移量 rel 相加的和。rel 是带符号数,取值范围为 $-128\sim+127$
AJMP　addr11	$(PC)\leftarrow(PC)+2$, $(PC10\sim0)\leftarrow addr11$, $PC15\sim11$ 不变	目标地址由指令的第 1 字节的高 3 位和第 2 字节的 8 位组成。转移范围要与下一条指令在同一个 2KB ROM 空间中。否则将发生转移错误
LJMP　addr16	$(PC)\leftarrow addr16$	目标地址是指令给出的 addr16,转移空间为整个 64KB 的 ROM 空间。在程序设计中,addr16 常用符号地址表示
LJMP 指令是 3 字节指令,AJMP 是 2 字节指令,但 AJMP 的跳转范围受限,目前由于 ROM 容量已不成问题,所以已很少使用 AJMP。SJMP 是 2 字节指令,当转移范围较小时,采用该指令		
JMP　@A+DPTR	$(PC)\leftarrow(A)+(DPTR)$	跳转的目标地址是 A 与 DPTR 内容的和,可实现 64KB ROM 范围内的无条件转移
运用该指令可实现多重跳转,具有散转功能,故又称为"散转指令"。具体应用实例见 3.3.6		

2. 条件转移指令(8 条)

条件转移指令是指满足一定条件时,以相对转移的方式转向目标地址,指令中的相对偏移量也用 rel 表示,共有 8 条。累加器判零转移指令(2 条),助记符分别为 JZ(Jump if ACC is Zero)和 JNZ(Jump if ACC is Not Zero);比较转移指令(4 条),助记符为 CJNE (Compare and Jump if Not Equal);减 1 条件转移指令(2 条),指令助记符为 DJNZ (Decrement and Jump if Not Zero)。

指令格式	说　明
JZ　rel	$(A)=0$:要转移,目的地址=该指令所在 PC+该指令的长度 2+偏移量 rel,即 $(PC)\leftarrow(PC)+2+rel$ $(A)\neq0$:不转移,继续顺序执行,即 $(PC)\leftarrow(PC)+2$
JNZ　rel	$(A)\neq0$:要转移,目的地址=该指令所在 PC+该指令的长度 2+偏移量 rel,即 $(PC)\leftarrow(PC)+2+rel$ $(A)=0$:不转移,继续顺序执行,即 $(PC)\leftarrow(PC)+2$
该组指令通过判断 A 的内容是否为零,控制程序转移;是 2 条条件互补的转移指令	
CJNE　A,direct,rel CJNE　A,♯data,rel CJNE　Rn,♯data,rel CJNE　@Ri,♯data,rel	比较指令中给定的两个操作数,即(操作数 1)-(操作数 2),比较结果仅影响标志位 C,两个操作数的值均不变 比较不相等:程序转移,目的地址=该指令所在 PC+该指令的长度 3+偏移量 rel,即 $(PC)\leftarrow(PC)+3+rel$;且:若(操作数 1)≥(操作数 2),C=0;若(操作数 1)<(操作数 2),C=1 比较相等:程序继续顺序执行,即 $(PC)\leftarrow(PC)+3$
指令格式:CJNE　(操作数 1),(操作数 2),rel　　;3 字节指令 利用这组指令,可以判断两数的大小,并实现程序的分支转移。具体应用实例见 3.3.7	
DJNZ　Rn,rel	$(Rn)\leftarrow(Rn)-1$,$(Rn)\neq0$,程序转移,目的地址=该指令所在 PC+2+rel $(Rn)=0$,不转移,程序继续顺序执行,即 $(PC)\leftarrow(PC)+2$
DJNZ　direct,rel	$(direct)\leftarrow(direct)-1$,$(direct)\neq0$,程序转移,$(PC)\leftarrow(PC)+3+rel$ $(direct)=0$,不转移,程序继续顺序执行,即 $(PC)\leftarrow(PC)+3$
该组指令通常用在循环程序中,作为计数循环判断的条件 减 1 不为 0,跳转到目标地址,继续执行循环程序;若已减到 0,则结束循环	

3. 子程序调用和返回指令(4 条)

子程序的调用由子程序调用指令来实现,共有 2 条调用指令:绝对调用 ACALL (Absolute Subroutine Call)和长调用 LCALL(Long Subroutine Call)。

子程序和中断程序执行完后,返回到原来程序的过程称为子程序返回和中断返回,有 2 条指令:子程序返回指令 RET(Return from Subroutine)和中断子程序返回指令 RETI (Return from Interrupt Subroutine)。

指令格式	注　释	说　明
LCALL　addr16	(PC)←(PC)+3, (SP)←(SP)+1,((SP))←(PCL) (SP)←(SP)+1,((SP))←(PCH) (PC)←addr16	无条件地调用位于 addr16 地址的子程序
指令执行时,CPU 自动将新 PC 值(该指令的 PC+3,即下一条指令地址,也称为断点地址)压入堆栈保护(PCH、PCL 分两次压入,相当于自动插入两条 PUSH 指令),然后把 addr16 送入 PC,CPU 开始执行子程序 该指令可调用存放在 64KB ROM 空间任何位置的子程序		
ACALL　addr11	(PC)←(PC)+2, (SP)←(SP)+1,((SP))←(PCL) (SP)←(SP)+1,((SP))←(PCH) (PC10~0)←addr11	指令执行过程与 LCALL 相似,是双字节指令
注意:被该指令调用的子程序的地址必须与 ACALL 下一条指令在相同的 2KB ROM 空间中。由于 MCU 的 ROM 容量不再是问题,所以这条指令很少使用		
RET	(PCH)←((SP)),(SP)←(SP)-1 (PCL)←((SP)),(SP)←(SP)-1	结束子程序,从堆栈顶部自动弹出断点地址送到 PC,返回子程序调用处继续原程序的执行
该指令,将执行子程序调用指令时,压入堆栈的断点地址恢复到 PC,实现子程序的返回 子程序的最后一条指令必须是 RET 指令		
RETI	(PCH)←((SP)),(SP)←(SP)-1 (PCL)←((SP)),(SP)←(SP)-1 清除中断"优先级状态触发器"	中断服务程序返回指令。从堆栈顶部自动弹出断点地址,继续原程序的执行。同时清除中断响应时,设置的"优先级状态触发器"
中断子程序的最后一条指令,必须是 RETI 指令 需注意:RETI 与 RET 不能互换		

4. 空操作指令(1 条)

空操作指令除了使 PC 加 1,消耗一个机器周期外,不做任何其他操作。该指令是单字节单周期指令,常在软件延时或程序可靠性设计中使用。

指令格式	注　释	说　明
NOP	No Operation	空操作

5. 控制转移类指令举例

【例 3-10】 已知(SP)=60H,标号地址 MA 为 0123H,SUB 子程序的地址为 5060H。分析执行下条指令后,PC、SP 以及堆栈顶部的内容。

```
MA:          LCALL       SUB
```

【解】 结果:(PC)=5060H,(SP)=62H,(61H)=26H,(62H)=01H。

【**例 3-11**】　执行下述指令后,问 SP、A、B 的内容分别是多少?

```
                ORG       0100H
    0100H       MOV       SP,♯40H
    0103H       MOV       A,♯30H
    0105H       LCALL     0500H
    0108H       ADD       A,♯10H
    010AH       MOV       B,A
    010CH  L1:  SJMP      L1

                ORG       0500H
    0500H       MOV       DPTR,♯010AH
    0503H       PUSH      DPL
    0504H       PUSH      DPH
    0505H       RET
```

【**解**】　该程序主要考察对子程序调用和返回指令的理解和运用。子程序中对堆栈的入栈和出栈操作故意不成对,2 次 PUSH 修改了保存有断点地址的堆栈栈顶,使得 RET 指令自动恢复的断点是 2 次 PUSH 的内容,即 RET 指令执行后,PC 指向 010AH 而非 0108H。所以结果为(SP)=42H,(A)=30H,(B)=30H。

3.2.5　位操作类指令

8051 MCU 具有一个功能齐全的位处理器,进位标志 Cy 为位累加位,可以执行多种"位"操作。所有位操作均采用直接寻址方式,寻址空间为 8051 MCU 的位寻址空间。该类指令有位数据传送指令、位状态设置指令、位逻辑运算指令和位转移指令等,共 17 条。

1. 位数据传送指令(2 条)

位数据传送指令的功能是将源操作数的值送到目的操作数。

指令格式	注　释	说　明
MOV　C,bit	(Cy)←(bit)	将指令中给出的 bit 中的内容送到 Cy 中
MOV　bit,C	(bit)←(Cy)	将 Cy 的值送到 bit 中

2. 位状态设置指令(6 条)

该组指令包括 2 条清除指令、2 条置位指令、2 条取反指令。清除指令的功能是将 Cy 或指定 bit 位清 0,助记符为 CLR(Clear);置位指令的功能是将 Cy 或指定 bit 位置 1,助记符为 SETB(Set Bit);取反指令的功能是将 Cy 或 bit 内容取反,助记符为 CPL(Complement)。

指令格式	注　释	说　明
CLR　　C	(Cy)←0	清进位位 Cy
CLR　　bit	(bit)←0	清 bit 位
SETB　C	(Cy)←1	置位 Cy

续表

指令格式	注　释	说　明
SETB　bit	(bit)←1	置位 bit 位
CPL　C	(Cy)←(/Cy)	Cy 内容取反
CPL　bit	(bit)←(/bit)	bit 位的内容取反

3. 位逻辑运算指令(4 条)

位逻辑"与"指令的功能是将指定的 2 个位操作数进行"与"运算,结果保存于 Cy 中。位逻辑"或"指令的功能是将指定的 2 个位操作数进行"或"运算,结果保存于 Cy 中。

指令格式	注　释	说　明
ANL　C,bit	(Cy)←(Cy)∧(bit)	Cy 与 bit、bit 的反进行"与"操作,结果保存在 Cy 中,目的操作数是 Cy
ANL　C,/bit	(Cy)←(Cy)∧(/bit)	
ORL　C,bit	(Cy)←(Cy)∨(bit)	Cy 与 bit、bit 的反进行"或"操作,结果保存在 Cy 中,目的操作数是 Cy
ORL　C,/bit	(Cy)←(Cy)∨(/bit)	

位逻辑运算指令中,没有"异或"指令

4. 位转移指令(5 条)

位转移指令的功能分别是判断 Cy 或 bit 是 1 还是 0,若符合条件则转移到目的地址,否则继续顺序执行,共 5 条指令。进位位为 1 转移指令,助记符为 JC(Jump if Carry is Set);进位位不为 1 转移,助记符为 JNC(Jump if Carry is Not Set);某位内容为 1 转移指令,助记符为 JB(Jump if the Bit is Set);某位内容不为 1 转移指令,助记符为 JNB(Jump if the Bit is Not Set);某位内容为 1 转移并清除指令,助记符为 JBC(Jump if the Bit is Set and Clear the Bit)。

指令格式	注　释	说　明
JC　rel	Cy=1,转移,(PC)←(PC)+2+rel;否则程序顺序执行,(PC)←(PC)+2	JC 是当 Cy=1 时,程序转移到目标地址执行;否则不转移,继续执行下一条指令 JNC 的判断条件正好相反
JNC　rel	Cy=0,转移,(PC)←(PC)+2+rel;否则程序顺序执行,(PC)←(PC)+2	
JB　bit,rel	bit=1 转移,(PC)←(PC)+3+rel;否则程序往下执行,(PC)←(PC)+3	这 3 条指令分别检测 bit 的状态,如果条件满足,程序转移一个偏移量到目标地址,否则继续顺序执行 前 2 条指令不影响原 bit 的内容;第 3 条指令在满足条件发生转移的同时,自动将 bit 的内容清零
JNB　bit,rel	bit=0 转移,(PC)←(PC)+3+rel;否则程序往下执行,(PC)←(PC)+3	
JBC　bit,rel	bit=1 转移,(PC)←(PC)+3+rel,且 bit←0;否则程序往下执行,(PC)←(PC)+3	

5. 位操作类指令举例

【例 3-12】　设计程序实现 P1.1 和 P1.2 内容的互换。

【解】　程序如下:

MOV	C,P1.1	;Cy←P1.1
MOV	00H,C	;00H←Cy
MOV	C,P1.2	;Cy←P1.2
MOV	P1.1,C	;P1.1←Cy
MOV	C,00H	;Cy←00H
MOV	P1.2,C	;P1.2←Cy

【例 3-13】 设 C=0,P0 口的内容为:00111010B。若执行以下指令后,分析 C 和 P0 的内容。

CPL	P0.0
CPL	C

【解】 执行结果为:C=1,P0.0=1,即 P0=00111011B。

3.3　典型指令的应用

3.3.1　查表指令

查表是指根据已知变量在表格中查找目标值的过程。在微控制器系统中,经常会用到查表操作,如在 LED 数码管显示中需要查找 BCD 对应的段码;在微机系统的非线性补偿中查找修正系数等。查表方法使得程序具有结构简单、执行速度快等优点。

表格通常作为程序的一部分存放于 ROM 中。8051 MCU 有两条查表指令:

MOVC	A,@A+PC	;(PC)←(PC)+1,(A)←((A)+(PC))
MOVC	A,@A+DPTR	;(A)←((A)+(DPTR))

1. MOVC　A,@A+PC 指令特点

①基址寄存器 PC 是下条指令首地址,即执行完查表指令后的 PC,称为当前 PC;PC 值不可改变。

②变址寄存器 A 是下条指令首地址到常数表格中被访问字节的偏移量,其范围是 0～255。

因此该指令只能查找本指令后 256B 范围内的数据表格,故称为近程查表。

2. MOVC　A,@A+DPTR 指令特点

①基址寄存器是 DPTR,指向数据表格的首地址。

②变址寄存器 A 为表格首址到被访问数据的地址偏移量。

③DPTR、A 都可以改变,A 的范围是 0～255;DPTR 的范围为 0000H～FFFFH。

因此该指令可以查找存放在 ROM 64KB 范围内的数据表格,故称为远程查表指令。

【例 3-14】 设 R3 中的值小于等于 0FH。分别使用远程查表指令和近程查表指令,查出 R3 的平方值,结果存回 R3 中。

【分析】 制作 0～F 的平方表,表头符号地址为 TABLE。

【解】 (1)远程查表程序:

```
              ORG      0100H
SUB1：        MOV      DPTR，＃TABLE                    ;DPTR 指向表头
              MOV      A，R3
              MOVC     A，@A＋DPTR
              MOV      R3，A
              SJMP     $                               ;原地踏步
              ORG      0150H
TABLE：       DB       00，01，04，09，16，25，36，49，64，51H，64H，121，144，0A9H，0C4H，0E1H
              END
```

（2）近程查表程序：

```
              ORG      0100H
SUB1：        MOV      A，R3
0101H         ADD      A，＃REL       ;REL＝3，修正值是 MOVC 指令执行后的 PC 值与表头地址的间隔
0103H         MOVC     A，@A＋PC
0104H         MOV      R3，A                           ;1 字节
0105H         SJMP     $                               ;2 字节
0107H  TABLE： DB       00，01，04，09，16，25，36，49，64，51H，64H，121，144，0A9H，0C4H，0E1H
              END
```

　　两个程序中的"TABLE"为标号，它代表了数据表格在 ROM 中存放的起始位置。汇编时，标号地址将被赋予真实地址。

程序说明：假设 R3 中的值为 4。

● 用远程查表指令，DPTR 指向数据表头的符号地址 TABLE，待查数据（R3）送入 A（(A)＝4），则查表指令从 TABLE＋4 这个单元取数，取出的数据就是 4 的平方值 16。

● 用近程查表指令，执行 MOVC 指令时，当前 PC 指向下一条指令首址（PC＝0104H），待查数据（R3）送入 A((A)＝4），此时若不对 A 进行修正，则(A＋PC)＝0108H；从0108H 单元取数得到 01H，结果错误。对于近程查表指令，通常需要对 A 进行修正，修正方法是加上一个修正值 REL；REL 是当前 PC（查表指令执行后的 PC）到数据表首址的间隔字节数。本例中，间隔 2 条指令共 3 字节，所以 REL＝3。修正后(A)＝7，则将从 010BH单元取数，得到 16，结果正确。

3.3.2　堆栈操作指令

堆栈操作指令 PUSH 和 POP 常用于子程序、中断服务程序中的现场保护与恢复，且要成对使用，不然就无法使子程序和中断程序正常返回，而使微控制器系统崩溃。在使用堆栈操作指令时，需要注意以下几个方面。

①MCU 复位后堆栈指针 SP 中的值为 07H，即默认的堆栈空间是 08H 单元向上的内部 RAM 空间。在实际使用时，通常会通过对 SP 赋值来改变实际的堆栈空间。如执行MOV　SP，＃6FH 后，堆栈区域为 70H 向上的内存空间，对于内部通用 RAM 为 128B 的MCU，此时堆栈最长深度为 70H～7FH 这 16 个单元；对于内部通用 RAM 为 256B 的MCU，70H 向上到 FFH 的内存均可用作堆栈。对于堆栈深度，要根据实际需要设置，在使

用过程中不能发生堆栈溢出的情况,不然程序将无法正常运行而使微控制器系统崩溃。

②堆栈操作采用直接寻址方式,书写时要注意。如 PUSH R0 和 PUSH R1 要写成 PUSH 00H 和 PUSH 01H,不然汇编程序会报错。

③堆栈的操作是服从"先进后出"、"后进先出"规则的,在子程序、中断服务程序中,用 PUSH、POP 指令保护现场和恢复现场时,要注意入栈和出栈的次序。

例如:主程序和子程序 SUBprogram 中均用到 A、B 寄存器,在进入子程序之前,应做好数据保护,并在返回主程序之前,恢复数据。

```
SUBprogram：   PUSH    ACC            ;A 的内容压入堆栈保护
               PUSH    F0H            ;B 的内容压入堆栈保护,B 寄存器的地址为 F0H
               PUSH    PSW            ;PSW 的内容压入堆栈保护,保存标志位
               MOV     A,#5AH         ;子程序主体,要用到 A、B,有运算指令要影响 PSW
               MOV     B,#66H
               MUL     AB
               …
               POP     PSW            ;从堆栈恢复 PSW 的内容
               POP     B              ;从堆栈恢复 B 的内容
               POP     ACC            ;从堆栈恢复 A 的内容
               RET
```

如图 3-1 所示,(SP)=5FH,表示堆栈从 60H 开始,A、B、PSW 寄存器中的内容如图所示分别为 30H、55H 和 80H;执行 3 条 PUSH 指令保护现场后,堆栈区 60H、61H、62H 分别保存了 A、B、PSW 寄存器的内容;这样在子程序中,可以使用 A、B,标志位也可能发生变化;在子程序返回前,执行 3 条 POP 指令依次从堆栈弹出 62H、61H、60H 的内容到 PSW、B、A,使得 A、B、PSW 寄存器中的内容恢复到 30H、55H 和 80H,实现了现场的恢复,堆栈指针 SP 变回初始的 5FH。

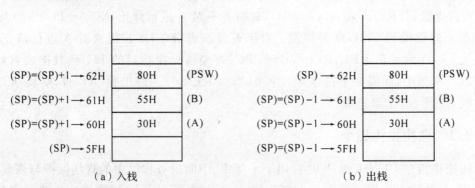

图 3-1 入栈出栈示意图

【例 3-15】 简述下列程序段完成的功能,程序执行后 SP 指针指向哪里?

```
               MOV     SP,#2FH        ;确定堆栈空间,从 30H 开始
               MOV     DPTR,#2000H    ;外部 RAM 首址
               MOV     R7,#50H        ;取数的个数
LOOP：         MOVX    A,@DPTR        ;从外部 RAM 取一个数
               INC     DPTR
```

```
      PUSH      A                    ;取来的数压入堆栈,(SP)←(SP)+1,((SP))←(A)
      DJNZ      R7,LOOP
      SJMP      $
```

【解】　程序功能为:将外部 RAM 2000H 开始的 50H 个数据传送到内部 RAM 30H 开始的 50H 个单元中。程序执行后 SP 指针指向 7FH。

3.3.3　十进制调整指令

在实际应用中,通常要进行 BCD 码十进制加法运算。但由于计算机只会进行二进制运算,所以在 BCD 码数相加后,会出现错误的结果,因此必须对其进行修正。十进制调整指令 DA　A 可完成修正,得到十进制运算的正确结果。

【例 3-16】　2 个单字节压缩 BCD 码相加,(A)=(19)BCD,(R0)=(19)BCD,试分析程序执行结果。

```
      ADD       A,R0                 ;(A) = 32H
      DA        A
```

【解】　加法指令执行结果:

$$
\begin{array}{r}
0\,0\,0\,1\,1\,0\,0\,1 \\
+)\quad 0\,0\,0\,1\,1\,0\,0\,1 \\
\hline
0\,0\,1\,1\,0\,0\,1\,0
\end{array}
$$

得到:(A)=32H,AC=1。

DA　A 指令修正:因为 AC=1,所以低 4 位要+6 调整,调整后的结果为 38H,得到了 19+19=38 正确的 BCD 码加法结果。

【例 3-17】　2 个单字节压缩 BCD 码相加,(A)=(89)BCD,(R0)=(23)BCD,试分析程序执行结果。

```
      ADD       A,R0                 ;(A) = ACH
      DA        A
```

【解】　加法指令执行结果:

$$
\begin{array}{r}
1\,0\,0\,0\,1\,0\,0\,1 \\
+)\quad 0\,0\,1\,0\,0\,0\,1\,1 \\
\hline
1\,0\,1\,0\,1\,1\,0\,0
\end{array}
$$

得到:(A)=ACH,Cy=0,AC=0。

DA　A 指令修正:由于低 4 位和高 4 位均大于 9,所以均要+6 调整:

```
        10101100
    +)  01100110(+66H)
    ────────────────
       100010010
```

调整后结果为(A)＝12H,Cy＝1,调整指令使 Cy 置 1。得到 2 个 BCD 数相加 89＋23＝112 的正确结果,1 在 Cy 中。

【例 3-18】 2 个单字节压缩 BCD 码相加,(A)＝(91)BCD,(R0)＝(91)BCD,试分析程序执行结果。

```
ADD         A,R0                        ;(A)=122H
DA          A
```

【解】 加法指令执行结果:

```
        10010001
    +)  10010001
    ────────────────
       100100010
```

得到:(A)＝22H,Cy＝1,AC＝0。

DA　A 指令修正:因为 Cy＝1,所以高 4 位加 6 调整;AC＝0,低 4 位不调整;调整指令不会将 Cy 清 0。得到两数相加 91＋91＝182 的正确结果,1 在 Cy 中。

使用 DA　A 指令必须注意以下几个问题:

①必须用在加法指令后;对其他指令无效。

②只能对累加器 A 的 BCD 加法结果进行十进制修正,对其他寄存器无效。

③相加的两个操作数必须均为 BCD 码,调整的结果才会正确。

④DA　A 指令对 C 只能置位,不能清 0。例 3-17 中调整指令使 C 置位,例 3-18 中 C 保持置位状态,而不会清 0。

DA　A 指令的错误使用情况:

```
①MOV         A,♯0FH
   DA          A
②SUBB        A,R5
   DA          A
③MOV         A,♯0EH
   ADD         A,♯28H
   DA          ,A
```

3.3.4　逻辑指令与字节状态操作

在 8051 MCU 指令系统中有许多位操作指令,然而,对于不可位寻址的内存单元来说,要对其中某些位进行清零、置位、取反等操作时,则要借助于逻辑运算指令。

1.　逻辑"与"操作的位屏蔽

"ANL"操作具有"遇 1 保持,遇零则 0"的逻辑特点,常用于实现位屏蔽(将某些位清零)的程序操作。要保留的位用 1"与"(X 和 1 相与为 X),要清除的位用 0"与"(X 和 0 相与为 0)。

例如,若(A)＝68H,执行 ANL　A,♯0FH 指令后,(A)＝08H,实现了高 4 位清 0,低 4 位保留。

2. 逻辑"或"操作的置位

"ORL"操作具有"遇零保持,遇 1 置位"的逻辑特点,常用于实现字节中的置位(将某些位置1)操作。要保留的位用0"或"(X 和 0 相或为 X),要置1的位用1"或"(X 和 1 相或为1)。

例如,若(A)＝68H,执行 ORL　A,♯0FH 指令后,(A)＝6FH,实现了高 4 位保留,低 4 位置 1。

3. 逻辑"异或"操作的求反

"XRL"操作具有"相异为1,相同为零"的逻辑特点,在程序中可用于字节的取反(将某些位取反)操作。要保留的位用0"异或"(X 和 0 异或为 X),要求反的位用1"异或"(X 和 1 异或为 $\overline{X}$)。

例如,若(A)＝68H,执行 XRL　A,♯0FH 指令后,(A)＝67H,实现了高 4 位保留,低 4 位求反。

3.3.5　相对转移指令中偏移量的确定

8051 MCU 指令系统中具有无条件相对转移 SJMP 和多种条件转移指令。这类指令都是相对 PC 当前值跳过一个偏移量 rel,转移到目的地址执行程序。在实际程序设计中,通常转移的目的地址是确定的,因此要计算转移指令到目的地址的偏移量 rel。rel 是一个补码表示的 8 位带符号数,其范围为－128～＋127。偏移量 rel 的计算公式见式(3-2)。

【**例 3-19**】　确定下段程序中,偏移量 rel 的值。

```
            ORG     1000H
1000H       MOV     R0,♯30H             ;78H,30H
1002H       MOV     A,♯00H             ;74H,00H
1004H       SJMP    POSI               ;80H,rel
            ORG     1080H
POSI:(1080H) MOV    @R0,A
            ...
```

【**解**】　转移指令所在地址为 1004H,转移的目的地址 POSI 为 1080H,SJMP 指令长度 2 字节,所以:

偏移量 rel＝1080H－(1004H＋2)＝7AH(＋122)。偏移量为正,表示向高地址方向转移。

若目的地址 POSI 为 10A0H,是否能正确跳转?

偏移量 rel＝10A0H－(1004H＋2)＝9AH(－102),要求向高地址方向转移,结果 rel 是负数,将向低地址方向转移,无法正确转移。表示目的地址与当前 PC 值的偏差超过了 8 位偏移量所能表示的范围。不能用短跳转 SJMP 指令,可改用 LJMP 指令。

【**例 3-20**】　确定下条原地踏步指令的偏移量。

```
2100H  HERE:SJMP  HERE     80H,rel
```

【**解**】　偏移量 rel＝2100H－(2100H＋2)＝FEH(－2)。

偏移量为负,表示向低地址方向转移。执行这条指令后,PC 的值为 2102H,指令要求跳回 2100H,即跳回 2 字节,所以 rel＝−2。

【例 3-21】　下段程序的功能是将 30H 开始的 16 个单元内容传送到 40H 开始的 16 个单元中,请确定程序中相对转移的偏移量。

```
            ORG     2000H
2000H       MOV     R2,#10H
2002H       MOV     R0,#30H              ;源数据地址指针
2004H       MOV     R1,#40H              ;目的数据地址指针
2006H  LOOP:MOV     A,@R0
2007H       MOV     @R1,A
2008H       INC     R0
2009H       INC     R1
200AH       DJNZ    R2,LOOP              ;DAH,rel
200CH  HERE:SJMP    HERE
```

【解】　rel＝目的地址−(源地址＋2)＝2006H−(200AH＋2)＝−6H＝FAH。

3.3.6　散转指令与程序散转

散转指令是一条无条件转移指令,JMP　@A＋DPTR 可代替众多的判别跳转指令,具有散转功能,又称为"散转指令"。该指令的基址寄存器是 DPTR,变址寄存器是 A。由于 A 内容的不同,可使程序转移到相对于 DPTR 偏移量为 A 内容的地址处,执行分支程序。

在微机系统的应用程序中,经常会遇到分支散转的应用情况。最典型应用是键盘的散转,根据按键的键值,使程序转去执行该按键的处理程序。例如,在一个 4×4 的行列式键盘中,有 16 个按键,每一个按键都有一个对应的键操作程序。当按下某个键时,程序应立即转移到该键对应的处理程序中,因此有 16 个分支转移的散转操作。

设 16 个按键的键值为 00H～0FH,每一个按键设置的功能不同即处理程序不同,程序长短不一。因此,设定一个规范长度的入口地址,表中依次存放 16 个键的无条件转移指令 LJMP　KPRGi(i＝0～15),通过 LJMP　KPRGi 转移到相应的键操作程序 KPRGi 中。

设按键的键值(0～15)在 A 中,则 16 个按键的散转和处理子程序如下。

```
KJMP:       MOV     DPTR,#KPRG      ;散转入口地址表的首地址赋给基址寄存器 DPTR
            MOV     B,#03H          ;给每个入口地址展宽 3 字节,以便存放 3 字节 LJMP 指令
            MUL     AB
            JMP     @A+DPTR         ;散转到入口地址表中
KPRG:       LJMP    KPRG0           ;散转入口地址表依次存放 16 个按键处理程序的转移指令
            LJMP    KPRG1
            ...
            LJMP    KPRG15
KPRG0:      ...                     ;0 号按键处理程序,具体内容略
            ...
            RET
KPRG1:      ...                     ;1 号按键处理程序,具体内容略
            ...
```

```
                    RET
KPRG15：            …                              ;15 号按键处理程序,具体内容略
                    …
                    RET
```

如 3 键按下 A 的内容为键值 3,与(B)=3 相乘后结果 A 的内容为 9,则散转的入口为 KPRG+9,即散转到 LJMP KPRG3 处,实现了程序跳到按键 3 处理程序 KPRG3 的功能。

3.3.7　比较指令的分支转移

8051 MCU 指令系统具有丰富的比较不等转移指令。在这类指令中,两操作数相比较,如果不相等,则程序跳转一个偏移量到目的地址执行程序。还可以利用该类指令对进位标志 C 的影响状况,实现两操作数大小的比较转移。若 Cy=1,表示第 2 操作数大于第 1 操作数;若 Cy=0,表示第 1 操作数大于第 2 操作数,则根据 Cy 的状态,就可实现数据大小的比较和转移。

【例 3-22】　某温度控制系统中,设 A 的内容是实际温度 T_s,(20H)=温度下限值 T_{20},(30H)=温度上限值 T_{30}。若 $T_s > T_{30}$,程序应转降温 JW;若 $T_s < T_{20}$,程序应转升温 SW;若 $T_{30} \geq T_s \geq T_{20}$,程序应转保温 BH。

【解】　程序如下:

```
PROG：  CJNE  A,30H,LOOP      ;实际温度与上限比较,不相等转移
        SJMP  BH              ;等于上限,转保温
LOOP：  JNC   JW              ;实际温度大于上限,转降温;小于上限,执行下条指令与下限比较
        CJNE  A,20H,LOOP1     ;实际温度与下限比较,不相等转移
        SJMP  BH              ;等于下限,转保温
LOOP1： JC    SW              ;小于下限,转升温;大于下限,执行下面的保温程序
BH：    …                     ;保温
JW：    …
SW：    …
```

【例 3-23】　已知内部 RAM 的 M1 和 M2 单元中各有一个无符号数。试编程比较它们的大小,大数送入 MAX 单元,小数送入 MIN 单元;若两数相等,则将位 00H 置 1。

【解】　程序如下:

```
COMPM1M2：  MOV   A,M1            ;(A)←(M1)
            CJNE  A,M2,LOOP       ;若(M1)≠(M2),转向 LOOP
            SETB  00H             ;(M1)=(M2),则 00H 位置 1
            LJMP  LOOP1
LOOP：      JC    LESS            ;若(Cy)=1,表示(M1)<(M2),转向 LESS
            MOV   MAX,A           ;若(Cy)=0,表示(M1)>(M2),M1 送 MAX 单元
            MOV   MIN,M2          ;(M2)送 MIN 单元
            LJMP  LOOP1
LESS：      MOV   MIN,A           ;(M1)<(M2),M1 送 MIN 单元
            MOV   MAX,M2          ;(M2)送 MAX 单元
LOOP1：     RET
```

3.4　汇编语言程序设计基础

3.4.1　编程语言

所谓程序设计,就是按照给定的任务要求,编写出完整的完成该任务的指令序列的过程。完成同一个任务,使用的方法或程序并不是唯一的。程序设计的质量将直接影响到计算机系统的工作效率、运行可靠性。由于计算机的配置不同,设计程序时所使用的语言也不同。目前,可用于程序设计的语言基本上可分为机器语言、汇编语言和高级语言。

1. 机器语言

机器语言即指令的二进制编码,是一种能被计算机直接识别和执行的语言。由于机器语言与 CPU 紧密相关,所以,不同种类的 CPU 对应的机器语言也不同。用机器语言编写的程序不通用、不易读、易出错、难以维护,所以几乎不用机器语言编写程序。

2. 汇编语言

为了克服机器语言的不足,人们选用了一些能反映机器指令功能的英文字符来表示机器指令。这些英文字符被称为助记符,用助记符表示的指令称为符号语言或汇编语言,用汇编语言编写的程序称为汇编语言程序。微控制器不能直接识别和执行汇编语言程序,需要将其转换成机器语言,这个转换过程称为"汇编",完成汇编的专用程序称为"汇编程序"。

汇编语言是计算机能提供给用户的最快而又最有效的语言,也是能利用计算机所有硬件特性并能直接控制硬件的唯一语言。汇编语言程序效率高、占用存储空间小、运行速度快,用汇编语言能编写出最优化的程序,但缺点是可读性差、移植性差,且与机器语言一样,都脱离不开具体机器的硬件。因此,机器语言和汇编语言均是面向"机器"的语言,缺乏通用性。

3. 高级语言

高级语言是面向过程和问题的程序设计语言,且是独立于计算机硬件结构的通用程序设计语言,如 C、BASIC、FORTRAN、PASCAL 语言等。目前,在微控制器应用系统中使用最广泛的是 C 语言。计算机不能直接识别和执行高级语言,同样需要将其转换成机器语言。对于高级语言,这一转换工作通常称为"编译",完成编译的专用程序称为"编译程序"。和汇编语言相比,高级语言不仅直观、易学、易懂,而且通用性强,易于移植到不同类型的计算机中。高级语言的语句功能强,其一条语句往往相当于许多条汇编指令,因此占用的存储空间多、执行时间长,且不易精确计算程序空间和执行时间,故一般不适用于高速实时控制的程序设计。

在微控制器应用程序设计中,汇编语言程序是基础。在代码效率要求不高、实时性要求不高的场合,高级语言程序设计是较好的选择。在很多情况下,也可采用高级语言与汇编语言的混合设计。

3.4.2　汇编语言编程风格

在进行汇编语言程序设计时,采用清晰连贯的编程风格是很重要的。除了需要根据汇编指令的标准格式编写以外,还需关注以下几点。

1. 注释

注释可以说是程序设计中非常重要的内容之一,尤其在汇编语言程序设计时,由于汇编指令固有的抽象特性,更要重视注释的作用。所有的代码行,除了代码本身的含义非常明确外,都要添加注释。

注释内容用";"与助记符指令隔离,注释内容长度不限,换行时,头部仍要标注";"。

2. 标号的使用

在源程序中,几乎都要用到标号。标号由不多于 8 个 ASCII 字符组成,第一个字符必须是字母,标号不能使用汇编语言已定义的符号,如助记符、寄存器名等。同一个标号在一个独立的程序中只能定义一次。

标号通常代表地址,标号名应该选取为具有一定的含义、能够描述其表示的目的地址符号。例如,可以用诸如 LOOP、BACK、MORE 等标号代表跳转的目的地址;如果要反复检查一个状态标志,指令中可以用标号 WAIT 或 AGAIN 表示目的地址等。

3. 子程序的使用

随着程序规模的增大,有必要采用"分而治之"的编程策略,即将大而复杂的任务划分为若干个小而简单的任务,这些小任务通过子程序的形式完成。子程序设计将在 3.6 节中详细介绍,这里主要提醒大家,在大程序设计中,根据程序功能模块设计具有通用性、层次性的子程序是一种良好的编程风格,并且每个子程序要有对应的注释块,在注释块中说明子程序的出入口参数、功能等。

4. 堆栈的使用

在"典型指令的应用"一节中,介绍了堆栈操作指令在子程序和中断服务程序中的应用。随着子程序的嵌套使用,要跟踪哪些寄存器受到子程序调用的影响就会越来越困难,此时可以在子程序入口处,把可能受到影响的寄存器都保存到堆栈中,在子程序结束前,再从堆栈中恢复这些寄存器的值。

5. 伪指令的使用

在汇编程序设计中,除了起始汇编伪指令和结束汇编伪指令不可缺少外,应尽可能运用其他伪指令,如赋值、定义字节、定义字等伪指令,以增加程序的可维护性和可读性。

3.4.3　汇编程序中的伪指令

伪指令又称"汇编程序"的控制译码指令,在汇编时不产生机器指令代码,不影响程序的执行,仅指明在机器汇编源程序时,需要执行的一些操作,如指定程序或数据存放的起始地址,给一些连续存放的数据确定单元以及指示汇编结束等。下面介绍 8051 微控制器汇编程序中常用的几个伪指令。

1. 起始汇编伪指令 ORG(Origin)

指令格式:

```
ORG    nn
```

指令功能:给程序起始地址或数据块起始地址赋值。nn 是 16 位二进制数,代表程序或数据块在 ROM 中存放的起始地址。ORG 指令总是出现在每段源程序或数据块的开始。

　　在一个源程序中可以多次使用该伪指令，以规定不同程序段或数据块的起始位置，但要求所规定的地址必须从小到大，并且不允许重叠。

　　例如：

```
        ORG    0000H
MAIN:   MOV    SP,♯6FH
        ...
        LCALL  SUB1
        ...
        ORG    1000H
SUB1:   MOV    A,♯74H
        ...
```

　　表示主程序 MAIN 在 ROM 中的存放起始地址是 0000H；子程序 SUB1 存放的起始地址是 1000H。

2. 赋值伪指令 EQU(Equal)

　　指令格式：

字符名　EQU　数据或表达式

　　指令功能：把数据或表达式赋值给字符名。

　　例如：

```
DATA1   EQU    22H              ;给标号 DATA1 赋值 22H
ADDR1   EQU    2000H            ;给标号 ADDR1 赋值 2000H
AA      EQU    R1               ;R1 与 AA 等值，则"MOV A,AAH"与"MOV  A,R1"等价
```

　　用 EQU 语句给一个字符名赋值后，在整个源程序中该字符名的值就固定不能更改了。该语句常用于定义常量符号，能使程序的维护变得更加方便、快捷。
　　EQU 定义的字符必须先定义后使用。

3. 定义字节伪指令 DB(Define Byte)

　　指令格式：

[标号:]　DB　字节常数或字符串

　　指令功能：将常数或字符串存入标号开始的连续存储单元中。

　　标号为可选项，它表示数据在 ROM 中的起始地址。字节常数或字符串是用逗号分开的字节数据或字符串。

　　例如：

```
        ORG    2000H
TABLE:  DB     73H,04,100,32,00,－2,"ABC";
```

　　ORG 指定了 TABLE 标号的起始地址为 2000H，汇编程序将数据串 73H、04H、64H、20H、00H、FEH、41H、42H、43H 依次存入 TABLE 开始的 ROM 单元中。

4. 定义字伪指令 DW(Define Word)

指令格式:

[标号:]　DW　字或字串

指令功能:把字或字串存入由标号开始的连续存储单元中,存放时,数据字的高 8 位在前,低 8 位在后,按顺序连续存放。字串的多个字之间用逗号分隔。

例如:

```
        ORG    1000H
LABLE:  DW     100H,3456H,1357H,…
```

表示从 LABLE 标号(1000H)开始,按顺序存入 01H、00H、34H、56H、13H、57H……

> DB 和 DW 定义的数表个数不得超过 80 个,若数据的数目较多时,可以使用多个定义命令。通常用 DB 来定义数据,用 DW 来定义地址。

5. 位地址赋值伪指令 BIT

指令格式:

字符名　BIT　位地址

指令功能:把位地址赋值给指定的字符名。位地址可以是绝对地址,也可以是符号地址。

例如:

```
B1      BIT    ACC.0           ;将 ACC.0 的位地址赋给 B1
B2      BIT    00H             ;将位地址 00H 赋给 B2
LED1    BIT    P3.1            ;LED1 赋为 P3.1,在整个程序中,LED1 即为 P3.1
```

6. 结束汇编伪指令 END

指令格式:

END

指令功能:通知汇编程序该程序段的汇编到此结束。因此,在程序中,必须要有一个 END 语句。因为汇编器不会汇编 END 后面的语句,所以 END 指令要放置于全部程序的结尾处。

7. 定义存储器空间伪指令 DS(Define Storage)

指令格式:

[标号:]　DS　nn

指令功能:通知汇编程序,在目标代码中,以标号为首地址保留出 nn 字节的存储单元,以备源程序使用。

例如:

BASE: DS 100H

通知汇编程序,从标号 BASE 开始,保留 100H 个 ROM 存储单元,以备使用。

对于 8051 MCU,DB、DW、DS 等伪指令只应用于程序存储器,而不能对数据存储器使用。

8. 伪指令应用

```
              ORG    2100H                ;定义 ROM 空间的起始地址
BUF           DS     10H                  ;从 2100H 开始预留 10H 个存储空间
              DB     08H,42H              ;在紧接着的 ROM 单元,定义 2 个字节数据
              DW     100H,1ACH,122FH      ;再依次存放 3 个字
```

结果:①从 2100H 至 210FH,预留了 16B 的 ROM 单元。

②定义了 2 个字节数据:(2110H)=08H,(2111H)=42H。

③定义了 3 个字,从 2112H 单元开始,依次存放了 01H、00H、01H、ACH、12H、2FH。

在编写汇编语言源程序时,必须严格按照汇编语言的规范书写。在伪指令中,ORG 和 END 最重要,不可缺少。

3.4.4 汇编与调试过程

1. 汇编程序的编辑

设计程序时,首先要用某个编辑软件(编辑器)完成源程序的编写,8051 MCU 汇编语言源程序文件的扩展名为. ASM。在编写源程序时,应给源程序的汇编准备好需要的伪指令。例如,用 ORG 伪指令将源程序在程序空间定位,用 END 来确定汇编的结束。

2. 汇编程序的汇编

采用汇编语言编写的源程序不能被计算机直接识别和执行,需要将其转换成用二进制代码表示的机器语言程序,这一转换过程称为汇编。汇编有两种方式,一种是人工汇编,即程序员通过查找指令表,将汇编程序逐条翻译成对应的机器码,该方法费时费力很少使用;另一种方法是机器汇编,运用一个专门的"汇编程序"(或称为"汇编器"),自动将汇编语言源程序翻译成机器语言程序(目标程序),如图 3-2 所示。

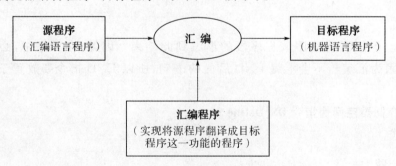

图 3-2 汇编语言源程序、汇编程序和目标程序的关系

在编写源程序时,常常会出现语句错误,因此,编写源程序后,可通过汇编操作及时修改错误。如助记符写错、格式出错、资源冲突、数据类型出错等,汇编程序会列出出错个数及错误语句所在行。这时,再返回编辑状态、修改源程序,再进行汇编操作,如此往复,直到无错误为止,即汇编通过。汇编通过后会形成两个文件,即列表程序文件和目标程序文件。列表程序文件扩展名为". LST",内容为汇编后的程序清单;目标程序文件扩展名为

".HEX",是源程序产生的机器代码,即可执行文件。

编辑、汇编软件支持下的程序设计过程,如图 3-3 所示。

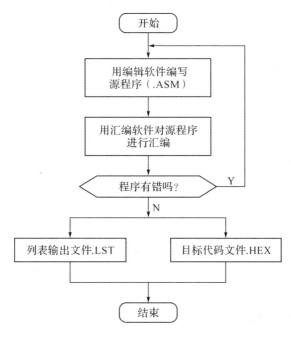

图 3-3　编辑、汇编软件支持下的程序设计过程

3. 汇编程序调试过程

编写好源程序并通过汇编后,表明源程序没有编写错误,但不能保证程序逻辑正确,并实现预定的功能。因此,要进行程序调试。图 3-4 表示了从源程序编辑、汇编到程序调试的应用程序开发全过程。对已汇编通过的程序进行调试时,可以在通用计算机环境下进行模拟调试,或在仿真器、目标系统下进行在线实时仿真调试。

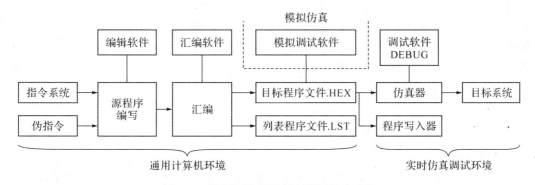

图 3-4　程序编辑、汇编运行调试的全过程

①模拟仿真调试是将目标程序文件在模拟调试软件环境中,模拟程序运行状态的调试。由于不是在目标系统中实时地运行,难以对微控制器的外围电路进行调试。

②实时目标仿真调试是通过串行口将汇编好的目标程序文件传送到实时在线仿真器中,实时仿真器通过仿真头与目标系统相连。仿真器为目标系统提供了一个可单步运行、设置断点运行、可修改、可观察运行状态的程序运行调试环境。

③经实时目标仿真调试通过的系统程序,通过程序写入器写入到目标系统的 ROM 中,然后将目标系统脱离仿真器,进行脱机试运行。如果运行正常,则系统程序设计调试完毕;否则需要重新修改源程序,反复进行以上操作,直到成功。

3.5　汇编语言程序设计

采用汇编语言进行程序设计可以直接调用计算机或微控制器的全部资源,并可有效地利用微控制器的专有特性,且程序代码短、占用硬件资源少、执行速度快,能准确掌握指令的执行时间,适用于实时控制系统。用汇编语言编写程序的步骤大致如下:

①根据设计系统的功能需求,进行功能模块的划分,把一个大而复杂的功能划分为若干个相对独立的功能模块。

②分析和确定每个模块实现的功能,并尽可能将一个功能设计为一个子程序;仔细分析每个子程序的功能与具体实现方法,确定并画出子程序的流程图。

③确定子程序名、调用条件、出入口参数等,以及程序中使用的工作寄存器、内存单元和其他硬件资源。

④按照各子程序流程图,分别编写源程序并进行汇编、调试和运行,直至实现各子程序的预期功能。

⑤根据设计系统的功能需求,有机整合各子程序构成系统总程序,并进行系统总体程序的分析调试,直至实现系统全部功能。

3.5.1　程序设计的结构化

相同的功能可以用不同的程序予以实现,评价程序质量的指标有程序的执行时间、程序长度、程序的逻辑性、可读性、兼容性、可扩展性、可移植性和可靠性等。程序设计的常用方法是结构化程序设计。结构化程序设计是对用到的控制结构类程序作适当的限制,特别是限制转向语句的使用,从而控制程序的复杂性,力求程序的上、下文顺序与执行流程保持一致性,使程序易读易理解,减少逻辑错误。它的特点是程序结构简单清晰、易读/写、调试方便、生成周期短及可靠性高。

根据结构化程序设计的观点,任何复杂的程序可由顺序、分支和循环三种基本结构组合而成。下面介绍这三种基本的程序结构。

1. 顺序结构

顺序结构程序按照指令事先编写和存放的顺序从开始依次向下执行,是程序设计中最基本、使用最多的程序结构形式,也是组成复杂程序的基础。

2. 分支结构

分支结构的主要特点是程序执行流程中需要做出各种逻辑判断,并根据判断结果选择合适的执行路径。分支程序包括单分支程序、多分支程序,如图 3-5 所示。图 3-5(a)和图 3-5(b)是单分支程序结构,图 3-5(c)是多分支程序结构。

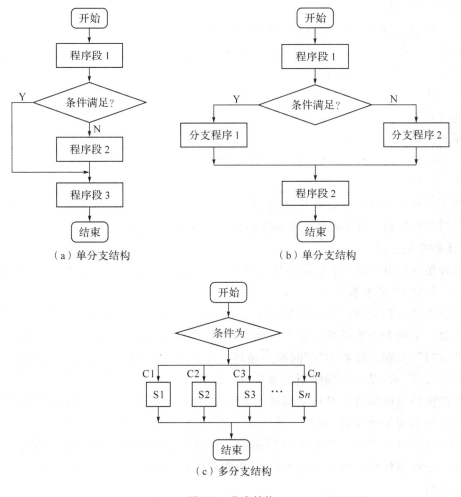

图 3-5　分支结构

（1）单分支结构

通常用条件转移指令来实现程序的分支。相关指令有：位条件转移指令（如 JC、JNC、JB、JNB 和 JBC）和条件转移指令（如 JZ、JNZ、DJNZ 等）。

（2）多分支结构

对于 8051 MCU，可实现多分支结构的指令有：

①散转指令（JMP　@A＋DPTR），根据 A 的内容选择对应的分支程序，可达 256 个分支。

②比较转移指令（如 4 条 CJNE 指令），比较两个数的大小，必然存在大于、等于、小于三种情况，因此可实现三个程序分支。

分支结构程序允许嵌套，即一个程序的分支又由另一个分支程序所组成，从而形成多级分支程序结构。

3. 循环结构

循环结构就是多次循环重复地执行某一程序段，当结束条件不满足时，重复执行该段程序，直到满足条件，退出循环。

（1）循环结构组成

循环结构通常由初始化、循环体、循环控制和结束等四部分组成。

①初始化。在进入循环程序体之前所做的初始化工作，如循环过程中循环控制变量（如循环次数）、起始地址等初值的设置，为循环做准备。

②循环体。即循环结构程序重复执行的部分，是循环程序的核心，其内容取决于实际需处理的问题。

③循环控制。用于循环程序结束与否的控制，通过循环变量和循环条件进行控制。在重复执行循环体的过程中，需不断修改循环变量或循环条件等，直到符合结束条件时，才结束循环体的执行。

④结束。对循环程序执行的结果进行分析、处理和存储。其中，初始化和结束部分在程序执行时都仅执行一次，而循环体和循环控制部分要执行多次。

（2）循环控制方式

有两种循环控制方式：计数控制法和条件控制法。通过修改循环变量或判断循环条件，实现对循环的判断和控制。

①计数循环结构的特点是在初始化中设定了循环次数的初值，由循环次数决定循环体的执行次数。常用 DJNZ 两条指令中的减"1"计数器（Rn、direct）作为循环控制器，每循环一次自动减"1"，直到计数器为"0"时结束循环。计数循环结构一般采用先处理后判断的流程，如图 3-6（a）所示，循环体程序至少被执行一次。

②条件循环结构的特点是根据循环结束的条件，决定是否继续循环程序的执行。结束条件可以是搜索到某个参数（如回车符"CR"），也可以是发生某种变化（如故障引起电路电平变化）等，什么时候结束循环是不可预知的。常用比较转移指令或条件转移指令进行控制和实现。条件循环结构则采用先判断后处理的流程，如图 3-6（b）所示，程序循环体可能一次也不执行。

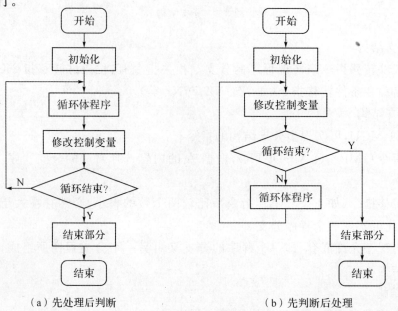

（a）先处理后判断   （b）先判断后处理

图 3-6　循环结构程序形式

（3）循环程序设计的注意点

①在进入程序之前,应合理设置循环初始变量。

②循环体只能执行有限次,如果无限执行的话,则会造成死循环,应避免这种情况的发生。

③不能破坏或修改循环体,不能从循环体外直接跳转到循环体内。

④在多重循环结构中,要求嵌套是从外层向内层一层层进入,从内层向外层一层层退出,不能在外层循环中用跳转指令直接跳转到内层循环体中。

3.5.2　基本程序设计

【例 3-24】　数据块传送程序。设在以 M 为起始地址的内部 RAM 中存有 100 个单字节数,试编一程序,把这 100 个数传送到以 N 为起始地址的外部 RAM 中。

【解】　用 R0 作为源数据内部 RAM 的地址指针,R1 作为目标数据外部 RAM 的地址指针,R2 作为循环计数控制变量。编写循环程序实现数据传送。

编程如下:

```
        ORG    0100H
START:  MOV    R0,#M
        MOV    R1,#N
        MOV    R2,#64H
LP:     MOV    A,@R0
        MOVX   @R1,A
        INC    R0
        INC    R1
        DJNZ   R2,LP
        END
```

【例 3-25】　试求内部 RAM 30H～37H 单元中 8 个无符号数的算术和,2 字节结果存入 38H、39H 单元中。

【分析】　8 个无符号数累加,相加次数用 R7 控制;相加过程产生的进位位(将是累加和的高字节内容)累计在 R3 中。

【解】　程序如下:

```
        ORG    0100H
START:  MOV    R3,#0            ;高字节累加和清 0
        MOV    R7,#8H
        MOV    R0,#30H
        MOV    A,#00H           ;或 CLR  A,低字节累加和清 0
LOOP:   ADD    A,@R0
        JNC    NEXT
        INC    R3               ;相加有进位,高字节内容 + 1
NEXT:   INC    R0
        DJNZ   R7,LOOP
        MOV    39H,R3           ;保存高字节
```

```
              MOV      38H,A                      ;保存低字节
              SJMP     $
              END
```

【例 3-26】 设有一个双字节的二进制数存放在内部 RAM 的 50H(高字节)和 51H(低字节)中,要求将其算术左移一位(即数据各位均向左移 1 位,最低位移入 0)后,仍存放到原单元。试编制相应的程序。

【分析】 16 位数据左移,要求将低字节的最高位移到高字节的最低位,因此要借助于C,采用带 C 的循环左移指令。先将进位标志 C 清零,对低字节进行循环左移,此时 C 的内容 0 进入其最低位,其最高位进入 C;再对高字节进行带 C 的循环左移,此时 C(低字节的最高位)进入高字节的最低位,从而实现 16 位数据的整体左移一位。

【解】 编程如下:

```
              ORG      0200H
STRAT:        CLR      C                          ;Cy 清零
              MOV      A,51H                      ;取低字节到 A
              RLC      A                          ;低 8 位向左循环移 1 位
              MOV      51H,A
              MOV      A,50H                      ;取高字节到 A
              RLC      A                          ;高 8 位向左循环移 1 位
              MOV      50H,A
              END
```

【例 3-27】 已知变量 x 存放于 VAR 单元,试编程按照下式给 y 赋值,并将结果存入FUNC 单元。

$$y = \begin{cases} x+1 & (x>10) \\ 0 & (5 \leqslant x \leqslant 10) \\ x-1 & (x<5) \end{cases}$$

【分析】 要根据 x 的大小给 y 赋值,在判断 $x<5$ 和 $x>10$ 时,采用 CJNE 和 JC 以及CJNE 和 JNC 指令进行,用 R0 暂存 y 的值。程序流程如图 3-7 所示,属多分支结构程序。

【解】 编程如下:

```
              x        EQU      30H
              y        EQU      31H
              ORG      1000H
START:        MOV      A,x                        ;取 x
              CJNE     A,#5,NEXT1                 ;与 5 比较
NEXT1:        JC       NEXT2                      ;x<5,则转 NEXT2
              MOV      R0,A                       ;x≥5,再比较
              INC      R0                         ;设 x>10,y = x + 1
              CJNE     A,#11,NEXT3                ;x 与 11 比较
NEXT3:        JNC      NEXT4                      ;x>10,则转到 NEXT4
              MOV      R0,#0                      ;5≤x≤10,y = 0
              SJMP     NEXT4
```

```
NEXT2：      MOV    R0,A
            DEC    R0                    ;x<5,y = x - 1
NEXT4：      MOV    y,R0                  ;存结果
            RET
            END
```

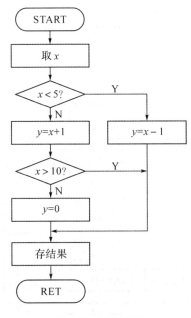

图 3-7 程序流程

【例 3-28】 在外部 RAM BLOCK 单元开始有一组带符号数的数据块,数据块长度存放在内存 LEN 单元中。试统计其中正数、负数和零的个数,并分别存入内存 PCOUNT、MCOUNT 和 ZCOUNT 单元中。

【分析】 依次逐一取出每个数,首先判断该数为正数、负数还是 0。若为正数,则 PCOUNT 单元加 1;若为负数,则 MCOUNT 单元加 1;若为零,则 ZCOUNT 单元加 1。程序流程如图 3-8 所示。

【解】 首先分析判断一个数据是正数、负数和 0 的方法:

方法 1:先判是否为 0,若不为 0,则再根据最高位是 0 或 1,判正负。

```
            MOVX   A,@DPTR
            JZ     ZERO                  ;为 0,转移到 ZERO
            JB     ACC.7,NEG             ;负,转移到 NEG
POS：        …                          ;正数的处理
            RET
ZERO：       …                          ;0 的处理
            RET
NEG：        …                          ;负数的处理
            RET
```

方法 2:先判是否为 0,然后与 80H 比较判正负。小于 80H 为正数,反之为负数。

```
            MOVX    A,@DPTR
            JZ      ZERO                ;为 0,转移到 ZERO
            CJNE    A,#80H,NEXT
NEXT:       JNC     NEG                 ;大于 80H,为负,转移到 NEG
POS:        ···                         ;正数的处理
            RET
NEG:        ···                         ;负数的处理
            RET
ZERO:       ···                         ;0 的处理
            RET
```

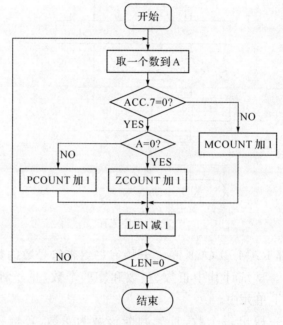

图 3-8 程序流程

程序如下:

```
            BLOCK   EQU   2000H         ;定义数据块首址
            LEN     EQU   30H           ;定义长度计数单元
            PCOUNT  EQU   31H           ;正计数单元
            MCOUNT  EQU   32H           ;负计数单元
            ZCOUNT  EQU   33H           ;零计数单元
            ORG     0200H
START:      MOV     DPTR,#BLOCK         ;地址指针指向数据块首址
            MOV     PCOUNT,#0
            MOV     MCOUNT,#0           ;计数单元清 0
            MOV     ZCOUNT,#0
LOOP:       MOVX    A,@DPTR             ;取一个数
            JZ      ZERO                ;若(A) = 0,转 ZERO
            JB      ACC.7,MCON          ;若 ACC.7 = 1,转负数个数 + 1
```

```
                  INC     PCOUNT            ;正数个数加 1
                  SJMP    NEXT
        MCON:     INC     MCOUNT            ;负数个数加 1
                  SJMP    NEXT
        ZERO:     INC     ZCOUNT            ;零的个数加 1
        NEXT:     INC     DPTR              ;修正地址指针,指向下一个单元
                  DJNZ    LEN,LOOP          ;未完继续
                  SJMP    $                 ;判断结束
                  END
```

【例 3-29】　把内存中起始地址为 BUFIN 的数据串,传送到外部 RAM 以 BUFOUT 为首址的区域,直到发现"＄"的 ASCII 码(24H)为止,数据串的长度在内存 20H 中。

【分析】　本例中,循环控制条件有 2 个。首先是找到"＄"的 ASCII 码结束循环,属条件控制,也是循环主结构;其次是计数循环控制,即若找不到"＄"的 ASCII 码,则由数据串的长度控制循环结束。

【解】　程序如下:

```
                  BUFIN   EQU     30H
                  BUFOUT  EQU     1000H
                  ORG     0100H
        START:    MOV     R0,＃BUFIN          ;内部 RAM 首址
                  MOV     DPTR,＃BUFOUT       ;外部 RAM 首址
        LOOP:     MOV     A,@R0
                  CJNE    A,＃24H,LOOP2       ;判是否为 '$'('$'表示 $ 的 ASCII 码)
                  SJMP    LOOP1              ;是 '$',则结束
        LOOP2:    MOVX    @DPTR,A            ;不是 '$',继续传送
                  INC     R0
                  INC     DPTR
                  DJNZ    20H,LOOP           ;数据串未查完,继续
        LOOP1:    RET
```

【例 3-30】　已知内部 RAM 从 BLOCK 单元开始有一个无符号数的数据块,其长度在 LEN 单元,试编程求出数据块中的最大值,并存入 MAX 单元。

【分析】　先将 MAX 单元清 0,再把它和数据块中的数据逐一比较,若 MAX 中的数值大,则比较下一个;否则把数据块中的数据送入 MAX,然后再进行下一个数的比较,直到每个数都比较完毕。用 R0 作为数据块的地址指针。

【解】　编程如下:

```
                  MAX     EQU     20H
                  LEN     EQU     21H
                  BLOCK   EQU     30H
                  ORG     2000H
                  MOV     MAX,＃00H           ;MAX 单元清 0
                  MOV     R0,＃BLOCK          ;R0 指向数据块的首地址
```

```
LOOP:   MOV     A,@R0           ;取出一个数据到 A
        CLR     C               ;Cy 清 0
        SUBB    A,MAX           ;(A)和(MAX)的数据相减,比大小
        JC      NEXT            ;若(A)≤(MAX),比较下一个
        MOV     MAX,@R0         ;若(A)>(MAX),则大的数送 MAX 单元
NEXT:   INC     R0              ;指向下一数据
        DJNZ    LEN,LOOP        ;未比较完毕,继续
        RET
        END
```

3.6 子程序设计

3.6.1 子程序概述

在程序设计中,将那些需多次应用、具有某种相同作用的程序段从整个程序中独立出来,单独编制成一个程序,尽量使其标准化,并存放于某一存储区域,需要时通过指令进行调用。这样的程序段,称为子程序。

1. 子程序的优点

在程序设计中恰当使用子程序具有很多优点:

①可以避免重复书写同样的程序,提高编程效率;

②可以简化程序的逻辑结构,缩短程序设计时间,节省 ROM 空间;

③便于按功能进行程序编写、调试和修改等;

④使程序模块化、通用化,便于阅读和传承。

2. 子程序的调用与嵌套

调用子程序的程序称为主程序或调用程序。通常将子程序调用指令的下一条指令地址称为断点,子程序的第一条指令地址称为子程序首地址或入口地址。子程序调用示意图如图 3-9 所示,CALL 指令自动将断点地址压入堆栈保护,然后将子程序首地址赋给 PC,实现子程序的调用;子程序返回时,RET 指令将堆栈顶部的断点地址弹出到 PC,实现子程序的返回。在子程序的执行过程中,可能出现子程序调用其他子程序的情况,称为子程序嵌套调用,如图 3-10 图所示。

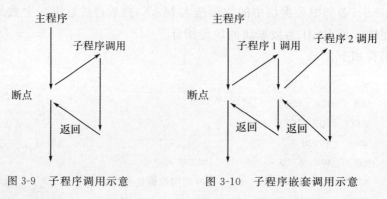

图 3-9　子程序调用示意　　　　　图 3-10　子程序嵌套调用示意

3. 子程序编写要点

①子程序的第 1 条指令前必须有标号,既表示子程序的名称,也作为调用指令的符号地址。

②子程序必须能够正确地传递参数。

● 首先要有入口条件用来说明调用该子程序的条件(如要处理的数,或存放的寄存器、内存地址等);

● 其次,要有出口状态,即调用子程序后的结果(结果形式或存放地址等)。

③注意保护现场和恢复现场。

● 保护现场即在调用子程序前将不允许被破坏的内容保存起来;

● 恢复现场即在子程序执行完毕返回主程序前,将保存起来的内容恢复到保护现场前的状况;

● 要注意堆栈的"先进后出"操作规则,以保证现场保护和恢复的正确。

④要保证子程序能够正确返回。

● 首先子程序必须以 RET 指令结束;

● 执行 RET 指令时,堆栈顶部的内容应是调用时保存的断点地址;

● 子程序中,对堆栈的入栈和出栈操作次数必须相同,以保证返回后堆栈指针 SP 的值与调用时一致。

⑤子程序在功能上应具有通用性和完整性。

4. 子程序的注释要求

①子程序应有功能说明,标明子程序的资源占用情况,以便调用时参考。

②子程序应注明入口参数和出口参数,以便在调用时赋值和返回时获取结果。

3.6.2　子程序的参数传递

当一个程序调用子程序时,通常要向子程序传递若干个数据让它来处理;当子程序处理完后,一般也要向调用它的程序传递处理结果,这种在调用程序和子程序之间的信息传递称为参数传递。

调用程序向子程序传递的参数称为子程序的入口参数,子程序向调用它的程序传递的参数称为子程序的出口参数。对某个具体的子程序来说,要根据具体情况来确定其入口和出口参数。

主程序或调用程序和子程序之间的参数传递方法是程序员自己或与别人事先约定好的信息传递方法。常用的、行之有效的参数传递方法有:寄存器法和约定存储单元法。

1. 寄存器法

寄存器法就是将入口参数和出口参数存放在约定的寄存器中。这种传递方法速度快、编程方便、节省内存单元,是最直接、简便,也是最常用的参数传递方式。但是由于 MCU 的寄存器个数有限,所以,该方法适用于传递较少的参数信息。

2. 约定存储单元法

约定单元法就是把入口参数和出口参数都放在事先约定好的内存单元中。这种方法不占用寄存器,参数个数任意,每个子程序要处理的数据和送出的结果都可有独立的存储单元。但是该方法需要一定数量的存储单元,会增加编程中对变量定义的难度。

3.6.3 现场的保护与恢复

在子程序调用和返回过程中,调用和返回指令能够自动保护和恢复调用程序的断点地址。但是对于主程序中使用、子程序也要使用的工作寄存器、特殊功能寄存器和内存单元的内容,则需要编写程序来进行保护和恢复(要进行参数传递的内容除外)。下面介绍现场保护与恢复的三种方法。

1. 堆栈保护

利用 MCU 的堆栈区域保护现场,即在子程序开始处,将需要保护的内容依次入栈保存;在子程序返回前,按保护的反序出栈恢复。入栈保护内容的多少,与堆栈深度有关,要注意不能超出堆栈深度。

【例 3-31】 若主程序中要使用 R2,而子程序 SUB1 也要使用 R2,因此必须要先保护、后恢复,请用堆栈进行保护。

【解】 编程如下:

```
PROG1:    MOV     R2,#04H
PRO1:     LCALL   SUB1
          DJNZ    R2,PRO1
          RET
SUB1:     PUSH    02H              ;R2 的内容入栈保护
          MOV     R2,#20H          ;子程序使用 R2
LOOP:     DJNZ    R2,LOOP
          POP     02H              ;出栈恢复 R2 的内容
          RET
```

2. 切换工作寄存器组

当需要保护较多工作寄存器(如 R0~R7)的内容时,可以通过修改 RS0、RS1,使主程序与子程序使用不同组别的 R0~R7,实现现场保护。如主程序选用工作寄存器 0 组,而子程序选用工作寄存器 1 组等。这样既节省了入栈/出栈操作,又减少了堆栈空间的占用,且速度快。

【例 3-32】 将例 3-31 的例程改为用切换工作寄存器组的方式,进行现场保护和恢复。

【解】 编程如下:

```
PROG1:    MOV     R2,#04H          ;主程序默认使用第 0 组的 Rn
PRO1:     LCALL   SUB1
          DJNZ    R2,PRO1
          RET
SUB1:     SETB    RS0              ;选择第 1 组的 Rn
          MOV     R2,#20H
LOOP:     DJNZ    R2,LOOP
          CLR     RS0              ;恢复使用第 0 组的 Rn
          RET
```

3. 存储器保护

进入子程序时,将需要保护的内容暂存到内部 RAM 单元,返回前进行恢复。

【例 3-33】 将例 3-31 的例程改为使用存储器暂存的方式保护和恢复现场。

【解】 编程如下:

```
PROG1:    MOV     R2,#04H
PRO1:     LCALL   SUB1
          DJNZ    R2,PRO1
          RET
SUB1:     MOV     30H,R2          ;R2 的内容暂存到 30H 单元
          MOV     R2,#20H         ;子程序中使用 R2
LOOP:     DJNZ    R2,LOOP
          MOV     R2,30H          ;恢复 R2 内容
          RET
```

3.6.3 子程序设计举例

【例 3-34】 用程序实现 $c = a^2 + b^2$。设 a、b 均小于 10,a 存放在 31H 单元,b 存放在 32H 单元,并将 c 存入 33H 单元。

【解】 因本题两次用到求平方值,所以在程序中把求平方设计为一个子程序。

编程如下:

```
ORG     200H
MOV     SP,#0DFH        ;设置堆栈指针
MOV     A,31H           ;取 a 值
LCALL   SQR             ;调用子程序,求 a²
MOV     R1,A            ;a² 暂存 R1
MOV     A,32H           ;取 b 值
LCALL   SQR             ;调用子程序,求 b²
ADD     A,R1            ;求 a² + b²
MOV     33H,A           ;存入 33H
SJMP    $
```

子程序 SQR:

```
;* * * * * * * * * * * * * * * * * * * * * * * * * * * * * * * * * * * * * * *
;功能:求平方值(查表法),平方值≤255
;入口:A 存放欲求平方的数
;出口:A 存放平方值
;* * * * * * * * * * * * * * * * * * * * * * * * * * * * * * * * * * * * * * *
SQR:      INC     A
          MOVC    A,@A+PC
          RET
TAB:      DB      0,1,4,9,16,25,36,49,64,81,100,121,144,169,225
          END
```

【例 3-35】 编程将内部 RAM 20H 开始的 8 字节 16 进制数据转换为 16 个 ASCII 码，保存到 30H 开始的内部 RAM 中。低半字节转换结果在前、高半字节转换结果在后。

【分析】 每个字节 16 进制数，其高半字节和低半字节，经转换后均有 1 个 ASCII 码，所以 8 字节转换后将得到 16 字节的 ASCII 码。将求一位 16 进制数的 ASCII 码，作为子程序。

【解】 程序如下：

```
            ORG     0000H
            MOV     R7,＃8
            MOV     R0,＃20H           ;R0 作为源数据指针
            MOV     R1,＃30H           ;R1 作为转换后数据指针
LOOP:       MOV     A,@R0             ;取出一个字节 16 进制数
            LCALL   ASCII             ;调用子程序,得到低半字节的 ASCII 码
            MOV     @R1,A             ;保存转换结果
            INC     R1                ;修改结果数据指针
            MOV     A,@R0             ;重取该字节 16 进制数
            SWAP    A                 ;高、低半字节交换
            LCALL   ASCII             ;调用子程序,得到高半字节的 ASCII 码
            MOV     @R1,A             ;保存转换结果
            INC     R1                ;修改结果数据指针
            INC     R0                ;修改源数据指针
            DJNZ    R7,LOOP           ;8 字节转换未结束,继续
            SJMP    $
```

子程序 ASCII：

```
;* * * * * * * * * * * * * * * * * * * * * * * * * * * * * * * * * * * * * * * *
;功能:将一位 16 进制数转化成 ASCII 码(计算法)
;入口:一位 16 进制数存放在 A 的低半字节
;出口:转换后的 ASCII 码存放在 A 中
;说明:0~9 的 ASCII 码是 30H~39H;A~F 的 ASCII 码是 41H~46H。所以对于 0~9,ASCII 码为原数值;
;＋30H;对于 A~F,ASCII 码为原数值＋37H
;* * * * * * * * * * * * * * * * * * * * * * * * * * * * * * * * * * * * * * * *
ASCII:      ANL     A,＃0FH           ;高 4 位清 0,低 4 位保留
            CJNE    A,＃0AH,NEXT
NEXT:       JC      LOOP1             ;≤9,跳转
            ADD     A,＃07H           ;>9,要＋37H;先加 07H,再加 30H
LOOP1:      ADD     A,＃30H           ;≤9,＋30H
            RET
            END
```

【例 3-36】 设 8051 MCU 的晶振频率为 12MHz,试编写软件延时程序,延时时间分别为 0.1 秒、1 秒和 10 秒。

【解】 当系统振荡频率为 12MHz 时,其机器周期为 1 微秒。先设计 1 毫秒的延时子程序。程序如下：

```
                              机器周期
DL1ms：   PUSH   30H             ;2
          MOV    30H,#N          ;1
D1：      NOP                    ;1
          NOP                    ;1
          DJNZ   30H,D1          ;2
          POP    30H             ;2
          RET                    ;2
```

该程序的总执行时间为 $T=2+1+(1+1+2)\times N+2+2$。

根据题意,需要延时 1 毫秒,即 $T=1ms=1000\mu S$;根据上式有:$4N=993\mu s$。

若取 $N=248=F8H$,代入得到:$T=3+4\times 248+4=999(\mu s)$。

即上述子程序真正延时时间为 $999\mu s$,有千分之一误差。可以在 RET 指令前,加一个 NOP,达到准确的 1 毫秒延时。

以这个子程序为基准,其他各档的延时程序均可以通过调用 1ms 延时子程序来实现。0.1 秒、1 秒和 10 秒延时程序分别如下:

```
DL100ms：  PUSH   30H            ;0.1s 子程序,调用 100 次 DL1ms
           MOV    30H,#100
D100：     LCALL  DL1ms
           DJNZ   30H,D100
           POP    30H
           RET

DL1S：     PUSH   30H            ;1s 子程序,调用 10 次 DL100ms
           MOV    30H,#10
D1S：      LCALL  DL100ms
           DJNZ   30H,D1S
           POP    30H
           RET

DL10S：    PUSH   30H            ;10s 子程序,调用 100 次 DL100ms
           MOV    30H,#100
D10S：     LCALL  DL100ms
           DJNZ   30H,D10S
           POP    30H
           RET
```

　　由于各子程序保护和恢复 30H 内容、循环、子程序调用和返回等都需要时间,所以存在一定的延时误差,可通过减少基准定时 DL1ms 的时间来补偿。更准确的延时,可利用 MCU 中的定时器/计数器来实现。

习题与思考题

1. 8051 微控制器有哪些寻址方式？每种寻址方式使用的变量和寻址空间是什么？

2. MOV、MOVX、MOVC 指令有什么区别？它们的访问空间分别是什么？

3. 内部 RAM 高 128 字节和特殊功能寄存器具有相同的地址范围(均为 00H～7FH)，请问如何解决地址重叠问题？

4. 内部 RAM 的低 128B、高 128B、SFR 和外部 RAM 应分别采用什么寻址方式？

5. 总结 8051 MCU 指令对标志位的影响情况。

6. 描述两条查表指令的特点，如何使用？

7. 试说明入栈指令和出栈指令的作用与执行过程。

8. "DA A"指令的作用是什么？使用时应注意什么？

9. "与"、"或"、"异或"三种字节逻辑操作指令，分别有什么作用？

10. 如何确定相对转移指令中的偏移量和转移的目的地址？

11. 8051 MCU 汇编程序中有哪些伪指令？其功能是什么？

12. 汇编程序有哪几种基本结构？通常用什么指令实现程序的单分支和多分支程序结构？

13. 循环结构程序由哪几部分组成？各部分的作用是什么？试述两种循环控制方式的特点。

14. 简述子程序的作用，以及子程序的编写要点。

15. 子程序为什么要进行保护现场和恢复现场？试述保护现场和恢复现场的三种方法。

16. 若(A)=4AH,(R0)=50H,(50H)=A5H,(60H)=6AH,(PSW)=00H,写出执行以下程序后的结果。

```
MOV      A,@R0
MOV      @R0,60H
MOV      60H,A
MOV      R0,#58H
```

    (A)=_____,(R0)=_____,(50H)=_____,(60H)=_____;工作寄存器 R0 的物理地址为_____。

17. 读程序，在";"后面加注释，并分析程序的功能。

```
        MOV    R7,#10        ;
        MOV    A,#30H        ;
        MOV    DPTR,#2000H   ;
LOOP:   MOVX   @DPTR,A       ;
        INC    A             ;
        INC    DPL           ;
        DJNZ   R7,LOOP       ;
        SJMP   $
```

18. 读程序，在";"后面加注释，简述程序的功能，指出程序执行后 SP 指针指向哪里？

```
        MOV    SP,#5FH       ;
        MOV    R7,#08H       ;
        MOV    R0,#3FH       ;
```

```
LOOP:      POP     ACC                     ;
           MOV     @R0,A                   ;
           DEC     R0                      ;
           DJNZ    R7,LOOP                 ;
           SJMP    $                       ;
```

19. 读程序,在";"后面作注释,简述程序的功能,指出程序执行后 SP 指针指向哪里?

```
           MOV     SP,#2FH                 ;
           MOV     DPTR,#2000H             ;
           MOV     R7,#50H                 ;
LOOP:      MOVX    A,@DPTR                 ;
           INC     DPTR
           PUSH    Acc                     ;
           DJNZ    R7,NEXT
           SJMP    $
```

20. 已知(SP) = 60H,子程序 SUBTRN 的首地址为 0345H,现执行位于 0123H 的 LCALL　SUBTRN 3 字节指令后,(PC)=_____,(61H)=_____,(62H)=_____。

21. 试编程将外部数据存储器 2100H 单元中的高 4 位置 1,其余位清 0。

22. 编写程序,查找在内部 RAM 的 20H~50H 单元中出现 00H 的次数,并将查找的结果存入 51H 单元中。

23. 若有两个无符号数 x、y 分别存放在内部存储器的 50H、51H 单元中,试编写一个程序实现 $x \times 10 + y$,结果送入 52H、53H 两个单元。

24. 编写程序,在外部数据存储器区 2000H 单元开始的 32 个单元中寻找最大值,存放到内部 RAM 的 68H 单元中。

25. 试编写采用查表法求 1~20 的平方值的子程序。已知 x 的值在 1~20,存放在累加器 A 中,平方值高位存入 R6、低位存入 R7。

本章内容总结

8051指令与汇编程序设计

指令系统基础

- **指令系统概述**：指令三种分类、指令格式、指令代码和符号约定
- **寻址方式**：
  - 立即寻址：指令中直接给出操作数，即操作数为指令中的立即数
  - 直接寻址：指令中给出操作数的存储单元地址
  - 寄存器寻址：将指令中指定的工作寄存器（R0~R7）的内容作为操作数
  - 寄存器间接寻址：以DPTR或PC作为基址寄存器，以A作为变址寄存器，将两寄存器的内容相加形成操作数的实际地址
  - 变址寻址：以DPTR的内容作为基址，加上指令中给出的操作数作为操作数的地址
  - 相对寻址：以PC的内容为基址，加上指令中给出的偏移量（通常以rel表示，作为偏移量）构成程序转移的目的地址
  - 位寻址：指令中直接给出位操作数的地址
  - 寻址方式与寻址空间：了解不同寻址方式可可使用的变量和可寻址的空间。内部RAM的低128B（00H~7FH），采用直接寻址和寄存器间接寻址方式进行访问；内部RAM的高128B（80H~FFH），与SFR（分布于80H~FFH）存在地址重叠，内部RAM的80H~FFH只能用寄存器间接寻址，SFR只能用直接寻址。过不同的寻址方式加以解决。

指令系统

- **数据传送类指令**：把源操作数传送到目的操作数，包括MOV（16条）、MOVC（2条）、MOVX（4条）、堆栈操作（2条）和数据交换（5条）
- **算术运算类指令**：加法（8条）、减法（4条）、乘（1条）、除（1条）、加1（5条）、减1（4条）和BCD码调整（1条）
- **逻辑操作类指令**：与（6条）、或（6条）、异或（6条）、求反（4条）、有条件转移（8条）、大小循环左右移位（4条）
- **控制转移类指令**：控制程序的流向；无条件转移（4条）、有条件转移（8条）、子程序调用和返回（4条）、空操作（1条）
- **位操作类指令**：以C为累加器，执行"位"操作，包括位传送（2条）、位设置（6条）、位逻辑（4条）、位转移类（5条）

典型指令的应用

- **查表指令**：两条查表指令各自的特点和查找范围，常用于常数表格的查找
- **堆栈操作指令**：数据保护与恢复，成对使用，服从"先进后出"、"后进先出"规则
- **十进制调整指令**：对A+BCD码的相加结果进行调整之后，只能用于加法指令之后，了解调整规则
- **逻辑指令与字节操作**：可实现不可寻址字节中，某些位的位屏蔽、置位和求反操作
- **偏移量响应方法**：rel-转移目的地址-（转移指令所在地址+转移指令字节数）
- **散转指令与子程序**：根据变址寄存器内容，散转到不同的程序入口，如根据按键值转到不同的按键处理程序
- **比较指令的分支转移**：4条比较转移指令，常用于数据大小比较，实现数据的查找、分类、排序等

汇编语言程序设计基础

- **编程风格**：注释、标号、子程序、堆栈和的应用
- **编程语言**：机器语言、汇编语言、高级语言；汇编语言是基础，高级语言通用性更强
- **伪指令**：掌握7条指令的使用格式和功能，END和ORG不可缺少
- **汇编与调试过程**：程序的编辑方法、汇编过程、模拟仿真调试和实时目标仿真调试构成设计全过程

汇编语言程序设计

- **程序设计的结构化**：
  - 顺序结构程序：按照指令先编写和存放的顺序，依次执行程序
  - 分支结构程序：程序执行过程中需要做出各种逻辑判断，并根据判断测结果选择合适的执行路径
  - 循环结构程序：包括初始化、循环体、循环控制和结束求四个部分；循环控制的实现方法主要有计数控制法和条件控制法
- **基本程序设计**：多个例子说明了不同结构的程序设计

子程序设计

- **子程序概述**：多个例子说明了子程序设计的优点、调用与嵌套、编号要求和注释要求等
- **参数传递**：寄存器传递、堆栈、适用不同的工作寄存器组、内存单元法
- **现场保护与恢复**：三种方式、堆栈、内存单元
- **子程序设计举例**：多个例子详细说明子程序设计的方法和必要性

第 4 章

8051 的 C 语言与程序设计

汇编语言虽然有执行效率高、目标代码短的优点,但其可读性和可移植性差、编程效率低、维护不方便。而 C 语言兼有汇编语言和高级语言的特点,是目前最常用的微控制器开发高级语言之一。C51 是适合于 8051 微控制器编程的 C 语言,具有 ANSIC C 语言的所有功能,并针对 8051 微控制器的硬件特点作了扩展。C51 特别适用于控制性程序的编写,程序开发具有结构化、模块化的优点,便于程序的阅读、理解、改进和移植。

本章介绍 C51 的基本概念,包括数据类型、存储器类型与存储模式,数组及指针的定义,函数的定义,中断函数、库函数,宏定义、文件包含等预处理命令,顺序、选择、循环三种基本程序结构,以及 C51 程序设计方法与举例。

4.1　C51 特点

当程序达到一定的复杂程度时,C51 语言是更为理想的选择。许多读者已经熟悉标准的 C 语言,但是 C51 语言与 C 语言仍有一些区别。本节将从 C51 的结构特点出发,介绍其与汇编语言和标准 C 语言的区别。

4.1.1　C51 结构特点

①程序构成。与标准 C 程序相同,C51 程序由函数构成,函数是 C51 程序的基本单位。

②main 函数。一个 C51 源程序必须有一个 main 函数,其他函数则根据需要添加。main 函数是 C51 程序的入口,不管 main 函数放在何处,程序总是从 main 函数开始执行,执行到 main 函数结束而结束。

③函数构成。C51 中函数分为两大类,一是库函数,二是用户自定义函数。库函数是C51 在库文件中已经定义的函数,对于用户程序中要用到的库函数需要用 include 预处理命令包含相关的头文件,则程序中就可直接调用这些库函数。用户自定义函数是用户自己编写、自己调用的一类函数。

④函数调用。

main 函数:可调用其他函数。

其他函数:main 之外的函数。可互相调用,但不能调用 main 函数。

库函数:用户编程时用 include 预处理命令包含相关的头文件后,可在程序中直接调用。

4.1.2　C51 与汇编的区别

1. C51 与汇编编程的区别

用 C51 语言编写 8051 微控制器程序时,与汇编语言编写程序有不同之处。用汇编语言编写程序时必须考虑其存储器结构,尤其必须考虑内部 RAM 的分配、堆栈区域和深度的配置,了解跳转指令的偏移量,子程序和中断服务程序需要进行现场保护和恢复等。

用 C51 编写程序时,则不用像汇编语言那样必须具体组织、分配存储器资源,不必考虑和配置堆栈区,不用进行中断函数的现场保护和恢复等。但同样注重对 8051 MCU 资源的理解,对数据类型和变量的定义,必须要与 8051 MCU 的存储结构相关联,否则编译器不能正确地映射定位。C51 程序引用的各种算法要精简,不要对系统构成过重的负担,因为 MCU 的资源相对 PC 机来说是很匮乏的。尽量少用浮点运算,可用无符号型数据的就不要用符号型数据,尽量避免多字节的乘除运算,多使用移位运算等。

2. C51 与汇编性能的区别

C51 与汇编性能的区别如表 4-1 所示。

表 4-1　C51 与汇编性能的区别

	C51 编程	汇编编程
指令集	无须记忆	必须记忆
存储器结构	无须详细考虑	熟知内部 RAM 配置及寻址方式
物理地址	可忽略	必须准确计算
跳转指令	可忽略	熟知偏移量及指令字节数
子程序(函数)	直接调用	需进行现场保护和恢复
中断服务程序(中断函数)	中断号	熟知中断入口地址
库函数	有,直接调用	无
速度与效率	低	高

4.1.3　C51 与标准 C 的区别

C51 的语法规定、程序结构及程序设计方法与标准 C 语言相同,但 C51 程序在以下几个方面与标准 C 程序有所区别:

①数据类型。C51 除了支持标准 C 的数据类型,还增加了几种 8051 MCU 扩展的数据类型。

②存储器类型。C51 变量声明时,可直接增加相应的关键字来指定其在 8051 MCU 中的存储器空间。

③变量的存储模式。C51 变量声明时,也可通过设定编译器的存储模式,由编译器指定其默认的存储器类型。

④指针。除具有与 C 相同的通用指针外,C51 扩展了存储器特殊指针。

⑤函数。增加了专门的中断服务函数;并且标准输入输出函数的使用也有一定差异,

C51 的输入输出通过 8051 MCU 的串行口实现,因此执行标准输入输出函数之前必须对串行口进行初始化。

⑥预处理命令。C51 针对典型 8051 MCU 增加了相应的 SFR 头文件 reg51. h,针对其他增强型的 8051 MCU,也增加了与其对应的 SFR 头文件。

4.1.4　C51 编程的优缺点

综合 C51 编程的特点及其与汇编语言编程的区别,C51 编程的优缺点总结如下。

1. 优点

①编程者无须对 8051 硬件结构以及编译操作的细节有特别全面的了解。

②代码容易编写,尤其体现在编写较大规模的复杂程序时。

③C 语言程序更接近于人类语言,源代码可读性强,编程效率高。

2. 缺点

①通常情况下,编译后产生的程序代码比汇编程序代码长。

②由于 MCU 硬件资源的分配和使用是由编译器自动完成的,因此无法了解硬件资源的具体配置情况,如堆栈区域的设置等。

③削弱了编程者的直接硬件控制能力。

4.1.5　C51 编译器

如同汇编语言需要汇编器一样,C51 程序转换为机器语言时需要编译器。编译器与汇编器类似,只是前者更复杂,因为 C 语言与机器语言之间的差异要比汇编语言与机器语言之间的差异大得多。

C51 编译器有很多种,它们所提供的基本功能大多相似。目前最流行的 C51 编译器 Keil μVision,是由 Keil 软件公司开发的集成开发环境 IDE(Integrated Development Environment),其从 μVision 3 开始支持 ARM,已经发展到 μVision5 版本。由于其对 8051 MCU 及其衍生产品及对第三方提供的仿真驱动具有良好的兼容性,使其几乎成为 8051 MCU 系统开发者的首选平台。Keil 提供了程序设计全过程需要的 C 编译器、宏汇编、连接器、库管理和功能强大的仿真调试器等在内的完整解决方案,并通过一个集成开发环境(μVision)将这些模块组合在一起。它支持汇编语言、PLM 语言和 C 语言的程序设计,其方便易用的集成环境、强大的软件仿真调试工具也会令开发者事半功倍。

4.2　C51 基础

上节简单介绍了 C51 程序与标准 C 程序在数据类型、存储器类型、数组、指针等方面的区别,下面将针对这几部分内容展开详细的描述。

4.2.1　数据类型

1. C51 支持的数据类型

C51 支持的数据类型包括无符号字符型 unsigned char、有符号字符型 signed char、无符号整型 unsigned int、有符号整型 signed int、无符号长整型 unsigned long、有符号长整型 signed long、浮点型 float，这些数据类型和标准 C 相同。C51 扩展的数据类型包括位型 bit、可位寻址的特殊功能寄存器 sbit、特殊功能寄存器 sfr 和 16 位特殊功能寄存器 sfr16。表 4-2 列出了 C51 支持的数据类型，除此之外，C51 还支持由基本数据类型组成的数组、结构、联合及枚举等构造类型数据。

表 4-2　C51 编译器支持的数据类型

数据类型	位　　数	字节数	值　　域
[signed] char	8	1	$-128\sim+127$
unsigned char	8	1	$0\sim255$
[signed] int	16	2	$-32768\sim+32767$
unsigned int	16	2	$0\sim65535$
[signed] long	32	4	$-2147483648\sim+2147483647$
unsigned long	32	4	$0\sim4294967295$
float	32	4	$\pm1.175494E-38\sim\pm3.402823E+38$
bit	1		0 or 1
sbit	1		0 or 1
sfr	8	1	$0\sim255$
sfr16	16	2	$0\sim65535$

注：方括号"[ ]"包含的项为缺省项。

2. C51 扩展的数据类型

（1）bit

用于声明一个位于通用 RAM 的位寻址空间的位变量，显然位变量只能存储 0 或 1。例如，下面的 C 语句将声明一个位变量 flag 并且初始化为 0：

```
bit    flag = 0;
```

bit 变量和声明有以下限制：

● 一个位不能被声明为一个指针，例如：

```
bit    * ptr;              //非法
```

● 不能用一个 bit 类型的数组，例如：

```
bit    NumArray[5];        //非法
```

（2）sbit

sbit 和 bit 相似，但其所声明的位变量是位于 SFR 区的位寻址空间。例如：

```
sbit    P10 = P1^0;            //定义位变量 P10 为 P1.0，即 P1 口的第 0 bit
sbit    INT0 = p3^2;           //定义变量 INT0 为 P3.2，即外部中断 0
```

　　需要注意赋值运算符（＝）在 bit 和 sbit 声明语句中的区别。在声明 sbit 数据类型变量时，"＝"表示 sbit 变量的地址；而在声明 bit 数据类型变量时，"＝"表示 bit 变量的初始值。

（3）sfr

sfr 用于定义 8 位特殊功能寄存器的字节地址。例如：

```
sfr    IE = 0xA8;            //定义 IE 的地址为 A8H
sfr    P0 = 0x80;            //定义 P0 的地址为 80H
sfr    PSW = 0xD0;           //定义 PSW 的地址为 D0H
```

"＝"后是 80H～FFH 之间的常数，不能是表达式。通过 sfr 给特殊功能寄存器的名称定义地址，增加程序的可读性。如上述定义中，IE 是中断允许寄存器，其地址是 A8H；P0 口的地址是 80H；PSW 的地址是 D0H。

（4）sfr16

sfr16 和 sfr 很相似，sfr 定义 8 位的 SFR，而 sfr16 则定义 16 位的 SFR。例如：

```
sfr16    DPTR = 0x82;          //定义一个 16 位变量 DPTR，给出其低字节地址为 82H
```

sfr16 的定义要求 16 位 SFR 的低字节和高字节连续存储，在变量定义中出现的是低字节地址，如 DPTR 的 DPH 地址为 83H，DPL 为 82H。

sfr16 声明和 sfr 声明遵循相同的原则。等号（＝）指定的地址必须是一个常数值，应是 16 位 SFR 的低字节地址。

当结果的数据类型和源数据类型不同时，C51 编译器在数据类型间自动进行转换。例如，一个 bit 变量赋值给一个 int 变量时，将会把 bit 变量转换为 int。也可以用类型表示进行数据类型的强制转换，但需注意带符号变量的转换，其符号是自动扩展的。

4.2.2　存储器类型与存储模式

1. C51 数据的存储器类型

C51 变量定义中的存储器类型指定了该变量的存储区域。存储器类型可以由关键字直接声明指定，表 4-3 列出了存储器类型及其存储空间。

（1）程序存储器

程序存储器是存放程序代码（Code）的存储区，程序运行时只能读出不能写入。8051 MCU 的最大 ROM 空间是 64KB。

表 4-3　存储器类型与存储空间

存储器类型	关键字	存储空间
程序存储器	code	程序存储器（ROM）空间 64KB
内部数据 存储器	data	直接寻址的内部 RAM 空间 128B（00H～7FH），访问速度最快
	idata	间接寻址的内部 RAM 空间 256B（00H～FFH）
	bdata	可位寻址的内部 RAM 空间 16B（20H～2FH）
外部数据 存储器	xdata	外部 RAM 空间 64KB
	pdata	分页的外部 RAM 256B/页

（2）内部数据存储器

典型 8051 MCU 有 256B 的内部 RAM，该存储区可分为 3 个不同的存储器类型：data、idata 和 bdata。

①data 数据类型。其存储空间是内部 RAM 的低 128B，为直接寻址的 RAM 空间，地址范围为 00H～7FH。对此空间，存取速度最快。

②idata 数据类型。其存储空间是内部 RAM 的全部 256B，为寄存器间接寻址的 RAM 空间，地址范围为 00H～FFH。访问速度比直接寻址慢。

③bdata 数据类型。其存储空间是内部 RAM 中可位寻址的 16B（20H～2FH），位地址范围为 00H～7FH。本空间允许按字节寻址和按位寻址，声明可位寻址的数据类型。

（3）外部数据存储器

外部数据存储器的读/写要通过一个数据指针加载一个地址来间接访问。因此，访问外部 RAM 比访问内部 RAM 慢。外部 RAM 最多有 64KB，C 编译器提供了两种不同的存储器类型来访问外部 RAM：xdata 和 pdata。

　　由于访问内部 RAM 比较快，所以应该把频繁使用的变量放置在内部 RAM 中，把很少使用的变量放在外部 RAM 中。

2. 存储模式

在变量的声明中，可以声明存储器类型，也可以不声明存储器类型。变量定义格式为：

数据类型　　　［存储器类型］　　变量名

其中，数据类型：是指变量的数据类型；存储器类型：可缺省，明确变量存放的存储器空间。若未声明，则变量的存储器类型由编译模式决定。

```
char code text[ ] = "enter password";
char data var1;
float idata x,y,z;
char bdata flags;
unsigned long xdata array[100];
unsigned int pdata dimension;
float x,y,z;                                    //未声明存储器类型
unsigned long array[100];                       //未声明存储器类型
```

若变量的定义中没有声明存储器类型，编译器将自动选用默认的存储器类型。默认的存储器类型适用于所有的全局变量和静态变量，还有不能分配在寄存器中的函数参数和局部变量。默认的存储器类型由编译器的存储模式（SMALL、COMPACT、LARGE）决定。

表 4-4 列出了 C51 的三种存储模式。

表 4-4　C51 的存储模式

存储模式	描　　述
SMALL	默认将变量存放到直接寻址的内部 RAM 空间（data）
COMPACT	默认将变量存放到外部 RAM 的一页 256 字节中（pdata）
LARGE	默认将变量存放到外部 RAM 的 64KB 空间（xdata）

①Small 模式。所有缺省变量参数均装入内部 RAM，优点是访问速度快，缺点是空间有限，适用于小程序。

②Compact 模式。所有缺省变量均位于外部 RAM 区的一页（256Bytes），具体哪一页可由 P2 口指定，在 STARTUP.A51 文件中说明，也可用 pdata 指定，优点是空间较 Small 为宽裕速度较 Small 慢，较 large 要快，是一种中间状态。

③Large 模式。所有缺省变量可放在 64KB 的外部 RAM 区，优点是空间大，可存变量多，缺点是速度较慢。

3. 存储器类型定义的注意点

①data 区空间小，所以只有频繁用到或对运算速度要求很高的变量才放在 data 区，比如 for 循环中的计数值。

②data 区内最好放局部变量。因为局部变量的空间是可以覆盖的（某个函数的局部变量空间在退出该函数时就释放，由别的函数的局部变量覆盖），可以提高内存利用率。

③程序中使用的位标志变量可以定义到 bdata 中，从而降低内存占用空间。

④其他不频繁用到和对运算速度要求不高的变量应放到 xdata 区。

⑤如果想节省 data 空间，可选择 large 模式，使得未定义存储器类型的变量全部定义到 xdata 区。当然最好对所有变量都指定存储器类型。

4.2.3　数　组

C51 的数组与标准 C 相同，要求数组中各元素的数据类型必须相同、元素的个数必须固定，数组中的元素按顺序存放，按下标存取。一维数组有一个下标，二维数组有两个下标，更多维的数组在 C51 中很少见，故不做介绍。

数组在 C51 程序中有广泛的应用，但其包含较多的元素、占用较多存储空间，而微控制器资源有限，所以在 C51 中，应将数据表格或常量，如段码、字型码、时间常数等都以 code 数组形式定义；而对于需要修改的数据，如串行口发送接收缓冲区、显示缓冲区等以 data 数组定义。

1. 一维数值

C51 数组的定义相比标准 C 增加了存储器类型选项，定义格式如下：

数据类型　［存储器类型］　数组名　［常量表达式］；

其中，数据类型：是指数组中各个元素的数据类型；存储器类型：可缺省，确定数组存放的存储器空间。若未声明，则数组的存储器类型由编译器决定。常量表达式：表示该数组的长度，必须用方括号"［ ］"括起来，而且其中不能含有变量。

例如：

```
unsigned char data student_score[10];
```

在内部 RAM 中定义一个存放 10 个学生成绩的数组,此时定义数组未给元素赋值,需明确指定数组元素的个数。

例如:

```
unsigned char code SEG_TAB [ ] = {0x3f, 0x06,0x5b, 0x4f, 0x66, 0x6d, 0x7d, 0x07, 0x7f, 0x6f};
```

在程序存储器中定义数码管的字型数据表,此时给出了数组的所有元素,所以可以不指定元素个数。

2. 二维数组

定义格式如下:

数据类型 ［存储器类型］ 数组名 ［常量表达式 1］［常量表达式 2］;

常量表达式 1 为行数,常量表达式 2 为列数。

例如:

```
int xdata a[3][4];                 //定义了一个 3 行 4 列的数组
```

在定义数组的同时可以对数组进行赋值。对数组的赋值可采用分行赋值或按元素顺序赋值。例如:

```
unsigned char code LED[2][5] = {{0xa0, 0xa1, 0xa2, 0xa3, 0xa4},{0xa5, 0xa6, 0xa7, 0xa8, 0xa9}};
unsigned char code LED[2][5] = {0xa0, 0xa1, 0xa2, 0xa3, 0xa4, 0xa5, 0xa6, 0xa7, 0xa8, 0xa9};
```

4.2.4　指　针

当使用汇编语言编程时,常常用 R0、R1 和 DPTR 作为地址指针,然后用寄存器间接寻址方式,访问 R0、R1 和 DPTR 指针所指的存储单元。C51 中的指针与间接寻址寄存器(Ri/DPTR)所起的作用相同。

在 C 语言中,可以通过特殊定义的指针变量实现数据的间接访问。一些学生在学习 C 语言的过程中逃避指针,认为其不容易理解。实际上,指针只是一种比较特殊的变量类型,普通类型的变量可以直接存储数据,而指针变量存储的是数据的地址。在使用一般变量的情况下,是直接到相应的存储单元取数据;在使用指针变量的情况下,在取数据之前需要先知道该数据的存储地址,然后以该地址作为中间纽带再去访问数据。

C51 编译器支持用星号"＊"进行指针声明,可以用指针完成在标准 C 语言中的所有操作。由于 8051 MCU 及其派生系列 MCU 所具有的独特结构,C51 编译器提供两种不同的指针类型:通用指针和存储器特殊指针。

1. 通用指针(Generic Pointer)

通用指针的定义和标准 C 语言中指针的定义一样:

数据类型 ＊［指针变量存储器类型］指针标识符

其中,数据类型:是指该指针变量所指向的变量的数据类型;指针变量存储器类型:可缺省,是指指针变量本身所存放的存储器类型,若未声明,则存放该指针变量的存储器类型由编译模式决定。例如：

指针定义	说　明
char * s;	指向字符型变量的通用指针 s，指针变量的存储器类型由编译模式决定
int * numptr;	指向整型变量的通用指针 numptr，指针变量的存储器类型由编译模式决定
long * state;	指向长整型变量的通用指针 state，指针变量的存储器类型由编译模式决定
char * xdata strptr;	指向字符型变量的通用指针 strptr，指针变量存放在外部 RAM 中
int * data numptr;	指向整型变量的通用指针 numptr，指针变量存放在直接寻址的内部 RAM 中
long * idata varptr;	指向长整型变量的通用指针 varptr，指针变量存放在间接寻址的内部 RAM 中

通用指针的存放需要 3 个字节，第 1 个字节用来表示指针所指向变量的存储器类型，第 2 个字节是指针的高字节，第 3 字节是指针的低字节。

通用指针可以用来访问所有类型的变量，并且可以不管变量存储在哪个存储空间中，因而许多库函数都使用通用指针。通过使用通用指针，一个函数可以访问数据而不用考虑它存储在什么存储器中。

通用指针可以访问存放在任何存储空间的数据，因此很方便，但是执行速度较存储器特殊指针要慢。若在执行速度优先考虑的情况下，应使用存储器特殊指针。

2. 存储器特殊指针（Memory-specific Pointer）

存储器特殊指针的定义包含了变量存储器类型，表示该指针总是指向指定类型的特定存储器空间中的变量。即通过存储器特殊指针，只能够访问其规定的存储空间。定义方式如下：

数据类型 变量存储器类型 * ［指针变量存储器类型］指针标识符

其中，数据类型：是指该指针变量所指向的变量的数据类型；变量存储器类型：是指该指针变量所指向的变量的存储器类型；指针变量存储器类型：可缺省，指该指针变量本身的存储器类型，若未声明，则该指针变量的存储器类型由编译模式决定。例如：

特殊指针定义	说　明
char data * str;	定义指向存放在内部 RAM data 空间的字符型变量的指针变量 str，str 的存储器类型由编译模式决定
int xdata * numtab;	定义指向存放在外部 RAM xdata 空间的整型变量的指针变量 numtab，numtab 的存储器类型由编译模式决定
long code * powtab;	定义指向存放在 ROM 空间的长整型变量的指针变量 powtab，powtab 的存储器类型由编译模式决定
char data * xdata str;	定义指向存放在内部 RAM data 空间的字符型变量的指针 str，指针 str 存放在外部 RAM 的 xdata 空间
int xdata * data numtab;	定义指向存放在外部 RAM xdata 空间的整型变量的指针 numtab，指针 numtab 存放在内部 RAM 的 data 空间
long code * idata powtab;	定义指向存放在 ROM 的长整型变量的指针 powtab，指针 powtab 存放在内部 RAM 的 idata 空间

由于变量的存储器类型在编译时已经确定，因此存储器特殊指针中用来表示指针所指

向变量存储器类型就不再需要保存。指向 idata、data、bdata 和 pdata 的存储器指针用 1 个字节保存；指向 code 和 xdata 的存储器指针用 2 个字节保存。因此，使用存储器特殊指针比通用指针效率要高、速度要快。

3. C51 指针的应用

C51 中的单目运算符 &，是取变量地址的运算符，用 & 可以将变量的地址赋给一个指针变量。单目运算符 *，可用于指针变量间接访问所指向的变量。例如：

指针变量举例	说　明
int * ptr0;	ptr0 为普通指针
char data * ptr1;	ptr1 为特殊指针，是 data 区字符型变量的指针
int data x;	x 为 data 区的整型变量
char data a[5];	a 为 data 区的字符型数组，数组元素个数为 5
ptr0 = &x;	将变量 x 的地址赋给 ptr0，即 ptr0 作为 x 变量的指针
ptr1 = &a[0];	将数组 a 的首地址赋给指针 ptr1，即 ptr1 作为数组指针
* ptr1 = 0x55;	给指针 ptr1 所指的变量赋值，等价于 a[0] = 0x55

使用存储器特殊指针可以直接访问存储器，其方法是先定义指针，给指针赋地址值，然后使用指针访问存储器。例如：

```
unsigned char xdata * xpt;          //定义特殊指针 xpt
xpt = 0x1000;                       //指针指向外部 RAM 0x1000 单元
* xpt = 0xAA;                       //给 0x1000 单元赋值 0xAA
xpt + +;                            //指针指向下一单元 0x1001
* xpt = 0x55;                       //给 0x1001 单元赋值 0x55
```

【例 4-1】 编写程序，将 8051 MCU 外部 RAM 地址从 0x1000 开始的 10 个字节数据，传送到内部 RAM 地址从 0x20 开始的 10 个单元中。

【解】 程序如下：

```
unsigned char data i, * dpt;
unsinged char xdata * xpt;
dpt = 0x20;                         //给指针赋地址
xpt = 0x1000;
for(i = 0;i<10;i + +)
    * (dpt + i) = * (xpt + i);       //赋值
```

4.2.5 函　数

在汇编语言程序设计中，读者已经体会到使用子程序的好处。同样，在 C51 中也有子程序的概念，但它不称为子程序，而称为函数。

1. 函数的定义

C51 中的函数定义，除了如同标准 C 中可以定义函数的返回值类型，函数参数及其类型以外,C51 对函数的定义做了许多扩展,包括:可以指定一个函数为中断服务函数,选择函数所使用的寄存器组,选取存储器模式,说明该函数为可重入函数,说明函数为 PL/M-51函数等。

在函数定义时,可包括以上扩展或属性。一般定义形式如下:

`[return_type] funcname([args])[{small|compact|large}][reentrant][interrupt n][using n]`

其中,return_type:和标准 C 中函数的定义相同,说明函数的返回值类型,若未予以说明则默认为整型;funcname:函数的名字;args:函数的参数表列(形参);small、compact、large:说明函数的存储器模式;reentrant:说明函数是可递归或可重入的;interrupt:说明该函数是一个中断服务程序;using:指定该函数所使用的寄存器组。其中,方括号"[ ]"中的定义项为可缺省项。

例如:求两数之和的函数。

```
int Sum(int a,int b)
{
    return a + b;
}
```

该函数名为 sum,包括 2 个输入参数,且数据类型均为整型。函数的返回值也是整型。用大括号将整个函数体括起来,函数的返回值很简单,是 2 个输入参数的代数和。在本例中忽略了 4 个选择项(包括 memory、reentrant、interrupt 和 using)的声明,这意味着传递给该函数的参数将使用默认的 small 存储模式,而且被存放到内部数据存储区;还表明该函数不是递归函数,也不是中断服务函数。另外,该函数选择的工作寄存器组为第0 组。

2. 函数的参数传递与返回值

在函数调用时,函数参数的传递方式由 C51 编译器确定,通过寄存器或固定的数据存储区传递,如表 4-5 所示。通过寄存器传递参数可以显著提高系统性能,这是默认的传递方式,最多可传递 3 个参数。由于 8051 MCU 只有 8 个寄存器,所以存在参数传递过程中寄存器不够用的问题。在这种情况下,剩余的参数需要通过固定的存储单元来传递。

表 4-5　函数调用时不同参数和数据类型所用的寄存器

参数序号	char,1-byte ptr	int,2-byte ptr	long,float	generic ptr
1	R7	R6&R7	R4~R7	R1~R3
2	R5	R4&R5		
3	R3	R2&R3		

例如:在 func1(int a)中,"a"是第一个参数,在 R6、R7 中传递。在 func2(int b,intc,int * d)中,"b"是第 1 个参数,在 R6、R7 中传递;"c"是第 2 个参数,在 R4、R5 中传递;"d"是第 3 个参数,在 R1、R2、R3 中传递,如果没有工作寄存器供参数传递所用或有太多的参数需要传递时,则使用地址固定的存储器传递函数的参数。

和输入参数(既可以通过寄存器传递,又可以通过存储器传递)不同,函数返回值必须通过工作寄存器返回。表 4-6 列出了函数返回不同类型返回值时所使用的寄存器。

表 4-6 函数返回不同类型返回值时所用的寄存器

返回值类型	寄存器	描 述
bit	cy	Carry Flag
char,unsigned char,1-byte ptr	R7	
int,unsigned int,2-byte ptr	R6&R7	高字节在 R6 中,低字节在 R7 中
long,unsigned long	R4~R7	最高字节在 R4 中,最低字节在 R7 中
float	R4~R7	32 位 IEEE 数据格式
generic ptr	R1~R3	存储器类型在 R3 中,高字节在 R2 中,低字节在 R1 中

若函数的第一个参数为 bit 类型,则其余的参数均不能通过寄存器传递,因为寄存器中的值无法连续存放。因此函数定义时,通常把函数的位参数放在最后面定义。

3. 中断函数

C51 处理中断的方法为调用相应的中断函数,编译器在中断入口产生中断向量,当中断发生时,跳转到中断函数,执行完毕后,自动返回主程序。

C51 用关键字 interrupt 和中断号定义中断函数,一般形式为:

［void］ 中断函数名() interrupt 中断号 ［using n］

C51 编译器最多可支持 32 个中断。因此定义中断函数时,interrupt 属性后的参数(中断号)的取值范围为 0～31。"using n"用于指定中断函数使用的工作寄存器组;$n=0\sim3$ 分别表示选择第 0～3 组,也可缺省,此时表示与调用的函数采用相同的工作寄存器组。

关于 C51 编译器对中断的处理,以及中断函数的使用等,将在第 5 章(中断系统)详细介绍。

4. C51 库函数

C51 拥有强大功能及高效率的重要体现之一在于其丰富的可直接调用的库函数,多使用库函数可使程序代码简单,结构清晰,易于调试和维护,C51 的库函数分为本征库函数(Intrinsic Routines)和非本征库函数(Non-intrinsic Routines)。

(1)本征库函数

C51 提供的本征库函数在编译时能够直接将固定的代码插入当前行,可以与汇编语言中的很多指令一一对应,因此代码量小、效率高。

C51 的本征库函数定义在 intrins.h 头文件中,只有 9 个,数目虽少,但都非常有用,如表 4-7 所示。程序中要用到本征库函数时,在源程序开头必须包含 #include <intrins.h> 头文件。

表 4-7 C51 本征库函数及说明

函数名	简要说明
crol,_cror_	将 char 型变量循环向左(右)移动指定位数后返回
irol,_iror_	将 int 型变量循环向左(右)移动指定位数后返回'

函数名	简要说明
lrol,_lror_	将 long 型变量循环向左(右)移动指定位数后返回
nop	相当于插入 NOP
testbit	相当于 JBC bit,测试该位变量并跳转同时清 0
chkfloat	测试并返回浮点数状态

（2）非本征库函数

非本征库函数包括 6 类重要的库函数。使用时,库函数对应的头文件用 include 进行包含。常用头文件与说明列于表 4-8。该类函数效率低、代码长。

表 4-8　C51 重要库函数及说明

序　号	头文件	说　明
1	reg51. h、reg52. h	分别包括了 8051、8052 MCU 的 SFR 及其位定义,一般程序都必须包括该头文件
2	absacc. h	定义绝对存储器访问的宏,以确定各存储空间的绝对地址
3	stdlib. h	包括数据类型转换和存储器分配函数
4	string. h	包含字符串和缓存操作函数,定义了 NULL 常数
5	stdio. h	包含流输入/输出的原型函数,定义了 EOF 常数
6	math. h	包含数学计算库函数

stdio. h 流输入/输出函数缺省为通过 8051 MCU 的串口读写数据,因此在使用 stdio. h 库中的函数之前,应先对串行口进行初始化。

4.2.6　预处理命令

1. 宏定义

宏定义命名为♯define,其作用是用一个标识符代表一个字符串,这个字符串既可以是常数,也可以是其他任何字符串,甚至可以是带参数的宏。

不带参数的宏定义又称符号常量定义。一般格式为:

♯define　标识符　字符串

例如:

♯define Vref 2430　　　　　　　　　//定义参考电压 Vref 为 2430 这个数值,单位 mV

使用这个宏定义后,Vref 这个符号就代替了常数 2430,程序中就不必每次都写常数 2430,而可以用符号 Vref 来代替。在编译时,编译器会自动将程序中所有的符号 Vref 都替换成常数 2430。这使得程序可用一些有意义的标识符代替常数,若需要修改程序中的某个常量,则不必修改整个程序,只需修改相应的宏定义即可。

通常程序中的所有宏定义都集中放在程序的开始处,便于检查和修改,提高程序的可读性和可靠性。

宏定义举例	说　明
#define uchar unsinged char	用 uchar 代替 unsigned char 字符串
#define LCD_DATA P3	用 P3 定义液晶数据线,同时表明其硬件连接
#define MAX(a,b)　((a)>(b)? (a):(b))	带参数宏定义,MAX(a,b)是 a、b 中的较大值
#define CUBE(x)　(x)*(x)*(x)	CUBE(x)是 x 的立方

　　带参数的宏定义其形参一定要带括号,因为实参可能是任何表达式,不加括号很可能导致意想不到的错误。

2. 文件包含

　　文件包含是指一个程序文件将另一个指定文件的全部内容包含进来。文件包含的一般格式为:

　　#include <文件名> 或 #include "文件名"

　　例如:

　　#include <intrins.h>

表示将 C51 编译器提供的本征库函数的说明文件 intrins.h 包含到自己的程序中。

　　#include < reg51.h>

reg51.h 是 C51 编程时最常用的头文件,其定义了 8051 微控制器的全部 SFR 及其功能位。用文件包含命令后,程序就可以直接使用 8051 MCU 中的 SPF,而不需再进行定义。

　　#include <文件名>:常用于包含 C51 编译器提供的标准头文件;#include "文件名":常用于包含用户自己编写的头文件。在进行较大规模程序设计时,文件包含命令十分有用。为适应模块化编程的需要,可将组成 C51 程序的多个功能函数分散到多个程序文件中,分别由多人完成编程,最后再用 #include 命令将它们嵌入到一个总的程序文件中。

3. 条件编译

　　通常 C51 编译器对所有的 C51 程序行进行编译,但有时候希望其中一部分内容只有在满足特定条件时才进行编译,这就是条件编译。条件编译可选择不同的编译范围,从而产生不同的代码。C51 支持如下的条件编译命令:#if、#else、#endif、#ifdef、#ifndef。条件编译的格式如下:

```
#ifdef 标识符
    程序段 1;
#else
    程序段 2;
#endif
```

如果标识符已经被 #define 过,则程序段 1 参加编译,否则程序段 2 参加编译。

　　#if 常数表达式

```
    程序段 1;
＃else
    程序段 2;
＃endif
```

如果常数表达式为非 0,则程序段 1 参加编译,否则程序段 2 参加编译。

4.3　C51 的流程控制

一般的程序都是由顺序、选择、循环三种结构形式组成。C 语言中有一批控制语句,用于控制程序的流程,以实现程序的选择结构和循环结构。它们由特定的语句定义符组成。下面分别介绍顺序、选择、循环三种基本结构及其控制语句。

4.3.1　顺序结构

顺序结构就是按照语句顺序逐步执行的程序结构,每条语句顺序执行一次。

【例 4-2】　求两个整数的差,并返回其差值。

【解】　程序如下:

```
/ * * * * * * * * * * * * * * * 求两整数之差并返回差值 * * * * * * * * * * * * * * * * * * /
int Subcd( int u,int v)
{
    int tmp;
    temp = u − v;
    return(temp);
}
/ * * * * * * * * * * * * * * * * 主函数 * * * * * * * * * * * * * * * * * * * * * * /
void main( )
{
    int result,a = 150,b = 35;
    result = Subcd(a,b);                //将差值赋给 result
}
```

4.3.2　选择结构

C 语言中,提供 if 和 switch 条件判断语句,以实现程序的选择结构。

1. if 语句

通常 if 语句用于根据条件选择的简单分支结构。if 语句有三种基本形式:

(1)if 语句第一种形式

格式为:

```
    if(条件表达式)
        {动作}
```

如果条件表达式的值为"真"(非 0 的整数),则执行{}内的动作;如果条件表达式为"假"(为 0),则略过该动作执行后面的程序。

例如:

```
if (a = = b)
    printf("a = b");
```

如果相等,则打印"a=b";否则,跳过这条语句。

(2)if 语句第二种形式

格式为:

```
    if(条件表达式)
        {动作 1}
    else
        {动作 2}
```

如果条件表达式的值为"真",则执行动作 1,略过 else 后的动作 2 部分,执行后面的程序;如果条件表达式的值为"假",则略过动作 1 而执行 else 后的动作 2,然后再往下执行。在选择结构中,注意 else 与前面最靠近它的 if 配对。

【例 4-3】 在 a、b 两数中,求较大者并赋给 c。

【解】 程序如下:

```
if(a>b)
    c = a;
else
    c = b;
```

【例 4-4】 将一个 16 位二进制数 value 算术左移一位(即数据各位均向左移 1 位,最低位移入 0),试编制相应的程序。(题目要求与第 3 章例 3-26 相同)

【解】 程序如下:

```
# include <reg51.h>              //包含 SFR 及位定义头文件
# include <intrins.h>            //包含本征库函数头文件
main()
{
    int a;
    a = value;
    a = _irol_(a,1);             //调用本征库函数,整型数 a 左移一位
}
```

(3)if 语句第三种形式

格式为:

```
    if(条件表达式 1)
        {动作 A}
    else if (条件表达式 2)
        {动作 B}
```

```
    else if (条件表达式 3)
        {动作 C}
    else {动作 D}
```

条件表达式 1 成立时,执行动作 A;条件表达式 1 不成立 2 成立,执行动作 B;条件表达式 1、2 不成立 3 成立,执行动作 C;条件表达式 1、2、3 均不成立时,执行动作 D。

【例 4-5】　已知变量 x,试编程按照下式给 y 赋值。(题目要求与第 3 章例 3-27 相同)

$$y = \begin{cases} x+1 & (x>10) \\ 0 & (5 \leqslant x \leqslant 10) \\ x-1 & (x<5) \end{cases}$$

【解】　程序如下:

```
# include <reg51.h>
main()
{
    char x,y;
    x = 3;                              //给 x 赋值 3
    if (x<5)
        y = x - 1;
    else if (x>10)
        y = x + 1;
    else
        y = 0;
    return 0;
}
```

【例 4-6】　有一组带符号数的数据块,数据块长度为 len。试统计该数据块中正数、负数和零的个数,并分别存入变量 pcount、mcount 和 zcount。(题目要求与第 3 章例 3-28 相同)

【解】　程序如下:

```
# include <reg51.h>
main()
{
    char len = 10;
    int a[10] = {1, -1,0,7,5, -5, -8,0, -4,8};
    char pcount = 0,mcount = 0,zcount = 0;          //正数个数、负数个数、零个数清 0
    for(i = 0;i<len;i + +)
    {
        if(a[i]<0)
            mcount + + ;
        else   if(a[i] = = 0)
            zcount + + ;
        else
```

```
            pcount + + ;
        }
        return 0;
}
```

2. switch-case 语句

switch-case 语句适用于多选一的多路分支结构,当需要进行多项选择时,采用该语句能使程序变得更为简洁。格式为:

```
        switch(条件表达式)
        {
            case    条件值 1:
                    动作 1;
                    break;
            case    条件值 2:
                    动作 2;
                    break;
            ...    ...;
            default:
                    动作 n;
                    break;
        }
```

switch 内的条件表达式的结果必须为整数或字符。switch 以条件表达式的值来与各 case 的条件值对比,如果与某个条件相符合,则执行该 case 动作,每个动作之后要写 break,否则会出错。如果所有的条件值都不符合,则执行 default 的动作,执行完毕,也要用 break 指令跳出 switch 循环。

另外,case 之后的条件值必须是数据常数,不能是变量,而且不能重复,即条件值必须各不相同。如果有数个 case 所做的动作一样时,也可以写在一起,即上下并列。

【例 4-7】 根据 temp 的值执行相应的函数。

【解】 程序如下:

```
switch (temp)
{
    case 1: do_ack();break;
    case 2: do_cack();break;
    case 3: do_mnack();break;
    default: break;
}
```

4.3.3 循环结构

C 语言有 while、do-while 及 for 三种形式的循环执行语句,以实现程序的循环结构。

1. while 循环语句

格式为:

```
while(条件表达式)
    {动作}
```

while 语句先测试条件表达式是否成立,当条件表达式为"真"时,执行循环内的动作,做完之后又继续跳回条件表达式做测试,如此反复。直到条件表达式为"假"时为止。使用时要避免条件永远为"真",而造成死循环。

【例 4-8】　用 while 语句求 1 到 100 的和。

【解】　程序如下:

```
main()
{
    int i,sum;
    i = 1;
    sum = 0;
    while(i<101)
    {
        sum = sum + i;
        i + + ;
    }
}
```

【例 4-9】　把起始地址为 bufin、长度为 len 的数据串,传送到以 bufout 为首址的区域,直到发现"＄"的 ASCII 码(0x24)为止。(题目要求与第 3 章例 3-29 相同)

【解】　程序如下:

```
# include <reg51.h>
main()
{
    char len = 10;                          //定义数据串的长度
    char bufin[10] = {a,b,c,1,3,＄,9,A,B,C };   //源数据串
    char bufout[10] = {};                   //目标数据串
    char i = 0;
    while(i<len)
    {
        if(bufin[i]! = 0x24)
        {
            bufout[i] = bufin[i];           //数据传送
            i + + ;
        }
        else
            break;
    }
}
```

2. do-while 构成的循环语句

格式为:

```
    do〈动作〉
        while(条件表达式)
```

do-while 语句先执行动作后,再测试条件表达式是否成立。当条件表达式为"真"时,继续回到前面执行动作,如此反复,直到条件表达式为"假"为止。不论条件表达式的结果为何,do-while 语句至少会做一次动作,使用时要避免条件永远为"真",而造成死循环。

【例 4-10】 用 do-while 语句求 1 到 100 的和。

【解】 程序如下:

```
main()
{
    int i,sum;
    i = 1;
    sum = 0;
    do
    {
        sum = sum + i;
        i + + ;
    }
    while(i<101);
}
```

【例 4-11】 用 do-while 语句编写延时程序。

【解】 程序如下:

```
void   delay()
{
    int x = 20000;
    do
    {
        x = x - 1;
    }
    while(x);
}
```

当晶振频率为 12MHz 时,一个机器周期为 $1\mu s$。以上 do-while 循环语句经 C51 编译后,是用 DJNZ 指令完成。故该程序的延时时间约为 $T=2\times20000\mu s=40ms$。

3. for 循环语句

格式为:

```
    for(表达式 1;表达式 2;表达式 3)
        〈动作〉
```

表达式 1:通常设定初始值。

表达式 2:通常是条件表达式。如果条件为"真",执行动作;否则,终止循环。

表达式 3:通常是步长表达式。动作执行完毕后,必须再回到这里做调整,然后再到表达式 2 中做判断。

【例 4-12】　用 for 语句求 1 到 100 的和。

【解】　程序如下：

```
main()
{
    int i,sum;
    sum = 0;
    for(i = 1;i<101;i + + )
        sum = sum + i;
}
```

【例 4-13】　已知内部 RAM 有一个无符号数的数据块，其长度为 len，试编程求出数据块中的最大值，并存入变量 max 中。（题目要求与第 3 章例 3-30 相同）

【解】　程序如下：

```
# include <reg51.h>
main()
{
    unsigned char max = 0,j = 0;      //max 变量用于存放数据块的最大值
    char len = 15;                    //变量 len 存放数据块长度
    unsigned char a[len];             //定义数组 a 存放 len 个无符号数
    for(j = 0;j<len;j + + )           //定义数组 a 的元素,分别为 0,1,…,14
    {
        a[j] = j;
    }
    max = a[0];
    for (j = 0;j<len;j + + )          //找最大值
    {
        if(max<a[j])   max = a[j];
    }
    while(1);
}
```

【例 4-14】　编程将内部 RAM 从某一单元开始的 8 字节 16 进制数据转换为 16 个 ASCII 码，存放到内部 RAM 中。（题目要求与第 3 章例 3-35 相同）

【解】　程序如下：

```
# include <reg51.h>
/ * * * * * * * * * * * * 一位 16 进制数转换为 ASCII 的函数 * * * * * * * * * * * * * * * /
char Num2ASCII(unsigned char num)
{
    if(num < = 9)
        return num + '0';            //如果是 0~9 的数据,则转换成'0','1',…,'9'
    else
```

```
        return num - 10 + 'A';                          //如果是 A~F 的数,则转换成'A','B',…,'F'
}
/* * * * * * * * * * * * * * * * 主函数 * * * * * * * * * * * * * * * * * * * * * * */
main(void)
{
    int j = 0;
    unsigned char a[8] = {0x55,0xab,0x63,0x18,0x5a,0x23,0x46,0xf2};
                                                        //存放 8 个字节的 16 进制数据
    char b[16];                                         //定义数组 b[]用于存放转换后的 ASCII 码
    for(j = 0; j < 8; j++)
    {
        b[2 * j] = Num2ASCII(a[j]&0x0f);                //将低半字节数转换为 ASCII 码
        b[2 * j + 1] = Num2ASCII(a[j]&0xf0/16);         //将高半字节数转换为 ASCII 码
    }
    while(1);
}
```

4.4　C51 程序设计方法

C51 程序设计就是用 C51 语言把所要解决问题的步骤描述出来,生成 C51 源程序文件,经编译生成微控制器可执行的机器语言,调试后将符合设计目标的机器语言程序固化到微控制器的 ROM 中。

4.4.1　C51 语言编程风格

一个好的软件设计人员开发的程序应该是符合编程规范的、易于阅读和维护的、高质量的和高效率的。良好的编程风格无论对程序员还是对程序本身都是非常重要的。

1. 注释

注释用于解释代码的目的、功能和采用的方法,详细的注释有助于程序的阅读理解。C51 程序的注释方法与标准 C 语言相同,亦有两种方式:对于逐行的代码注释,一般用"//"表示,也可将注释部分放在"/*"和"*/"符号之间。对于有多行的大段注释使用后者更为方便。还有整齐的对齐和缩进,也是编程应遵循的良好习惯。

2. define 的使用

在程序中运用 define 可以用一个简单的符号名来替换一个很长的字符串;也可以使用一些有一定意义的标识符,提高程序的可读性;也可以用来定义常数,则在需要改变常数的值时,只要改变该行代码即可。

例如:

```
# define uchar unsigned char
# define uint unsigned int
# define LCD_com1 0x60                                 //定义一个 LCD 的命令
```

```
#define PI 3.141592                                    //定义 π 常数
```

根据以上定义,在后续程序中,可以用 uchar 代替 unsigned char、uint 代替 unsigned int 来定义变量;用 LCD_com1 表示一个液晶控制命令;用 PI 替代一个具体数值。

3. 命名规则

C51 程序对变量或函数的命名并没有特殊规定,但命名最好具有一定的实际意义。以下是命名的一些基本规则或习惯。

(1)常量的命名

常量全部要用大写字母。当具有实际意义的常量命名含有多个单词时,中间一般用下划线分开。例如:

```
const float PI = 3.141592;
const int NUM = 100;
const unsigned int MAX_LENGTH = 1000;
```

(2)变量的命名

变量名采用小写字母开头的单词组合,当有多个单词时也用下划线隔开,而且除第一个单词外的其他单词首字母大写,全局变量一般以"g_"来开头。例如:

```
bit flag;
char max_Value;
unsigned int g_Counter;
```

(3)函数的命名

函数名一般首字母大写,若包括多个单词时,通常每个单词的首字母都大写。例如:

```
bit TransmitData (char data);
void ShowValue (char * pData);
```

4. 程序结构

主程序必须是无限循环程序,可用 while(1)、do while(1)或 for 语句实现。标准 C51 的程序结构一般为:开始部分是文件包含、宏定义、常数定义、全局变量定义和函数声明等;然后是函数部分,main 函数可在其他函数体之前或之后。若其他函数在 main 函数之后,则需在 main 函数前,对这些其他函数进行声明。

程序结构如下:

```
文件包含:        #include <reg51.h>          //可有多个#include,.h 文件也可以由用户建立
宏定义:          #define uchar unsigned char  //可有多个#define
常数定义:        #define PI 3.141592
全局变量定义:    char idnum;
                 int score;
自定义函数声明:  char Function1();
                 int Function2(int, int);
主函数:          void main()                  //main 函数也可在自定义函数体之后
```

```
                        {
                            char temp;                    //局部变量
                            Function1();                  //自定义函数调用
                            …                             //函数体
                            …
                            while(1);
                        }
自定义函数体:          char Function1()
                        {
                            …
                            …                             //函数体
                        }
                        int Function2(int x, int y)     //自定义函数可有形参、返回值
                        {
                            …
                            …                             //函数体
                        }
```

> 通常将文件包含、宏定义、常量值、全局变量等放在一个公共的头文件中,使得程序易读、易维护。

4.4.2　C51 程序设计应注意的问题

1. 赋值运算与等值运算

C51 与 C 相同,表示赋值运算为"=",表示等值运算为"=="。初学者往往容易将这两个符号弄错。例如,若将条件判断式"if(x==y)"误写成"if(x=y)",由于 C 语言对条件的判断是按照表达式的值为 1 或 0 来进行的。因此对于上面的例子,在 C51 编译时,不能检查出任何错误。但这两个表达上的意思完全不同,前者表示当 x 与 y 相当时,其结果为 1,否则为 0。而后者表示将 y 赋值给 x,只有当 y 的值为 0 时,其结果才为 0,否则结果总为 1。

2. 数组的下标范围

在 C51 中若定义了一个 N 个元素的数组,则数组的下标范围是 $0\sim(N-1)$。例如,对于数组"char array[5];",其中有 array[0]～array[4]这 5 个数组元素,而 array[5]不是该数组的有效元素。由于 C51 对数组的边界不做检查,即使数组的下标越界也不给出错误信息。所以如果使用"array[5]=8;"会被认为是合法语句,但如果地址 array[5]已经分配给其他变量,则会产生变量混乱或不正确修改,在程序的执行过程中将会产生无法预料的错误。

3. 指针变量的初始化

定义了一个指针变量仅仅是明确指定了指针本身所需要的内存空间,使用前必须初始化指针,确定其所指向的内存地址。通常数组第一个元素的地址被赋予一个指针,那么每个数组元素可通过在指针值上加适当的偏移量进行间接存取。例如:

```
char * var, buf[20];          //定义了指针 var,此时指针尚未初始化,指向地址不明确
```

```
var = buf;                          //指针初始化,明确其指向的地址(即 buf[0]的地址)
```

4. 运算符的优先顺序

在 C51 中,如果弄错运算符号的优先顺序也会导致错误。

①指针运算符"＊"比加法运算符"＋"的优先级高。

表达式"$x=$ ＊ pa＋1"表示取指针 pa 所指的内容并加上 1 之后再赋值给变量 x,而
"$x=$ ＊(pa＋1)"表示取指针 pa 加 1 即下一个地址中的内容并赋给变量 x。

②"＋"的优先级高于"＊＝"。

因此,表达式"b ＊ ＝c＋1"等价于"$b=b$ ＊(c＋1)",而非"$b=b$ ＊ c＋1"。

4.4.3　基本程序设计

C51 的应用可有效降低微控制器系统程序设计的复杂性,提高编程效率,增强程序的可读性和可移植性。下面根据 C51 流程控制中的三种结构,介绍 C51 程序设计的实例。

【例 4-15】　设计从 P1.0 输出周期为 10ms 方波的程序。

【分析】　通过 P1.0 定时输出高、低电平,其中高电平 5ms、低电平 5ms 即可实现周期为 10ms 的方波输出。本例中的定时通过软件的循环计数来实现,当系统晶振为 12MHz时,一次循环约 2μs,因此计数 2500 次就延时了 5ms。

【解】　程序如下:

```
#define uint unsinged int
# include <reg51.h>
sbit P10 = P1^0;                        //定义 P1.0
/ * * * * * * * * * * * * * * * 延时 n(ms)函数 * * * * * * * * * * * * * * * * * * * /
void del_n_ms(uint n)
{
    uint i,j;
    for(i = 0;i<n;i + +)                //循环时间为 n * 500 * 2μs = n(ms)
        for(j = 0;j<500;j + +);         //for 语句一个循环约为 2μs
}
/ * * * * * * * * * * * * * * * * 主函数 * * * * * * * * * * * * * * * * * * * /
void main()
{
    while(1)                           //无限循环
    {
        P10 = ! P10;                    //P1.0 取反
        del_n_ms(5);                    //延时 5ms
    }
}
```

【例 4-16】　设计一个实验电路,用 8051 MCU 的 P1 口连接 8 个发光二极管(LED),要求这 8 个 LED 依次点亮并不断循环("走马灯")。

【分析】　设计的电路如图 4-1 所示,当 P1 口的某条线输出为 0 时,相应 LED 被点亮。

【解】　程序如下:

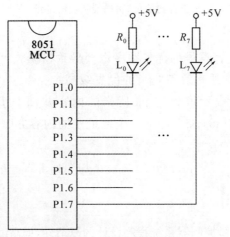

图 4-1　走马灯电路连接

```
#include<reg51.h>
/******************** 主函数 ************************/
void main()
{
    char data i,s;
    while(1)                        //无穷循环
    {
        s = 0xfe;                   //设置初值,最低位为 0,首先点亮 L₀
        P1 = s;                     //向 P1 口输出数据
        del_n_ms(200);             //延时 200ms,即以 0.2 秒间隔轮流点亮 LED
        for(i = 0; i<7; i++)
        {
            s = s<<1;               //s 值左移一位,最低位补 0
            s = s|0x01;             //将最低位置 1,实现 0 向左移动,则 LED 移动点亮
            P1 = s;                 //向 P1 口输出数据,低电平口线对应的 LED 点亮
            del_n_ms(200);
        }
    }
}
```

4.5 模块化程序设计

设计程序时,开发者应综合考虑程序的可读性、可移植性、可靠性和可测试性。初学者往往把更多精力放在程序的功能实现上,这对于小程序设计问题不大,但当程序的规模较大时,程序的阅读、维护、移植和测试等弊端就表现出来了。

1. 模块化设计

当一个项目小组做一个相对复杂的工程软件时,通常采取的方法是将工作任务进行分解,将大而复杂的程序划分为若干个功能模块,如显示模块、数据采集、处理模块和通信模块等,然后由小组成员分工合作共同完成项目总任务。

模块化程序设计,就是多文件程序设计,也就是工程化设计。通常将一个功能模块的程序代码单独设计成一个源文件(.c 文件),所以一个大的软件会有多个.c 文件。对于模块程序的设计,要追求模块接口的独立性、单一性,方便编写、调试和调用,对外接口要清晰明确,而内部细节尽可能对外部屏蔽起来。而对于模块程序的调用,要明确模块实现了什么样的功能、提供什么接口、应该如何调用,至于模块内部是如何组织如何实现的,则无需过多关注。

通常对于一个源文件(.c)应设计一个对应的头文件(.h),把该模块程序中需要对外提供的接口函数或变量等放在.h 文件中进行声明,供主函数和其他模块函数调用。

2. 头文件的设计

头文件描述.c 文件对外提供的接口函数、接口变量、宏定义以及结构体等信息。头文件的设计原则是:不该让外界知道的信息就不要出现在.h 文件里,而外界需要调用的模块内部的接口函数、接口变量等必需的信息就一定要出现在.h 文件里。通常.h 文件的名字与.c 文件的名字保持一致,这样可以清晰地知道哪个.h 文件是哪个.c 文件的描述。

通常用♯ifndef、♯define、♯endif 进行头文件的设计,格式如下:

```
♯ifndef ＜标识＞
♯define ＜标识＞
    extern 外部函数或变量声明
    …
♯endif
```

标识的命名规则一般是头文件名全大写,前后加下划线,并把文件名中的“.”也变成下划线。

例如,一个 LED.c 文件,具有一个 LED 驱动函数:void LedPutChar(char cNewValue)要作为外部接口函数,其对应的 LED.h 内容如下:

```
♯ifndef _LED_H_
♯define _LED_H_
    extern void LedPutChar(char cNewValue);
♯endif
```

在函数前面添加 extern 修饰符,表明此函数是一个外部接口函数,可以被其他模块调用。

3. 模块化程序设计实例

设计要求:实现图 4-1“走马灯”电路中,P1 口驱动的 8 个 LED 以 1Hz 的频率闪烁,要求采用定时器定时。将整个程序设计成三个模块:定时器模块、LED 驱动模块和主函数模块。对应的文件关系如下:

定时器模块:Timer.c ～Timer.h;

LED 驱动模块:Led.c ～Led.h;

主函数模块:main.c。

（1）定时器模块程序设计

该模块主要包括定时器与中断初始化，以及定时器中断函数（定时时间为 1ms）。

```
/* * * * * * * * * * * * * * * * * * Timer.c * * * * * * * * * * * * * * * * * * * * */
# include <reg51.h>
# include "Timer.h"
bit g_bSystemTime1ms = 0;                    //定义 1ms 定时标志,并清 0
void Timer0Init(void);                       //定时器与中断初始化函数
{
    TMOD & = 0xf0;
    TMOD| = 0x01;                            //设置定时器 0 工作方式 1
    TH0 = 0xfc;                              //1ms 定时初始值为 0xfc66
    TL0 = 0x66;
    TR0 = 1;                                 //启动定时
    ET0 = 1;                                 //允许 T0 中断
}

void Time0Isr(void) interrupt 1              //T0 中断函数
{
    TH0 = 0xfc;                              //定时器重新赋初值
    TL0 = 0x66;
    g_bSystemTime1ms = 1;                    //1ms 定时标志置位
}
```

由于另一模块 Led.c 文件中需要用到 g_bSystemTime1ms 变量,主函数 main.c 中要调用 Timer0Init()初始化函数,所以应该对相应变量和函数在 Timer.h 头文件里作外部声明。

```
/* * * * * * * * * * * * * * * * * * Timer.h * * * * * * * * * * * * * * * * * * * * */
# ifndef _TIMER_H_
# define _TIMER_H_
    extern void Timer0Init(void);
    extern bit g_bSystemTime1ms;
# endif
```

（2）LED 驱动模块程序设计

该模块包括 LED 点亮/熄灭控制、状态标志改变两个函数。

```
/* * * * * * * * * * * * * * * * * * Led.c * * * * * * * * * * * * * * * * * * * * */
# include <reg51.h>
# include "Led.h"
# include "Timer.h"
# define uint unsigned int
uint g_u16LedTimeCount = 0;                  //LED 计数器(用于计数 1ms 个数)
bit g_u8LedState = 0;                        //LED 状态标志,0 表示亮,1 表示熄灭
# define LED P1                              //定义 LED 接口
# define LED_ON() LED = 0x00                 //所有 LED 点亮
```

```
# define LED_OFF() LED = 0xff                //所有 LED 熄灭
void LedProcess(void)                        //LED 点亮/熄灭控制函数
{
    if(g_u8LedState = = 0)                    //如果 LED 状态标志为 0,则点亮 LED
    {
        LED_ON();
    }
    else                                     //否则熄灭 LED
    {
        LED_OFF();
    }
}
void LedStateChange(void)                    //LED 状态标志改变函数
{
    if(g_bSystemTime1ms)                     //1ms 定时到
    {
        g_bSystemTime1ms = 0;
        g_u16LedTimeCount + + ;               //LED 计数器加 1
        if(g_u16LedTimeCount > = 500)         //计数达到 500ms,改变 LED 的状态。
        {
            g_u16LedTimeCount = 0;
            g_u8LedState = ! g_u8LedState;    //LED 状态标志取反,表示 LED 显示状态要反转
        }
    }
}
```

Led. c 中的两个函数在 main. c 中要调用,所以均要在头文件 Led. h 中作出声明。

```
/ * * * * * * * * * * * * * * * * * * * Led. h * * * * * * * * * * * * * * * * * * * * * * * /
# ifndef _LED_H_
# define _LED_H_
    extern void LedProcess(void);
    extern void LedStateChange(void);
# endif
```

(3)主函数模块程序设计

```
/ * * * * * * * * * * * * * * * * * * * main. c * * * * * * * * * * * * * * * * * * * * * * * /
# include <reg51. h>
# include "Timer. h"
# include "Led. h"
void main(void)
{
    Timer0Init();                            //定时器初始化
    EA = 1;                                  //CPU 中断开放
    while(1)
```

```
        {
            LedProcess();                    //LED 显示处理
            LedStateChange();                //改变 LED 显示标志
        }
    }
```

总之,模块化程序设计过程就是根据工程要求,如何对源文件和头文件进行分工,并相互调用的设计过程。

在本节的模块化程序设计中,有关定时器和中断的使用,请同学们在学习完相关内容后再返回本节内容,理解模块化设计的基本概念和设计方法。

习题与思考题

1. 除与标准 C 相同的数据类型外,C51 有哪些扩展的数据类型?
2. C51 有哪几种存储器类型? 分别对应哪些存储空间? 各有什么特点?
3. 请分别定义下述变量:
   (1)内部 RAM 直接寻址无符号字符变量 a;
   (2)内部 RAM 无符号字符变量 key_buf;
   (3)RAM 位寻址区位变量 flag;
   (4)外部 RAM 的整型变量 x。
4. 在定义"unsigned char a=5,b=4,c=8"以后,写出下述表达式的值:
   (1)(a+b>c)&&(b==c);
   (2)(a||b)&&(b-4);
   (3)(a>b)&&(c)。
5. 请分别定义以下数组:
   (1)外部 RAM 中 100 个元素的无符号字符数组 temp,temp 初始化为 0~99。
   (2)内部 RAM 中 16 个元素的无符号字符数组 data_buf,data_buf 初始化为 0。
6. 在 C51 流程控制的选择结构中,有几种条件判断语句,各有什么特点?
7. 在 C51 流程结构的循环结构中,while 和 do-while 的不同点是什么?
8. 1 个球从 100 米高度落下又弹起,每次落地后弹回原高度的一半。请编写一个程序,计算出第 10 次落地后弹起的高度。
9. 设计一个计算 $z=1/\sqrt{x^2+y^2}$ 的函数,x、y 为浮点型形参,z 为浮点型返回值(利用 Keil C 库函数 math.h)。
10. Keil C51 进行模块化设计的基本方法是什么? 模块化设计有什么好处?

本章内容总结

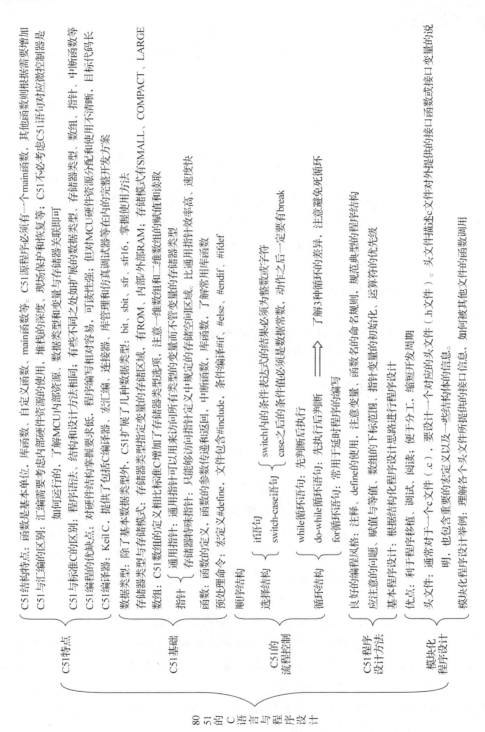

C51特点
- C51结构特点: 函数是基本单位。库函数、自定义函数、main函数等。C51源程序必须有一个main函数，其他函数则根据需要增加
- C51与汇编的区别: 汇编需要考虑单片机内部操作硬件资源的使用，堆栈的深度，现场保护和恢复等，则场考虑C51语句对应微控制器是如何运行的、了解MCU内部资源。

C51基础
- C51与标准C的区别: 程序语法、结构和设计方法相同；有些不同之处如扩展的数据类型，存储器类型、指针、中断函数等
- C51编程的优缺点: 对硬件结构要求低，程序编写相对容易，可读性强；但对MCU硬件访问和仿真调试器等在内的完整开发方案
- C51编译器: Keil C。提供了包括C编译器、宏汇编、连接器、库管理和仿真调试器等在内的完整开发方案
- 数据类型: 除了基本数据类型外，C51扩展了几种数据类型: bit, sfr, sfr16, sbit, 掌握使用方法
  - 存储器类型与存储模式: 存储器类型指定变量的存储区域，有ROM、内部/外部RAM; 存储模式有SMALL, COMPACT, LARGE
  - 数组: C51数组的定义与标准C相加了存储器类型选项，注意一维数组和二维数组的赋值和读取
- 指针: 通用指针: 通用指针可以用来访问所有类型的变量而不管变量的存储区域。比通用指针指针效率高、速度快
  - 存储器特殊指针: 只能够访问指针定义文件中规定的存储空间区域。
- 函数: 函数的定义。函数的参数传递和返回。库函数。了解常用库函数
- 预处理理命令: 宏定义#define, 文件包含#include。条件编译#if, #else, #endif, #ifdef

C51的流程控制
- 顺序结构
- 选择结构: if语句 / switch-case语句 { switch中的条件表达式的结果必须为整数或字符, case之后的条件值必须是整数常数, 动作之后一定要有break }
- 循环结构: while循环语句: 先判断后执行 / do-while循环语句: 先执行后判断 / for循环语句: 常用于延时程序的编写　⟹　了解3种循环的差异，注意避免遥相死死循环

C51程序设计方法
- 良好的编程风格: 注释、define的使用、注意变量、函数名的命名规则、规范典型的程序结构
- 应注意的问题: 赋值与等值，数组的下标范围，指针变量的初始化，指针变量的使用
- 基本程序设计: 根据结构化程序设计思路跟踪进行程序设计

模块化程序设计
- 优点: 利于程序移植、调试、阅读，便于分工，缩短开发周期
- 头文件: 通常对于一个c文件（.c），要设计一个对应的头文件（.h文件）。头文件描述c文件对外提供的接口函数或接口变量的说明，也包含重要的宏定义以及一些结构体的信息。
- 模块化程序设计举例: 理解各个头文件所提供的接口信息，如何被其他文件的函数调用

8051的C语言与程序设计

第 5 章

中 断 系 统

microcontroller 微控制器中的 CPU 与功能模块和外部设备交换信息的方式主要有查询方式和中断方式。查询方式需要 CPU 不断查询各外设状况,限制了 CPU 处理其他事件的能力。在实际应用中需要微控制器能够快速响应和处理突发事件,但微控制器无法引入多任务操作系统。因此,在微控制器中引入了中断系统,它是 MCU 响应内部功能模块和外部设备并进行数据信息快速交互的重要方法。中断的使用,使得 MCU 具有处理多任务的能力,已成为 MCU 必不可少的重要机制。

本章主要介绍中断系统的概念及作用、中断源和中断系统功能,8051 MCU 中断系统的结构和控制,以及包括中断请求、中断响应的自主操作、中断响应条件与过程的中断处理过程,最后介绍汇编中断程序设计、C51 中断函数设计,以及外部中断源扩展方法。

5.1 中断系统概述

5.1.1 中断的概念

中断是通过硬件来改变 CPU 程序运行方向的一种技术,既和硬件有关,也和软件有关。在微控制器执行程序过程中,由于内部或者外部的某种原因,要求 MCU 尽快停止正在运行的程序,而转去执行相应的处理程序,待处理结束后,再回来继续执行被打断的原程序。这种程序在执行过程中,由于外界的原因而被中间打断的情况称为"中断"。

中断之后所执行的处理程序,称为"中断服务程序"或"中断子程序",原来运行的程序称为"主程序"或"调用程序"。主程序执行过程中被中断的位置称为"断点"。引起中断的原因或能发出中断申请的设备,称为"中断源"。中断源要求服务的请求称为"中断请求"。

调用中断服务程序的过程类似于调用子程序的过程。在执行程序的过程中,由于中断源发出中断请求,MCU 响应后转去执行一段中断服务程序,相当于在中断发生时刻调用一个子程序。但它们是有区别的,子程序的调用是程序预先设计安排好的;而中断源发出中断请求是随机的,所以中断服务程序的调用是无法预知的。中断服务程序的调用过程是MCU 内部中断系统的硬件自动完成的。

5.1.2 中断的作用

中断技术是计算机的重要技术之一。在程序正常运行过程中,微控制器内部或外部常常会随机或定时(如定时器的定时信号)出现一些紧急事件,在大多数情况下,需要 CPU 立即响应并迅速处理。在没有出现中断技术之前,通常采用查询方式实现:CPU 反复轮流查询各寄存器或口线状态来判断是否需要对内部功能模块或外部设备采取相应的措施。在查询方式下,CPU 的大部分时间消耗在反复查询上,妨碍了计算机高速性能的充分发挥。中断技术的引入,则有效地解决了这一矛盾。中断系统具有以下作用。

1. 分时操作

在计算机与外设交换信息时,存在着高速 CPU 和低速外设(如打印机、定时器、键盘、A/D 转换器等)之间的矛盾。利用中断可以很好协调快速 CPU 与慢速外设互相配合高效地工作。CPU 在启动外设工作后(初始化外设后),执行预先设定的主程序,即 CPU 和外设同时工作。每当外设做完一件事(如 A/D 转换结束或有按键按下等),就向 CPU 发出中断请求,请求 CPU 中断正在执行的主程序,转去执行中断服务程序(读取转换结果或键值等)。中断处理完成后,CPU 返回继续执行主程序。外设在得到服务后,也继续进行自己的工作。这样,CPU 可命令多个外设同时工作,并在发生中断时及时为各外设提供服务,大大提高了 CPU 的利用效率,实现了 MCU 能够处理多任务的功能。

2. 实时处理

在实时控制系统中,现场的各个参数、信息是随时间和现场情况不断变化的,要求控制对象总是保持在最佳工作状态以达到预定的控制精度,这就要求计算机对外部情况的变化随时做出响应和调整。中断系统能实现外界随时发出的中断请求,使得 CPU 能快速做出响应并处理,真正地做到实时控制。这样的及时处理在查询方式下是做不到的。

3. 故障处理

微控制器系统因受到外界的干扰,难免会出现一些无法预料的故障,如存储出错、运算溢出和电源突跳等。有了中断技术,计算机就能及时发现并自行处理这些故障。

5.1.3　中断源

发出中断请求的模块、外设,统称为"中断源"。最常见的中断源有以下几种。

1. 外部设备

外部设备中断源是指计算机的输入/输出设备,如键盘、触摸屏、打印机、A/D 转换器等,通过相应接口电路向 CPU 请求中断。

2. 内部设备

内部设备中断源是指计算机内部能够发出中断请求的模块,如定时器/计数器的定时溢出中断请求、串行口发送完一帧数据或接收到一帧数据的中断请求等。

3. 故障源

故障源是产生故障信息的来源。它作为中断源,使得 CPU 能够以中断方式对发生的故障及时进行处理。计算机的故障源也有内部和外部之分。内部故障源一般是指执行指令时产生的错误情况,如除法中除数为零时产生的内部软件中断;外部故障源主要有电源掉电等情况。当工作电源因掉电而降到一定值时,即发出中断申请,计算机响应中断后,可进行数据保护等处理。

4. 控制对象

在实时控制应用中,被控对象常常作为中断源。例如转速、电压、温度等超限时,以及继电器动作、开关闭合或断开等,都可以作为中断源向 CPU 请求中断。

5.1.4　中断系统的功能

1. 中断允许和禁止

中断允许和禁止,即中断的开放(开中断)和中断的关闭(关中断)。MCU 中的各中断源能够根据需要,通过对中断控制寄存器的编程,设置为允许中断(开中断)或禁止中断(关中断)。只有在中断源允许中断的情况下,CPU 才会响应其中断请求。

2. 中断响应和返回

当某一个中断源发出中断请求时,首先检查其是否允许中断,然后 CPU 根据当前运行情况判断是否要响应该中断请求。当 CPU 在做更重要的工作时,可以暂时不响应该中断;若可以响应该中断请求,则 CPU 在现行指令执行完毕后,把断点处的 PC 值(即下一条指令的地址)压入堆栈,称为"保护断点"(由硬件自动完成);用户在编写中断服务程序时,须对中断程序中用到的工作寄存器和 SFR 的内容进行保护,称为"保护现场";在中断返回前,须恢复保护的内容,称为"恢复现场";中断服务程序的最后一条指令必须为中断返回指令RETI,其功能是自动恢复断点地址(即将断点地址送到 PC),使 CPU 返回到断点处继续执行主程序,称为"中断返回"。中断响应和返回过程如图 5-1 所示。

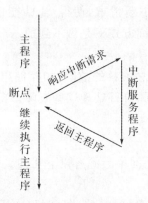

图 5-1　中断响应和返回过程

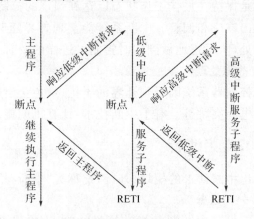

图 5-2　中断嵌套示意

3. 中断优先级与中断嵌套

MCU 系统通常都有多个中断源,因此会出现 2 个或更多个中断源同时提出中断请求的情况。这就要求 MCU 既能识别出各中断源的请求,又能够确定应首先响应哪个中断请求。因此,需要给每个中断源确定一个中断级别,即"优先权"(Priority)。当多个中断源同时发出中断请求时,CPU 首先响应优先权最高的中断源,执行该中断服务程序,在执行完毕返回主程序后,再响应优先权较低的中断源。MCU 按中断源级别的高低依次响应中断请求的过程称为"优先权排队"。这个过程是 MCU 中的中断系统自动完成的。

当 CPU 正在执行某个中断服务程序时,若有优先级别更高的中断源发出中断请求,则 CPU 要能够中断正在进行的中断服务程序,转去响应高级中断(这个过程类似于子程序的嵌套)。在高优先级中断处理完成后,再继续执行被中断的低级中断服务程序。这个过程称为"中断嵌套",其示意图如图 5-2 所示。如果新的中断请求的优先级与正在处理的中断

是同级别或低一级别,则 CPU 暂时不响应这个新中断申请,直到正在处理的中断服务程序
执行完毕,才会予以响应。

5.2　8051 微控制器的中断系统

5.2.1　中断系统的结构

1. 中断系统结构图

8051 微控制器中断系统的组成结构,如图 5-3 所示。主要由中断源、与中断有关的特
殊功能寄存器、中断入口、顺序查询逻辑电路等组成。8051 MCU 有 5 个中断源、2 个中断
优先级,即可实现两级中断嵌套。与中断有关的特殊功能寄存器有 4 个,分别为记载中断
标志的 TCON 和 SCON、中断允许控制寄存器 IE 和中断优先级控制寄存器 IP。5 个中断
源的优先顺序由中断优先级控制寄存器 IP 的设置和顺序查询逻辑电路的自然优先级共同
决定,5 个中断源对应 5 个固定的中断入口地址(矢量地址)。

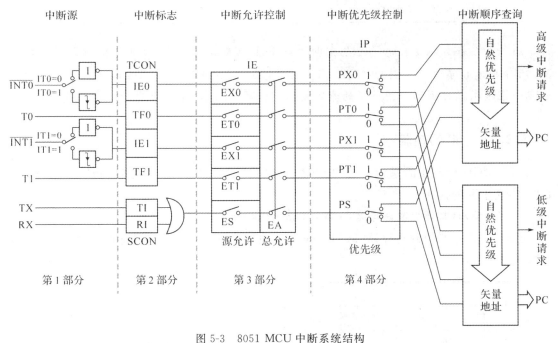

图 5-3　8051 MCU 中断系统结构

2. 中断源

8051 MCU 的 5 个中断源,分为 3 类,分别是:外部中断、定时器/计数器中断和串行口中断。

(1)外部中断

两个外部中断源分别为外部中断 0($\overline{INT0}$)和外部中断 1($\overline{INT1}$),其中断请求信号分别
从 P3.2 和 P3.3 引脚输入。

(2)定时器/计数器中断

8051 MCU 内部的 2 个定时器/计数器 T0 和 T1,是 2 个内部中断源。当定时时间到或

计数器满发生溢出时,将向 CPU 发出中断请求。

(3)串行口中断

串行口的接收和发送模块共用一个中断源。当串行口接收到一帧数据或发送完一帧数据时,将向 CPU 发出中断请求。

3. 中断入口

当 CPU 响应某中断源的中断请求后,硬件自动将断点地址压入堆栈保护,并将此中断源的中断入口地址赋给 PC,使 CPU 执行该中断的中断服务程序。8051 MCU 各中断源的入口地址列于表 5-1。

表 5-1　各中断源及其入口地址对应关系

中断源	入口地址
外部中断 0($\overline{INT0}$)	0003H
定时器/计数器 0(T0)	000BH
外部中断 1($\overline{INT1}$)	0013H
定时器/计数器 1(T1)	001BH
串行口中断(TX 或 RX)	0023H

图 5-3 的第 1 部分表示了 5 个中断源的 6 个中断请求信号,以及在中断系统中的位置。6 个中断请求信号分别为:$\overline{INT0}$、T0、$\overline{INT1}$、T1、TX、RX,其中 TX 和 RX 是串行口发送完一帧数据或接收到一帧数据的中断请求,这两个请求共用一个串行口中断源。

5.2.2　中断的控制

8051 MCU 中与中断系统有关的 SFR 有 TCON、SCON、IE、IP,通过对这 4 个 SFR 的编程,实现中断的控制。

1. 定时器/计数器控制寄存器 TCON(Timer Control)

定时器/计数器控制寄存器 TCON 的字节地址为 88H,是可位寻址的 SFR,各位的定义如下。

	7	6	5	4	3	2	1	0
位符号	TF1	TR1	TF0	TR0	IE1	IT1	IE0	IT0
英文注释	Timer1 Overflow	Timer1 Run	Timer 0 Overflow	Timer 0 Run	Interrupt External 1 Flag	Interrupt 1 Type Control bit	Interrupt 0 External Flag	Interrupt 0 Type Control bit

其中与中断有关的位包括 TF0、TF1、IE0、IE1、IT0、IT1,它们的功能见表 5-2。

表 5-2 TCON 各位功能说明

位符号	功能说明
TF0、TF1	T0、T1 的溢出中断标志。T0、T1 发生溢出时,由硬件自动将 TF0、TF1 置"1",并向 CPU 请求中断
IE0、IE1	外部中断$\overline{INT0}$、$\overline{INT1}$的中断标志。有外部中断请求时,由硬件自动将 IE0、IE1 置"1",并向 CPU 请求中断
IT0、IT1	外部中断$\overline{INT0}$、$\overline{INT1}$的触发方式选择位,通过编程 IT0、IT1 可选择 2 个外部中断的触发方式

如图 5-3 第 1 部分所示,两个外部中断均有低电平触发和下降沿触发两种方式,分别由 IT0 和 IT1 进行选择。

IT0=0:选择$\overline{INT0}$为低电平触发方式。CPU 在每个机器周期的 S5P2 检测$\overline{INT0}$引脚电平,若采样到低电平,则认为有中断请求,随即置位 IE0。若采样到高电平,则认为无中断请求或中断请求已撤销,随即清除 IE0。

IT0=1:选择$\overline{INT0}$为下降沿触发方式。CPU 在每个机器周期的 S5P2 检测$\overline{INT0}$引脚电平,若相继两次检测,一次为高电平、一次为低电平(即检测到一个下降沿),表示$\overline{INT0}$向 CPU 请求中断,随即置位 IE0。该标志在 CPU 响应中断后,由硬件自动清除。

IT1:外部中断 1 触发方式控制位。功能与 IT0 相同。

由于 CPU 每个机器周期检测一次$\overline{INT0}$、$\overline{INT1}$引脚,因此对中断请求信号的要求为:

①对于下降沿触发方式:$\overline{INT0}$、$\overline{INT1}$引脚上中断请求信号的高、低电平至少应各保持一个机器周期;

②对于低电平触发方式:$\overline{INT0}$、$\overline{INT1}$引脚上中断请求信号的低电平应保持到 CPU 响应中断为止。

在实际使用时,常采用下降沿触发方式,低电平触发很少使用。

2. 串行口控制寄存器 SCON(Serial Control)

串行口控制寄存器 SCON 的字节地址为 98H,用于串行口的控制与管理,其中最低两位为串行口的中断标志 RI 和 TI。

	7	6	5	4	3	2	1	0
位符号	SM0	SM1	SM2	REN	TB8	RB8	TI	RI
英文注释	Serial Mode bit 0	Serial Mode bit 1	Serial Mode bit 2	Receive Enable	Transmit bit 8	Receive bit 8	Transmit Interrupt Flag	Receive Interrupt Flag

TI:发送中断标志。当串行口发送完一帧数据时,硬件自动将 TI 置"1"。

RI:接收中断标志。当串行口接收到一帧数据时,硬件自动将 RI 置"1"。

图 5-3 的第 2 部分表示了各中断源的中断标志及与前后电路的逻辑关系。当中断源有请求时,会在相应的 SFR 建立中断标志位,表示该中断源请求了中断(伴随着中断请求的产生在 SFR 中设置标记)。6 个中断请求信号($\overline{INT0}$、T0、$\overline{INT1}$、T1、TX、RX)对应的中断标志分别为 IE0、TF0、IE1、TF1、TI、RI,其中 TI 和 RI 经一个"或门"后输出串行口的中断请求。

关于中断标志的清除：

①T0、T1 中断标志的清除：当定时器/计数器工作在中断方式时,TF0、TF1 一直保持到 CPU 响应中断,并由硬件自动清 0;如果工作在查询方式,则此标志需要软件清 0。

②外部中断标志的清除：对于下降沿触发方式,IE0、IE1 一直保持到 CPU 响应中断,并由硬件自动清除。如果是低电平触发方式,只有当中断引脚变为高电平时,才会消除。

③串行口中断标志的清除：不论是中断方式还是查询方式,均必须通过软件清除 TI 和 RI。

3. 中断允许控制寄存器 IE(Interrupt Enable)

中断允许控制寄存器 IE 的字节地址为 A8H,是可位寻址的 SFR。IE 用于管理各中断源中断的允许与禁止。IE 寄存器各位定义如下：

	7	6	5	4	3	2	1	0
位符号	EA	—	—	ES	ET1	EX1	ET0	EX0
英文注释	Enable All Interrupts	—	—	Enable Serial Interrupt	Enable Timer 1 Interrupt	Enable External 1 Interrupt	Enable Timer 0 Interrupt	Enable External 0 Interrupt

IE 各位功能见表 5-3。

表 5-3   IE 各位功能说明

位符号	功能说明
EA	CPU 中断允许位,也称总允许位。EA=1,CPU 开中断,此时每个中断源的中断是否允许由各自的中断允许位决定;EA=0,CPU 关中断,禁止响应任何中断请求
ES	串行口中断允许位。ES=1,允许串行口的接收和发送中断;ES=0,禁止串行口中断
ET1	T1 中断允许位。ET1=1,允许 T1 中断;ET1=0,禁止 T1 中断
EX1	$\overline{INT1}$中断允许位。EX1=1,允许$\overline{INT1}$中断;EX1=0,禁止$\overline{INT1}$中断
ET0	T0 中断允许位。ET0=1,允许 T0 中断;ET0=0,禁止 T0 中断
EX0	$\overline{INT0}$中断允许位。EX0=1,允许$\overline{INT0}$中断;EX0=0,禁止$\overline{INT0}$中断

注:微控制器复位后,IE 内容为 0,所有中断被禁止。

通过设置 IE,可以对 8051 MCU 实行二级控制。EA 是总允许位,而 EX0、EX1、ET0、ET1、ES 分别是 5 个中断源的允许位。只有当总允许位 EA=1,即 CPU 中断开放时,各中断允许位对中断源的开放才有意义。

图 5-3 的第 3 部分表示了中断控制的逻辑电路。当 EA=0 时(图中"总允许开关"断开),所有中断源的中断标志无法传递到 CPU 而被禁止;当 EA=1 时(图中"总允许开关"闭合),这时 CPU 中断开放。但各中断源的请求标志是否能传递到 CPU,还取决于各中断源的允许位,当某个中断源的允许位=1 时,则图中对应的"源允许开关"闭合,该中断才被允许;反之,则被禁止。

4. 中断优先级寄存器 IP(Interrupt Priority)

中断优先级寄存器 IP 的字节地址为 B8H,是可位寻址的 SFR。IP 用于管理各中断源的优先级别。IP 寄存器各位定义如下：

	7	6	5	4	3	2	1	0
位符号	—	—	—	PS	PT1	PX1	PT0	PX0
英文注释	—	—	—	Serial Interrupt Priority	Timer1 Interrupt Priority	External 1 Interrupt Priority	Timer 0 Interrupt Priority	External 0 Interrupt Priority

IP 各位功能见表 5-4。

表 5-4　IP 各位功能说明

位符号	功能说明
PS	串行口中断优先级控制位。PS＝1,选择高优先级；PS＝0,选择低优先级
PT1	T1 中断优先级控制位。PT1＝1,选择高优先级；PT1＝0,选择低优先级
PX1	$\overline{INT1}$中断优先级控制位。PX1＝1,选择高优先级；PX1＝0,选择低优先级
PT0	T0 中断优先级控制位。PT0＝1,选择高优先级；PT0＝0,选择低优先级
PX0	$\overline{INT0}$中断优先级控制位。PX0＝1,选择高优先级；PX0＝0,选择低优先级

注：微控制器复位后,IP 内容为 0,所有中断源均被设置为低优先级中断。

图 5-3 的第 4 部分表示了中断优先级的逻辑电路。当某个中断源的优先级控制位＝1时,对应中断源的"优先级单端双掷开关"拨向上方,该中断标志进入"高级中断请求"逻辑,申请"高优先级"的中断请求；反之,将进入"低级中断请求"逻辑,申请"低优先级"的中断请求。

8051 MCU 具有 2 个中断优先级,可实现两级中断嵌套。通过设置 IP,可把 5 个中断源设置为高、低 2 个优先级,并且遵循以下原则：

①高优先级中断可以中断正在执行的低优先级中断服务程序,除非在进入低级中断服务程序时设置了 CPU 关中断或禁止了高优先级中断。低级中断能被高级中断打断,但不能被同级或低级中断打断。

②同级或低优先级的中断不能中断正在执行的中断服务程序。高级中断不能被任何中断打断,一定要返回主程序并再执行一条指令后,才能响应新的中断请求。

与 2 个优先级对应,8051 中断系统内部有两个不可寻址的"优先级标志"。CPU 响应了哪个级别的中断请求,相应级别的"优先级标志"被置位,以此来指示 CPU 正在执行高级或低级中断服务程序,从而实现中断嵌套的控制。

如果几个相同优先级的中断源,同时向 CPU 请求中断,此时哪一个中断源优先得到响应,取决于中断系统内部的查询顺序。这相当于在每个优先级内,还存在一个辅助优先级结构(内部查询的自然优先级顺序)。各中断源及其自然优先级顺序如表 5-5 所示。

表 5-5　各中断源及其自然权优先级

编　号	中断源	自然优先级
0	外部中断 0	最高级
1	定时器/计数器 T0 中断	
2	外部中断 1	↓
3	定时器/计数器 T1 中断	
4	串行口中断	最低级

5.3　中断处理过程

5.3.1　中断响应的自主操作过程

中断响应的自主操作是指在中断响应过程中,内部硬件自动完成的操作行为。

1. CPU 的中断查询

微控制器的中断功能是指程序运行的中断操作,而在 MCU 内部,中断则表现为 CPU 的微查询操作。在 8051 MCU 中,CPU 在每个机器周期的 S6 状态查询各中断标志,并按优先级管理规则处理同时请求的中断源,且在下一个机器周期的 S1 状态响应最高级中断请求。但是出现以下情况则除外:

①CPU 正在处理相同或更高优先级中断;

②多机器周期指令中,还未执行到最后一个机器周期;

③正在执行 RETI 指令或读/写 IE、IP 指令时,要延后一条指令再予以响应。

2. 中断响应中的自主操作

在中断响应中,CPU 会完成以下自主操作过程:

①置位相应的"优先级标志",以标明所响应中断的优先级别;

②中断源标志清 0(TI、RI 除外);

③中断断点地址压入堆栈保护;

④中断入口地址赋给 PC,使程序转到中断入口地址处。

3. 中断返回时的自主操作

CPU 在执行到中断返回指令 RETI 时,产生以下自主操作:

①响应时设置的"优先级标志"清 0;

②断点地址从堆栈弹出送入 PC,使程序返回到断点处,继续原程序的执行。

5.3.2　中断响应条件

中断响应是指中断源发出中断请求、CPU 满足中断响应条件时,CPU 处理中断请求的过程。

微控制器在运行时,并不是任何时刻都会立刻响应中断请求,只有在满足中断响应条件时才会响应。8051 MCU 响应中断的基本条件:

①中断源发出中断请求;

②CPU 中断允许位(总允许)置位,即 EA=1;

③申请中断的中断源的中断允许位(源允许)置位,即允许该中断源中断。

若满足这几个基本条件,则 CPU 在每个机器周期按优先顺序查询各中断标志,对有效的中断请求按优先级排序。此时,还要满足以下 3 个条件:

④无同级或高级中断正在服务;

⑤现行指令已执行完毕,即正在执行的是指令的最后一个机器周期;

⑥若执行指令为 RETI 或是读/写 IE、IP 指令时,则要执行完毕该指令的下一条指令。

同时满足以上 6 个中断响应的条件,则 CPU 在下一个机器周期响应中断,否则将丢弃中断查询结果。

5.3.3　中断响应过程

①CPU 在每个机器周期检测中断源,并按优先级别和自然顺序查询各中断标志。若查询到有效的中断标志(中断标志为1),按优先级别进行处理,即响应中断。

②自动设置"优先级标志"为1,即指出 CPU 当前正在处理的中断优先级,以阻断同级或低级中断请求。

③自动保护断点,即将现行 PC 值(即断点地址)压入堆栈,并根据中断源把相应的中断程序入口地址装入 PC。

④执行中断服务程序,直至遇到 RETI 指令为止。

⑤RETI 指令清除"优先级标志";自动清除中断标志(TI 和 RI 除外);从堆栈中弹出断点地址给 PC,使 CPU 回到中断处,继续执行主程序。

5.3.4　中断响应时间

CPU 不是在任何情况下都立即响应中断请求,而且不同的情况下对中断响应的时间也不同。一般来说,中断的响应时间最短为 3 个机器周期,最长为 8 个机器周期。

最短的中断响应时间为 3 个机器周期,如图 5-4 所示。从中断源发出中断请求到 CPU 检测到中断标志至少需要 1 个机器周期,假设在指令的最后一个机器周期检测到中断指标,接着 CPU 自动将断点地址压入堆栈(相当于硬件插入一个 LCALL 指令)需要 2 个机器

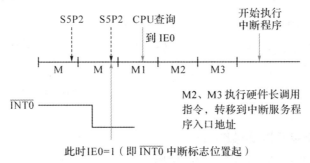

图 5-4　中断响应时间

周期,在下一个机器周期开始执行中断服务程序。

最长的中断响应时间为 8 个机器周期。如果检测到中断请求,而此时 CPU 正在执行
RETI 指令或访问 IE、IP 的指令(均为 2 个机器周期),则执行该指令后,还必须再执行一条
指令才能响应中断。若增加执行的一条指令恰好为乘法或除法指令(4 个机器周期),再加
上自动保护断点地址的 2 个机器周期,则总共需要 8 个机器周期。

> 如果存在多个中断源,而且 CPU 正在处理高级或同级中断,那么中断响应的时间还
> 取决于正在执行的中断服务程序的长短。

5.3.5　响应中断与调用子程序的异同

1. 响应中断与调用子程序的相同点

①都是中断当前正在执行的程序,转去执行子程序或中断服务程序。

②调用子程序或响应中断时,都是由硬件自动把断点地址压入堆栈。执行中断程序和
子程序的返回指令时,都会自动从栈顶弹出断点地址送入 PC 实现返回,继续原程序的
执行。

③子程序和中断服务程序的现场保护和恢复,都需要编写程序实现。

④都可以实现嵌套。中断程序可以实现 2 级嵌套,子程序可以实现更多级的嵌套。

2. 响应中断与调用子程序的不同点

①中断请求是随机的,在程序执行的任何时刻都有可能发生;而子程序的调用是由程
序设计安排的。

②响应中断后,转去执行存放在相应中断入口地址处的中断服务程序,而子程序的存
放地址是由程序设计安排的。

③中断响应是受控的,其响应时间会受一些因素影响;子程序响应时间是固定的。

④中断服务程序的返回指令是 RETI,子程序的返回指令是 RET,两者不能互换。

5.4　中断程序设计

5.4.1　中断初始化

中断初始化是中断处理程序的一部分,是在主程序中,对中断相关的 SFR 如 TCON、
SCON、IE 和 IP(复位后的值均为 0)进行初始化设置,这样 MCU 中的中断系统就会按照初
始化的设置对中断源进行管理和控制。此外,通常还需要重新设置堆栈指针,将 MCU 复位
后默认从 08H 开始的堆栈区域,设置到地址为 30H 以上的用户 RAM 区,以避开工作寄存
器区和位寻址区。

中断初始化主要包括以下操作:

①设置 CPU 中断控制位,选择 CPU 中断的允许或禁止;

②设置各中断源的中断控制位,选择各中断源中断的允许或禁止;

③设置各中断源的中断优先级别,选择高优先级或低优先级;

④设置外部中断请求的触发方式;

⑤对相关中断源的初始化(如定时器/计数器或串行口的初始化)。

5.4.2　汇编中断服务程序设计

1. 保护现场和恢复现场

中断的断点地址是硬件自动保存和恢复的,但中断程序中使用的 SFR、工作寄存器等需要软件予以保护和恢复。

中断服务程序的保护现场和恢复现场的方法,与子程序类似,见 3.6.3,这里不再赘述。

另外,若要在执行当前中断程序时,禁止高优先级的中断(即不允许中断嵌套),则在进入中断程序后先关闭 CPU 中断(令 EA=0),或将高级中断源的中断允许位清 0,在中断返回前再予以开放。

2. 中断程序的安排

CPU 响应中断后,转向该中断入口地址执行中断服务程序。由于各中断源的入口地址之间只间隔 8 个字节,一般的中断服务程序是容纳不下的,因此最常用的方法是在中断入口地址处安排一条无条件转移指令,使程序跳转到用户安排的中断服务程序的存放区。这样中断服务程序就可以灵活安排在 64KB ROM 的任何区域,长度也不受限制(但中断服务程序的设计原则是尽量短)。

【例 5-1】　假设 MCU 系统中有 2 个中断源:$\overline{INT0}$中断(高优先级)和定时器 T1 中断(低优先级),则程序的安排与结构如下:

```
          ORG    0000H
          LJMP   MAIN          ;跳转到主程序
          ORG    0003H         ;INT0中断入口地址
          LJMP   INT0SUB       ;跳转到实际INT0中断服务程序存放空间
          ...
          ORG    001BH         ;T1 中断入口地址
          LJMP   T1SUB         ;跳转到实际 T1 中断服务程序存放空间
          ...
          ORG    0030H         ;实际主程序存放区
MAIN:     MOV    SP,#5FH       ;设置堆栈区
          ...
          SETB   IT0           ;选择INT0为下降沿触发方式
          SETB   EA            ;CPU 开中断
          SETB   EX0           ;INT0开中断
          SETB   ET1           ;T1 开中断
          SETB   PX0           ;设置INT0为高优先级
          ...
          SJMP   $             ;模拟主程序
          ORG    0800H         ;INT0中断服务程序存放区
INT0SUB:  PUSH   ACC           ;保护现场
```

```
            PUSH    PSW                 ;保护现场,设该中断程序中要用到 A,会影响 PSW
            …
            …
            POP     PSW                 ;恢复现场
            POP     ACC
            RETI                        ;中断返回
T1SUB：     PUSH    02H                 ;定时器 T1 中断服务程序
            PUSH    ACC                 ;保护现场,设该中断程序要用到 R2 和 A
            …
            …
            POP     ACC                 ;恢复现场
            POP     02H                 ;恢复现场
            RETI                        ;中断返回
```

5.4.3　C51 的中断函数与处理

C51 用关键字 interrupt 和中断号定义中断函数,其形式为:

[**void**]　中断函数名() **interrupt**　中断号　[**using n**]

C51 编译器最多可支持 32 个中断。因此,在定义中断函数时,interrupt 属性后的参数(中断号)的取值范围为 0～31。using n 用于指定中断函数使用的工作寄存器组,$n=0～3$ 分别表示选择第 0～3 组,也可以缺省,此时表示与调用的函数采用相同的工作寄存器组。

用 C51 编写中断函数时,与 SFR 相关的现场保护和恢复等由编译器自动处理,因此编程者不必像设计汇编程序那样关注和进行现场的保护和恢复。

1. C51 编译器对中断函数的自动处理

①自动保存断点地址,并把 SFR 中的 ACC、B、DPH、DPL 和 PSW 的值保存到堆栈中。

②自动产生中断向量地址即中断入口,并跳转到相应的中断入口执行中断函数。

③在中断函数中,如没有用 using 属性指定函数所使用的寄存器组,则默认中断函数的工作寄存器与调用的函数为同一组寄存器;此时,编译器要自动保护和恢复 R0～R7,所以执行速度会慢一些。如果使用 using n 选项,编译器就不产生保护和恢复 R0～R7 的代码,因此执行速度会快一些。一般情况下,主程序和低优先级中断使用同一组寄存器,而高优先级中断可使用 using n 指定工作寄存器组。

④中断函数执行完毕后,自动恢复存放在堆栈中的工作寄存器、特殊功能寄存器以及断点地址的值,并返回。

2. 编写和使用中断函数的注意点

①不能进行参数传递,即中断函数不能有形参。如果中断函数包括参数声明,则编译器将产生一个错误信息。

②不能有返回值。其返回值类型必须声明为 void,不然编译器将产生一个错误信息。

③在任何情况下,任何函数均不能直接调用中断函数,也不能通过函数指针间接调用中断函数,否则编译器会产生错误。

④若中断函数中要调用函数,则该函数必须使用和该中断函数相同的寄存器组。

⑤对于不使用的中断,为提高系统的可靠性,应编写一个空的中断函数,当意外发生中断时,使之能自动返回主程序。例如,不用外部中断 0,可编写如下的空中断函数:

```
void exter0_ISR() interrupt 0 { }
```

对于例 5-1 的中断程序,设计如下:

$\overline{\text{INT0}}$中断函数为 int0sub,中断号为 0,选取第 1 组工作寄存器;定时器 T1 中断函数为 timer1sub,中断号为 3,缺省 using n 项,表示其使用的工作寄存器与调用的函数为同一组。

```
#include<reg51.h>
main()                               //主函数
{
    EA = 1;                          //中断初始化
    EX0 = 1;
    ET1 = 1;
    PX0 = 1;
    IT0 = 1;
    while(1);
}
void int0sub(void) interrupt 0 using 1    //INT0中断函数
{
    ...                              //具体内容省略
    ...
}
void timer1sub(void) interrupt 3          //T1 中断函数
{
    ...                              //具体内容省略
    ...
}
```

5.4.4　中断程序设计举例

【例 5-2】　试编写程序,将外部 RAM 3000H 开始的 20H 个单元的数据,传送到内部 RAM 40H 开始的 20H 个单元中。程序允许外部中断$\overline{\text{INT0}}$中断,下降沿触发。

【解】　汇编程序:

```
        ORG    0000H
        LJMP   MAIN
        ORG    0003H
        LJMP   INT0SUB
        ORG    0040H
MAIN:   MOV    SP,#6FH         ;更改堆栈区域
        SETB   EA
        SETB   EX0
```

```
          SETB    IT0
LOOP2：   MOV     DPTR,＃3000H        ;外部 RAM 地址指针
          MOV     R0,＃40H            ;内部 RAM 地址指针
          MOV     R2,＃20H            ;传送的数据个数
LOOP1：   MOVX    A,@DPTR
          MOV     @R0,A
          INC     R0
          INC     DPTR
          DJNZ    R2,LOOP1
          SJMP    $
          ORG     1000H
INT0SUB： PUSH    ACC                ;保护 SFR,假设中断程序要用到 A、DPTR、R0～R7,PSW 受影响
          PUSH    DPH
          PUSH    DPL
          PUSH    PSW
          SETB    RS0                ;修改工作寄存器组,中断程序中用第 1 组 R0～R7
          …       …
          CLR     RS0                ;恢复主程序使用的第 0 组 R0～R7
          POP     PSW                ;恢复 SFR
          POP     DPL
          POP     DPH
          POP     ACC
          RETI
          END
```

C51 程序：

```c
＃include ＜reg51.h＞
＃include ＜stdio.h＞
void main()
{
    int xdata * p = 0x3000;          //源数据指针
    int data * q = 0x40;             //目的数据指针
    int i;
    EA = 1;
    EX0 = 1;                         //允许INT0中断
    IT0 = 1;                         //设置INT0下降沿触发方法
    for(i = 0; i＜32; i++)
    {
        * q = * p;                   //将数据从外部 RAM 传送到内部 RAM 中
        p++;
        q++;
    }
}
```

```
void Int0int(void) interrupt 0          //INT0中断函数
{
    ...                                 //中断函数内容
    ...
}
```

5.4.5 利用 I/O 端口扩展外部中断源

8051 MCU 只有两个外部中断请求输入端：$\overline{INT0}$ 和 $\overline{INT1}$，而在实际应用中，外部中断源往往多于两个。这里介绍用 I/O 端口扩展外部中断源的实例，图 5-5 是利用 $\overline{INT0}$ 和 4 条 I/O 口线扩展 4 个外部中断的电路。将 4 条 I/O 口线连接的 4 个按键（外部中断源）连接到一个 4"与门"电路的输入端，当其中一个或几个按键按下时，"与门"输出从高电平变为低电平，该下降沿触发 $\overline{INT0}$ 中断。在中断服务程序中，按程序设置的顺序查询 4 条 I/O 口线的状态，确定本次是哪个按键按下引起的中断，然后进行相应的按键处理。

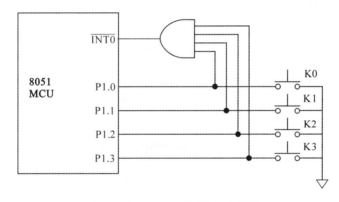

图 5-5 用 I/O 口扩展外部中断源

【例 5-3】 根据图 5-5，编写程序，当发生中断时判断哪一个按键按下，并执行相应的按键处理程序。

【解】 汇编程序：

```
            ORG     0000H
            LJMP    MAIN
            ORG     0003H
            LJMP    INTRP0
            ...
            ORG     0100H
    MAIN:   SETB    EA
            SETB    EX0
            SETB    IT0
            CLR     KEYFLAG         ;令按键标志 KEYFLAG = 0
    LOOP:   JNB     KEYFLAG, LOOP   ;查询 KEYFLAG 是否变为 1,若是,表示有键按下,进入处理
            CLR     KEYFLAG
            JNB     P1.0, K0        ;判断是否 K0 键按下,按下则转移
```

```
            JNB     P1.1, K1            ;判断是否 K1 键按下,按下则转移
            JNB     P1.2, K2            ;判断是否 K2 键按下,按下则转移
            JNB     P1.3, K3            ;判断是否 K3 键按下,按下则转移
            SJMP    LOOP               ;都没有按下,继续查询
K0:         …                          ;K0 键处理程序
            SJMP    LOOP
K1:         …                          ;K1 键处理程序
            SJMP    LOOP
K2:         …                          ;K2 键处理程序
            SJMP    LOOP
K3:         …                          ;K3 键处理程序
            SJMP    LOOP

            ORG     1000H              ;中断服务程序
INTRP0:     SETB    KEYFLAG            ;有键按下,令 KEYFLAG = 1
            RETI
```

C51 程序:

```
# include <reg51.h>
unsigned char status;
bit keyflag;
void service_int() interrupt0 using 2   //INT0中断函数,使用第 2 组工作寄存器
{
    keyflag = 1;                    //设置中断标志
    status = P1;                    //读入 P1 口状态
}


main()                              //主函数
{
    EA = 1;                         //CPU 中断允许
    EX0 = 1;                        //INT0中断允许
    IT0 = 1;                        //设置INT0为下降沿触发方式
    while(1)
    {
        if(keyflag)                 //有键按下,则进行处理
        {
            switch(status)          //根据 P1 口状态分支
            {
                case 7:...break;    //处理 K3(K3 按下时,P1.3 P1.2 P1.1 P1.0 的值为 0111)
                case 11:...break;   //处理 K2(K2 按下时,P1.3 P1.2 P1.1 P1.0 的值为 1011)
                case 13:...break;   //处理 K1(K1 按下时,P1.3 P1.2 P1.1 P1.0 的值为 1101)
                case 14:...break;   //处理 K0(K0 按下时,P1.3 P1.2 P1.1 P1.0 的值为 1110)
                default:...break;   //处理无键按下情况
```

```
        }
            keyflag = 0;                    //处理完,清标志
        }
    }
}
```

在汇编程序中,4 个按键的查询次序为 M1→M4;在 C51 程序中,4 个按键的查询次序为 M4→M1。这可根据实际需要,通过修改程序的查询次序进行调整。

习题与思考题

1. 简述中断概念、中断源和中断的作用。

2. 中断系统应具有哪些功能?

3. 8051 MCU 的中断系统包括哪些组成部分? 每个部分的功能是什么?

4. 8051 MCU 有几个中断源? 各个中断源的入口地址是多少? 如何进行中断的允许控制?

5. 8051 MCU 的中断系统中有几个优先级,如何设定? 在出现同级中断申请时,CPU 按什么顺序响应?

6. 在 8051 MCU 中,各中断源对应的中断标志是什么? 中断标志是如何产生,又是如何清除的?

7. 8051 MCU 的外部中断有几种触发方式? 如何设置? 各有什么特点?

8. 试述 8051 MCU 响应中断的过程。其中哪些操作是 MCU 自动完成的?

9. 试述 8051 MCU 响应中断的条件。

10. 中断的响应时间与什么有关? 中断请求是否都能立即得到响应? 为什么?

11. 在设计中断服务程序时,为什么要进行中断初始化、保护现场和恢复现场?

12. 简述响应中断服务程序和调用子程序的异同。

13. C51 编译器对中断函数能进行哪些自动处理?

14. 叙述编写 C51 中断函数的注意点。

15. 如何利用 I/O 端口,进行外部中断的扩展?

本章内容总结

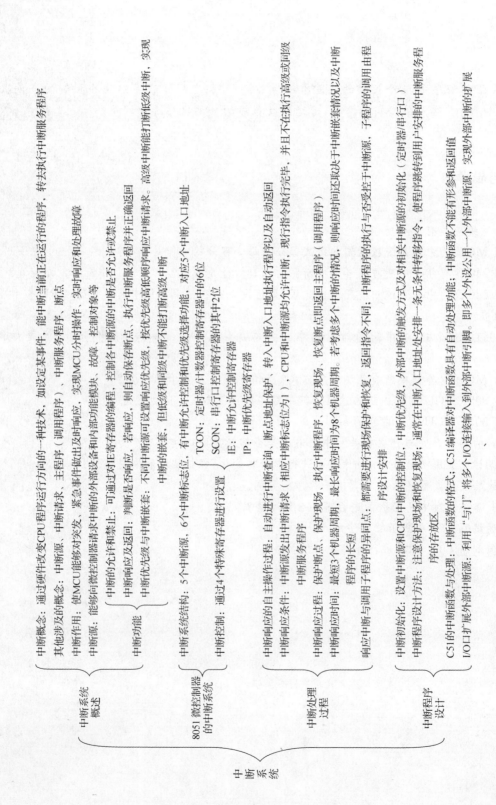

中断系统

中断系统概述
- 中断概念：通过硬件改变CPU程序运行方向的一种技术，如设定某事件，能中断当前正在运行的程序，转去执行中断服务程序
- 其他涉及的概念：中断源、中断请求、主程序（调用程序）、中断服务程序、断点
- 中断作用：使MCU能够对突发、紧急事件做出及时响应，实现MCU外中断做出及时响应和内部功能模块、故障、控制对象等
- 中断源：能够向微控制器请求中断的外部设备和内部功能模块、故障、控制对象等
- 中断功能：
  - 中断的允许和禁止：可通过对IE寄存器的编程，控制各中断源响应的中断是否允许或禁止
  - 中断响应及返回：判断是否响应，若响应，则自动保存断点，执行中断服务程序并正确返回
  - 中断优先级与中断嵌套：不同中断源可设置响应优先级，按优先级高低顺序响应中断请求。高级中断能打断低级中断，实现中断的嵌套，但低级和同级中断不能打断高级中断

8051微控制器的中断系统
- 中断系统结构：5个中断源，6个中断标志位，有中断允许控制和优先级选择功能，对应5个中断入口地址
- 中断控制：通过4个特殊寄存器进行设置
  - TCON：定时器/计数器控制寄存器的其中6位
  - SCON：串行口控制寄存器的其中2位
  - IE：中断允许控制寄存器
  - IP：中断优先级寄存器

中断处理过程
- 中断响应的自主操作过程：自动进行中断查询、断点地址保护，转入中断入口地址执行中断程序以及自动返回
- 中断响应条件：中断源发出中断请求（相应中断标志位为1），CPU和中断源均允许中断，现行指令执行完毕，并且不在执行高级或同级中断服务程序
- 中断响应过程：保护断点，保护现场，执行中断程序，恢复现场，恢复断点，点即返回主程序（调用程序）
- 中断响应时间：最短3个机器周期，最长响应时间为8个机器周期，若考虑多个中断嵌套情况以及中断程序的长短
- 响应中断与调用子程序的异同点：都需要进行现场保护和恢复；返回指令不同；中断程序的执行与各受控于中断源，子程序的调用由用户安排

中断程序设计
- 中断初始化：设置中断源和CPU中断的控制位、中断优先级、外部中断的触发方式及对相关中断源的初始化（定时器串行口）
- 中断程序设计方法：注意保护现场和恢复现场，通常在中断入口地址安排一条无条件转移指令，使程序跳转到用户安排的中断服务程序的存放区
- C51的中断函数与处理：中断函数的格式；C51编译器对中断函数具有自动处理功能；中断函数不能有传入参数和返回值
- I/O口扩展外部中断资源：利用"与门"将多个外部中断输入到一个外部中断引脚，即多个外部中断源公用一个外部中断源，实现外部中断的扩展

第6章

定时器/计数器

定时器/计数器广泛应用于日常生活、工业和军事领域,从随身携带的电子手表到卫星携带的原子钟,都可以看到定时器/计数器的身影。定时器/计数器是微控制器内部最基本的功能模块之一,运用该模块可以方便地实现微机系统测量与控制过程所需的定时、计数等功能,是微机测控系统的重要组成部分。

本章介绍定时器/计数器的原理与功能,8051 MCU 定时器/计数器的组成结构、控制方法、工作方式和短、中、长定时间隔的实现方法,以及定时器/计数器的应用,包括定时应用、计数应用、脉冲宽度测量、外部中断扩展和实时时钟设计等。

6.1 定时器/计数器概述

定时器/计数器的核心是内部的计数器(Counter)。计数器是能够对脉冲信号进行加计数或减计数的部件。如果计数器的计数脉冲是已知频率的脉冲信号,则通过计数值可以得到时间,从而实现定时器功能;如果计数器累计的是未知频率的脉冲,则通过记录一定时间内的脉冲,可以实现该脉冲的频率测量。因此,当输入脉冲是已知频率的信号时,定时器/计数器模块用作定时器;当输入脉冲的频率未知时,该模块用作计数器。

6.1.1 定时器/计数器的原理

定时器/计数器的内部结构主要是一套可以对输入脉冲信号的跳变沿进行检测并能进行加法或减法计数的电路。

1. 加法计数器

对于加法计数器,每输入一个脉冲在其上升沿或下降沿计数器加 1。当一定位数的二进制计数器的内容加到每位全为 1 时,再输入一个脉冲,计数器内容变为全零并产生溢出。微控制器中的内部定时器/计数器大多采用加法计数器,例如 8051 系列、Motorola MC68HC08 系列、PIC 系列等微控制器的内部定时器/计数器。

2. 减法计数器

对于减法计数器,每输入一个脉冲在其上升沿或下降沿计数器减 1。当一定位数的二进制计数器的内容减到每位全为 0 时,再输入一个脉冲,计数器内容变为全 1 并产生溢出。独立的定时器/计数器芯片大多采用减法计数器,例如 Z80CTC、8253、8254 等。

6.1.2　定时器/计数器的功能

在实时检测或控制系统中,通常需要定时采集输入信号或定时输出控制信号,也需要对外部脉冲信号和外界事件进行计数。因此,定时器/计数器是微控制器的重要功能模块,几乎所有的微控制器内部都带有可编程的定时器/计数器。

1. 定时器功能

定时器/计数器可实现硬件的准确定时,实现微机系统的定时检测和定时控制;可作为时间基准构成系统的实时时钟。

2. 计数器功能

定时器/计数器可用于对外部脉冲或事件的计数。微机系统通过计数可以实现对外部脉冲频率的测量;通过对外部事件的记录,使系统做出处理和控制的决策。如外部事件数达到一定量时,发出相应的控制信号等。

6.2　8051 微控制器的定时器/计数器

8051 MCU 有两个可编程的 16 位定时器/计数器 T0 和 T1。通过编程可选择其工作在定时模式或计数模式,具有多种工作方式,可预设定时/计数初值,设置是否允许中断,以及控制 T0、T1 的启停等。

6.2.1　定时器/计数器的结构

1. 组成结构

定时器/计数器的基本结构如图 6-1 所示,具有 2 个 16 位的加 1 计数器 T0 和 T1。与定时器/计数器模块有关的特殊功能寄存器有 6 个,分别是方式寄存器 TMOD,控制寄存器 TCON,T0 和 T1 的计数寄存器 TH0、TL0 和 TH1、TL1。此外,还有两个外部脉冲输入引脚 T0(P3.4)、T1(P3.5)。

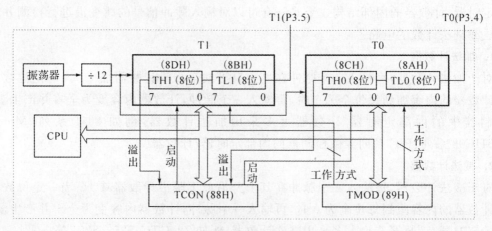

图 6-1　定时器/计数器组成结构

2. 定时方式

定时器/计数器的工作原理如图 6-2 所示。当 $C/\bar{T}=0$ 时,选择定时工作方式(此时 K0 拨向上方),加 1 计数器的输入脉冲是内部振荡频率的 12 分频脉冲(机器周期),即每个机器周期计数器加 1。若微控制器的晶振频率为 12MHz,则计数脉冲的频率为 1MHz(机器周期为 $1\mu s$)。需要定时时,首先设置 T0、T1 寄存器的计数初值,再启动定时器工作(使 K1 闭合),当计数器不断加 1 到溢出时,定时器中断标志 $TFi(i=0$ 或 $1)$ 置位,表示定时器溢出(定时时间到)。

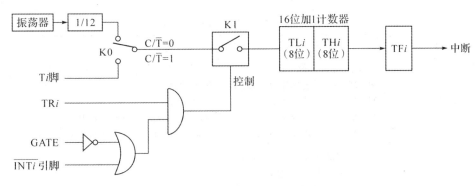

图 6-2　定时器/计数器工作原理

3. 计数方式

当 $C/\bar{T}=1$ 时,选择计数工作方式(此时 K0 拨向下方),T0 和 T1 计数器的输入脉冲来自连接到引脚 T0(P3.4)或 T1(P3.5)的外部输入脉冲,每输入一个脉冲计数器加 1。

MCU 对外部脉冲的采样过程为:每个机器周期采样一次 $Ti(i=0$ 或 $1)$ 引脚状态,当检测到一个下降沿(前一个机器周期的采样值为高电平,当前机器周期的采样值为低电平)时,计数器加 1。因此,计数器对外部脉冲的要求是高电平和低电平宽度均应大于一个机器周期,如图 6-3 所示,对脉冲的占空比没有要求。这个要求决定了计数器能够记录的外部脉冲的最高频率是系统晶振频率的 1/24,并要求外部脉冲的电平应与微控制器的电平相匹配。

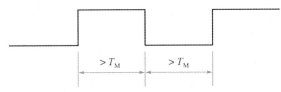

图 6-3　计数器对计数脉冲的要求

6.2.2　定时器/计数器的控制

在 8051 MCU 中,对定时器/计数器的控制是通过对方式寄存器 TMOD 和控制寄存器 TCON,以及计数寄存器 TH0、TL0 和 TH1、TL1 的编程实现的。

1. 方式寄存器 TMOD(Timer Mode)

TMOD 的字节地址为 89H,不可位寻址。各位符号定义如下,其中高 4 位是 T1 的控制位,低 4 位是 T0 的控制位。

	7	6	5	4	3	2	1	0
位符号	GATE	C/$\overline{T}$	M1	M0	GATE	C/$\overline{T}$	M1	M0
英文注释	Gate	Counter/Timer	Mode bit 1	Mode bit 0	Gate	Counter/Timer	Mode bit 1	Mode bit 0

定时/计数器 T1　　　　　定时/计数器 T0

TMOD 各位功能列于表 6-1。

表 6-1　TMOD 控制位功能说明

符　号	功能说明
M1 M0	工作方式选择位 M1 M0＝00：选择工作方式 0,13 位计数器 M1 M0＝01：选择工作方式 1,16 位计数器 M1 M0＝10：选择工作方式 2,计数初值自动重装载 8 位计数器 M1 M0＝11：选择工作方式 3,定时器 0 分成两个 8 位计数器,定时器 1 停止计数
C/$\overline{T}$	定时方式或计数方式选择位 C/$\overline{T}$＝0,选择定时方式 C/$\overline{T}$＝1,选择计数方式
GATE	门控位。与 $\overline{INT i}$ 相结合,可以实现外部脉冲高电平宽度的测量 当 GATE＝0 时,只要令运行控制位 TRi 为"1",Ti 就开始计数 当 GATE＝1 时,需要 TRi＝1 和 $\overline{INT i}$ 引脚为高电平,才能令计数器开始工作 当 GATE＝1 和 TRi＝1 时,计数器的启停取决于 $\overline{INT i}$ 引脚的信号,当 $\overline{INT i}$ 由 0 变 1 时,开始计数;当 $\overline{INT i}$ 由 1 变 0 时,停止计数。这就是外部脉冲高电平宽度的测量原理

2. 控制寄存器 TCON(Timer Control)

TCON 的字节地址为 88H,可以位寻址,各位符号定义如下所示。其中低 4 位与外部中断 0、1 有关,这里不再赘述;高 4 位是 T0、T1 的溢出标志和 T0、T1 启停控制位。

	7	6	5	4	3	2	1	0
	TF1	TR1	TF0	TR0	IE1	IT1	IE0	IT0
英文注释	Timer 1 Overflow	Timer 1 Run	Timer 0 Overflow	Timer 0 Run	Interrupt External 1 Flag	Interrupt 1 Type Control bit	Interrupt External 0 Flag	Interrupt 0 Type Control bit

TCON 各控制位功能列于表 6-2。

表 6-2　TCON 有关控制位功能说明

符　号	功能说明
TF1	T1 溢出标志位,也称 T1 中断标志位 T1 溢出时,该位置"1"。在中断方式时,MCU 响应中断后由硬件自动清"0"。在查询方式时,需要由程序清"0"

符　　号	功能说明
TR1	T1 的运行(启停)控制位 GATE1＝0 时,TR1＝1,启动 T1 工作;TR1＝0,停止 T1 工作 GATE1＝1 时,由 TR1 和 $\overline{\text{INT1}}$ 引脚的电平同时控制 T1 的启停
TF0	T0 溢出标志位和中断标志位。功能与 TF1 相同
TR0	T0 的运行(启停)控制位。功能与 TR1 相同

6.2.3　定时器/计数器的工作方式

通过设置 TMOD 中的控制位 $C/\overline{T}$,可以选择 T0、T1 为定时方式或计数方式;当 $C/\overline{T}$＝0 时,定时器/计数器工作于定时方式,对于定时方式总是令 GATE＝0 时,此时 K1 的开闭仅受控于 TRi。GATE 门控信号仅在定时器/计数器用于测量 $\overline{\text{INT}i}$ 引脚上的外部脉冲高电平宽度时发挥作用,若令 GATE＝1、TRi＝1,则定时器/计数器的启停受控于 $\overline{\text{INT}i}$ 引脚上的脉冲。

定时器/计数器具有四种工作方式,通过设置 M1、M0,可选择其中之一。由于方式 0 和方式 3 很少应用,这里主要介绍方式 1 和方式 2。

1. 方式 1

当 M1、M0 设置为 0、1 时,定时器/计数器设定为工作方式 1,THi 和 TLi 构成 16 位的加 1 计数器,因此称为 16 位计数方式,其最大计数值为 65536。其组成结构如图 6-4 所示。

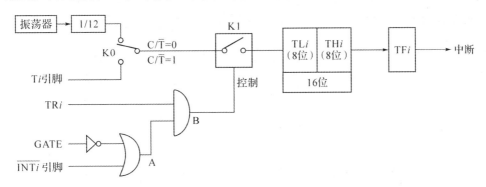

图 6-4　定时器/计数器工作方式 1

当 16 位计数器从设置的初值不断加 1 到溢出(变为全 0)时,表示定时时间到或计数脉冲达到设定个数,此时溢出标志 TFi 位变为"1"。如果允许 Ti 中断(ETi＝1),则 Ti 向 CPU 发出中断请求。同时,定时器/计数器继续做加 1 计数,要注意此时 Ti 的 16 位计数器是在溢出后的 0000H 基础上进行累加的。所以为使 Ti 重新从设置初值开始计数,在 Ti 的中断服务程序或检测到溢出后的处理程序中,首先要给 THi、TLi 重装载初值。但由于中断响应需要一定时间并存在中断响应时间的随机性,因此定时或计数存在一定误差(误差大小与系统程序的设计、中断的优先级别等有关)。

图 6-4 分析：

对于定时方式和计数方式：

● 定时方式时（C/$\overline{T}$＝0），K0 连接至周期为机器周期的内部脉冲信号；计数方式时（C/$\overline{T}$＝1），K0 连接至定时器/计数器的外部脉冲输入引脚 Ti。

● 设置 GATE＝0，此时或门输出 A＝1，与门输出 B＝TRi，开关 K1 受控于 TRi。TRi＝1，K1 闭合，开始定时或计数；TRi＝0，K1 断开，结束定时或计数。

对于外部脉冲高电平的测量：

● 设置为定时方式（C/$\overline{T}$＝0），定时器的计数脉冲为系统的机器周期；设置定时初值为 0000H。

● 设置 GATE＝1，此时或门输出 A＝$\overline{\text{INT}i}$，再设置 TRi＝1，则与门输出 B＝A＝$\overline{\text{INT}i}$，即开关 K1 受控于 $\overline{\text{INT}i}$ 引脚的电平。当 $\overline{\text{INT}i}$ 变高时，K1 闭合，定时器开始工作（开始累计机器周期）；当 $\overline{\text{INT}i}$ 变低时，K1 断开，定时器停止工作。此时定时器/计数器 16 位寄存器 THi、TLi 中的内容，即为 $\overline{\text{INT}i}$ 引脚高电平期间的机器周期数，即高电平的宽度（μs）。

2. 方式 2

当 M1、M0 设置为 1、0 时，定时器/计数器设定为工作方式 2，称为 8 位初值重装载方式。该方式把 TLi 配置成一个独立工作的 8 位加 1 计数器，THi 为重装载初值寄存器。初始化时由软件向 THi、TLi 写入相同的 8 位计数初值。当 TLi 计数溢出时，一方面使 TFi 置 1 请求中断，同时打开 THi 与 TLi 之间的三态缓冲器，将 THi 中的计数初值重装载到 TLi 中，使 TLi 又从初值开始进行计数，而不需要软件重新写入计数初值。由于方式 2 在溢出时能够自动重装载初值，因此不存在定时误差。其工作原理如图 6-5 所示。

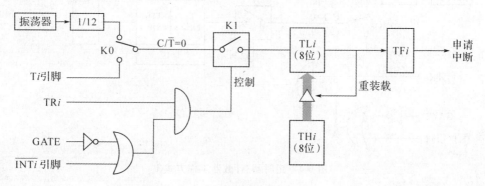

图 6-5　定时器工作方式 2

6.2.4　定时器/计数器的初始化

1. 初始化步骤

可编程器件的使用均要进行初始化。定时器/计数器的初始化步骤如下：

①确定工作方式，即给方式寄存器 TMOD 赋值。

②预置定时初值或计数初值，将初值写入 TH0、TL0 或 TH1、TL1 中。

③中断设置（给 IE 赋值），允许或禁止定时器/计数器的中断。

④启动定时器/计数器，令 TCON 中的 TR0 或 TR1 为"1"。

2. 定时/计数初值的确定

对于加 1 计数器,设置的计数初值应是需要定时(计数)值相对于定时器/计数器最大计数值的补码。对于位数为 L(取决于工作方式,对于方式 1 和 2,L 分别为 16 和 8)的计数器,其最大计数值为 $M=2^L$。假设晶振频率为 12MHz,其机器周期为 1μs,则:

①对于方式 1,最大计数值 $M=2^{16}=65536$。若设置定时初值 $X=0$,则最长定时时间为 65536μs。若需要定时 t 为 20ms=20000μs,则设置的计数初值应为最大定时时间－需要定时时间=65536－20000=45536。定时器/计数器在该初值基础上,计数 20000 个机器周期脉冲,就发生溢出,表示 20ms 定时时间到。

②对于方式 2,最大计数值 $M=2^8=256$。若设置定时初值 $X=0$,则最长定时时间为 256μs。若需要定时 t 为 200μs,则设置的计数初值应为最大定时时间－需要定时时间=256－200=56。定时器/计数器在该初值基础上,计数 200 个机器周期脉冲,就发生溢出,表示 200μs 定时时间到。

设定时初值为 X,则定时时间 $t=(M-X)\times1$μs。其中,方式 1 的 $M=65536$,方式 2 的 $M=256$。

对于晶振频率为 f_{OSC} 的 MCU 系统,定时时间为:

$$t=(M-X)\times\frac{12}{f_{OSC}}=(M-X)\times 机器周期(\mu s) \tag{6-1}$$

如果明确要求定时的时间 $t(\mu s)$,则根据式(6-1)可以得到定时初值 X 的计算方法:

$$X=M-\frac{tf_{OSC}}{12}=M-\frac{t}{机器周期} \tag{6-2}$$

【例 6-1】　设某 8051 微控制器采用的晶振频率为 6MHz,要求产生 1ms 的定时,试计算定时初值。

【解】　已知 $f_{OSC}=6$MHz,其机器周期为 2μs。因此计数器从初值到溢出需要加 1 的次数为 1000μs/2μs=500。由于方式 2 最大只能计数 256,因此无法实现。选用工作方式 1,定时初值 $X=65536-500=65036=$FE0CH,即向 TH1、TL1 设置 FEH、0CH。

【例 6-2】　设某 8051 微控制器系统的晶振频率为 12MHz,若要定时 50ms,试计算定时初值。

【解】　已知 $f_{OSC}=12$MHz,则机器周期为 1μs。由于计数器从初值到溢出需要加 1 的次数为 50000,因此选用工作方式 1,设置初值为 $X=65536-50000=15536=$3CB0H,即向 TH1、TL1 设置 3CH、B0H。

【例 6-3】　设晶振频率为 12MHz,若要产生 250μs 的定时信号,试确定定时初值。

【解】　因计数脉冲是 1μs,计数器从初值到溢出需要加 1 的次数为 250 次,可以选择工作方式 2,设置初值为 $X=256-250=6$,即向 TH0、TH1 设置初值为 6。

　　对于计数方式,通常将计数初值设置为 0,则经过一定时间计数后,加 1 计数器中的内容即为这段时间内记录的脉冲数。

6.2.5　关于计数器的"飞读"

若在计数器计数期间,要分别读取高 8 位和低 8 位两个计数寄存器(THi 和 TLi)的值,若读第 1 个 8 位寄存器时,第 2 个 8 位寄存器恰逢溢出,则再读第 2 个 8 位寄存器时,就会出现粗大计数误差或称为"相位误差"。

例如:当 16 位计数器中的值为 00FFH 时,若先读高 8 位 THi,得到 00H;再读低 8 位 TLi 时,若恰逢低 8 位溢出进位,即计数器的值变成了 0100H,所以读到 TLi 的值为 00H,读到的 16 位计数结果变为 0000H,这显然是错误的。若先读低 8 位 TLi,得到 FFH;再读高 8 位 THi 时,由于计数器的值变成了 0100H,所以读到 THi 的值为 01H,读到的 16 位计数结果变为 01FFH,这也是错误的。

解决这个问题的方法称为"飞读",具体为:先读取 THi 值,再读 TLi 值,然后再重新读取一遍 THi。若两次 THi 值相同,表示读取的内容正确;若不相同,则再重复上述过程。对于 T0 计数器的"飞读"子程序 RDT0 如下,读取的计数值存入 R0、R1。

```
RDT0:      MOV     A,TH0              ;读入 TH0 到 A
           MOV     R1,TL0             ;读入 TL0 到 R1
           CJNE    A,TH0,RDT0         ;比较两次 TH0 的值,不同时再读一次
           MOV     R0,A               ;若相同,则保存结果,结束
           RET
```

C51 的程序如下,读取的 16 位计数值保存在 th 和 tl 中。

```
do
{
    th1 = TH0;                 //读出高字节
    tl = TL0;                  //读出低字节
    th2 = TH0;                 //重新读出高字节
}
    while (th1!= th2)          //两次高字节相等,就跳出循环
    th = th2;
```

6.2.6　短、中、长定时间隔的实现

8051 MCU 可以定时的时间间隔有多长? 在讨论这个问题之前,首先假设系统晶振为 12MHz,则定时器/计数器的定时脉冲是 1MHz,周期为 $1\mu s$ 即为机器周期。

8051 MCU 能够定时的最短时间间隔是有限的,它不取决于定时器的时钟频率,而取决于软件。指令执行所消耗的时间决定了最短间隔的大小。8051 MCU 最短的指令执行时间为 1 个机器周期。对于只有几个机器周期的定时,通常采用若干个 NOP 指令来实现;对于较长的定时,可以采用延时子程序实现,也可以采用定时器/计数器实现。软件延时需要 CPU 运行程序,消耗 CPU 的时间资源;而定时器可实现自动定时,不需要占用 CPU 时间,只有在定时器/计数器溢出时,才向 CPU 请求中断,并且定时准确、灵活性强,能有效提高微控制器的性能。

如前所述,定时器的方式 2 能够自动重装载定时初值,适合产生 256 个机器周期内的定时;大于该时间则要采用 16 位定时器方式。如果要产生更长时间的定时(如实时时钟需要的 1 秒定时等),则可以将定时器的硬件定时和软件计数结合起来实现。表 6-3 列出了产生不同长度时间间隔的方法(假设 8051 MCU 工作于 12MHz 晶振频率下)。

表 6-3　产生不同长度时间间隔(工作于 12MHz)的方法

最长定时时间(μs)	方　法
≈10	软件编写
256	8 位定时器,自动重载模式
65536	16 位定时器
无限长	16 位定时器及软件循环

【例 6-4】　编写一个脉冲波形产生程序,在引脚 P1.0 产生最高频率的周期性脉冲信号。能产生的最高频率是多少? 该周期性脉冲波形的占空比是多少?

【分析】　采用汇编语言编写程序,从每条指令的执行时间分析脉冲信号的频率和占空比。

【解】　程序如下:

```
        ORG    0000H
LOOP:   SETB   P1.0           ;1 个机器周期
        CLR    P1.0           ;1 个机器周期
        SJMP   LOOP           ;2 个机器周期
        END
```

根据图 6-6 的波形分析,可以得到该程序在引脚 P1.0 上产生了周期为 4μs、频率为 250kHz 的脉冲波形。在每个周期中,高电平时间为 1μs,低电平时间为 3μs,占空比为 1/4＝0.25,即 25%。

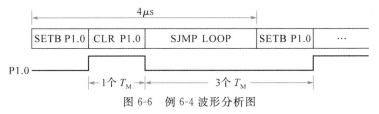

图 6-6　例 6-4 波形分析图

在程序的循环体中加入 NOP 指令可以延长脉冲的周期,每条 NOP 指令可以使脉冲周期增加 1 个机器周期。例如,在指令 SETB P1.0 之后增加 2 条 NOP 指令可以使输出波形变为方波(占空比＝50%),周期变为 6μs,频率变为 166.7kHz。当脉冲周期长度超过一定范围之后,建立延时的最好办法是使用定时器。

【例 6-5】　以下程序可在引脚 P1.0 产生最高频率的方波信号,分别求其频率和占空比。

```
        ORG    0000H
LOOP:   CPL    P1.0
        SJMP   LOOP
        END
```

【解】　高低电平的时间分别为 3μs,周期为 6μs,频率为 166.67kHz,占空比为 50%。

6.3 定时器/计数器的应用

通过对定时器/计数器的初始化编程,可以选择不同的工作方式来满足实际的定时或计数需求,利用门控位 GATE 可以实现外部脉冲高电平宽度的测量。

6.3.1 定时方式的应用

【例 6-6】 设某 8051 微控制器采用的晶振频率为 12MHz,利用定时器 T1 定时,使 P1.0 输出周期为 2ms 的方波。

【分析】 要产生周期为 2ms 的方波需要每 1ms 改变一次 P1.0 的电平,故定时时间应为 1ms,定时器要采用工作方式 1。TMOD 的方式控制字应为 10H;定时初值为 $X = 2^{16} - 1000 \times 12/12 = 64536 = FC18H$,分别将 FCH 和 18H 写入 TH1 和 TL1。

【解】 采用查询和中断方式的程序如下:

(1)汇编程序(查询方式):

```
            MOV     TMOD,#10H        ;设置 T1 为方式 1
            SETB    TR1              ;启动 T1 定时
LOOP:       MOV     TH1,#0FCH
            MOV     TL1#18H          ;装入定时初值
            JNB     TF1,$            ;等待溢出,若 TF1=0,则查询等待
            CPL     P1.0             ;P1.0 状态翻转,输出方波
            CLR     TF1              ;查询方式,TF1 需要软件清 0
            SJMP    LOOP             ;重复循环
```

C51 程序(查询方式):

```
#include<reg51.h>
sbit P10 = P1^0;
void main()
{
    TMOD = 0x10;              //T1 按方式 1 工作
    TR1 = 1;                  //启动 T1
    while (1)                 //循环不停
    {
        TH1 = 0xFC;
        TL1 = 0x18;           //给计数器赋初值
        while (TF1 = = 0);    //查询到 TF1 = = 1 为止
        TF1 = 0;
        P10 = ~P10;           //输出方波
    }
}
```

（2）汇编程序（中断方式）：

```
            ORG     0000H
            LJMP    MAIN
            ORG     001BH              ;T1 中断入口
            LJMP    BRT1               ;转 T1 中断服务程序
            ORG     0100H
MAIN:       MOV     TMOD,♯10H          ;设置 T1 方式 1
            MOV     TH1,♯0FCH
            MOV     TL1,♯18H           ;设置定时初值
            SETB    EA                 ;CPU 开中断
            SETB    ET1                ;T1 允许中断
            SETB    TR1                ;启动 T1
            SJMP    $                  ;模拟主程序

            ORG     0800H              ;T1 中断服务程序
BRT1:       MOV     TH1,♯0FCH
            MOV     TL1,♯18H           ;重装载定时初值
            CPL     P1.0               ;P1.0 状态翻转,输出方波
            RETI                       ;中断返回
```

C51 程序（中断方式）：

```
♯include<reg51.h>
sbit P10 = P1^0;
void main()                     //主函数
{
    TMOD = 0x10;                //T1 按方式 1 工作
    TH1 = 0xFC;
    TL1 = 0x18;                 //给计数器赋初值
    EA = 1;                     //CPU 开中断
    ET1 = 1;                    //允许 T1 中断
    TR1 = 1;                    //启动 T1
    while(1);                   //主程序模拟
}
void timer1() interrupt 3 using 1    //T1 中断函数
{
    TH1 = 0xFC;
    TL1 = 0x18;                 //重装载定时初值
    P10 = ~P10;                 //P1.0 输出状态翻转
}
```

　　采用查询方式的程序简单,但需要 CPU 不断查询溢出标志,没有提高 CPU 的效率。所以在实际应用程序中,通常采用中断方式设计程序。

6.3.2　计数方式的应用

【例 6-7】　设计一个微机系统,用于记录生产流水线上每天生产的工件箱数。每箱装 100 个工件,因此每次计数到 100 个工件时,该系统要向包装机发出打包命令(输出一个高脉冲信号),使包装机执行打包动作,并推出装满工件的箱子,引入空箱子。

【分析】　硬件示意如图 6-7 所示,选用 LED 光源和光敏电阻作为流水线上工件的检测模块。当有工件通过时,LED 发出的光线受阻挡无法到达光敏电阻,而使光敏电阻 R_L 增加,三极管 T 导通输出高电平;而没有工件时,光敏电阻接收到 LED 光使 R_L 变小,三极管 T 截止而输出低电平。所以每通过一个工件,T0 端就会接收到一个正脉冲信号,由 T0 进行计数。

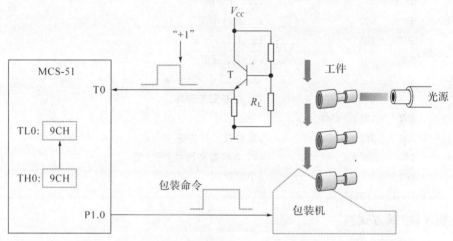

图 6-7　计数方式的应用实例

选用计数方式、工作方式 2,TMOD 方式控制字为 06H。用 P1.0 输出包装机需要的打包命令(一个高脉冲信号);用 R5 和 R4 作为每天生产工件箱数的计数寄存器。

【解】　汇编程序:

```
        ORG    0000H
        SJMP   MAIN
        ORG    000BH           ;T0 中断入口
        LJMP   COUNT           ;转 T0 中断服务程序
        ORG    0040H
MAIN:   CLR    P1.0            ;P1.0 置低电平
        MOV    R5,#0
        MOV    R4,#0           ;箱数寄存器清 0
        MOV    TMOD,#6         ;设置 T0 工作方式
        MOV    TH0,#9CH        ;设置重装载初值
        MOV    TL0,#9CH        ;设置计数初值为 156 = 9CH
        SETB   EA
        SETB   ET0
        SETB   TR0
        SJMP   $               ;模拟主程序,执行其他任务
        ORG    0800H
```

```
COUNT:     MOV    A,R4
           ADD    A,#1
           MOV    R4,A
           MOV    A,R5
           ADDC   A,#0
           MOV    R5,A                ;箱数寄存器加 1
           SETB   P1.0                ;输出包装机打包信号
           MOV    R3,#10
DLY:       NOP
           DJNZ   R3,DLY              ;延时产生高脉冲宽度
           CLR    P1.0                ;结束包装信号输出
           RETI
```

C51 程序：

```
#include<reg51.h>
sbit P10 = P1^0;
int total;
void main()                    //主函数
{
    P10 = 0;                   //P1.0 低电平
    total = 0;                 //箱数清 0
    TMOD = 6;                  //设置 T0 工作方式
    TH0 = 0x9C;                //设置重装载初值
    TL0 = 0x9C;                //设置计数初值
    EA = 1;
    ET0 = 1;
    TR0 = 1;
    while (1);
}
void timer0() interrupt 1 using 0      //T0 中断函数
{
    int i;
    total++;                   //箱数加 1
    P10 = 1;                   //输出包装机打包信号
    for (i = 0; i<10; i++);    //高脉冲保持一定宽度
    P10 = 0;                   //结束脉冲输出
}
```

在计数方式中，当计数脉冲超过 256 或计数脉冲未知时，要采用 16 位计数方式（即方式 1）。

6.3.3　脉冲宽度的测量

【例 6-8】　用 GATE 控制位，测量 $\overline{INT1}$ 引脚上的正脉冲宽度。设晶振为 12MHz，正脉

冲宽度小于 65ms。

【分析】 从图 6-4 可以分析,当 GATE=1 时,定时器 T1 的启停由 $\overline{INT1}$ 信号控制。定时初值设置为 0,选用工作方式 1。首先在 $\overline{INT1}$ 低电平期间设置 TR1=1(在 $\overline{INT1}$=0 情况下,设置启动命令,是为 $\overline{INT1}$ 信号控制 T1 的启停做准备),此后当 $\overline{INT1}$ 引脚从 0 变 1 时,就启动了 T1 工作(从 0 开始累计机器周期数),当 $\overline{INT1}$ 引脚再次变低时停止计数。此时 T1 寄存器中的计数值即为正脉冲的宽度(机器周期数),其测量方法如图 6-8 所示。能测量的最长脉冲宽度为 $65536\mu s$。

图 6-8   定时器/计数器工作方式 1 利用 GATE 门测量正脉冲宽度

【解】   汇编程序:

```
        MOV     TMOD,#90H           ;设置方式控制字
        CLR     TR1
        MOV     TL1,#0              ;计数初值设为 0
        MOV     TH1,#0
        JB      P3.3,$              ;判断并等待INT1变低电平
        SETB    TR1                 ;在INT1为低电平时,启动 T1 计数,以保证测量一个完整的高电平宽度
        JNB     P3.3,$              ;等待INT1变高电平。等待脉冲高电平开始,令计数器开始计数
        JB      P3.3,$              ;等待INT1再次变低电平,即等待高电平结束
        CLR     TR1                 ;停止计数
        MOV     A,TL1               ;读取 T1 16 位寄存器记录的机器周期数,高、低 8 位分别送 B、A 寄存器
        MOV     B,TH1
        SJMP    $                   ;一次测量结束
```

C51 程序:

```c
# include<reg51.h>
sbit P33 = P3^3;
int a1,b1;
void main()
{
    TMOD = 0x90;                    //设置方式控制字
    TR1 = 0;
    TL1 = 0;                        //计数初值设为 0
    TH1 = 0;
    while (P33 = = 1);              //等待INT1变低电平
    TR1 = 1;                        //开始计数
    while (P33 = = 0);              //等待INT1变高电平,开始脉冲宽度的测量
    while (P33 = = 1);              //等待INT1变回低电平,脉冲宽度测量结束
    TR1 = 0;                        //停止计数
```

```
        a1 = TL1;                       //读结束
        b1 = TH1;
    }
```

6.3.4　扩展外部中断

【例 6-9】　利用定时器/计数器扩展外部中断。

【分析】　把 T0、T1 设置为计数方式,选用工作方式 2,设置初值为 FFH,允许中断;则当 T0 或 T1 引脚上发生一个负跳变时,计数器加 1 并发生溢出而向 CPU 请求中断。利用这个特性可以把 P3.4 和 P3.5 两个引脚扩展为外部中断请求引脚,中断的触发条件是下降沿触发,中断标志即为溢出标志 TF0 和 TF1。这两个扩展的外部中断与外部中断 $\overline{INT0}$、$\overline{INT1}$ 的下降沿触发的中断效果一样。

【解】　以 T0 为例,相应的初始化程序如下:

汇编程序:

```
        MOV     TMOD,♯06H           ;T0 计数模式,工作方式 2
        MOV     TH0,♯0FFH           ;设置重装载初值
        MOV     TL0,♯0FFH           ;设置初值
        SETB    ET0                 ;开 T0 中断
        SETB    EA                  ;开 CPU 中断
        SETB    TR0                 ;启动 T0
```

C51 程序:

```
TMOD = 6;                           //T0 计数模式,工作方式 2
TH0 = 0xFF;                         //设置重装载初值
TL0 = 0xFF;                         //设置计数初值
ET0 = 1;                            //开 T0 中断
EA = 1;                             //开 CPU 中断
TR0 = 1;                            //启动 T0
```

6.3.5　实时时钟的设计

1. 基本思想

普通时钟的最小计时单位是秒,如何获得 1s 的定时时间? 从前面的介绍可知,当晶振为 12MHz 时,定时器方式 1 的最长定时时间为 65.5ms,因此需要定时器的硬件定时和软件计数相结合来实现秒的定时。将定时器的定时时间设为 50ms,采用工作方式 1,定时初值 $X = 65536 - 50000 = 15536 = 3CB0H$,设置一个软件计数器累计 50ms 个数。采用中断方式,每次中断溢出时(50ms 到),软件计数器加 1,当该计数器累计到 20 时,即表示定时了 1秒时间。

时钟的实现方法:在内部 RAM 中设置 4 个单元如 43H~40H,分别作为软件计数器(存放 50ms 个数、秒、分、时)的存储单元。在 50ms 中断服务程序中,50ms 个数加 1,累计到 20 时表示 1s 到,再把 50ms 个数清 0,秒单元内容加 1,满 60 秒时,秒单元清 0,分钟单元

加 1,满 60 分钟时,分钟单元清 0,时单元加 1,满 24 小时时,时钟单元清 0;重复上述定时和运算过程,即可得到不断运行的时钟。

2. 程序设计

主程序的主要功能包括初始化、启动定时器工作,然后是反复调用显示子程序,显示实时时钟,并随时响应 50ms 定时中断。主程序的流程如图 6-9 所示,设选用 T0。

中断服务程序的主要功能是实现 50ms、秒、分、时的计时处理和实时时钟的更新。中断服务程序的流程如图 6-10 所示。

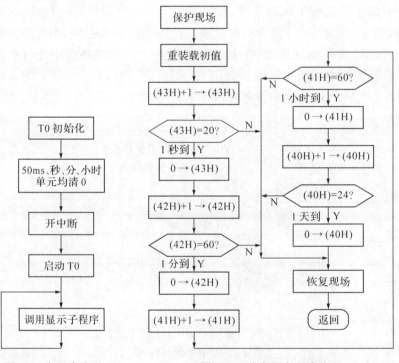

图 6-9　主程序流程　　　　图 6-10　中断服务程序流程

汇编程序:

```
        ORG     0000H
        SJMP    MAIN            ;转主程序
        ORG     000BH           ;T0 的中断入口
        LJMP    T0INTP          ;T0 中断程序


        ORG     0000H
MAIN:   MOV     TMOD,#01H       ;设 T0 为方式 1
        CLR     A
        MOV     40H,A           ;"时"单元清 0
        MOV     41H,A           ;"分"单元清 0
        MOV     42H,A           ;"秒"单元清 0
        MOV     43H,A           ;"50ms"单元清 0
        SETB    ET0             ;T0 允许中断
        SETB    EA              ;CPU 允许中断
```

```
          MOV      THO,＃3CH         ;设置 T0 定时初值
          MOV      TL0,＃0B0H
          SETB     TR0              ;启动 T0 定时
HERE:     LCALL    DISPLAY          ;循环调用显示刷新程序(可加入其他处理程序)
          SJMP     HERE             ;也可 1s 调用一次显示程序
;＊＊＊＊＊＊＊＊＊＊＊＊＊＊＊＊ T0 中断服务程序＊＊＊＊＊＊＊＊＊＊＊＊＊＊＊＊＊＊＊＊
T0INTP:   PUSH     PSW
          PUSH     ACC
          MOV      THO,＃3CH         ;重装载定时初值
          MOV      TL0,＃0B0H
          INC      43H              ;50ms 个数＋1
          MOV      A,43H
          CJNE     A,＃20,RETURN     ;是否到 1 秒,未到则返回
          MOV      43H,00H          ;50ms 个数清 0
          MOV      A,＃01H           ;秒数＋1
          ADD      A,42H
          DA       A                ;秒数进行十进制调整
          MOV      42H,A            ;保存修改后的秒数
          CJNE     A,＃60H,RETURN    ;是否到 60 秒,未到则返回
          MOV      42H,＃00H          ;计满 60 秒,秒数清 0
          MOV      A,＃01H           ;分数＋1
          ADD      A,41H
          DA       A                ;分数进行十进制调整
          MOV      41H,A            ;保存修改后的分数
          CJNE     A,＃60H,RETURN    ;是否到 60 分,未到则返回
          MOV      41H,＃00H          ;满 60 分,分数清 0
          MOV      A,＃01H           ;时数＋1
          ADD      A,40H
          DA       A                ;时数进行十进制调整
          MOV      40H,A
          CJNE     A,＃24H,RETURN    ;是否到 24 小时,未到则返回
          MOV      40H,＃00H          ;到 24 小时,时数清 0
RETURN:   POP      ACC              ;恢复现场
          POP      PSW
          RETI                      ;中断返回
          END
```

C51 程序：

```c
# include ＜reg51.h＞
unsigned char hour;
unsigned char min;
unsigned char sec;
unsigned char sec_50ms;
```

```
/ * * * * * * * * * * * * * * * 定时器 0 初始化函数 * * * * * * * * * * * * * * * * * * * /
void Timer0Init(void)
{
    TMOD = 0x01;                    //设置 T0 工作方式 1
    TH0 = 0x3c;
    TL0 = 0xb0;
    ET0 = 1;                        //开启中断
    TR0 = 1;                        //开启定时器
}
/ * * * * * * * * * * * * * * * * T0 中断函数 * * * * * * * * * * * * * * * * * * * * * /
void Time0Isr(void) interrupt 1
{
    TH0 = 0x3c;                     //重新装载初值
    TL0 = 0xb0;
    sec_50ms + + ;                  //50ms 到,计数加 1
    if(sec_50ms = = 20)             //20 个 50ms,表示 1 秒到
    {
        sec_50ms = 0;               //50ms 计数清 0
        sec + + ;                   //秒计数加 1
        if(sec = = 60)              //60 秒即 1 分钟到
        {
            sec = 0;                //秒计数清 0
            min + + ;               //分钟计数加 1
            if(min = = 60)          //60 分钟即 1 小时到
            {
                min = 0;            //分钟计数清 0
                hour + + ;          //小时计数加 1
                if(hour = = 24)     //24 小时即 1 天到
                {
                    hour = 0;       //小时计数清 0
                }
            }
        }
    }
}
/ * * * * * * * * * * * * * * * * * * 主函数 * * * * * * * * * * * * * * * * * * * * * * /
void main(void)
{
    hour = 0;
    min = 0;
    sec = 0;
    sec_50ms = 0;                   //初始化计数单元
    Timer0Init();                   //定时器 0 初始化
```

```
    EA = 1;                          //CPU 中断开放
    while(1);                        //等待中断
  }
```

习题与思考题

1. 8051 MCU 的定时器/计数器由哪几部分组成？相关的特殊功能寄存器有哪几个？

2. 8051 MCU 定时器/计数器的方式 1、方式 2 分别是什么工作方式？各有什么特点？

3. 对于工作方式 1 和方式 2，分别能够定时的最大时间为多少？（设晶振频率为 6MHz、12MHz）

4. 定时器/计数器用作定时器时，其计数脉冲由谁提供？定时时间与哪些因素有关？

5. 定时器/计数器用作计数器时，对外界脉冲的频率有何限制？

6. 一个定时器的定时时间有限，如何实现较长时间的定时？

7. 简述定时器/计数器的初始化步骤。

8. 已知 8051 MCU 的晶振频率为 12MHz，用 T1 定时，由 P1.0 和 P1.1 分别输出周期为 2ms 和 500μs 的方波，试编程实现。

9. 编写程序，在 P1.0 口产生频率为 100Hz、占空比为 30% 的方波。

10. 假设需要利用 8051 MCU 产生 1 分钟的时间间隔，写出具体的实现方法。

11. 设外部晶振为 6MHz，如何在 P1.0 引脚输出尽可能高频率的脉冲信号，并计算其频率和占空比。

本章内容总结

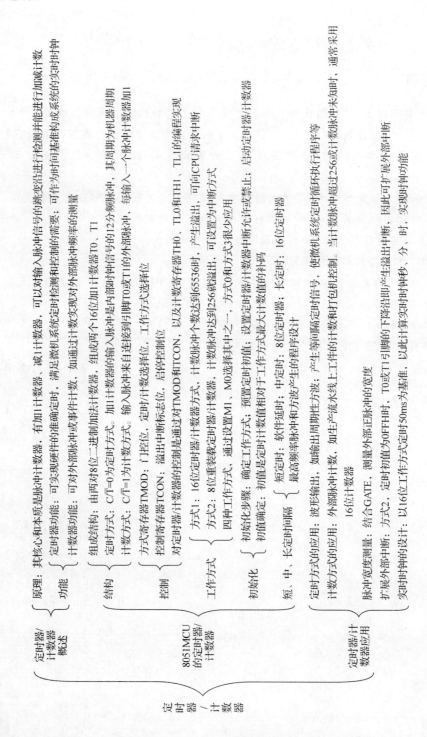

定时器/计数器

- 定时器/计数器概述
  - 原理：其核心和本质是脉冲计数器。有加1计数器、减1计数器，可以对脉冲信号的跳变沿进行检测并能进行加减计数
  - 功能
    - 定时器功能：可实现硬件事件的准确定时，满足微机系统定时检测和控制的需要，可作为时间基准构成系统的实时时钟
    - 计数器功能：可对外部脉冲或事件计数，如通过对外部脉冲加法实现对外部脉冲频率的测量

- 8051MCU的定时器/计数器
  - 结构
    - 组成结构：由两对8位二进制加法计数器，组成两个16位加1计数器T0、T1
    - 定时方式：C/T=0为定时方式，加1计数器的输入脉冲是内部时钟信号号的12分频脉冲，其周期为机器周期
    - 计数方式：C/T=1为计数方式。输入脉冲来自连接到引脚T0或T1的外部脉冲，每输入一个脉冲计数器加1
  - 控制
    - 方式寄存器TMOD：门控位、定时/计数选择位、工作方式选择位
    - 控制寄存器TCON：溢出中断标志位、启停控制位
    - 对定时器计数器的控制是通过对TMOD和TCON，以及计数寄存器TH0、TL0和TH1、TL1的编程实现
  - 工作方式：四种工作方式M1、M0选择其中之一，方式0和方式3很少应用
    - 方式1：16位定时器/计数器方式，计数脉冲个数达到65536时，产生溢出，可向CPU请求中断
    - 方式2：8位重装载定时器/计数器方式，计数脉冲达到256被溢出，可设置为中断方式
  - 初始化
    - 初始化步骤：确定工作方式；预置定时初值；设置定时器计数器中断允许或禁止；启动定时器计数器
    - 初值确定：初值是定时器计数初值相对于工作方式下计数最大计数值的补码
  - 短、中、长定时
    - 短定时：软件延时；中定时：8位定时器；长定时：16位定时器
    - 最高频率脉冲和方波产生的程序设计

- 定时器/计数器应用
  - 定时方式的应用：波形输出，如输出周期性方波；产生等间隔定时信号，使微机系统定时循环执行程序等
  - 计数方式的应用：外部脉冲计数，如外部流水线上工作的计数和打包机控制。当计数脉冲超过256或计数脉冲数未知时，通常采用16位计数器
  - 脉冲宽度测量：结合方式2，测量外部正脉冲的宽度
  - 扩展外部中断：方式2，定时初值为0FFH时，T0或T15引脚的下降沿即产生溢出中断，因此可扩展外部中断
  - 实时时钟的设计：以16位工作方式定时50ms为基准，以此计算实时时钟秒、分、时，实现钟表功能

微机原理与接口技术
Microcontroller and Interface Technology

第二部分
微机接口技术

## 第 7 章

串行总线与通信技术

总线是微型计算机系统、嵌入式系统、智能仪器内部及相互之间传递信息的公共通路。利用总线技术,能够简化系统结构,增加系统的兼容性、开放性、可靠性和可维护性,便于系统的模块化、标准化设计。通信是计算机与微机系统或微机系统与微机系统之间信息交互的主要方式。目前,大量串行接口芯片的产生使得微机系统的串行扩展成为一种发展趋势。串行总线占用微控制器的 I/O 口资源少、可直接与许多外围器件连接、结构简单。常见的串行接口和总线包括异步串行接口 UART,同步串行总线 I²C、SPI、1-Wire 等。其中 UART 为标准 8051 微控制器具有的功能模块,增强型 8051 微控制器还包含同步串行总线的硬件模块。

本章主要介绍总线与串行通信的概念和类型;8051 微控制器 UART 的组成结构、工作方式与应用;RS232、RS485 通信技术与应用;I²C 串行总线、SPI 串行接口、1-Wire 单总线及其应用。

7.1 总线与串行通信概述

微控制器内部信息的传递及微机系统之间信息的传递是通过总线进行的,了解总线的分类和总线通信方式是学习串行总线技术的基础。

7.1.1 总线的概念与分类

总线是指微机系统、智能仪器内部以及相互之间传递信息的公共通路,是芯片内部模块之间、器件之间、系统之间的实际互连线。为了使总线能够有效、可靠地进行信息交换,必须对总线信号、传送规则以及传输的物理介质等做出一系列规定,这些规定称为总线协议或总线规则。被某个标准化组织批准或推荐的总线协议称为总线标准,符合某种总线标准的总线,称为标准总线。RS232、RS485、I²C、SPI 等都是标准总线。

总线按其使用范围或者连接对象,可分为芯片总线、系统总线和通信总线。按照信号传送的方式不同,又可分为并行总线和串行总线。

1. 芯片总线

芯片总线是连接芯片内部各模块的通道,用于模块之间的信息传输。如 8051 MCU 内部连接各模块的数据总线 DB、地址总线 AB 和控制总线 CB。芯片总线的不同引线或者同一组引线在不同时刻可以传送不同类型的信息(如地址信息、数据信息和控制信息分时复用同一组总线),这种总线结构称为单总线结构。微控制器的片内总线大多采用并行的单总线结构。

2. 系统总线

系统总线是微控制器系统或智能仪器内部各器件之间传送信息的通道,是将器件或模块构建成系统需要采用的总线,也称为内总线。系统总线分为并行系统总线(如 PCI 总线、VXI 总线等)和串行系统总线(如 I^2C、SPI、1-Wire 等)两类。

3. 通信总线

通信总线是两个或多个系统之间(如多个计算机或微机系统之间、计算机与微机系统(或智能设备)之间、微机系统与智能传感器之间)传送信息的通道,是系统间信息交互或多系统构建网络采用的总线,也称为外总线。通信总线也分为并行通信总线(如 IEEE488 总线)和串行通信总线(如 RS232、RS485 总线等)两类。

并行通信是指数据字节的各位同时被传送或接收的通信方式,其特点是传输速度快,但当传输距离远、位数多时,会提高硬件成本、降低通信成功率。串行通信是指数据字节的各位按顺序逐位发送和接收的通信方式,其特点是只需 2~3 根传输线,线路简单、成本低,特别适合远距离通信,但其传输速度相对并行通信要慢。本书主要介绍串行总线和串行通信技术。

7.1.2 异步通信与同步通信

串行通信又可以分为异步通信和同步通信两种。

1. 异步通信 ASYNC(Asynchronous Data Communication)

(1)帧格式

在异步通信中,数据或字符是逐帧(Frame)发送的。数据帧定义为 1 个字符完整的通信格式,也称为"帧格式",通常用二进制数表示。数据帧由起始位、数据位、奇偶校验位和停止位 4 部分组成,如图 7-1 所示。

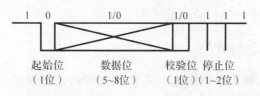

图 7-1　异步通信字符帧格式

数据帧中各部分的作用如下:

①起始位。通信线上没有传送数据时(即空闲时),为高电平(逻辑"1");当要发送数据时,首先发 1 个低电平信号(逻辑"0")。此信号称为"起始位",表示 1 帧数据的传送由此开始。

②数据位。起始位之后是要发送的数据位。数据位可以是 5~8 位(常用的是 8 位数据位)。异步传送规定低位在前,高位在后。

③奇偶校验位。数据位之后发送奇偶校验位。奇偶校验位可用于判别字符传送的正确性。用户可根据需要选择奇校验、偶校验或不用校验位,须通信双方事先进行约定。

④停止位。校验位后是停止位,表示一帧数据通信结束。停止位是 1~2 位的高电平(逻辑"1")。

（2）异步通信的特点

异步通信是以字符（数据帧）为单位进行传输的，帧与帧之间的时间间隔可任意，但每个数据帧中的各位要以固定间隔传送，即帧与帧之间是异步的，通过起始位控制通信双方正确收发。但同一数据帧内的各位是同步的，通信双方通过设置相同的波特率，控制数据帧收发的同步。

（3）通信波特率

波特率是异步通信的一个重要指标，反映了数据传送的速率，用每秒传送的二进制数位数 b/s 或 bps（bit per second）表示，称为"波特率"。

例如，每秒要传送 120 个字符，每个字符是 10 位（1 个起始位、8 个数据位和 1 个停止位），则其波特率为：$10b \times 120/s = 1200bps$。每位数据的传送时间 T_d 为波特率的倒数，当波特率 = 1200bps 时，$T_d = 1/1200 = 0.833ms$。

> 由于在数据帧中插入了为实现收发同步的起始位、停止位等附加位，因此降低了有效数据位的传送效率。
>
> 由于异步通信的数据帧有固定格式，通信双方只需按约定的帧格式收发数据，硬件结构比同步通信方式简单。异步通信常用作串行通信总线（外总线），如 RS232、RS485 等。

2. 同步通信 SYNC（Synchronous Data Communication）

同步通信是一种连续串行传送数据的通信方式，要求发送端和接收端采用同一个时钟信号。该信号由发起通信的主机发出，称为同步时钟信号。同步时钟信号控制通信双方收发的同步，其频率决定通信的速率。同步通信需要三线制：SDA，数据线；SCL，同步时钟线；GND，公共地线。同步通信的数据格式如图 7-2 所示，其特征是以"数据系列"为单位进行通信。一个"数据系列"包括以下三部分：

①同步字符。数据开始传送的同步字符（常约定为 1 至若干字节），以实现发送端和接收端的同步。

②数据块。要通信的数据内容。发送方和接收方在同步字符结束后，连续、顺序地发送和接收。

③校验字符。为检测通信数据的正确性，提高数据传送的可靠性，在数据块发送完毕后，通常要按约定发送数据块的校验码。校验方式和校验码长度，按通信双方约定的通信协议进行。

同步字符　　　　　　　数据块　　　校验字符

图 7-2　同步通信的数据格式

> 由于同步通信的数据帧不需要加入起始位和停止位，因此在相同传输速率下，其传送效率高于异步通信。但同步通信需要同步时钟信号，以保证发送和接收双方的同步。同步通信常用作串行系统总线（内总线），如 I^2C、SPI、USB 等。

7.1.3　串行通信的数据传送方式

与并行通信相比,串行通信虽然传送效率低,但在远距离传送时可大大节省线路成本,故得到广泛应用。

按照数据的传送方向,串行通信可分为单工、半双工和全双工三种基本传送方式。

1. 单工传送方式

在单工方式下,数据在甲机和乙机之间只有一条数据线,并且只能单方向传送。如图 7-3(a)所示,只能是甲机发送、乙机接收。

2. 半双工传送方式

在半双工方式下,数据能够在甲机和乙机之间可以双向传送,但它们之间只有一个通信回路,因此接收和发送不能同时进行,只能分时发送和接收(如甲机发送、乙机接收,或乙机发送、甲机接收),如图 7-3(b)所示。

3. 全双工传送方式

在全双工方式下,甲机和乙机之间有两条数据线,甲机和乙机都有独立的接收器和发送器硬件模块,因此双方在任何时刻都可以同时进行发送和接收,如图 7-3(c)所示。

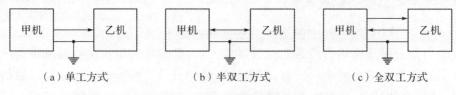

　　(a)单工方式　　　　　　(b)半双工方式　　　　　　(c)全双工方式

图 7-3　串行数据传送方式

7.1.3　通信协议与校验方式

1. 通信协议

通信协议是通信双方进行数据传输时的一些约定,包括数据帧格式、波特率、校验方式和握手方式等。为保证能够准确、可靠地通信,在通信之前通信双方要制定通信协议。通信时,通信双方必须遵循该协议。

在异步通信中,通信双方的数据帧格式必须一致,通信波特率必须相同。

2. 校验方式

在通信时,数据流会受到干扰出现错误,而产生误码率。误码率是指在一定时间间隔内,传输数据中的错误 bit 数与总 bit 数的比值。因此,为使通信系统能够检测传送数据的正确性,需要在数据通信过程中加入校验。微机系统中常用的校验方式有字节的奇偶校验,数据块的累加和校验、循环冗余校验(Cyclical Redundancy Check,CRC)等。

(1)字节的奇偶校验

奇偶校验是以字符为单位进行的,在每个字符的数据帧中加入 1 个校验位("0"或"1"),以保证被传送的数据帧中的"1"的个数是奇数个(称奇校验)或偶数个(称偶校验)。

(2)数据块的累加和校验

设传送的数据块有 n 个字节,发送方在数据块传送之前或在传送过程中,对这 n 个字节进行累加运算,形成 n 个发送数据的"累加和",并把该"累加和"附在 n 个字节后面传送。接收方在接收过程中或接收到 n 个字节后,也按同样方法进行 n 个字节的累加运算,形成 n 个接收数据的"累加和"。接收方把对方发送的"累加和"与自己产生的"累加和"进行比较,若相等,表示整个数据块传送正确,否则表示数据块中有数据出错。

（3）数据块的循环冗余校验 CRC

将整个数据块看成是一个很长的二进制数(如将 n 字节的数据块看成 $8×n$ 位的二进制数),然后用一个特定的数去除它,其余数就是 CRC 校验码,附在数据块后面发送。接收方在接收到数据块和校验码后,对接收的数据块进行同样的运算,所得到的 CRC 校验码若与发送方的 CRC 校验码相等,表示数据传送正确,否则表示传送出错。

> 奇偶校验与累加和校验虽然使用较为方便,但校验功能有限。奇偶校验对字符中发生的奇数个 bit 错误能够检出,对发生偶数个 bit 错误的情况,则不能检出。虽然累加和校验可以发现几个连续字节改变的差错,但不能检出数字之间的顺序错误(因为数据交换位置累加和不变)。而循环冗余校验,具有极高的检出率,通常高达 99.9999%。因此,循环冗余校验 CRC 是常用的数据块校验方式。

7.2　8051 微控制器的 UART 接口

8051 MCU 有一个全双工的异步串行通信接口,它可用作 UART（Universal Asynchronous Receiver/Transmitter,通用异步接收和发送器）,也可作为同步移位寄存器。

7.2.1　UART 的组成结构

UART 的结构如图 7-4 所示,由发送数据缓冲器 SBUF（Serial Data Buffer,地址为 99H,只写）、发送控制器、输出移位寄存器,接收数据缓冲器 SBUF（地址为 99H,只读）、接收控制器、输入移位寄存器,以及串行口控制寄存器 SCON、电源控制寄存器 PCON 等组成。因为发送 SBUF 和接收 SBUF 在物理上是完全独立的,可以同时进行接收和发送数据,所以是一个全双工通信口。

1. 串行口控制寄存器 SCON（Serial Control）

SCON 用于串行通信的方式选择、接收和发送的控制,存放接收和发送中断标志,以及发送和接收的第 8 bit 信息。SCON 位地址为 98H,既可字节寻址,也可位寻址。各位定义如下:

位	7	6	5	4	3	2	1	0
位符号	SM0	SM1	SM2	REN	TB8	RB8	TI	RI
英文注释	Serial Mode bit 0	Serial Mode bit 1	Serial Mode bit 2	Receive Enable	Transmit bit 8	Receive bit 8	Transmit Interrupt Flag	Receive Interrupt Flag

SCON 各位的功能说明见表 7-1。

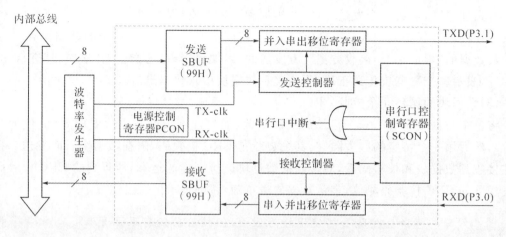

图 7-4　8051 MCU 的 UART 组成结构

表 7-1　SCON 各位功能说明

位符号	功能说明				
SM1、SM0	串行口工作方式选择位,功能如下:				
	SM0	SM1	工作方式	特　点	波特率
	0	0	方式 0	8 位移位寄存器	$f_{osc}/12$
	0	1	方式 1	10 位 UART	可设置
	1	0	方式 2	11 位 UART	$f_{osc}/64$ 或 $f_{osc}/32$
	1	1	方式 3	11 位 UART	可设置
SM2	多机通信控制位 • 当工作在方式 2 或 3 且 SM2＝1 时,则只有当接收到的第 8 bit(RB8)为"1"时,接收中断标志 RI 才能置为"1";RB8 为"0"时,清除 RI;若 SM2＝0,则无论 RB8 为何值,均置位 RI • 当工作在方式 1 且 SM2＝1 时,则只有在接收到有效停止位时,才置位 RI,否则 RI 清 0 • 当工作在方式 0 时,SM2 应设置为"0"				
REN	接收允许控制位。由软件置位或复位。当 REN＝1 时,表示允许串行模块接收数据;REN＝0,则禁止接收				
TB8	方式 2 和方式 3 时,数据帧中要发送的第 8 bit 数据(或奇偶校验位),须事先用软件写入该位				
RB8	方式 2 和方式 3 时,数据帧中接收到的第 8 bit 数据(或奇偶校验位);方式 1 时,停止位将被送入该位				
TI	发送中断标志位。发送完一帧数据时,TI＝1。TI 必须由软件清 0				
RI	接收中断标志位。接收到一帧数据时,根据 SM2 的值决定是否置位。该位也须由软件清 0				

2. 电源控制寄存器 PCON(Power Control)

该寄存器与串行口有关的只有最高位 SMOD。PCON 的位地址为 87H,其各位构成如下:

位	7	6	5	4	3	2	1	0
位符号	SMOD	—	—	—	GF1	GF0	PD	IDL
英文注释	Serial Mode	—	—	—	General Flag 1	General Flag 0	Power Down bit	Idle Mode bit

SMOD:波特率选择位。当 SMOD=1,表示波特率加倍,否则不加倍。

3. 数据缓冲器 SBUF(Serial Data Buffer)

串行模块中有两个地址相同但物理空间独立的寄存器,均表示为 SBUF,一个称为发送缓冲器,另一个称为接收缓冲器。发送缓冲器只写不读,接收缓冲器只读不写。当 MCU 写一个数据到 SBUF(如 MOV SBUF,A),表示向发送缓冲器写入一个数据,此时就启动了数据的串行发送;当 MCU 读一次 SBUF(如 MOV A,SBUF),表示从接收缓冲器读取接收到的内容。

7.2.2 UART 的工作方式

8051 的 UART 有 4 种工作方式,由 SCON 的 SM0 和 SM1 决定;SM2 在串行口多机通信时使用,非多机通信时,置为 0。

1. 方式 0

方式 0 为同步移位寄存器输入/输出方式。8 位数据为一帧,先发送或接收最低位,每个机器周期发送或接收 1 位数据,故其波特率固定为 $f_{osc}/12$。串行数据由 RXD(P3.0)引脚输入或输出,同步移位脉冲由 TXD(P3.1)引脚输出,提供给外围芯片(通常是"串入并出"或"并入串出"的移位寄存器)实现通信的同步。该方式实际为 UART 的同步串行通信方式,常用于 I/O 接口的扩展。

方式 0 的发送和接收过程如下:

(1)发送

在 TI=0 情况下,当一个数据写入发送 SBUF 时(如 MOV SBUF,A),串行口开始发送,数据从 RXD 端串行输出(低位在前),TXD 端输出移位同步信号。8 位数据发送完毕由硬件将 TI 置"1"(表示一个字节数据发送完毕)。在软件清除 TI 后,可发送下一个数据。

(2)接收

在 RI=0 条件下,将 REN 置"1"便启动了串行口的接收,数据从 RXD 端串行输入(低位在前),TXD 输出同步移位信号。当内部输入移位寄存器从 RXD 端接收到 8 位数据后,将该数据移入接收 SBUF,并将 RI 置"1"(表示接收到一个字节数据)。在 CPU 读取该数据后,用软件清除 RI,此时串行口模块将准备接收下一个数据。

> 若串行口中断允许:则发送完一个字节数据后,将置位中断标志 TI 并向 MCU 请求中断;在中断程序中,要软件清除 TI,并发送下一个数据。当接收到一个字节数据时,置位接收中断标志 RI 并向 MCU 请求中断;在中断程序中,读取接收数据,并软件清除 RI。

2. 方式 1

方式 1 为 10 位异步通信方式,10 位数据为一帧,1 位起始位(=0,硬件自动插入)、8 位数据位(发送次序为先低后高)、1 位停止位(=1,硬件自动插入)。方式 1 的波特率是可设置的,波特率 $=2^{\text{SMOD}}/32\times$(T1 的溢出率)。

方式 1 的发送和接收过程如下:

(1)发送

方式 1 的发送是在 TI$=$0 情况下,向发送 SBUF 写入一个数据开始(即执行一条以 SBUF 为目的操作数的指令,即可启动一次发送)。启动发送后,发送 SBUF 的内容,自动送到内部输出移位寄存器,并在内部发送移位脉冲(TX-clk)的控制下,按设定的波特率从 TXD 端发出一帧 10 位信息,发送完毕(实际上是在发送停止位时),置 TI$=$1,用以通知 CPU 可以发送下一字节,同时维持 TXD 引脚为高电平状态。

(2)接收

数据从 RXD 端输入。在 REN 置"1"后,接收器开始接收数据。接收步骤为:①起始位检测:在内部接收脉冲(RX-clk)的控制下,以 16 倍波特率的速率检测 RXD 端的电平,检测到有效的"0"后,即认为检测到起始位。②然后开始连续从 RXD 引脚接收数据位和停止位。③数据移入:连续接收到一帧 10 位数据后,并在满足 RI$=$0(接收 SUBF 已空,即上次数据已被取走)和接收到的停止位$=$1 后,停止位进入 RB8,输入移位寄存器中的数据送入接收 SBUF,中断标志 RI 置 1。否则,所有接收信息将丢失。

在发送方式下,数据移位脉冲(TX-clk)的频率即为波特率。发送的每位信息在 TXD 端上保持的时间为波特率对应的时间。如波特率$=$1200bps,则每个 bit 数据的持续时间是 1000/1200$=$0.8333ms。

在接收方式下,数据的采样与确定方法为:以 16 倍波特率的速率(RX-clk)检测 RXD 端的电平,即 1 位数据要检测 16 次,并取中间 7、8、9 三次的检测结果,把其中两次相同的电平确定为有效的数据电平(即按少数服从多数的规则确定出该 bit 的电平)。

3. 方式 2 和方式 3

方式 2 和方式 3 均为 11 位异步通信方式。11 位数据为一帧,其中 1 位起始位($=$0,硬件自动插入)、8 位数据位(发送次序为先低后高)、1 位可程控位或校验位(也称第 8 位)、1 位停止位($=$1,硬件自动插入)。这两种方式只是波特率的设置方法不同,方式 2 的波特率固定为 $2^{\text{SMOD}}/64\times f_{\text{osc}}$,即为 $f_{\text{osc}}/32$(SMOD$=$1 时)或 $f_{\text{osc}}/64$(SMOD$=$0 时);而方式 3 的波特率是可编程的,波特率$=2^{\text{SMOD}}/32\times$(T1 的溢出率),与方式 1 的波特率设置方法相同。

(1)发送

在数据发送前,先根据通信要求将附加的第 8 位数据写入 SCON 的 TB8。TB8 可由软件置位或清零,作为多机通信中的地址/数据标识位,也可作为帧数据的奇偶校验位。然后将要发送的数据写入发送 SBUF,即可启动一次发送。在发送完起始位和 8 位数据后,硬件自动把 TB8 的内容装到发送移位寄存器进行发送,当停止位也发送完毕后(实际上是在发送停止位时),置 TI$=$1,向 CPU 请求中断,表示可以发送下一字节,同时维持 TXD 引脚为高电平状态。

(2)接收

先设置 REN 为 1,使串行口处于允许接收状态,同时要将 RI 清 0。于是接收器开始以 16 倍波特率的速率检测 RXD 电平,检测到 RXD 端由高到低,并接收到有效的起始位后,开始接收本帧其余信息,并将接收到的第 8 位信息自动存入 SCON 中的 RB8。接收完一帧信息后,要根据 SM2 的设置和接收的 TB8 的值,决定此次接收的数据是否有效。其方法为:

● 若 SM2＝0,则不管 RB8 是 0 或 1,将 8 位数据装入接收 SBUF,RI 置 1,表示串口接收到一帧数据。

● 若 SM2＝1,则仅当接收的 RB8＝1 时,才会将 8 位数据装入接收 SBUF,RI 置 1,表示接收到一帧有效信息;否则,接收的信息无效而丢失。

7.2.3　UART 的波特率

1. 四种工作方式的波特率

● 方式 0:波特率＝$\dfrac{f_{\text{OSC}}}{12}$,是固定不变的,其周期即为机器周期。

● 方式 2:波特率＝$\dfrac{2^{\text{SMOD}}}{64} \times f_{\text{OSC}}$。

当 SMOD＝0 时,波特率为 $f_{\text{OSC}}/64$;当 SMOD＝1 时,波特率为 $f_{\text{OSC}}/32$。

● 方式 1 和方式 3:波特率＝$\dfrac{2^{\text{SMOD}}}{32} \times$ T1 溢出率。

当 SMOD＝0 时,波特率＝$1/32 \times$(T1 溢出率);SMOD＝1 时,波特率＝$1/16 \times$(T1 溢出率)。

2. 定时器 T1 作波特率发生器

8051 MCU 只有 T0、T1 两个定时器,当选择 UART 工作于方式 1 或方式 3 时,默认定时器 T1 为波特率发生器。对于具有定时器 T2 的微控制器(如 AT89C52),则通过 T2CON 中的 RCLK、TCLK 可选择 T1 或 T2 作为波特率发生器。

因为定时器 T1 是可编程的,所以方式 1 和方式 3 的波特率是可设置的,这两种方式是最常用的串口工作方式。

定时器 T1 作波特率发生器时,选择为定时模式、方式 2(8 位初值重装载方式),禁止中断。设定时初值为 X,则定时器 T1 的定时时间即溢出周期 T 为(设 MCU 的晶振频率为 f_{OSC}):

$$T = \frac{12}{f_{\text{OSC}}} \times (2^8 - X) \tag{7-1}$$

溢出率为溢出周期的倒数,所以

$$\text{波特率} = \frac{2^{\text{SMOD}}}{32} \times \text{T1 溢出率} = \frac{2^{\text{SMOD}}}{32} \times \frac{f_{\text{OSC}}}{12 \times (2^8 - X)} \tag{7-2}$$

则 T1 的定时初值 X 为:

$$X = 2^8 - \frac{f_{\text{OSC}} \times (\text{SMOD}+1)}{384 \times \text{波特率}} \tag{7-3}$$

8051 MCU 常用的波特率有 1200、2400、4800、9600、19200、38400 等。波特率与 T1 定时初值 X 的关系列于表 7-2。

表 7-2　常用波特率与定时初值的关系

常用波特率	f_{OSC}(MHz)	SMOD	定时初值 X
57600	11.0592	1	FFH
38400	11.0592	1	FEH
19200	11.0592	1	FDH
9600	11.0592	1	FDH
4800	11.0592	0	FAH
2400	11.0592	0	F4H
1200	11.0592	0	E8H

【例 7-1】　已知 8051 MCU 的振荡频率 f_{OSC} 为 11.0592MHz,定时器 T1 作波特率发生器,采用工作方式 2,波特率为 2400,确定定时初值(即时间常数)。

【解】　设波特率控制位 SMOD=0,定时器 T1 的时间常数为:

$$X = 2^8 - \frac{11.0592 \times 10^6 \times (0+1)}{384 \times 2400} = 244 = \text{F4H}$$

T1 初始化时,分别向 TH1、TL1 写入 F4H。

由于上述公式包含除法,所以当晶振频率不同时,计算值会有一定误差。例如,如果晶振频率为 12MHz,要求波特率为 2400,当 SMOD=0 时,可求得 TH1=F3H,当取其为 F3H 时,实际的波特率是 2404,误差为 0.11%。当两个微控制器的波特率误差超过 ±2.5%,则会引起通信错误。所以对于需要通信的微机系统,通常采用 11.0592MHz、22.1184MHz 等频率的晶振。

7.2.4　UART 的应用

UART 通常用于三种情况,利用方式 0 扩展并行 I/O 口、点对点双机通信以及多机通信。这里介绍方式 0 扩展并行 I/O 接口的应用实例,以及常用的点对点双机通信的编程实例,多机通信将在"RS485 通信技术"一节介绍。

1. 利用串行口扩展 I/O 接口

利用串行口的方式 0,结合外围移位寄存器可以扩展并行 I/O 接口。

【例 7-2】　用 2 个 8 位并入串出移位寄存器 74HC165 扩展 16 位并行输入接口。编程实现从 16 位扩展口读入 20H 字节数据,并保存到内部 RAM 的 50H～6FH 中。

【分析】　74HC165 是并入串出移位寄存器,D0～D7 为并行输入端,CK 为移位脉冲输入端,S/$\overline{\text{L}}$ 是串行移位/并行数据置入选择端(S/$\overline{\text{L}}$=0 时,允许并行置入数据;S/$\overline{\text{L}}$=1 时,允许串行移位),S$_{\text{IN}}$、Q$_{\text{H}}$ 分别为串行数据的输入、输出端,前级的输出端 Q$_{\text{H}}$ 与后级的输入端 S$_{\text{IN}}$ 相连,即可实现多片 74HC165 的串接。8051 MCU 利用 2 个 74HC165(也可选用其他相同功能的器件)扩展 16 位并行输入接口的电路如图 7-5 所示。MCU 的 RXD 连接串行数据输入端 Q$_{\text{H}}$,TXD 输出串行移位脉冲连接到 CK,P1.0 连接 S/$\overline{\text{L}}$ 用于控制并行数据输入或移位。

【解】　汇编程序:

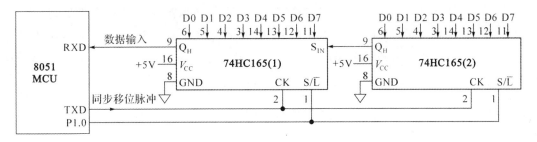

图 7-5　利用串口方式 0 扩展输入接口

```
            MOV     R7,#10H         ;设置读入次数,每次读入 2 个字节
            MOV     R0,#50H         ;设内部 RAM 指针
            SETB    F0              ;设置奇/偶数次读入标志
RCV0:       CLR     P1.0            ;置入并行数据,即 74HC165 引脚 D0~D7 状态存入移位寄存器
            SETB    P1.0            ;允许串行移位
RCV1:       MOV     SCON,#10H       ;设串行口方式 0,启动接收
            JNB     RI,$            ;等待接收到 1 帧数据
            CLR     RI              ;清接收中断标志位
            MOV     A,SBUF          ;读取 SBUF 中数据
            MOV     @R0,A           ;保存到内部 RAM
            INC     R0
            CPL     F0              ;F0 求反,F0 = 1(奇数次),读入 74HC165(1)的内容,F0 = 0(偶
                                    ;数次),读入 74HC165(2)的内容
            JNB     F0,RCV1         ;再接收 1 个数据
            DJNZ    R7,RCV0         ;判断是否已读入预定的字节数
            ...                     ;对读入数据进行处理,省略
```

C51 程序:

```
#include<reg51.h>
#define BYTE_COUNT 0x20
sbit p10 = p1^0;
int value[BYTE_COUNT],i,j;
for(i = 0; i < BYTE_COUNT/2; i++)    //共读取 0x10 次
{
    P10 = 0;                         //端口引脚数据置入寄存器
    P10 = 1;                         //允许串行移位
    for(j = 0; j < 2; j++)           //每次读两个端口的内容
    {
        SCON = 0x10;
        while(RI == 0);
        RI = 0;
        value[i * 2 + j] = SBUF;
    }
}
```

由于每次令 S/$\overline{L}$＝0,同时将 2 片 74HC165 的输入数据置入到移位寄存器,因此置入一次,串行口接收 2 字节数据。在程序中,F0 用来作奇数次读入还是偶数次读入的标志,读入 2 个数据后,就需要重新置入新的数据。

【例 7-3】 用 2 个 8 位串入并出移位寄存器 74HC164 扩展 16 位输出接口。设用这 16 位输出接口连接 16 个发光二极管,编程使这 16 个发光二极管交替间隔点亮,循环交替时间为 1 秒。

【分析】 74HC164 是串入并出移位寄存器(也可选用其他相同功能的器件),$Q_0 \sim Q_7$ 为并行输出端,A、B 为串行输入端,$\overline{CLR}$ 为清除/移位控制端($\overline{CLR}$＝0 时,使 74HC164 输出清 0;$\overline{CLR}$＝1 时,允许数据移位),CLK 为移位脉冲输入端。74HC164 无并行输出控制端,在串行输入过程中,其输出端的状态会不断变化。故在某些使用场合,74HC164 与输出装置之间还应加上输出可控的锁存器(如 74HC273、373 等),以便在串行输入过程结束后再同时并行输出。

8051 MCU 利用 2 个 74HC164 扩展 16 位并行输出接口的电路如图 7-6 所示。MCU 的 RXD 连接串行数据输入端 A、B,TXD 输出串行移位脉冲到 CLK,P1.0 连接到 $\overline{CLR}$。由于 74HC164 输出低电平时允许灌入电流可达 8mA,故无须再加驱动电路,只要端口输出低电平就可点亮 LED。

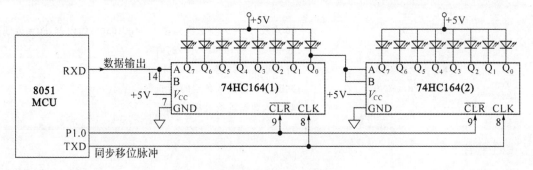

图 7-6 利用串行口方式 0 扩展输出口

【解】 汇编程序:

```
ST:     MOV     SCON,#00H       ;设串行口为方式 0
        MOV     A,#55H          ;二极管间隔点亮初值
LP2:    MOV     R0,#2           ;输出 2 字节数
        CLR     P1.0            ;对 74HC164 清 0
        SETB    P1.0            ;允许数据串行移位
LP1:    MOV     SBUF,A          ;启动串行口发送
        JNB     TI,$            ;等待 1 帧数据发送结束
        CLR     TI              ;清除 TI
        DJNZ    R0,LP1          ;2 字节是否发送完,没有则循环
        LCALL   DEL1s           ;调延时 1 秒子程序(略)
        CPL     A               ;改变交替点亮的二极管
        SJMP    LP2             ;循环输出显示
```

C51 程序：

```
#include<reg51.h>
#include<intrins.h>
#define OUT_PUT 0x55
#define OUT_PUT_BYTE 2
sbit p10 = p1^0;
int i;
char value = OUT_PUT;
SCON = 0x00;
while(1)
{
    for(i = 0; i < OUT_PUT_BYTE; i++)
    {
        P10 = 0;
        P10 = 1;
        SBUF = OUT_PUT;
        while(TI == 0);
        TI = 0;
    }
    Delay1s();              //1s 延时函数
    _crol_(value,1);        //字符循环左移函数
}
```

从理论上讲，74HC164 和 74HC165 都可以无限级串接，进一步扩展输入/输出并行口。但这种扩展方法，输入/输出的速度不高，移位时钟频率为 $f_{OSC}/12$。若 $f_{OSC} = 12\text{MHz}$，即移位一位为 $1\mu s$。

利用串行口工作方式 0，结合 8 个 74HC164，扩展 8 个输出接口连接 8 个数码管的实例，见 8.2.2。

2. 利用串行口进行异步通信

对于甲、乙两个系统的双机异步通信，其信号连接方式为：甲机的 TXD 与乙机的 RXD 相连，甲机的 RXD 与乙机的 TXD 相连，地线与地线相连。下面介绍双机通信的收发程序。

【例 7-4】　甲机将存放在 50H～5FH 的 16 个数据发送给乙机。采用工作方式 3，偶校验。通信波特率为 1200bps，用 T1 作波特率发生器，查表得重装载常数为 E8H。在数据写入 SBUF 前，先将校验位写入 TB8，即准备好发送的第 8 位。甲机发送程序和乙机接收程序的流程分别如图 7-7、图 7-8 所示。通信双方必须采用相同的波特率和相同的数据帧格式。

【解】　程序如下：

（1）发送程序（汇编）：

```
TR:     MOV    SCON, #0C0H      ;串口初始化,方式 3
        MOV    TMOD, #20H       ;T1 初始化,方式 2
```

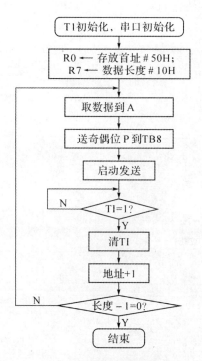

图 7-7　甲机发送程序流程

```
            CLR     TR1
            MOV     TH1,#0E8H              ;装载初值
            MOV     TL1,#0E8H
            SETB    TR1                   ;启动波特率发生器工作
            MOV     R0,#50H               ;设置数据地址指针
            MOV     R7,#10H               ;设置数据长度
LOOP1:      MOV     A,@R0                 ;取一个发送数据
            MOV     C,P                   ;奇偶性 P 送入 TB8
            MOV     TB8,C
            MOV     SBUF,A                ;启动串行发送
WAIT:       JNB     TI,WAIT               ;等待发送完毕
            CLR     TI                    ;TI 清零
            INC     R0                    ;修改指针
            DJNZ    R7,LOOP1              ;未完,继续发送
            RET
```

发送程序(C51):

```
#include<reg51.h>
#define SEND_COUNT 16
idata char * pAddr = 0x50;              //设置数据指针
int i;
SCON = 0xC0;                            //串行口、T1 初始化
TMOD = 0x20;
```

```
TR1 = 0;
TH1 = 0xE8;
TL1 = 0xE8;
TR1 = 1;
for(i = 0; i < SEND_COUNT; i + +)
{
    ACC = *(pAddr + i);              //取数据,将奇偶性 P 送入 TB8
    CY = P;
    TB8 = CY;
    SBUF = *(pAddr + i);            //发送一个数据
    while(TI = = 0);
    TI = 0;
}
```

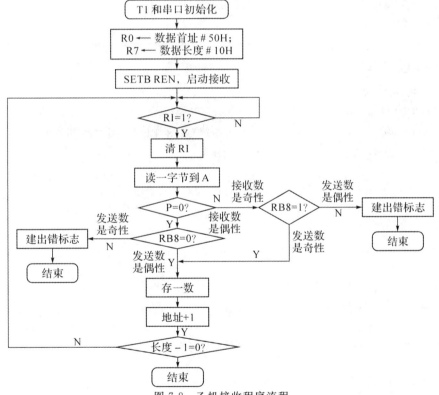

图 7-8　乙机接收程序流程

（2）接收程序（汇编）：

```
RVE:      MOV     TMOD,#20H          ;T1 为方式 2
          CLR     TR1
          MOV     TH1,#0E8H
          MOV     TL1,#0E8H
          SETB    TR1                ;启动波特率发生器工作
          MOV     R0,#50H            ;设置接收数据地址指针
          MOV     R7,#10H            ;设置接收数据长度
          MOV     SCON,#0D0H         ;串行口方式 3,REN = 1(启动接收)
```

```
W1:        JNB    RI,W1           ;等待接收到一字节数据
           CLR    RI              ;RI 软件清零
           MOV    A,SBUF          ;读数据到 A,P 反映出奇偶性
           JNB    P,NEXT          ;P = 0,接收数是偶性,转移
           JNB    RB8,ERROR       ;查发送的第 8 位信息;接收数的 P = 1,发送数的 RB8 = 0,
                                  ;出错,转移
           SJMP   RIGHT           ;接收数的 P = 1,发送数的 RB8 = 1,正确
NEXT:      JB     RB8,ERROR       ;接收数的 P = 0,发送数的 RB8 = 1,出错,转移
RIGHT:     MOV    @R0,A           ;数据传送正确
           INC    R0
           DJNZ   R7,W1
           CLR    F0              ;置正确标志
           RET
ERROR:     SETB   F0              ;置出错标志
           RET
```

接收程序(C51):

```c
#include<reg51.h>
#define RECV_COUNT 16
char idata * pAddr = 0x50;              //定义指针变量和变量存储器类型,并指向首址
bit error_flag = 0;                     //出错标志清 0
int i;
SCON = 0xD0;                            //串行口、定时器初始化
TMOD = 0x20;
TR1 = 0;
TH1 = 0xE8;
TL1 = 0xE8;
TR1 = 1;
for(i = 0; i < RECV_COUNT; i++)
{
    while(RI == 0);                     //等待并接收数据
    RI = 0;
    ACC = SBUF;
    if(PSW.0 != RB8)                    //接收数的奇偶性 P 与发送数的奇偶性 RB8,不相等,出错
    {
        error_flag = 1;                 //建出错标志
        break;
    }
    else
    {
        *(pAddr + i) = ACC;             //正确保存数据到指针所指单元
    }
}
```

【例 7-5】 甲、乙两机以方式 1 进行串行通信,传送长度为 lengh 的数据块,收发数据缓冲区首址为 buf。甲机发送信息,乙机接收信息,双方晶振频率均为 11.0592MHz,通信波特率设为 9600bps。

【分析】 T1 作波特率发生器,工作在方式 2,波特率不倍增即 SMOD=0,定时初值为 0xFD。通信约定:甲机发送信号 0xAA 通知乙机准备发送数据,乙机收到 0xAA 后应答 0x55,表示准备好接收数据。甲机收到 0x55 后,即开始发送数据以及校验和;然后等待并接收乙机的应答信号。若接收到的应答信号为 0x00,表示通信成功;若为 0xFF,表示通信失败。

甲、乙双机通信程序流程如图 7-9 所示。发送和接收的程序如下,采用 TR 变量来判断发送方或接收方。若初始设置 TR=0,表示该机为发送方;若初始设置 TR=1,表示该机为接收方。

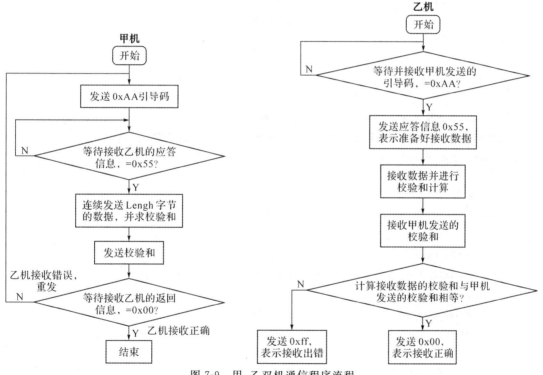

图 7-9 甲、乙双机通信程序流程

【解】 采用查询方式,程序代码如下:

```
# include<reg51.h>
# define uchar unsigned char
# define TR 0                          //TR = 0,发送;TR = 1,接收
# define lengh 10
uchar data buf[lengh];                 //定义待发送或接收的数组
uchar pf;                              //校验和
void Init();                           //串口初始化函数
void Send(uchar * data,uchar len);     //发送子程序
void Receive(uchar * data,uchar len);  //接收子程序
```

```
/ * * * * * * * * * * * * * * * * * * * 主函数 * * * * * * * * * * * * * * * * * * * * * * /
//发送数据或接收数据
void main()
{
    Init();                              //串口初始化
    if (TR = = 0)    Send(buf,lengh);    //发送
    else         Receive(buf,lengh);     //接收
    while(1);                            //空闲
}
/ * * * * * * * * * * * * * * * 串口初始化函数 * * * * * * * * * * * * * * * * * * * /
void init()
{
    TMOD = 0x20;                         //T1 工作方式 2
    TH0 = 0xfd;                          //波特率 9600bps 的重装载值
    TL0 = 0xfd;
    TR1 = 1;                             //T1 启动
    SCON = 0x50;                         //串行口工作于方式 1,REN = 1(启动接收)
}
/ * * * * * * * * * * * * * * * * * * 发送数据函数 * * * * * * * * * * * * * * * * * * * * /
//函数形参为指针 data 和发送数据块长度 len,该指针指向发送数据块首址
void Send(uchar * data,uchar len)
{
    uchar i;
    do
    {
        SBUF = 0xaa;                     //发送协议信号
        while(TI = = 0);                 //等待发送完毕,查询方式
        TI = 0;                          //发送完毕,TI 清 0
        while (RI = = 0);                //等待乙机应答,查询方式
        RI = 0;                          //收到应答信号,RI 清 0
    }
    while (SBUF! = 0x55);                //判断收到是否为 0x55
    do                                   //为 0x55,继续
    {
        pf = 0;                          //初始化校验和
        for(i = 0; i<len; i + + )
        {
            SBUF = data[i];              //发送一个数据
            pf + = data[i];              //累加,计算校验和
            while(TI = = 0);             //等待当前数据发送完毕
            TI = 0;                      //TI 清 0
        }
        SBUF = pf;                       //发送校验和
```

```
        while(TI = = 0);                //等待当前数据发送完毕
        TI = 0;                         //TI 清 0
        while (RI = = 0);               //等待乙机应答
        RI = 0;                         //收到应答信号,RI 清 0
    }
    while (SBUF! = 0);                   //判断收到是否为 0,不为 0 则重新发送
}
/* * * * * * * * * * * * * * * *   接收数据函数 * * * * * * * * * * * * * * * * * * * * */
//函数形参为指针 data 和接收数据块长度,该指针指向接收数据块
void Receive(uchar * data,uchar len)
{
    uchar i;
    do
    {
        while (RI = = 0);               //等待是否有接收数据
        RI = 0;                         //收到数据,RI 清 0
    }
    while (SBUF! = 0xaa);                //判断收到是否为 0xaa
    SBUF = 0x55;                         //发送应答信号
    while(TI = = 0);                     //等待当前数据发送完毕
    TI = 0;                             //发送完毕,TI 清 0
    while(1)
    {
        pf = 0;                         //初始化校验和
        for(i = 0; i<len; i + +)
        {
            while (RI = = 0);           //等待接收数据
            RI = 0;                     //收到数据,RI 清 0
            data[i] = SBUF;             //数据存储到数组
            pf + = data[i];             //累加,计算校验和
        }
        while (RI = = 0);               //接收校验和
        RI = 0;                         //RI 清 0
        if (SBUF! = pf)                 //判断校验和是否一致
      {
            SBUF = 0xff;                //校验和不一致,发送 0xff
            while(TI = = 0);            //等待当前数据发送完毕
            TI = 0;                     //发送完毕,TI 清 0
        }
        else
        {
            SBUF = 0x00;                //校验和正确,发送 0x00
            while(TI = = 0);            //等待发送完毕
```

```
            TI = 0;                    //发送完毕,TI 清 0
            break;                     //跳出循环
        }
    }
}
```

7.3 串行通信技术

UART 作为 8051 MCU 的异步串行通信口,可用于微机系统之间的双机通信或多机通信。但在某些应用场合下,微机系统需要与 PC 机或具有 RS-232C 标准接口的设备通信时,要将 UART 转换为 RS-232C 通信接口。此外,在工业应用中需要多个微机系统构建监测网络或智能传感器网络,要用到 RS485 通信总线。微机系统中采用这两种串行通信标准时,均以微控制器的 UART 为基础,通过相应的逻辑电平转换得以实现。

7.3.1 RS232 通信技术

RS232 通信采用 RS-232C 通信标准,该标准是电子工业协会(Electronic Industries Association,EIA)公布的使用最多的一种串行通信标准,其规定了通信总线的电气指标、数据传送格式和接口信号定义等。

1. 电气特性和通信方式

RS-232C 采用负逻辑电平,逻辑"1"的电平在 $-15\sim-5V$ 之间,逻辑"0"的电平在 $+5\sim+15V$ 之间。RS-232C 的主要电气特性列于表 7-3。

表 7-3 RS-232C 电气特性

特性指标	RS-232C 标准参数
最大电缆长度	15m(波特率为 19200bps 时) 降低波特率,可适当增长通信距离
最大传送速率	20KB/s
驱动器输出电压(开路)	±25V(最大)
驱动器输出电压(满载)	$\pm5\sim\pm25V$(最大)
驱动器输出电阻	300Ω(最小)
驱动器输出短路电流	±500mA
接收器输入电阻	3k~7kΩ
接收器输入门限电压值	$-3\sim+3V$(最大)
接收器输入电压	$-25\sim+25V$(最大)

RS-232C 采用异步串行通信方式,与 8051 微控制器中 UART 的通信格式相同,因此 8051 微控制器系统与 PC 机的通信十分方便。RS-232C 可以实现点对点的通信方式,但不支持多机联网的通信。

2. RS-232C 电平转换

由于 RS-232C 标准采用负逻辑电平,因此微控制器 TTL 或 CMOS 电平的通信接口不能直接与之连接,需进行电平转换。目前已有多个公司生产的多款电平转换芯片可供选择使用,如 MAXIM 公司的 MAX232、MCI1488 等。

该类芯片内部具有电荷泵电路,在相关引脚上外接 $1\sim10\mu F$ 电解电容,结合内部的电荷泵就能够产生 $+12V$ 和 $-12V$ 的电源,满足 RS-232C 电平的需要。MAX232 内部集成了 2 对 TTL/CMOS 电平与 RS-232C 电平互相转换的驱动器。其典型应用如图 7-10 所示。

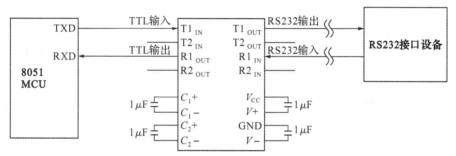

图 7-10　电平转换芯片的典型应用

3. RS-232C 接口信号

目前的计算机上已经没有 RS-232C 接口,当 PC 机需要与外部设备进行 RS232 通信时,可以采用一条 USB-RS232 转换线,利用 PC 机上的 USB 接口与 RS232 设备进行通信。完整的 RS-232C 接口除数据信号外,还有联络信号(握手信号)和地线。

① 数据信号:

TXD(Transmit Data):串行数据发送端;

RXD(Receive Data):串行数据接收端。

空闲期间(不传送数据时)TXD 和 RXD 均应保持为"1"。

② 控制信号(6 根):

RTS(Request To Send):请求发送(由终端发给设备);

CTS(Clear To Send):允许发送(请终端准备好接收);

DSR (Data Set Ready):表示设备数据准备就绪;

DTR (Data Terminal Ready):表示数据终端准备就绪;

RI(Ring Indicator):振铃信号,当接收到振铃信号时,RI=1;

DCD(Data Carrier Detect):接收线信号(载波信号),电话线路接通时 DCD=1。

③ 地线:GND。

　RTS 与 CTS、DSR 与 DTR 是两对握手信号,通常选用其中一对使用;RI 和 DCD 用于连接远程通信需要的 MODEM 设备。两个微机系统进行通信时,为保证通信的正确和同步,两者之间常用 I/O 口线进行联络,握手成功后,再开始数据的通信。

4. RS232 通信系统

最常用的 RS232 通信系统是 3 线制和 5 线制的系统,其结构如图 7-11 所示。

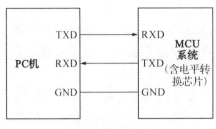
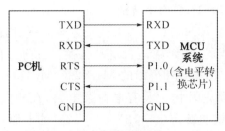

（a）3线制通信系统　　　　　　　　　　（b）5线制通信系统

图 7-11　RS232 通信系统

3 线制通信系统没有握手信号,因此一方发起通信时,若另一方没有准备就绪,就会造成数据丢失、误传等错误;而 5 线制通信系统加入了 RTS 和 CTS 一对握手信号(也可以使用 DSR 和 DTR),在数据传输之前,先向对方发出"请求发送"信号,待对方返回"允许发送"或"准备就绪"信号后,才开始数据的发送,保证数据传送的可靠。

7.3.2　RS485 通信技术

RS485 通信采用 RS485 通信标准,该标准也是由电子工业协会(EIA)公布的适用于多机通信的一种串行通信标准(也称串行总线标准)。与 RS232 通信相比,RS485 在通信速率、传输距离、多机连接等方面,均有较大优势。因此已成为一种简单实用的现场总线,广泛应用于工业测控系统中。

1. RS485 电气特性

RS485 总线的电气特性,列于表 7-4。其最高传输速率为 10Mbps,最大通信距离为 1200m,传输速率与传输距离成反比,在 100Kbps 的传输速率下,才能达到最大的通信距离。RS485 总线可以支持的节点数为 32、64、128、256 等,这与选用的 RS485 收发器芯片有关。

表 7-4　RS485 电气特性

特　性	RS485 标准参数
最大通信距离	1200m
最大传输速率	10Mbps
驱动器输出电压(开路)	6V(最大)输出端之间
驱动器输出电压(满载)	2V(最小)输出端之间
驱动器输出短路电流	±150mA(最大)
接收器输入电阻	≥4kΩ
接收输入门限压值	−0.2～+0.2V(最大)
接收器输入电压	−12V～+12V(最大)

2. RS485 信号定义

RS485 总线采用两条平衡传输线传输差分电压信号,抗共模干扰能力增强,具有较高的可靠性。采用 +5V 电源时,其信号定义如下:

若两线之间的差分电压为 −2500～−200mV 时,定义为逻辑"0";若差分电压为 +200～+2500mV 时,定义为逻辑"1";若差分电压信号为 −200～+200mV 时,定义为高阻状态。

3. RS485 收发器

RS485 收发器(也称为驱动器)的种类较多,如 MAXIM 公司的 MAX485,TI 公司的 SN75LBC184、SN65LBC184,高速型 SN65ALS1176 等。下面以 MAX485 为例进行介绍。

MAX485 是应用于 RS485 通信的低功率收发器,包含一个驱动器和一个接收器,完成将 TTL 电平转换为 RS485 差分信号的功能,可以实现 2.5Mbps 的传输速率,其引脚与功能列于表 7-5。

表 7-5　MAX485 引脚与功能

引　脚	功能说明
A	接收器同相输入端和驱动器同相输出端
B	接收器反相输入端和驱动器反相输出端
RO	接收器输出,若 A>B 200mV,RO 为高电平,若 A<B 200mV,RO 为低电平
DI	驱动器输入
$\overline{RE}$	接收器输入使能。$\overline{RE}$为 0,RO 有效;$\overline{RE}$为高电平时,RO 为高阻状态
DE	驱动器输出使能。DE 为 1,允许驱动器工作;DE 为 0,禁止驱动器工作
GND	地线
V_{CC}	电源。$4.75V<V_{CC}<5.25V$

8051 MCU 与 MAX485 的连接如图 7-12 所示。该电路实现了 UART 接口到 RS485 接口的转换。

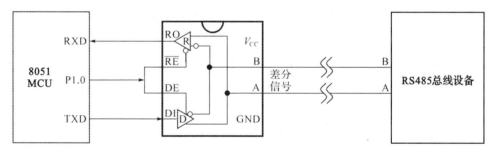

图 7-12　MAX485 的典型应用

　　RS485 为半双工通信总线,其接收和发送不能同时进行。RS485 主设备通过控制收发器的 DE 和$\overline{RE}$引脚,进行数据发送和接收的切换。A、B 之间的压差决定总线的逻辑电平。

4. RS485 总线网络

RS485 总线的典型应用是组建工业现场的测控网络,网络接入节点的数目由所使用的驱动器而定,有 32、64、128 及 256 个节点等规格。RS485 总线构建的网络结构如图 7-13所示。

RS485 总线网络,通常采用一主多从的方式,主机可以为 PC 机或一个微机系统,其余总线上的节点称为从机。主机通过寻址与各从机进行通信,从机之间的数据交换只能通过主机进行转发。由于 RS485 是半双工通信,所以网络中任何时刻只能有一对主从机在通信,并且发送和接收也是分时进行的。

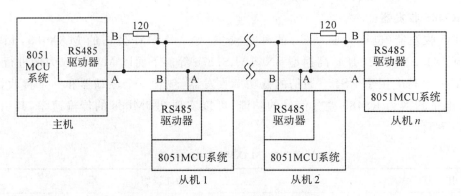

图 7-13   RS485 构建的通信网络

采用 RS485 总线组网时,信号传输线采用双绞线,在设备少、距离短的情况下可以不加终端负载电阻,整个网络也能正常工作,随着通信距离的增加传输性能会降低。因此,为了保证其传输性能,一般要采用终端匹配电阻,即在 RS485 总线电缆的始端和末端并接一个终端电阻。由于大多数双绞线的电缆特性阻抗为 $100\sim120\Omega$,因此 RS485 网络中并接的终端电阻常为 120Ω。这种匹配方法简单有效。

5. RS485 的多机通信

(1)多机通信的硬件连接

一台主机系统和若干个从机系统构成的总线式、分布式系统,其硬件连接如图 7-13 所示。利用串行口的方式 2 和方式 3,可以实现多机通信。

(2)多机通信原理

一主多从的总线通信网络确定后,首先要定义各从机地址,如分别为 00H、01H 等。当主机要与某个从机进行通信时,首先要发送该从机的地址进行寻址,随后再进行数据通信。进行多机通信时,要利用 SCON 中的 SM2 进行控制,并利用数据帧中的第 8 位(TB8、RB8)作为地址/数据的标识位。主机发送的地址信息和数据信息的格式如下:

地址信息:起始位、地址、TB8=1、停止位;

数据信息:起始位、数据、TB8=0、停止位。

当从机的 SM2=1 时,那么仅当接收到的 RB8=1(地址帧)时,8 位数据才会进入接收 SBUF。初始化时,令各从机的 SM2=1,即各从机都能收到主机发送的地址信息,接收后与本从机的地址进行比较;若相等表示本机被寻址(呼叫),于是令 SM2=0,使其进入接收数据帧状态,而其他从机(没有被呼叫)则保持 SM2=1 不变。此后主机发送的数据信息,由于其 TB8=0,而只能被寻址的从机接收,实现了主机与指定从机的通信。通信完毕,该从机重新令 SM2=1,回到初始状态。

(3)主、从机通信过程

①主、从机均初始化为方式 2 或方式 3,且置 SM2=1,允许多机通信。

②当主机要与某一从机通信时,发出该从机的地址(此时 TB8=1)。

③由于各从机的 SM2=1,所以均能接收到主机发送的地址,并与本机地址比较。

④对于地址比较相等的从机,表示被寻址,则令 SM2=0,向主机返回信息,供主机核对;其余地址比较不符的从机,表示没有被寻址,继续保持 SM2=1 不变,则其对主机随后

发送的数据(TB8＝0)不予理睬,直至发来新的地址。

⑤主机与寻址的从机联络后,就可向该从机发送命令和数据,发送的命令或数据的 TB8 均为 0,因此只有被呼叫的从机能接收到(因为它的 SM2＝0)。实现了主从机一对一的通信。

⑥主从机一次通信结束后,主从机重置 SM2＝1,主机可再次寻址并开始新的一次通信。

6. RS485 通信和 RS232 通信的区别

从微控制器的角度看,RS485 总线和 RS232 总线均是利用内部的 UART 模块,设置工作方式、波特率、数据帧格式等均相同,只是外接驱动或转换芯片不同。从 RS485 和 RS232 两种通信的性能来看,它们的区别非常明显,如表 7-6 所示。

表 7-6　RS232 与 RS485 的区别

特　性	RS232	RS485
传输距离	传输距离短,最大距离 50 米左右	最大传输距离可达 1200 米
传输速率	传输速率较低,波特率为 20Kbps	最高传输速率为 10Mbps
抗干扰能力	存在共地噪声,不能抑制共模干扰	具有抑制共模干扰的能力
通信方式	点对点通信	可以组网构成分布式系统
信号类型	数字信号	差分模拟信号

7.4　I^2C 串行总线

由 Philips 公司推出的 I^2C(Inter-Integrated Circuit)总线是目前使用较广泛的芯片间串行扩展总线,具有通信速率高、系统结构紧凑等特点。具有 I^2C 总线的 MCU 可以直接与具有 I^2C 总线接口的各种器件相连,如存储器、A/D 转换器、D/A 转换器、键盘/显示管理芯片、日历/时钟芯片等。由于具有 I^2C 总线的器件非常多,因此 I^2C 总线已成为系统扩展的主要解决方案,并被广泛应用于微机系统中。

7.4.1　I^2C 总线概述

I^2C 总线是双向二线制,由数据线(SDA)和时钟线(SCL)组成,实现双向同步数据传送。在普通模式下,总线传输速率为 100Kbps,在高速模式下为 400Kbps。具有 I^2C 总线的器件都可以连接到总线上构成 I^2C 总线系统,与总线相连的每个器件都具有一个器件地址,采用软件寻址方式。

1. I^2C 总线系统基本结构

图 7-14 为 I^2C 串行总线系统的结构示意。所有器件的数据线均连接到 I^2C 总线的 SDA 线,时钟线均连接到 SCL 线。图中只表示出微控制器应用系统中常用的 I^2C 总线外围通用器件、外围设备模块以及其他微控制器节点。

常用的 I^2C 总线外围通用器件有 SRAM、E^2PROM、ADC/DAC、RTC、I/O 口、DTMF

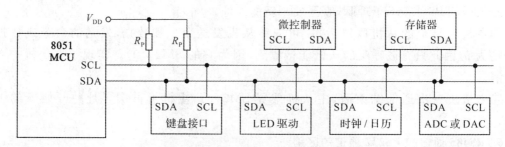

图 7-14   I²C 串行总线系统组成结构

等,外围设备模块有 LED 驱动控制器、LCD 驱动控制器等,用于连接外设 LED 数码管和液晶显示器。同时,I²C 总线可连接带有 I²C 总线接口的微控制器,从而构成多主系统。

I²C 串行总线的运行由主器件控制,主器件是指启动数据的发送、发出时钟信号、传送结束时发出终止信号的器件,通常由微控制器来承担。主器件可以具有 I²C 串行总线接口,也可以不带 I²C 串行总线接口(由 I/O 接口模拟总线功能);从器件必须带有 I²C 总线接口。

> 几个概念:
>
> 发送器:发送数据到总线上的器件;接收器:从总线上接收数据的器件;主器件:启动数据传送并产生时钟信号的器件;从器件:被主器件寻址的器件。
>
> I²C 总线是双向传输的总线,因此主机和从机都可能成为发送器和接收器。但是时钟信号 SCL 总是主机产生的。

2. 总线容量与驱动能力

I²C 总线的外围扩展器件都是 CMOS 器件,总线有足够的电流驱动能力,因此总线上扩展的节点数不是由电流负载能力决定,而是由电容负载决定。I²C 总线上每个节点器件的总线接口都有一定的等效电容,等效电容的存在会造成总线传输的延误而导致数据传输出错。I²C 总线负载能力为 400pF,这通常已能够满足应用系统的要求。总线上的每个外围器件都有一个唯一的器件地址,总线上扩展外围器件时也要受器件地址数目的限制。

3. 总线的电气结构

I²C 总线为双向同步串行总线,其器件接口为双向传输电路。总线端口输出为漏开结构,故总线上必须外接上拉电阻 R_P,通常选 5k~10kΩ。如图 7-15 所示。

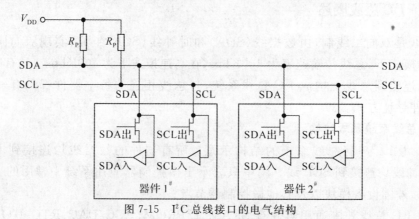

图 7-15   I²C 总线接口的电气结构

4. 总线节点的寻址方法

连接到总线上的所有器件都是总线上的节点。任何时刻,总线上只能有一个主节点(主机),主机具有总线控制权,对总线上的其他节点(从机)寻址,分时实现点对点的数据传送。因此,总线上每个节点都有一个固定的节点地址,并且必须保证一个 I^2C 总线系统中,所有从机的地址都是唯一且不同的,这样主机才能正确寻址各从机,实现正确传送。作为主控制器的主机,不需要器件地址。

5. 从机地址

I^2C 器件的从机地址(Slave Address,SLA)由 4 位器件地址、2～3 位引脚地址和 1 位数据方向位(读写位 $R/\overline{W}$)组成,格式如下:

	D7							D0
SLA	DA3	DA2	DA1	DA0	A2	A1	A0	$R/\overline{W}$

①器件地址(DA3、DA2、DA1、DA0):是 I^2C 总线接口器件固有的地址编码,器件出厂时,就已给定。例如,I^2C 总线 E^2PROM AT24Cxx 的器件地址为 1010,4 位 LED 驱动 SAA1064 的器件地址为 0111。I^2C 器件地址的分配由 I^2C 总线委员会协调确定。

②引脚地址(A2 A1 A0)由器件的地址引脚 A2、A1、A0 在电路中连接的电平确定。一个器件的地址引脚数决定该器件可同时使用的数量,例如某器件有 3 条引脚地址,则有 8 种不同的连接组合,因此同一条 I^2C 总线上可以连接 8 个这样的器件。

③数据方向($R/\overline{W}$):数据方向位规定了总线上主节点对从节点的数据传送方向。$R/\overline{W}=0$,表示主机向从机写入数据;$R/\overline{W}=1$,表示主机读取从机的数据。因此,每一个器件有 2 个地址,分别为写地址和读地址。

6. 常用器件寻址地址

常用 I^2C 总线接口器件的功能、型号和寻址字节,列于表 7-7。

表 7-7　常用 I^2C 总线接口器件的功能、型号和寻址字节

功能	型号	器件地址及寻址字节					备注
$256\times8/128\times8$ 静态 RAM	PCF8570/71	1010	A2	A1	A0	$R/\overline{W}$	3 条地址引脚 A2A1A0
256×8 静态 RAM	PCF8570C	1011	A2	A1	A0	$R/\overline{W}$	3 条地址引脚 A2A1A0
256B E^2PROM	PCF8582	1010	A2	A1	A0	$R/\overline{W}$	3 条地址引脚 A2A1A0
256B E^2PROM	AT24C02	1010	A2	A1	A0	$R/\overline{W}$	3 条地址引脚 A2A1A0
512B E^2PROM	AT24C04	1010	A2	A1	P0	$R/\overline{W}$	2 条地址引脚 A2A1
1024B E^2PROM	AT24C08	1010	A2	P1	P0	$R/\overline{W}$	1 条地址引脚 A2
2048B E^2PROM	2048B E2PROM	1010	P2	P1	P0	$R/\overline{W}$	无地址引脚
8 位 I/O 口	PCF8574	0100	A2	A1	A0	$R/\overline{W}$	3 条地址引脚 A2A1A0
	PCF8574F	0111	A2	A1	A0	$R/\overline{W}$	3 条地址引脚 A2A1A0
4 位 LED 驱动控制器	SAA1064	0111	0	A1	A0	$R/\overline{W}$	2 条地址引脚 A1A0
160 段 LCD 驱动控制器	PCF8576	0111	0	0	A0	$R/\overline{W}$	1 条地址引脚 A0

续表

功能	型号	器件地址及寻址字节				备注
点阵式 LCD 驱动控制器	PCF8578/79	0111	1	0	A0	R/$\overline{W}$	1 条地址引脚 A0
4 通道 8 位 A/D、1 路 D/A 转换器	PCF8951	1001	A2	A1	A0	R/$\overline{W}$	3 条地址引脚 A2A1A0
日历时钟（内含 256×8 RAM）	PCF8583	1010	0	0	A0	R/$\overline{W}$	1 条地址引脚 A0

7.4.2 I²C 总线的操作

1. I²C 总线的起始信号与停止信号

（1）起始信号（S）

在 SCL 为高电平时，SDA 从高电平变为低电平即为起始信号，用于启动 I²C 总线。总线在起始信号后，才能开始数据的传送。

（2）停止信号（P）

在 SCL 为高电平时，SDA 从低电平变为高电平即为停止信号，表示将停止 I²C 总线。起始信号和停止信号时序如图 7-16 所示。

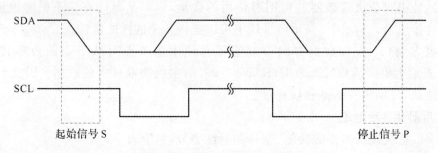

图 7-16 起始信号和终止信号

2. I²C 总线上数据位的有效性

I²C 总线为同步传输总线，每一数据位的传送都是在时钟脉冲 SCL 同步下进行的。进行数据传送时，在时钟信号的高电平期间，数据线 SDA 上的数据必须保持稳定；只有在时钟线为低电平时，SDA 的电平状态才允许改变，如图 7-17 所示。但是 I²C 的起始信号和结束信号例外。

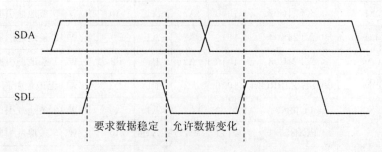

图 7-17 I²C 总线数据位的有效规定

3. I²C 数据传输的方式

I²C 总线以字节为单位收发数据,一个字节数据为一帧。数据传输的次序是从最高位(MSB,第 7 位)到最低位(LSB,第 0 位)。

4. 应答(Acknowledge)与非应答

每传输一个字节数据,在第 9 个时钟脉冲,接收器回答一个应答位。通过该应答位,接收器将接收数据的情况告知发送器。应答位的时钟脉冲 SCL 由主机产生,而应答位的数据状态遵循"谁接收谁产生"的原则,即总是由接收器产生应答位。主机向从机发送数据时,应答位由从机产生;主机从从机接收数据时,应答位由主机产生。

在第 9 个 SCL 期间,SDA=0 为应答信号(ACK),记为 A;SDA=1 为非应答信号(NACK),记为 $\overline{A}$;如图 7-18 所示。

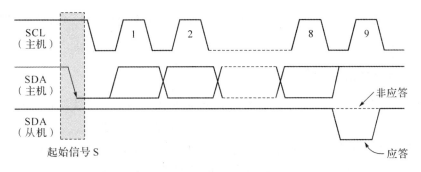

图 7-18　I²C 总线上的应答信号

5. I²C 总线时序

I²C 总线启动后,传送的字节数没有限制,其数据传输时序如图 7-19 所示。当主机发出停止信号时,结束一次传输过程。在数据传输过程中,主机可以通过控制 SCL 变低,来暂停数据的传输。

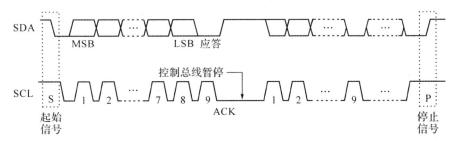

图 7-19　I²C 总线上数据传送时序

6. 数据传输格式

一次完整的数据操作过程见图 7-20,包括起始信号(S)、发送从机地址(SA+R/$\overline{W}$)+应答、发送设定长度的数据(数据+应答)、停止信号(P)。

图 7-20 中,SA 表示从机地址高 7 位,R 或 $\overline{W}$ 分别表示是读或写;A 和 $\overline{A}$ 表示应答信号和非应答信号;D 表示写入或读出的数据。

（a）主机向从机发送数据的基本格式

（b）主机从从机接收数据的基本格式

▨ 表示是主机发送、从机接收的信息   □ 表示是主机接收、从机发送的信息

图 7-20   数据传输格式

主机向从机发送最后一个字节数据时，从机可能应答也可能非应答，但不管怎样主机都可以产生停止条件。

但如果主机在向从机发送数据（甚至包括从机地址在内）时检测到从机非应答，则应当及时停止传输。

7.4.3   I²C 总线的软件模拟技术

在一个 I²C 总线系统中，如果同时存在微控制器和其他 I²C 总线接口器件，这时不论微控制器是否带有 I²C 总线接口，微控制器都将作为系统中的主器件。

当所选择的微控制器本身带有 I²C 总线接口时（如 ADuC812 等），可以直接利用硬件 I²C 接口；当所选择的微控制器本身不带有 I²C 总线接口时（如经典 8051 MCU），则可以利用 MCU 的 2 条 I/O 口线来模拟实现 I²C 总线接口，如 P1.0 模拟数据线 SDA、P1.1 模拟同步时钟线 SCL。

下面给出了 C51 编写的模拟 I²C 总线的程序。

```
/* * * * * * * * * * * * * * * I²C 总线起始信号函数 * * * * * * * * * * * * * * * * */
sbit Sda = P1^0;
sbit Scl = P1^1;
void Start(void)
{
    Sda = 1;                          //首先 SDA、SCL 都为高电平
    Scl = 1;
    delay5us();                       //起始条件建立时间大于 4.7μs
    Sda = 0;                          //在 SCL 为高电平时，SDA 由高变低产生起始信号
    delay5us();                       //起始条件锁定时间大于 4μs
    Scl = 0                           //钳住总线，准备发数据
}
/* * * * * * * * * * * * * * * I²C 总线停止信号函数 * * * * * * * * * * * * * * * * */
void Stop(void)
{
    Sda = 0;                          //首先 SDA 为低电平，SCL 为高电平
    Scl = 1;
    delay5us();                       //结束总线时间大于 4μs
    Sda = 1;                          //SCL 为高电平时，将 SDA 由低变高产生停止信号
```

```
    delay5us();                             //保证一个停止信号时间大于 4.7μs
}
/* * * * * * * * * * * * * *  I²C 总线应答函数 * * * * * * * * * * * * * * * * * * * */
void Ack(void)
{
    Sda = 0;                                //在一个完整的时钟周期内,SDA 低电平为应答信号
    delay2us();
    Scl = 1;
    delay5us();                             //数据保持时间,即 SCL 为高电平时间大于 4.7μs
    Scl = 0;
}
/* * * * * * * * * * * * * *  I²C 总线非应答函数 * * * * * * * * * * * * * * * * * * */
void NoAck(void)
{
    Sda = 1;                                //在一个完整的时钟周期内,SDA 高电平为不应答
    delay2us();
    Scl = 1;
    delay5us();                             //数据保持时间,即 SCL 为高电平时间大于 4.7μs
    Scl = 0;
}
/* * * * * * * * * * * * * * *I²C 总线写字节函数 * * * * * * * * * * * * * * * * * * */
void Send(unsigned char Data)               //Data 为要写的字节数据
{
    unsigned char xdata BitCounter = 8;     //一个字节为 8bit
    unsigned char xdata temp;
    do
    {
        temp = Data;
        Scl = 0;                            //SCL 低电平时,SDA 数据线才能变化
        delay2us();
        if((temp&0x80) = = 0x80)            //从最高位开始
            Sda = 1;
        else
            Sda = 0;
        delay2us();
        Scl = 1;
        delay5us();                         //接收器件接收数据
        temp = Data<<1;                     //字节数据左移 1 位,低位移至高位
        Data = temp;
        BitCounter - -;                     //共需 8 次循环移位
    }
    while(BitCounter);                      //不为 0 时继续循环
    Scl = 0;
}
```

```
/******************I²C 总线读取字节函数******************/
unsigned char Read(void)                    //返回值为读取的字节数据
{
    unsigned char xdata temp = 0;
    unsigned char xdata temp1 = 0;
    unsigned char xdata BitCounter = 8;
    Sda = 1;
    do
    {
        Scl = 0;                            //SCL 低电平 SDA 数据线才能变化
        delay2us();
        Scl = 1;                            //SCL 高电平时,读 SDA 数据线
        delay2us();
        if(Sda)
            temp = temp|0x01;               //若 SDA 为 1,则 temp 最低位置 1
        else
            temp = temp&0xfe;               //否则 temp 最低位清 0
        if(BitCounter - 1)
        {
            temp1 = temp<<1;                //接收数据左移
            temp = temp1;                   //先接收的数据为高位
        }
        BitCounter - - ;
    }
    while(BitCounter);
    return(temp);
}
```

　　将 I²C 总线的各种信号细分为以上几个对应的子程序。当使用具有 I²C 总线接口的外围器件时,根据具体器件的功能和操作要求,合理地组合、使用这些子程序,就可编写出实现 I²C 总线操作功能的程序。

7.5　SPI 串行接口

　　SPI(Serial Peripheral Interface)接口是 Motorola 公司推出的四线同步串行外设接口,目前具有 SPI 接口的外围器件已得到广泛应用,常见的外围器件包括 EEPROM、Flash、实时时钟、A/D 转换器、LCD 显示驱动器等。带有标准 SPI 接口的微控制器可与 SPI 外围器件直接连接,不具备 SPI 接口的微处理器可以通过 I/O 口线模拟方式与 SPI 外围器件连接,以串行方式实现信息的交换。

1. SPI 概述
　　SPI 接口一般使用 4 条线:串行时钟线(SCLK)、主机输入/从机输出数据线 MISO

(Master Input/Slave Output)、主机输出/从机输入数据线 MOSI(Master Output/Slave Input)和低电平有效的从机选择线$\overline{CS}$。

SPI 用于微控制器与多种外围器件的全双工、同步串行通信,总线上可以连接多个微控制器和外围器件,但在任一时刻只允许有一个设备作为主机,且总线的时钟线 SCLK 由主机控制。在主机移位脉冲控制下,数据按位传输,高位在前,低位在后,数据传输速度总体来说比 I²C 总线要快,可达到几 Mbps。主机对多个从设备的寻址是采用片选方式,所以带 SPI 接口的外围器件都有片选信号端$\overline{CS}$。

2. SPI 数据传送原理

运用 SPI 串行接口相连的 2 个器件构成一个环形的串行移位通信方式,通过 SCLK、MOSI、MISO 和$\overline{CS}$这 4 条线连接,在同步时钟 SCLK 的控制下,主、从机的双向移位寄存器进行数据交换,其原理见图 7-21。SPI 接口具有一个 8 位的移位寄存器、一个时钟发生器、一个数据缓冲器、一个状态寄存器和一个控制寄存器。主设备和从设备通过 MOSI 和 MISO 信号线的连接,使两者的移位寄存器形成一个环路。在 SCLK 作用下,主设备的数据从 MOSI 串行移出进入从设备的移位寄存器,同时从设备的数据从 MISO 线移入主设备的移位寄存器。经过 8 个 SCLK 脉冲后,主、从设备数据交换结束。

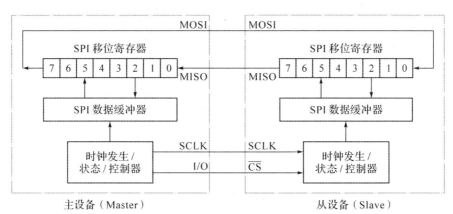

图 7-21 SPI 主、从设备数据交换原理

3. SPI 接口的扩展

SPI 接口扩展的硬件连接电路如图 7-22 所示,一般系统采用一个主设备,而从设备的数目视具体的需要而定。扩展多个外围器件时,主设备用 I/O 口线作为从设备的片选信

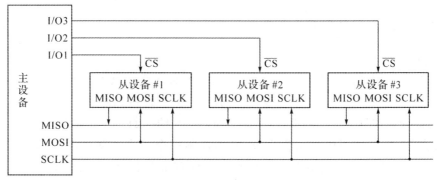

图 7-22 单主机 SPI 总线扩展电路

号,分时选通进行操作。如果某从设备只输入数据或只输出数据,则可省去数据输出线(MISO)或数据输入线(MOSI)。

SPI 是全双工的,即主机在发送的同时也在接收数据,传送的速率由主机产生的 SCLK决定;时钟的极性和相位也是可选择的,可根据 SPI 接口芯片的定义,编程选择。

4. SPI 的应用实例

SPI 串行接口广泛应用于微控制器的外围扩展,通用外围器件有 EEPRAM、AD 转换器、DA 转换器、实时时钟芯片等。此外,利用 SPI 串行接口连接并入串出移位寄存器(如74HC165)或串入并出移位寄存器(如 74HC164、74HC595 等)可以扩展 I/O 接口,图 7-23是利用 74HC164 扩展输出接口的电路。74HC164 是串行输入并行输出的移位寄存器,Q0～Q7为并行输出端,A、B 为串行数据输入端。第一片 74HC164 的 A、B 引脚连接到8051 MCU 的 MOSI 或 1 条 I/O 引脚,CLK 引脚连接到 8051 MCU 的 SCLK 或 1 条 I/O 引脚,$\overline{\text{CLR}}$接 V_{CC}(表示始终允许数据移位)。芯片之间通过 Q7 引脚进行级联,图示扩展了两个 8 位输出接口(可以进行更多芯片的级联),可用于驱动数码管等输出设备。对于不具有SPI 串行接口的 MCU,可以用普通 I/O 口线来模拟实现(方法与 I²C 总线的软件模拟相似)。

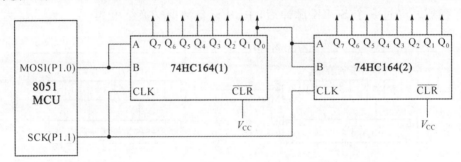

图 7-23　SPI 扩展输出接口

7.6　1-Wire 总线

1-Wire(单总线)是 Dallas 公司推出的一种单主多从的串行扩展总线。单总线采用单根信号线,双向传送数据,具有节省 I/O 口线、结构简单、成本低廉、便于扩展等诸多优点。

7.6.1　1-Wire 总线概述

1. 1-Wire 的端口特性与组网

单总线只有一根数据输入/输出线 DQ,总线上所有的器件都挂接在 DQ 上并且挂接的从器件数量几乎不受限制。为了不引起逻辑上的冲突,要求连接到总线上的器件(主机或从机)都应该是漏极开路或具有三态的端口,并要求外接一个约 5kΩ 的上拉电阻,如图 7-24 所示。

1-Wire 单总线适用于单个主机系统,能够控制一个或多个从机设备,如图 7-25 所示。在多机系统中,不发送数据的设备应呈现高阻态即释放数据总线,以便总线被其他设备所使用。单总线的闲置状态为高电平。

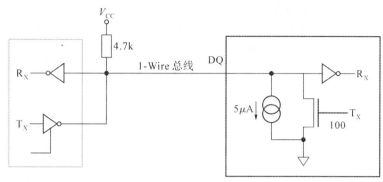

图 7-24　1-Wire 总线结构

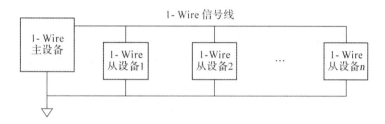

图 7-25　单总线主、从设备的连接

2. 1-Wire 典型的命令序列

1-Wire 总线的寻址和数据传送具有严格的时序规范。访问单总线器件必须严格遵守"初始化、ROM 命令和功能命令"这个命令序列,如果出现序列混乱则单总线器件不会响应主机。

(1)初始化

单总线上的所有传输过程都要以初始化开始。初始化过程由主机发出的复位脉冲和从机响应的应答脉冲组成。应答脉冲使主机知道总线上有从机设备且准备就绪。

(2)ROM 命令

在主机检测到从机的应答脉冲后,就可以发出 ROM 命令。ROM 命令与各从机设备的唯一 64 位 ROM 代码相关,在连接多个从机设备的单总线上,就是通过 ROM 代码寻址各从机的。ROM 命令还允许主机能够检测到总线上有多少个从机设备以及设备类型,或者有没有设备处于报警状态。从机设备可能支持 5 种 ROM 命令(实际情况与器件的具体型号有关),每种命令长度为 8 位。主机在发出功能命令之前,必须送出合适的 ROM 命令。

(3)功能命令

每个单总线器件都有自己的专用指令,如对于温度传感器 DS18B20,有读温度信号的指令;对于开关量输入/输出器件 DS2405,有读器件输入和写器件输出的指令。各单总线器件的专用指令可参照相关器件的数据手册。

7.6.2　1-Wire 总线操作方式

所有的单总线器件要求采用严格的通信协议,以保证数据传送的完整性和正确性。1-Wire总线协议定义了几种信号类型:复位脉冲、应答脉冲、写 0、写 1、读 0 和读 1。除应答脉冲,其余信号都由主机发出,数据字节的发送是低位在前、高位在后。

1. 初始化序列：复位和应答脉冲

单总线上的所有通信都是以初始化序列开始。初始化包括主机发出的复位脉冲及从机响应的应答脉冲，时序如图 7-26 所示。

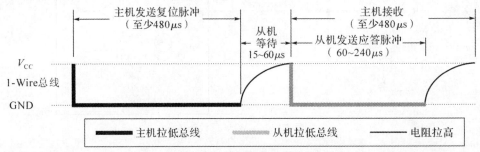

图 7-26　复位及应答脉冲

初始化过程为：主机输出低电平，使单总线 DQ 变低 $480 \sim 960 \mu s$，即产生复位脉冲。然后释放总线，外部上拉电阻将单总线 DQ 拉高，此时主机转为接收模式。连接在单总线上的从器件检测到一个复位脉冲后，延时 $15 \sim 60 \mu s$，输出低电平将总线拉低并产生 $60 \sim 240 \mu s$ 的低电平应答脉冲。主机在释放总线后，经过 $60 \mu s$ 后检测总线，若为低电平则表示有从器件挂接在总线上，并已准备就绪。

```
/ * * * * * * * * * * * * * * * * * 初始化程序 * * * * * * * * * * * * * * * * * * * * * /
uchar Reset(void)
{
    uchar tdq;
    DQ = 0;                        //主机拉低总线
    delay480us();                  //等待 480μs
    DQ = 1;                        //主机释放总线
    delay60us();                   //等待 60μs
    tdq = DQ;                      //主机检测总线
    delay480us();                  //等待应答脉冲结束
    return tdq;                    //返回采样值
}
```

2. 写操作（写时隙）

写操作也称写时隙，是指主机完成向从机写入"0"或"1"的操作过程，每个周期写 1 位。写操作至少需要 $60 \mu s$，在两次独立的写操作之间至少需要 $1 \mu s$ 的恢复时间。写"0"、写"1"的操作都通过主机拉低总线开始（总线拉低时间至少 $1 \mu s$）。写"0"、写"1"的时序如图 7-27 所示。

写操作由主机发起。写"0"的操作过程：主机拉低总线，并保持整个写周期为低电平（至少 $60 \mu s$）。写"1"的操作过程：主机拉低总线，并在 $1 \sim 15 \mu s$ 之内释放总线，使总线通过外接上拉电阻拉至高电平。在写操作开始后的 $15 \sim 60 \mu s$ 期间，从机采样总线电平状态。如果采样到高电平，则从机得到"1"（实现了主机写"1"）；如果采集到低电平，则从机得到"0"（实现了主机写"0"）。

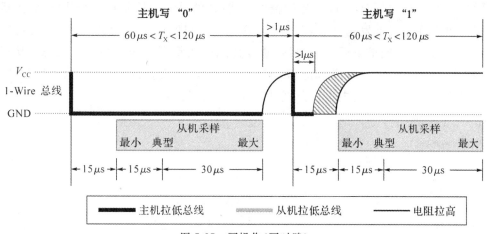

图 7-27　写操作(写时隙)

```
/ * * * * * * * * * * * * * * * *写 1bit 函数 * * * * * * * * * * * * * * * * * * * /
void Writebit(uchar wbit)
{
    _nop_();_nop_();                //保证两次写操作间隔 1μs 以上
    DQ = 0;                         //拉低总线,开始一个写操作
    _nop_();_nop_();                //总线拉低时间 1μs 以上
    DQ = wbit;                      //写数据,0 和 1 均可
    delay60us();                    //延时 60μs,等待从机采样
    DQ = 1;                         //释放总线
}
```

3. 读操作(读时隙)

每个读操作都由主机发起,表示主机要读入从机的数据。总线上的从机仅在主机发出读操作时序时才向主机传输数据。在每个读周期,总线只能传输一位数据,即读 1 位数据"0"或"1"。与写操作一样,读操作至少需要 60μs,在两次独立的读操作之间至少需要 1μs的恢复时间。所有的读操作都由主机拉低总线并持续至少 1μs 后,再释放总线开始。读"0"、读"1"的时序如图 7-28 所示。

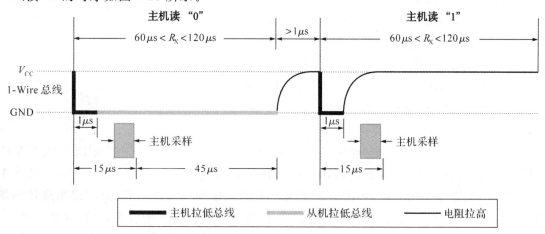

图 7-28　读操作(读时隙)

读操作时,主机拉低总线 $1\mu s$,随后释放总线(即将总线的控制权交给从机)。主机启动后,从机才可以在总线上发送"0"或"1"。若发送"1",则保持总线为高电平;若发送"0",则拉低总线并在该读周期结束后释放总线,重新使总线回复到空闲的高电平状态。从机发出的数据在读操作开始后,至少应保持 $15\mu s$ 有效。所以,主机在读操作开始后必须及时释放总线,并且在开始的 $15\mu s$ 之内采样总线状态,读入数据。

```
/ * * * * * * * * * * * * * * * 读1bit 函数 * * * * * * * * * * * * * * * * * * * * * * /
uchar Readbit()
{
    uchar tdq;
    _nop_();_nop_();                    //保证两次读操作间隔1μs以上
    DQ = 0;                            //拉低总线,开始一个读操作
    _nop_();_nop_();                    //总线拉低时间不少于1μs
    DQ = 1;                            //释放总线
    _nop_();_nop_();_nop_();_nop_();
    tdq = DQ;                          //主机检测总线,读入总线状态(0 或 1)
    delay60us();                       //等待读操作结束
    return tdq;                        //返回读取到的数据
}
```

7.6.3 1-Wire 总线应用实例

1. DS18B20 的温度传感器

DS18B20 是美国 Dallas 公司生产的单总线数字式温度传感器,具有结构简单、操作灵活、无须外接电路的优点。每个传感器具有唯一的存储在片内 ROM 的 64 位序列码,方便多机挂接,被广泛应用于精密仪器间、存储仓库等需要测量温度的地方。

(1)DS18B20 性能指标

①1-Wire 总线数据通信。

②全数字温度转换及输出。

③最高 12 位分辨率,精度可达 $\pm0.5℃$。

④12 位分辨率时的最大工作周期为 750ms。

⑤检测温度范围为 $-55\sim+125℃$。

⑥内置 EEPROM,限温报警功能。

⑦64 位光刻 ROM,内置产品序列号,方便多机挂接。

⑧多种封装形式,适应不同应用需求。

(2)DS18B20 的存储器资源

DS18B20 有三种形式的存储资源。64 位只读存储器 ROM,用于存放 DS18B20 的 ID 编码。RAM 数据暂存器,用于内部计算和数据存取,数据在掉电后丢失,DS18B20 共 9 个字节 RAM,每个字节为 8 位,如图 7-29 所示。包含 2 字节的温度寄存器(存储温度传感器的测量值)、2 字节的温度报警限寄存器(TH 和 TL)和 1 字节的配置寄存器,保留 3 字节,CRC 校验码 1 字节。EEPROM 用于存放需要长期保存的数据,如温度报警值的上下限和

配置参数。DS18B20 上电时,数据暂存器中的 TH、TL 和配置参数,取自于 EEPROM 中的值。

字节	名称	说明
0	Temperature LSB	保存所测得的温度值
1	Temperature MSB	
2	T_H Register or User Byte 1	分别保存温度报警上下限
4	T_L Register or User Byte 2	
3	Configuation Register	保存配置参数
5	Reserverd	保留
6	Reserverd	
7	Reserverd	
8	CRC	CRC 校验码

EEPROM

T_H Register or User Byte 1

T_L Register or User Byte 2

Configuation Register

图 7-29　DS18B20 RAM 数据暂存器

(3)DS18B20 的 ROM 命令

在 DS18B20 内部存储了一个长度为 64bit 的 ROM 编码,这个编码是器件的身份识别标志。当总线上挂接着多个 DS18B20 时,可以通过 ROM 编码对特定器件进行操作。ROM 命令是针对器件的 ROM 编码进行操作的命令,共有 5 个,列于表 7-8 中。

表 7-8　DS18B20 ROM 命令集

命　令	命令代码	描　　述
读 ROM	33H	当挂接在总线上的 1-Wire 总线器件接收到此命令时,会在主机读操作的配合下将自身的 ROM 编码按由低位到高位的顺序依次发送给主机。该命令只适用于单节点的 1-Wire 总线系统,因为总线上挂接有多个 DS18B20 时,此命令会使所有器件同时向主机传送自身的 ROM 编码,这将导致数据的冲突
匹配 ROM	55H	主机在发送完此命令后,必须紧接着发送一个 64bit 的 ROM 编码,与此 ROM 编码匹配的从器件会响应主机的后续命令,而其他从器件则处于等待状态。该命令主要用于选择总线上的特定器件进行访问
跳过 ROM	CCH	发送此命令后,主机不必提供 ROM 编码即可对从器件进行访问。与读 ROM 命令类似,该命令同样只适用于单节点的 1-Wire 总线系统
查找 ROM	F0H	当主机不知道总线上器件的 ROM 编码时,可以使用此命令并配合特定的算法,查找出总线上从器件的数量和各个从器件的 ROM 编码
报警查找	ECH	此命令用于查找总线上满足报警条件的 DS18B20,通过报警查找命令并配合特定的查找算法,可以查找出总线上满足报警条件的器件数目和各个器件的 ROM 编码

(4)DS18B20 的功能命令

当 1-Wire 总线上的主机发出 ROM 命令,确定访问某个 DS18B20 后,接着就可以发出 DS18B20 的功能命令。通过这些命令,主机可以启动 DS18B20 温度转换、读出测量的温度值、写温度报警限寄存器等。DS18B20 的功能命令列于表 7-9 中。

表 7-9   DS18B20 功能命令集

命　令	描　述	命令代码	总线上的响应信息
1. 温度转换命令			
转换温度	启动温度转换	44H	无
2. 存储器命令			
读暂存器	读全部的暂存器内容(包括 CRC 字节)	BEH	DS18B20 传输 9 字节数据至主机
写暂存器	写暂存器第 2、3 和 4 个字节的数据(即 TH、TL 和配置寄存器)	4EH	主机传输 3 字节数据至 DS18B20
复制暂存器	将暂存器中的 TH、TL 和配置字节保存到 EEPROM 中	48H	无
回读 EEPROM	将 TH、TL 和配置参数从 EEPROM 回读至暂存器中	B8H	DS18B20 传送回读状态至主机

2. 基于 DS18B20 的温度监测系统

（1）硬件结构

图 7-30 给出了由多个 DS18B20 构成的分布式温度监测系统。各 DS18B20 数字温度传感器挂接在 DQ 线上，微控制器对每个 DS18B20 通过总线 DQ 寻址，外接上拉电阻 R_P。

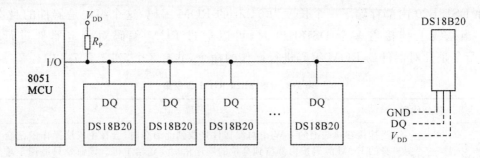

图 7-30   单总线构成的分布式温度监测系统

（2）操作流程

主机向总线发出复位脉冲，等待得到从机的响应脉冲，主机根据操作需要发送 ROM 指令，根据功能需要发送存储器操作指令，并执行相应的读写操作。

（3）程序设计

对于图 7-30 所示的由多个 DS18B20 构成的分布式温度监测系统，微控制器控制每一个 DS18B20 测量温度时，要根据各芯片的 ROM 编码进行寻址，编程也会相对复杂。这里给出 8051 MCU 控制单个 DS18B20 测量温度的示例。

```
/＊＊＊＊＊＊＊＊＊＊＊＊＊＊ DS18B20 读一个字节函数 ＊＊＊＊＊＊＊＊＊＊＊＊＊＊＊＊＊/
uchar Read_byte(void)
{
    uchar i = 0;
    uchar dat = 0;
    for (i = 8;i＞0;i－－)
    {
```

```
        _nop_();_nop_();                //2 次读操作之间至少间隔 1μs
        DQ = 0;                         //从高拉到低,并保持低电平至少 1μs
        _nop_();_nop_();
        DQ = 1;                         //释放总线
        _nop_();_nop_();
        dat>> = 1;                      //读入次序从低到高,先读最低位
        if(DQ)                          //若高电平,置 1
            dat| = 0x80;
        delay60us();                    //至少等待 60μs,以确保读数成功
    }
    DQ = 1;                             //释放总线
    return(dat);
}
/* * * * * * * * * * * * * * DS18B20 写一个字节函数 * * * * * * * * * * * * * * * * */
void Write_byte(uchar dat)
{
    uchar i = 0;
    for (i = 8; i>0; i- -)
    {
        DQ = 1;
        _nop_();_nop_();                //保证两次写操作间隔至少 1μs
        DQ = 0;                         //开始一次写操作
        _nop_();_nop_();
        DQ = dat&0x01;                  //写次序为先低位后高位
        delay60us();                    //至少保持 60μs 写时间隙
        dat>> = 1;                      //右移一位
    }
    DQ = 1;                             //释放总线
}
/* * * * * * * * * * * * * * DS18B20 读温度函数 * * * * * * * * * * * * * * * * * * */
uint Get_Temperature(void)
{
    uchar a = 0;
    uchar b = 0;
    uint t = 0;
    uchar c = 0;
    c = Init_DS18B20();                 //DS18B20 初始化,函数与 1-Wire 初始化函数 Reset()相同
    if(c = = 0)                         //得到从器件的应答,表示有器件挂接在总线上
    {
        Write_byte(0xCC);              //跳过 ROM 命令,表示只接一个 DS18B20 芯片
        Write_byte(0x44);              //命令开始温度转换
        delay600us();                  //延时 600μs,等待测量完毕,一次测量时间为 500μs
        Init_DS18B20();                //重新初始化
```

```
        Write_byte(0xCC);
        Write_byte(0xBE);                //从 RAM 读数据命令
        a = Read_byte();                 //读第 1 字节,温度测量值的低字节
        b = Read_byte();                 //读第 1 字节,温度测量值的高字节
        t = b<<8;
        t = t|a;                         //t 为测量得到的温度
    }
    else
        t = 0;                           //t = 0 表示器件无应答或总线上没有器件
    return (t);
}
```

习题与思考题

1. 串行异步通信有哪些特点? 其数据帧由哪几部分组成?

2. 数据通信时,通信各方约定的通信协议应包含哪些内容? 通信中的校验起到什么作用? 简述常用的校验方式。

3. 8051 MCU 中的串行接口 UART 由哪几部分组成? 包含哪些特殊功能寄存器? 各自的作用是什么?

4. 8051 MCU 中的 UART 有几种工作方式? 不同方式有什么特点? 不同工作方式的波特率如何设置?

5. 为什么定时器 T1 用作串行口波特率发生器时常采用工作方式 2? 若已知系统时钟频率、通信选用的波特率,如何计算 T1 的定时初值?

6. 为什么微控制器在工程应用中,常采用频率为 11.0592MHz 的晶振?

7. 如何启动 UART 发送数据? 如何启动 UART 接收数据? 简述 UART 发送一帧数据和接收一帧数据的过程。

8. 8051 MCU 采用方式 1 进行双机通信,波特率为 2400,写出以中断方式发送和接收 5 个字符的双向通信程序。

9. 微控制器与 PC 串行通信时为何要进行逻辑电平变换?

10. 请简述 RS485 通信与 RS232 通信的特点。

11. 如何用 RS485 构建微机系统的通信网络? 简述多机通信的过程。

12. 简述微机系统中,I^2C 总线器件的连接方式。应如何启动和停止总线?

13. I^2C 总线与 SPI 串行接口分别采用什么方式寻址并访问总线上的器件?

14. 单总线 1-Wire 有什么特点? 有哪几种工作时序?

15. 设计 8051 MCU 与温度传感器 DS18B20 器件的接口电路,并画出温度测量的软件流程图。

16. 除了本章中提及的三种总线器件,请分别举例两种代表性器件的型号,并说明其主要用途。

本章内容总结

串行总线与通信技术

总线与串行通信概述

- 总线的概念与分类：
  - 芯片总线：连接片内各模块的通道，用于模块之间的通信
  - 系统总线：微控制器系统或智能仪器或智能仪器内部各模块、各器件之间传送信息的通道。有并行（如PCI）和串行（如I²C、SPI等）两类（如数据总线DB、地址总线AB、控制总线CB）
  - 通信总线：
    - 串行通信：逐位传送，适合远距离，传输速度慢
    - 并行通信：各位同时传送，传输速度快
- 异步通信与同步通信：异步通信（帧格式、无需同步时钟、通信波特率、校验方式），同步通信（需要同步时钟、同步字符、校验字符）
- 串行通信的数据传送方式：单工、半双工、全双工
- 通信协议与校验技术：通信双方约定的通信方式、帧格式、波特率等；字节的奇偶校验、数据块纵向的累加和校验、循环冗余校验

8051 MCU 的UART接口

- UART组成结构：全双工通信接口，收发数据缓冲寄存器SBUF、控制寄存器SCON及PCON
- 四种工作方式 每种方式的发送和接收：
  - 方式0：移位寄存器输入输出方式；波特率固定为 $f_{OSC}/12$
  - 方式1：波特率可变的10位异步通信方式；T1或T2作波特率发生器
  - 方式2：波特率固定的11位异步通信方式；$f_{OSC}/32$（SMOD=1时）或为 $f_{OSC}/64$（SMOD=0时）
  - 方式3：波特率可变的11位异步通信方式；T1或T2作波特率发生器
- 波特率计算：不同工作方式的波特率。定时器T1作为波特率发生器时的初值计算
- 应用：利用方式0，结合外部移位寄存器，扩展输入输出接口；以上各信号的程序实现

串行通信技术与应用

- RS-232C：采用负逻辑电平，接口信号定义。
- RS-485：采用差分信号，半双工通信，RS485收发器基本结构，电子转换芯片及RS485到PC机通信中的连接方式 ⟶ RS232、RS485的区别
  - 利用方式1~3，可进行点对点的双机通信与编程。了解编程方法
  - RS485到RS485组成网络，RS485总线的转换，多机通信方法与编程，器件寻址方式等

I²C串行总线

- 总线概述：双向二线制；SDA、SCL；总线基本结构，器件地址结构，多器件连接邮件图，数据字节的传送
- I²C总线的数据传送：数据位的有效性与时序（起始、停止、应答、非应答），数据字节的传送
- I²C总线的C51软件模拟：以上各信号的程序实现

SPI串行接口

- 概述：全双工、同步串行通信，用于通信的4线：SCLK、MOSI、MISO、CS；CS片选信号用于芯片的寻址
- 数据传送原理：数据传送的接口信号，通过SCLK、MOSI、MISO、CS这4条线连接串成一个环形的移位寄存器，实现数据的传送
- 总线扩展的连接方法：用MCU的I/O线作为SPI器件的片选信号，可构成多芯片主从结构的总线扩展

1-Wire总线

- 概述：端口特性（漏极开路或三态，需外接上拉电阻），组网时的主从结构，读操作、写操作
- 总线信号传输时序：初始化时序（复位和应答脉冲），写操作、读操作，总线信号的命令序列
- 应用实例：DS18B20温度传感器，温度监测系统（硬件结构、操作流程、典型应用程序设计即以1-Wire总线的C51模拟程序设计）

第8章

人机接口技术

微控制器广泛应用于仪器仪表、家用电器、医用设备、航空航天和工控设备及过程控制等领域。在实际应用中,微机系统必须要与人进行信息交互,因此需要设计人机接口。人机接口包括连接输入设备的输入接口和连接输出设备的输出接口。微机系统常用的输出设备有 LED 数码管、LCD 显示器,用于显示测量、处理后的结果和状态信息;输入设备有键盘、拨码开关,用于向微机系统输入命令和参数等。

本章主要介绍常用的人机接口技术,包括键盘接口技术中的键盘基础知识,独立式、矩阵式按键的硬件接口和软件设计方法;显示接口技术中的 LED 数码显示原理、硬件接口和软件设计方法;键盘显示管理芯片 HD7279 的功能与应用;LCD 显示原理、ST7920 控制器与硬件接口、程序设计与应用;以及触摸屏基本原理等。

8.1 键盘接口技术

键盘是微机系统中最常用的输入设备,用户通过键盘向微机系统输入命令、数据。键盘与微控制器的接口包括硬件与软件两部分。硬件是指键盘的组织,即键盘结构及其与 MCU 的连接方式,微机系统常用的键盘接口分为独立式接口和行列式接口。软件是指对按键操作的识别与分析,称为键盘管理程序,应包括:①识键:判断是否有键按下;②译键:确定哪个键被按下,并产生相应的键值;③去抖动:消除按键按下或释放时产生的抖动;④键值分析:根据键值,执行对应按键的处理程序。

8.1.1 键盘基础知识

1. 键盘的组织

键盘实质上是一组按键开关的集合,微机系统键盘中的每一个按键都表示一个特定的功能或数字。键盘按其工作原理可分为编码式键盘或非编码式键盘。

编码式键盘本身带有实现按键接口功能的硬件电路,并由该电路自动提供按下按键的键值。微机系统中可以采用集成键盘管理芯片(如 HD7279 等),实现编码式键盘的连接。当键盘中有键按下时,键盘管理芯片自动完成键盘的扫描和译码,产生相应的按键键值,并输出有效信号,请求 CPU 读取键值。编码式键盘使用方便,通常在按键多、CPU 任务繁忙的情况下使用。

非编码键盘只简单地提供按键的通断信号,当某键按下时,键盘只能送出一个闭合(低电平)信号,该按键键值的确定必须借助于软件来完成。因此,非编码键盘的软件设计比较复杂,占用 CPU 时间多,但其成本低、使用灵活,在微机系统中应用广泛。

2. 按键抖动及消除

目前,微机系统中采用的按键大多是触点式的机械按键或薄膜按键,利用按键触点的通断识别按键是否被按下。由于触点式按键在闭合和断开瞬间均存在抖动过程,即按键在闭合时不是马上稳定地接通,断开时也不是立即断开,从而使按键接口输入的电压信号也出现抖动,如图 8-1 所示。抖动时间的长短与开关的机械特性等有关,一般在 5~10ms 之间;按键的稳定时间与按键操作人员的按键动作有关,通常大于 50ms。

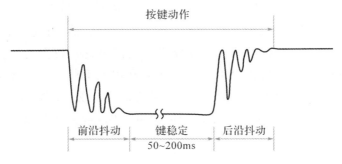

图 8-1　键抖动现象

为确保 MCU 对一次按键操作只做出一次响应,必须消除抖动的影响,最常用的方法是软件延时法。其基本思想是:在检测到有键按下时,执行 10ms 延时子程序去前沿抖动;再检测该键是否仍为闭合状态,若是则确认该键被按下,否则认为不是真正的按键操作而是干扰;当检测到按键松开时,同样执行 10ms 延时子程序以消除后沿抖动。

3. 键盘的工作方式

微机系统中 CPU 对键盘进行扫描时,要兼顾两方面的问题:①及时响应,保证系统对按键的每一次操作都能做出响应;②不能占用 CPU 过多时间,因其同时要处理大量其他任务。因此,要根据微机系统中 CPU 忙、闲情况,选择适当的键盘工作方式。键盘的工作方式有三种:编程扫描方式、定时扫描方式和中断工作方式。

(1)编程扫描方式

该方式也称查询方式,它是利用 CPU 在完成其他工作的空余时间,调用键盘扫描程序,以响应按键的操作。当 CPU 在运行其他程序时,就不会响应按键操作。因此,采用该扫描方式时,应考虑这种按键响应方式是否能够满足微机系统的实际应用需求。

(2)定时扫描方式

该方式需要用一个定时器产生定时中断,CPU 响应该中断对键盘进行扫描,并在有键按下时执行相应的按键处理程序。由于按键按下的持续时间一般大于 50ms,所以为了能够对每次按键操作都有响应,定时中断周期应≤50ms。这种工作方式不管按键是否按下,CPU 总要进行定时扫描,因此常常处于空扫描状态而浪费 CPU 资源。

(3)中断工作方式

为提高 CPU 工作效率,可采用中断扫描工作方式,即在有键按下时产生外部中断请求信号,CPU 响应中断后对键盘进行扫描,并执行相应的按键处理程序。该方式的优点是既不会空扫描,又能确保对用户的每一次按键操作都能做出迅速的响应。中断工作方式需要相应的硬件电路产生按键的外部中断请求信号。

4. 按键连击的消除和利用

所谓连击,就是一次按键操作做出多次响应的情况。为消除连击现象,使得一次按键操作只执行一次按键功能程序,可在键盘程序中加入等待按键释放的处理,对应的软件流程如图 8-2(a)所示。当某键被按下时,首先软件延时去前沿抖动,并确认按键被按下后,执行对应的功能程序,然后查询该按键是否释放并等待其键释放后,去后沿抖动再返回。这样的处理保证了一次按键操作只被响应一次,避免连击现象的出现。

另一方面如果合理地利用连击现象,会给设计者和操作者带来方便。例如对于便携、简易的微机系统,因设计的按键很少,没有安排 0~9 数字键,可能仅设置加 1(和/或减 1)、左移(和/或右移)、返回、确认等几个功能键。当需要输入较大的数值时,就需要多次反复操作加 1(或减 1)键,使操作很不方便。如果利用按键的连击现象,按住"加 1(或减 1)键"不放,参数就可快速地加 1(或减 1)。利用按键连击现象的软件流程如图 8-2(b)所示,程序中加入的延时环节是为了控制连击的速度。例如,若延时取 250ms,则连击速度为 4 次/秒。

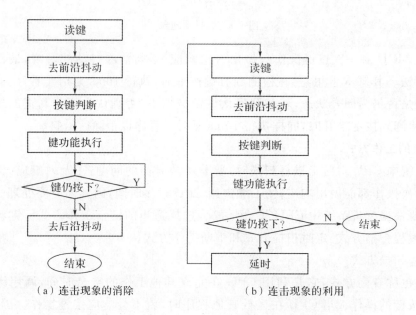

(a) 连击现象的消除   (b) 连击现象的利用

图 8-2　按键连击现象

5. 重键保护与实现

所谓重键(也称串键),就是指两个或多个键同时闭合的现象。出现重键时,就产生了到底是否给予识别和识别哪一个键的问题,其解决办法完全由按键扫描程序决定,可采取 N 键锁定或 N 键轮回的方法。

(1)N 键锁定

当扫描到有多个键被按下时,只把最后释放的键当作有效键,获得相应键值并执行其功能程序。其软件处理流程如图 8-3 所示。

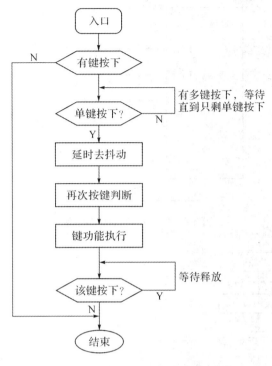

图 8-3　重键"N 键锁定"处理流程

（2）N 键轮回

当扫描到有多个键被按下时，对所有按下的按键依次产生键值并做出响应。

在微机系统中，通常采取单键按下有效、多键按下无效的策略，即采用 N 键锁定方法。

8.1.2　独立式键盘接口

独立式键盘的每个按键占用一根 I/O 口线。没有按键按下时，各 I/O 口线的输入状态均为高电平；当有键按下时，对应 I/O 口线变为低电平。因此，只要 CPU 检测到某一 I/O 口线为"0"，便可判别出对应按键被按下。这种键盘的优点是结构简单、各按键相互独立、按键识别容易，但是当按键较多时，占用 I/O 口线多，所以只适用于按键较少的系统。4 个独立式按键的硬件连接如图 8-4 所示，查询式程序流程如图 8-5 所示。

首先判断有无键按下（即 P1 口的低 4 位是否不全为 1），若检测到有键按下，延时 10ms 去抖动，再逐位查询是哪个按键按下并执行相应按键的处理程序，最后等待按键释放并延时 10ms 消除后沿抖动。

图 8-4 所示的按键接口电路设计了按键中断逻辑电路，所以既可以采用编程扫描方式、定时扫描方式，也可以采用中断工作方式。当无键按下时，4 与门的输入全为高电平，因而不会产生中断。当其中任一键按下时，$\overline{\text{INT0}}$ 变为低电平，向 MCU 请求中断。MCU 响应中断，执行按键扫描程序，获取键值。

汇编程序（中断方式）：

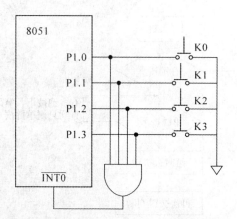

图 8-4　独立式键盘接口电路

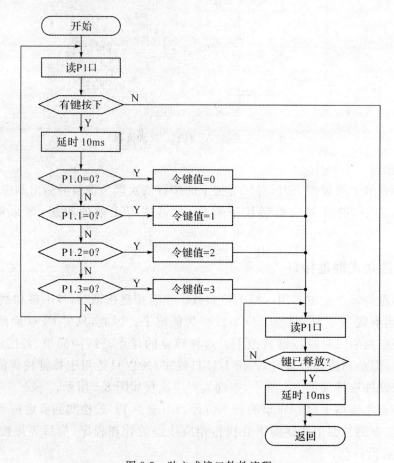

图 8-5　独立式接口软件流程

```
        ORG     0000H
        SJMP    MAIN
        ORG     0003H
        LJMP    INTOSUB          ;外部中断 0 中断函数
        ORG     0100H
MAIN:   SETB    IT0              ;设置外部中断 0 为下降沿触发方式
```

```
        SETB        EX0             ;允许外部中断 0
        SETB        EA              ;CPU 总中断允许
        CLR         KEYFLAG         ;清"有键按下"标志位(=0)
LOOP:   JNB         KEYFLAG,LOOP    ;等待中断
        CLR         KEYFLAG
        LCALL       KEYPROCESS      ;根据键值(R3 中的值)执行按键处理程序(该程序省略)
        SJMP        LOOP

        ORG         0200H           ;按键中断,扫描得到键值在 R3 中
INTOSUB:LCALL       delay10ms       ;去前沿抖动延时(该程序省略)
        MOV         R3,#00H         ;设置键值寄存器初值
        MOV         A,P1
        ANL         A,#0FH
        CJNE        A,#0FH,SCAN     ;判断是否真正有按键按下
        MOV         R3,#0FFH        ;不是正常的按键操作,令键值为 FFH
        SJMP        NOKEY
SCAN:   MOV         R2,#4           ;准备确定键值
SCAN1:  RRC         A
        JNC         FINDKEY         ;找到闭合的键
        INC         R3
        DJNZ        R2,SCAN1
FINDKEY:SETB        KEYFLAG         ;建立"有键按下"标志位
WAIT:   MOV         A,P1
        ANL         A,#0FH
        CJNE        A,#0FH,WAIT     ;等待按键释放
        LCALL       delay10ms       ;去后沿抖动延时
NOKEY:  RETI
```

C51 程序(中断方式):

```c
#include <reg51.h>
int keyValue = -1;
/* * * * * * * * * * * * * * * * * 主函数 * * * * * * * * * * * * * * * * * * * * * */
int main(void)
{
    IT0 = 1;                    //设置外部中断 0 为下降沿触发方式
    EX0 = 1;                    //允许外部中断 0
    EA = 1;                     //CPU 总中断允许
    while(1)
    {
        if(keyValue >= 0)
        {
            KeyProcess(keyValue);   //执行按键处理程序(该程序省略)
            keyValue = -1;
```

```
        }
    }
    return 0;
}
/ * * * * * * * * * * * * * * 中断服务程序(读取键值) * * * * * * * * * * * * * * * * * * /
void getkey (void) interrupt 0 using 1        //按键中断,扫描得到的键值为 keyValue
{
    unsigned char n = 4,count = 0, temp = 0;   //定义变量及初始化
    unsigned char state;                        //定义变量
    delay_ms(10);                               //延时去前沿抖动(该函数省略)
    state = P1;                                 //读入按键状态
    state& = 0x0F;
    if (state = = 0x0F) return;                 //P1 低 4 位全为 1,无键按下,返回
    while(n>0)                                  //P1 低 4 位非全 1,判断是哪个按键
    {
        temp = state % 2;                       //获取 state 的最低位状态赋给 temp
        if(! temp)                              //temp = 0,找到按下的按键
        {
            keyValue = count;                   //count 反映的键值赋给 keyValue
            return;                             //返回
        }
        state = state/2;                        //按键状态右移一位,继续判断下一个按键
        count + + ;                             //键值 +1
        n - - ;
    }
}
```

8.1.3 矩阵式键盘接口

矩阵式键盘(也称行列式键盘)的接口包括行线和列线两组,按键位于行线和列线的交叉点上。图 8-6 给出了一个 4×4 矩阵结构的 16 个按键的键盘,每一个按键都通过不同的行线和列线与微控制器相连接。16 个按键只需 8 条 I/O 口线,即 $m \times n$ 矩阵键盘只需要 $m+n$ 条线,因此在按键数目较多的系统中,矩阵式键盘比独立式按键要节省很多 I/O 口线。一般当按键数目大于 8 时,就要采用矩阵式键盘。

矩阵式键盘判别按键的方法有行扫描法和线路反转法。

1. 行扫描法

在图 8-6 中,P1.7～P1.4 为输出扫描信号的行线,P1.0～P1.3 为输入按键状态的列线。行扫描法的扫描过程分为粗扫描和细扫描两个步骤。

(1)第一步粗扫描:识别是否有键按下

把所有行线(P1.7～P1.4)设置为低电平并输出(相当于将各行接地),然后检测各列线(P1.3～P1.0)的电平是否都为高电平,如果读入的 P1.3～P1.0 值均为"1",说明没有键按下;如果读入的 P1.3～P1.0 的值不全为"1",则说明有键按下,延时 10ms 去前沿抖动。

（2）第二步细扫描：识别哪个按键按下

①逐行扫描。先使一条行线为低电平、其余行线为高电平并输出，然后读入各列线的状态；如果各列状态不全为"1"，即某列线为低电平，则表示该行该列交叉点处的按键被按下，已扫描到按下的键，结束扫描；如果各列状态全为"1"，表示该行没有按键按下，继续扫描下一行，直至扫描到全部行。

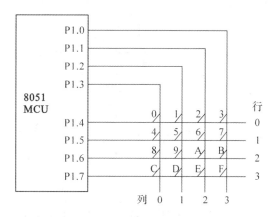

图 8-6　4×4 矩阵式键盘接口电路

②键值确定。设图 8-6 中 16 个按键的键值如图所示为 0、1、2……E、F，其中每行的行首键值为 0、4、8、C，列号为 0、1、2、3；则每个按键的键值与行列位置有关，它们之间关系如表 8-1 所示。根据"0"电平所在的行首键值和列状态中"0"的列号可得出闭合键的键值，即有：

闭合键的键值＝行首键号＋列号　　　　　　　　　　　　　　　　　　　　（8-1）

表 8-1　按键位置与特征码关系

键值　＼列号　行首键号	0	1	2	3
0	0	1	2	3
4	4	5	6	7
8	8	9	A	B
C	C	D	E	F

下面以图 8-6 所示的键 5 被按下为例，说明细扫描识别此键的过程。先使第 0 行 P1.4 输出"0"，其余行输出"1"，然后读入列线 P1.0～P1.3 的状态，由于第 0 行上没有键按下，所以 P1.0～P1.3 均为"1"；扫描下一行，使第 1 行 P1.5 输出"0"，其余行输出"1"，然后读入列线 P1.0～P1.3 的状态，由于第 1 行与第 1 列交叉点上的键 5 被按下，所以读入的第 1 列 P1.2 的状态为"0"，扫描到按下的按键；该键的键值为 4＋1＝5。

> 为保证每一次按键操作 CPU 只响应一次，程序需等按下的按键释放后再退出。

行扫描法程序流程如图 8-7 所示。

汇编程序（键值保存在 A 中）：

```
        ORG     0100H
KeySCAN:MOV     P1,#0FH        ;令行扫描信号 P1.7～P1.4 为"0"，设置 P1.3～P1.0 为输入方式
        MOV     A,P1
        ANL     A,#0FH         ;读入 P1,得到 P1.3～P1.0 的列状态
        CJNE    A,#0FH,HAVEKEY ;列信号不全为 1,表示有键按下,转移
```

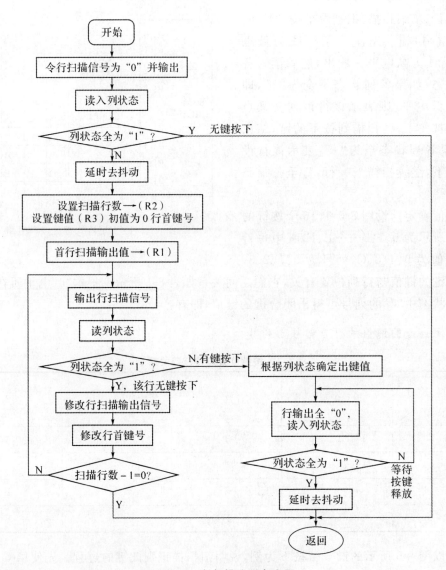

图 8-7   行扫描法程序流程

```
        SJMP      Nokey
HAVEKEY:LCALL     delay10ms        ;去前沿抖动,并开始逐行扫描
        MOV       R3,#0            ;设置键值为0行首键号
        MOV       R2,#4            ;扫描行数
        MOV       R1,11101111B     ;设置首行扫描信号
AGAIN:  MOV       P1,R1            ;输出扫描信号
        MOV       A,P1             ;读取列状态
        ANL       A,#0FH
        CJNE      A,#0FH,FINDKEY   ;判断该行是否有键按下,该行有键按下,转移
        MOV       A,R1             ;没有键按下,则修改行扫描信号
        RL        A
        MOV       R1,A
        MOV       A,R3             ;修改行首键号
```

```
            ADD         A,#4
            MOV         R3,A
            DJNZ        R2,AGAIN            ;共扫描 4 行
    FINDKEY:JB          P1.3,NEXTP12        ;依次判断对应行上哪一列键按下
            SJMP        FINDWT
    NEXTP12:JB          P1.2,NEXTP11
            INC         R3
            SJMP        FINDWT
    NEXTP11:JB          P1.1,NEXTP10
            INC         R3
            INC         R3
            SJMP        FINDWT
    NEXTP10:JB          P1.0,Nokey
            INC         R3
            INC         R3
            INC         R3
    FINDWT: MOV         P1,#0FH             ;等待释放
            MOV         A,P1
            ANL         A,#0FH
            CJNE        A,#0FH,FINDWT
            LCALL       delay10ms           ;去后沿抖动
            MOV         A,R3                ;键值保存到 A
    Nokey:  RET
```

2. 线路反转法

线路反转法的硬件连接与图 8-6 相同,识别按键的过程分为两步。

(1)行线为输出线,列线为输入线

令 4 条行线 P1.7～P1.4 输出全"0",读入 4 条列线 P1.3～P1.0 的状态,若图中某键(设 E 键)被按下,此时读入的 P1.3～P1.0 的状态为 1101,根据"0"的位置可判断出被按下按键在第 2 列上。

(2)线路反转,行线为输入线,列线为输出线

令 4 条列线 P1.3～P1.0 输出全"0",读入 4 条行线 P1.7～P1.4 的状态,对于 E 键按下,读入的 P1.7～P1.4 的状态为 0111,其中的"0"对应着被按下按键行的位置,为第 3 行,即 E 键所在位置为第 3 行第 2 列的交叉点。

将线路反转法两个步骤中读入的两个状态合成一个代码(P1.7～P1.0 的值),称为特征码。每一个按键有一个确定的特征码(与硬件连接方法有关),其可完全确定按键的位置。E 键的特征码为 01111101B(7DH)。

根据按键的接口原理图,可以很方便地确定出每个按键的特征码,建立键值和特征码的转换关系表,如表 8-2 所示,其中 FFH 定义为无按键操作的特征码。

表 8-2　特征码与键值的关系

特征码	键 值	特征码	键 值
E7H	00H	B7H	08H
EBH	01H	BBH	09H
EDH	02H	BDH	0AH
EEH	03H	BEH	0BH
D7H	04H	77H	0CH
DBH	05H	7BH	0DH
DDH	06H	7DH	0EH
DEH	07H	7EH	0FH
		FFH	无按键操作

线路反转法的程序流程见图 8-8，汇编程序和 C51 程序如下。

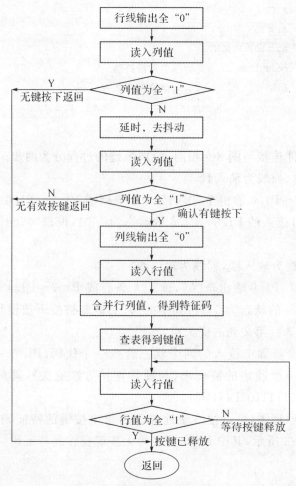

图 8-8　线路反转法程序流程

汇编程序(扫键得到的键值在 A 中)：

```
KEYSUB: MOV     P1,#0FH              ;P1 高 4 位输出"0",低 4 位设置为输入
        MOV     A,P1                 ;读低 4 位状态
        ANL     A,#0FH
        MOV     B,A                  ;P1 低 4 位送入 B
        MOV     P1,#0F0H             ;P1 低 4 位输出"0",高 4 位设置为输入
        MOV     A,P1                 ;读高 4 位状态
        ANL     A,#0F0H              ;取出 P1 的高 4 位
        ORL     A,B                  ;高低 4 位合成特征码
        CJNE    A,#0FFH,KEYI1        ;特征码不是 0FFH,则为有效按键,转移
        RET                          ;没有键按下,返回
KEYI1:  MOV     B,A                  ;取特征码
        MOV     DPTR,#KEYCD          ;准备查特征码表
        MOV     R3,#0FFH             ;键值初始化(R3 存放键值)
KEYI2:  INC     R3
        MOV     A,R3
        MOVC    A,@A+DPTR
        CJNE    A,B,KEYI3            ;未找到,判是否已查完
KEYI4:  MOV     A,P1                 ;找到相同的特征码
        ANL     A,#0F0H              ;等待按键释放
        CJNE    A,#0F0H,KEYI4        ;按键没有释放,继续等待
        MOV     A,R3                 ;已释放,键值送 A
        RET
KEYI3:  CJNE    A,#0FFH,KEYI2        ;未完,再查
        MOV     A,#0FFH              ;无键按下
        RET
KEYCD:  DB      0E7H,0EBH,0EDH,0EEH  ;特征码表
        DB      0D7H,0DBH,0DDH,0DEH
        DB      0B7H,0BDH,0BDH,0BEH
        DB      77H,7BH,7DH,07EH
        DB      0FFH
```

C51 程序(扫描得到的键值为 keyValue)：

```
#include<reg51.h>
keycd[ ]={0xe7, 0xeb, 0xed, 0xee, 0xd7, 0xdb, 0xdd, 0xde, 0xb7,
        0xbb, 0xbd, 0xbe, 0x77, 0x7b, 0x7d, 0x7e, 0xff};        //特征码
/* * * * * * * * * * * * * * * * * * 判断键值函数 * * * * * * * * * * * * * * * * * * * */
uchar FindKey(uchar keyCode)
{
    uchar i = 0;
    while(keycd[i] != 0xff)
    {
```

```
            if(keyCode = = keycd[i])
                break;
        i + + ;
    }
    return i;
}
/ * * * * * * * * * * * * * * * * * * * 主函数 * * * * * * * * * * * * * * * * * * * * * * * */
int main(void)
{
    uchar   temp1, temp2, code, keyValue;
    while(1)
    {
        P1 = 0x0f;                          //P1 高 4 位输出"0",低 4 位作为输入
        temp1 = P1&0x0f;                    //取 P1 低 4 位状态送入 temp1
        if(temp1! = 0x0f)                   //判断是否有按键按下,不全 1 则表示有按键按下
        {
            delay_ms(10);
            P1 = 0x0f;
            temp1 = P1&0x0f;
            if(temp1! = 0x0f)               //再次确认有键按下
            {
                P1 = 0xf0;
                temp2 = P1&0xf0;            //线路反转,取出 P1 高 4 位状态
                code = temp1 | temp2;       //合成特征码
                if(code! = 0xff)
                {
                    while(P1&0xf0! = 0xf0); //等待按键释放
                    keyValue = FindKey(code); //判断键值
                }
            }
        }
    }
}
```

　　行扫描法速度相对较慢,当被按下的键处于最后一行时,要逐行扫描到此行才能获得键值。线路反转法识别键值的速度较快,无论按下的键处于哪一行,均只需经过两步便能获得此按键的键值,但行与列接口均必须采用双向 I/O 接口。

　　对于图 8-6,若将 4 条列线连接到一个 4 与门的输入端,与门输出接至 $\overline{INT0}$ 或 $\overline{INT1}$,则当有键按下时,就会向 CPU 请求中断。

3. 多功能键的设计

（1）双功能键

在设计微机应用系统时,为了简化硬件线路,希望用较少的按键,获得较多的控制功

能。如图 8-9 所示 3×4 的矩阵式键盘,只需增加一个上/下档键 K,就可使每个按键具有两个功能,实现了双功能键的设计。设 K 断开时选择上档功能,K 闭合时选择下档功能。

程序运行时,键盘扫描子程序首先检测 K 的状态,即判断 P2.0 的电平状态,当 P2.0＝1 时,设为上档键,此时 LED 不亮,各键分别代表 0、1、2……A、B;当 P2.0＝0 时,则为下档键,此时 LED 点亮,各键分别代表 0'、1'、2'……A'、B'。赋予同一个键两个不同的键值,从而转入不同的键功能子程序。

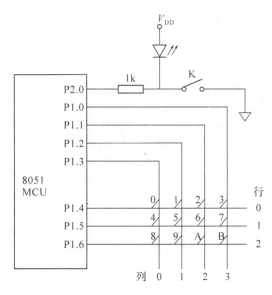

图 8-9　双功能键原理

（2）复合键

复合键是用软件实现一键多功能的另一途径。所谓复合键,就是两个或两个以上组合按键同时作用。当扫描到复合键被按下时,转去执行该复合键相应的功能程序。但实际情况是,几个按键不可能做到真正的"同时按下",它们的时间差别可能长到 50ms 左右。解决"同时按下"的办法是定义一个引导键,单独按下引导键时没有意义,扫描到也不做任何操作;只有和其他键配合使用才形成一个复合键,执行相应复合键的功能。这种操作只需先按住引导键不放,再按下其他功能键即可,而不管"不同时"多长时间,都将执行复合键功能。因此,用一个引导键,按键的数量就可增加一倍。计算机键盘上的"Ctrl"、"Shift"、"Alt"键均是引导键的例子。

8.2　LED 显示接口技术

LED 即发光二极管(Light Emitting Diode),是一种电—光转换器件,具有工作电压低、体积小、寿命长、响应速度快、颜色丰富(如红、黄、绿等)等特点,亮度有低、中、高、超高等几种,具有段码式和点阵式等显示器类型,是微机系统中最常用的显示设备。段码式 LED 显示器可以采用静态显示和动态显示两种方式,分别有相应的硬件连接方式和程序设计方法。

LED 的正向工作压降一般在 $1.2 \sim 2.6\mathrm{V}$,发光工作电流在 $5 \sim 20\mathrm{mA}$,发光强度与正向电流成正比,故电路中须串联适当的限流电阻。LED 很适于脉冲工作状态,在平均电流相同的情况下,脉冲工作状态比直流工作状态产生的亮度增强 20% 左右。

8.2.1 LED 显示原理

1. 段码式 LED 显示器

段码式 LED 显示器(也称数码管)由 7 个条状和 1 个圆形的 LED 封装而成,其外形结构和引线如图 8-10(a)所示,能显示 $0 \sim 9$ 数字和多个字母。数码管有共阴极和共阳极两种结构,它们的连接原理如图 8-10(b)、(c)所示,图中限流电阻需要外接,共阴数码管中 8 个 LED 的阴极连接在一起作为公共端 COM,共阳数码管中 8 个 LED 的阳极连接在一起作为公共端 COM。共阴数码管显示的必要条件是 COM 端接地或具有较大灌电流的输入口线,则当某个 LED 的阳极为高电平时,该 LED 点亮;共阳数码管显示的必要条件是共阳极接电源或具有较强高电平驱动能力(输出电流)的输出口线,则当某个 LED 的阴极接低电平时,该 LED 点亮。

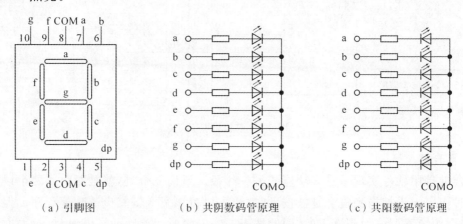

| (a)引脚图 | (b)共阴数码管原理 | (c)共阳数码管原理 |

图 8-10 8 段 LED 显示器的两种结构及其引脚

为使数码管显示不同的符号或数字,要把某些段的 LED 点亮,另一些段不亮,因此要为数码管提供字型码(也称为 7 段码),使数码管显示出不同字符。

图 8-10(a)所示数码管的 a、b、c、d、e、f、g、dp 8 个引脚(也称 8 个段)与 8 位输出口各位的连接关系如表 8-3 所示。若要显示 0,则 a、b、c、d、e、f 要点亮,g、dp 不亮,所以对于共阴数码管,输出口各位的值应为 0011 1111,即段码为 3FH;对于共阳数码管,输出口各位的值应为 1100 0000,即段码为 C0H。按此规则,得到共阴数码管和共阳数码管的 7 段码列于表 8-4。

表 8-3 8 个 LED 与输出口各位对应关系

输出口位	D7	D6	D5	D4	D3	D2	D1	D0
显示段	dp	g	f	e	d	c	b	a

表 8-4　数码管段码

字　符	共阴极 7 段码	共阳极 7 段码	字　符	共阴极 7 段码	共阳极 7 段码
0	3FH	C0H	A	77H	88H
1	06H	F9H	B	7CH	83H
2	5BH	A4H	C	39H	C6H
3	4FH	B0H	D	5EH	A1H
4	66H	99H	E	79H	86H
5	6DH	92H	F	71H	8EH
6	7DH	82H	H	76H	09H
7	07H	F8H	P	73H	8CH
8	7FH	80H	U	3EH	C1H
9	6FH	90H	灭	00H	FFH

2. 点阵式 LED 显示器

点阵式 LED 显示器由多个圆形 LED 组成,有 5×7、8×8 等多种结构,能够显示的字符比段码式 LED 显示器多很多,但其接口电路与控制程序也较为复杂。5×7 点阵显示器原理如图 8-11(a)所示,每行上的 5 个 LED 按共阳方式连接,每列上的 7 个 LED 按共阴方式连接。可以把每列看成是一个共阴极数码管,列线为 COM 端,行线为段码控制端,因此若用 I/O 动态控制一个点阵式 LED,需要 2 个输出接口分别作为列选通输出口和行段码输出口,其显示原理同数码管的动态显示方式相似(详见 8.2.3)。例如,若要显示字母"A",可

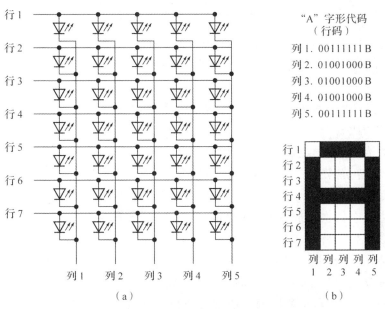

"A"字形代码
（行码）
列 1. 00111111B
列 2. 01001000B
列 3. 01001000B
列 4. 01001000B
列 5. 00111111B

（a）　　　　　　（b）

图 8-11　5×7 点阵字符显示器的结构

将图 8-11(b)所示的字形代码(或称行码)依次输出到行输出口,同时列输出口依次输出每列的选通信号,只要不断地重复扫描输出,便可在显示器上得到稳定显示的字符"A"。

8.2.2 数码式 LED 显示技术

1. 静态显示技术

静态显示是指每个数码管均与一个 8 位输出口连接,数码管的 COM 端直接接地或接电源。这里的 8 位输出口可采用并行 I/O 口,也可采用串行扩展的移位寄存器。图 8-12 为采用 4 个并行接口连接 4 个数码管的静态显示连接图,数码管的 COM 连接在一起并接地(共阴)或接+5V(共阳);每个数码管的 8 个段码(a～dp)分别连接一个 8 位输出接口。静态显示方式的软件比较简单,向各输出接口输出各数码管要显示字符的 7 段码就得到显示结果,若要刷新显示内容,则重新输出新显示字符的 7 段码即可。但是当数码管位数增多时,微机系统的并行 I/O 接口就要增加。因此,在显示位数较多的情况下,为节省 I/O 口线可采用串行扩展的静态显示方式或动态显示方式。

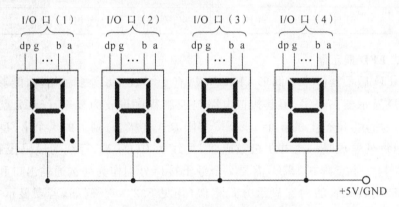

图 8-12   4 位数码管静态显示电路

串行扩展的静态显示方式,常采用串行口的方式 0,外接串入并出移位寄存器74HC164 构成的 8 个数码管显示电路如图 8-13 所示;也可以用普通 I/O 口线如 P1.0、P1.1,模拟 SPI 串行接口扩展输出口。

图 8-13 电路采用共阳数码管,各数码管的 COM 接+5V 电源。若某个数码管要显示某字符,则向该数码管对应的 74HC164 输出这个字符的 7 段码即可。74HC164 在低电平输出时,能够灌入 8mA 的电流,故可不加驱动电路。

要显示某字符,首先要得到这个字符的 7 段码,然后再通过串行口发送到 74HC164,经74HC164 转换为并行输出到数码管的段码。显示子程序编程步骤如下。

首先,建立一个依次存放 0、1……F 这些字符 7 段码的表格,表格首址为 TAB。然后,用查表指令,以表格的首址作为基址寄存器内容、要显示字符作为偏移量送入变址寄存器A,即可查找到对应数字的 7 段码。

其次,要建立一个显示缓冲区 DIS0～DIS7,将 8 个数码管 LED1～LED8 上要显示的字符写入显示缓冲区。显示子程序的功能就是把显示缓冲区的字符取出,查表得到相应的 7 段码,通过串行接口输出从而控制数码管的显示。要更新显示内容只要更新显示缓冲区的数据,然后再调用显示子程序即可。在主程序中,要将串行口的工作方式设置为方式 0 即

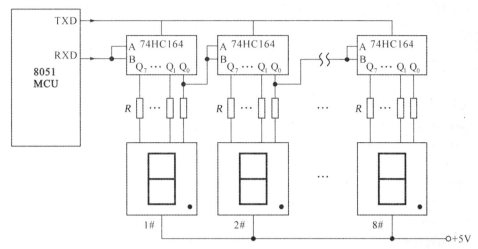

图 8-13　串行扩展的数码管静态显示电路

I/O 扩展方式。显示子程序如下。

汇编程序：

```
DISPLAY:SETB    RS0                        ;选用第 1 组工作寄存器
        PUSH    ACC                        ;保护现场
        PUSH    DPH
        PUSH    DPL
        MOV     R2,#08H                    ;设置显示数据个数
        MOV     R0,#DIS7                   ;R0 作为显示缓冲区指针,先指向末地址;先输出 8#LED 的段码
DL0:    MOV     A,@R0                      ;取出显示数据,作查表偏移量
        MOV     DPTR,#TAB                  ;指向 7 段码表首址
        MOV     A,@A+DPTR                  ;查表得到 7 段码
        MOV     SBUF,A                     ;串行发送出段码
DL1:    JNB     TI,DL1                     ;等待发送完毕
        CLR     TI                         ;清发送完毕标志
        DEC     R0                         ;修改显示缓冲区指针
        DJNZ    R2,DL0                     ;继续显示下一个数据
        CLR     RS0                        ;恢复主程序的第 0 组工作寄存器
        POP     DPL                        ;恢复现场
        POP     DPH
        POP     ACC
        RET
TAB:    DB      0C0H,0F9H,0A4H,0B0H,99H    ;0,1,2,3,4
        DB      92H,82H,0F8H,80H,90H       ;5,6,7,8,9
        DB      88H,83H,0C6H,0A1H,86H      ;A,B,C,D,E
        DB      8EH,0BFH,8CH,0FFH          ;F,-,P,全灭
```

C51 程序：

```c
#include<reg51.h>
```

```
uchar Table[] = {0xC0, 0xF9, 0xA4, 0xB0, 0x99, 0x92, 0x82, 0xF8, 0x80, 0x90,
                 0x88, 0x83, 0xC6, 0xA1, 0x86, 0x8E, 0xBF, 0x8C, 0xFF};
/* * * * * * * * * * * * * * * * * 静态显示函数 * * * * * * * * * * * * * * * * * */
void display(void)
{
    char Len = 8;                        //显示数据个数
    char * pData = DIS7;                  //指向显示缓冲区末地址
    int i = 0;
    TI = 0;
    for(i = 0; i < Len; i++)
    {
        SBUF = Table[ * pData - - ];      //取出与显示数据对应的段码,串行发送
        while(!TI);                       //等待发送完毕
        TI = 0;
    }
}
```

静态显示方式,每个数码管都需要一片 74HC164,电路比较复杂,成本也较高,且在位数较多时,字符更新速度慢。因而在实际应用中,要根据微机系统实际情况综合考虑软、硬件资源和显示响应速度等因素,确定数码管的显示方式。

2. 动态显示技术

当数码管位数较多时,为简化硬件电路,通常采用动态显示方式,图 8-14 为 8 位数码管的动态显示接口电路。8 位数码管的相应各段连接在一起由一个 8 位输出口(称为段码输出口)控制,而 8 位数码管的 8 个 COM 端由另一个输出口(称为位码输出口)控制。由于各位数码管的段码连接到同一个输出口,若各数码管的位控信号(COM 端)都始终有效,则 8 位数码管就会显示相同的内容。因此实际上,8 位数码管的 8 个位控信号(位码)在任一时刻只能一位有效。当某位数码管的位控信号有效时,此时段码输出口输出该数码管要显示字符的 7 段码,该数码管有显示,而其他数码管均因位控信号无效而不显示。这样依次循环输出各位数码管的 7 段码和相应位控信号,就可以在 8 位数码管上显示不

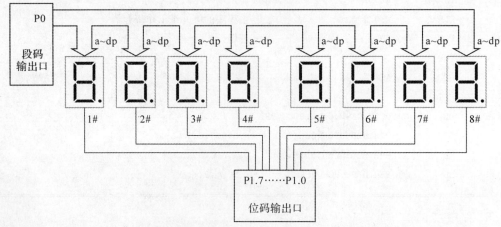

图 8-14 8 位数码管动态显示电路

同的字符。

虽然 8 个数码管上的字符是轮流显示的,即在同一时刻只有一位数码管显示字符,其他各位熄灭,但由于 LED 显示器的余晖和人眼的"视觉暂留"作用,只要每位轮流显示的间隔足够短(通常为几毫秒),人眼看到的是"多位同时显示"的效果。为了能够在数码管上得到稳定的显示,需要不断重复输出 8 位数码管的显示内容(即要进行显示扫描),通常重复输出时间(显示扫描周期)为 10ms,即动态显示需要 CPU 频繁执行显示扫描程序才会有较好的显示效果。因此,动态显示是牺牲 CPU 的时间资源来换取硬件资源(I/O 端口)的减少。

图 8-15 是 8 位数码管动态显示"20130901"的段码和位码、显示字符和每一时刻的位选信号与显示状态。图 8-15(a)为控制和显示过程,某一时刻,只有一个数码管因其位控信号有效而被选通显示,其余位因位控无效而熄灭;图 8-15(b)为人眼看到的显示结果,8 位数码管上是稳定显示的字符。由于动态显示方式的数码管是循环轮流点亮的,因此在相同限流电阻的情况下,其显示亮度要比静态显示方式的亮度低很多,所以动态显示的限流电阻要比静态显示的限流电阻小,才能达到相同的亮度效果。

显示字符	段码	位码	显示器显示状态(微观)	位选通时序
2	5BH	7FH	[2]	⊓⌐1#
0	3FH	BFH	[0]	⊓⌐2#
1	06H	DFH	[1]	⊓⌐3#
3	4FH	EFH	[3]	⊓⌐4#
0	3FH	F7H	[0]	⊓⌐5#
9	6FH	FBH	[9]	⊓⌐6#
0	3FH	FDH	[0]	⊓⌐7#
1	06H	FEH	[1]	⊓⌐8#

2	0	1	3	0	9	0	1

人眼看到的显示结果

(a)　　　　　　　　　　　　　　　　　　(b)

图 8-15　8 位数码管动态显示过程和结果

将内部 RAM 30H 开始的 8 个显示缓冲单元中的 BCD 数显示在 8 位数码管上,其动态扫描显示程序流程如图 8-16 所示,汇编和 C51 程序如下。

汇编程序:

```
        ORG     0000H
        SJMP    MAIN
        ORG     0040H
MAIN:   MOV     R0,#30H         ;R0 指向显示数据存放首址
        MOV     R1,#7FH         ;R1 为位控信号寄存器,指向第 1 个数码管
        MOV     R2,#8           ;R2 为显示位数
NEXT:   MOV     A,@R0           ;取出一个数
        MOV     DPTR,#TABLE     ;DPTR 指向 7 段码表首地址
        MOVC    A,@DPTR+A       ;取出该数的 7 段码
        MOV     P0,A            ;将 7 段码输出到段码输出口 P0
        MOV     A,R1
```

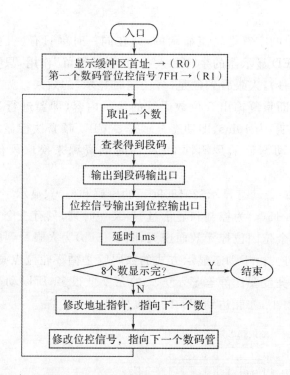

图 8-16　8 位数码管动态显示扫描程序

```
        MOV       P1,A              ;位控信号输出到位控输出口 P1
        LCALL     DELAY1MS          ;延时 1ms
        INC       R0                ;指针指向下一个数的地址
        MOV       A,R1              ;修改位控信号,使下一个数码管位控有效
        RR        A
        MOV       R1,A
        DJNZ      R2,NEXT           ;没有显示完毕,继续
        RET
TABLE:  DB        3FH,06H,5BH,4FH,66H,6DH,7DH,07H,7FH,6FH        ;0~9 的段码
```

C51 程序:

```c
# include<reg51.h>
uchar Table[] = {0x3F, 0x06, 0x5B, 0x4F, 0x66, 0x6D, 0x7D, 0x07, 0x7F, 0x6F};
/* * * * * * * * * * * * * * * * 数码管动态显示函数 * * * * * * * * * * * * * * * * * * * */
void display()
{
    uchar * pData = 0x30;            //指向显示数据存放首址
    uchar weima = 0x7F;             //位控信号,指向第 1 个数码管
    uchar i = 0;
    for(i = 0; i < 7; i + +)
    {
        P0 = Table[ * pData + +];    //取出显示数据对应的段码,并送到段码输出口
```

```
        P1 = weima;                     //输出位控信号
        delay1ms();
        CY = 1;
        weima = _cror_(weima,1);        //位控信号循环右移一位
    }
}
```

8.2.3　点阵式 LED 显示技术

采用双色发光二极管构成的 LED 阵列即为双色 LED 阵列。一个双色 LED 集成封装了红色和绿色两个 LED 内芯,有 3 个引脚:1 个 COM 端,2 个控制端,分别控制红色、绿色 LED 的亮与灭。图 8-17 为由 64 个双色 LED 组成的 8×8 LED 阵列结构图。H1～H8 为行控制信号,高电平有效;G1～G8 为绿色 LED 控制信号,R1～R8 为红色 LED 控制信号,均为低电平点亮;当红灯和绿灯一起点亮时,双色 LED 呈现出黄色。

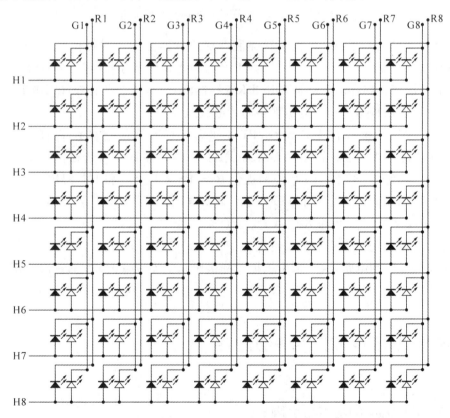

图 8-17　双色点阵 LED 结构

由图 8-17 可知,一个 8×8 双色 LED 阵列,需要 3 个 8 位的输出接口。1 个为行控制信号 H1～H8 输出口,输出行扫描信号;另 2 个是段码输出口,1 个输出红色 LED 的段码,另 1 个输出绿色 LED 的段码。通常采用串行方式扩展输出接口,图 8-18 是运用 3 个串入并出移位寄存器 74HC595 扩展输出接口的电路图。

74HC595 是具有锁存功能的移位寄存器,其内部有一个 8 位移位寄存器、一个存储寄

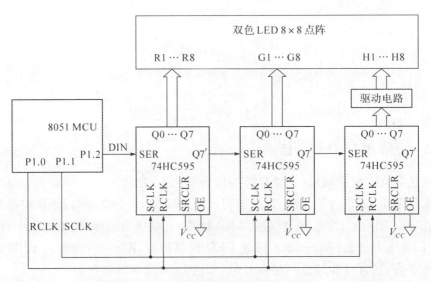

图 8-18　串行扩展连接双色 LED 点阵电路

存器和一个三态输出控制器。移位寄存器和存储寄存器分别由时钟信号 SCLK 和 RCLK
控制。串行输入数据位(SER)在 SCLK 的上升沿输入移位寄存器,移位寄存器中的数据在
RCLK 的上升沿锁存到存储寄存器,$\overline{SRCLR}$寄存器清 0 端,低电平有效,$\overline{OE}$输出使能端,低
电平有效,串行输出数据位 Q7'可实现多芯片的级联。

　　利用 8051 MCU 的 3 根 I/O 口线,P1.2 作为串行数据线连接到 74HC595 的 SER、
P1.1 作为移位寄存器移位时钟信号 SCLK、P1.0 作为存储寄存器选通信号 RCLK。扩展
的 3 个 74HC595 为 8×8 双色 LED 阵列提供 R1～R8、G1～G8 和 H1～H8 三个控制接口。
由于行控制线 H1～H8 要为多个 LED 提供驱动电流,极端情况是要求同一行上的 8 个
LED 显示黄色,即同一行上的 8 个双色 LED 全部点亮。假设一个 LED 的驱动电流为
3mA,则此时行控制信号需要输出的电流为 16×3mA,大大超出了 74HC595 口线的驱动能
力,所以需要外加驱动电路,通常采用三极管提供驱动电流,74HC595 的输出控制三极管的
基极。

8.3　键盘显示管理芯片 HD7279

8.3.1　HD7279 的功能与引脚

1. HD7279 结构与特点

　　HD7279 是一款功能强大、具有一定抗干扰能力的键盘/显示管理芯片,能驱动 8 个共
阴 LED 数码管(或 64 个独立 LED)、连接 64(8×8)个按键的键盘矩阵。与微控制器采用串
行 SPI 接口连接,外围电路简单、价格低廉,在微机系统中得到了较为广泛的应用。

　　HD7279 芯片具有如下特点:

　　①具有 SPI 串行接口,仅需占用微控制器 4 条口线,接口简单。

②内部含有译码器，具有 2 种译码方式，可直接接受 BCD 码和 16 进制码。可实现 LED 显示器位寻址和段寻址，可以方便地控制每位 LED 显示器中任意一段的点亮与熄灭。

③内含驱动器，可以直接驱动 1 英寸及以下的 LED 数码管。

④对于数码管能自动进行显示扫描，有多种显示方式以及消隐、闪烁、左移、右移等显示功能。

⑤具有片选信号输入端，在同一系统中可方便使用多片 7279，实现多于 8 位 LED 显示器的控制。

⑥内含 64 键键盘控制器和去抖动电路；具有自动扫描、消除抖动和识别按键代码的功能。

2. HD7279 引脚功能

HD7279 共有 28 个引脚，除电源、复位、振荡电路的几个引脚外，其余的引脚一部分是与 MCU 连接的接口引脚，另一部分是与外设（键盘、LED）连接的外设引脚。各引脚定义和功能见表 8-5。

表 8-5　7279 引脚定义与功能

符 号	名 称	说 明
V_{DD}、V_{SS}	电源、地	工作电源的正负端
NC	空闲端	无连接，悬空
$\overline{CS}$	片选信号输入端	低电平有效；访问 7279 时，该引脚必须有效
CLK	串行传送的同步时钟输入端	时钟的上升沿将数据输出到 7279，或可读入 MCU
DATA	串行数据输入/输出端	当芯片接收指令时，此引脚为输入端；当 MCU 读取键值时，此引脚在读指令最后一个时钟的下降沿变为输出端
$\overline{KEY}$	按键有效输出端	无键按下时为高电平，有键按下时变为低电平，并且一直保持到键值被 MCU 读取
DIG0～DIG7	位码信号输出端	8 个数码管的位驱动信号输出口，低电平有效；也是 64 个按键的扫描信号输出口
SG～SA、DP	段码信号输出端	LED 数码管的 A 段～G 段、DP 的输出端；也是 64 个按键的回扫信号输入口
CLK0	振荡信号输出端	内部振荡器的振荡信号从该引脚输出，可供系统采用
RC	RC 振荡器连接端	内部振荡器的外接 R、C 连接端，外接阻容的典型值为 $R=1.5k\Omega$，$C=15pF$
RESET	复位端	该信号有效复位 7279，回复到芯片默认的初始状态

8.3.2　HD7279 的应用

1. HD7279 的硬件连接

HD7279 与微控制器和外设的连接如图 8-19 所示。图 8-19 中 7279 的接口引脚连接到 MCU 的 4 条 I/O 口线，其中 P1.5 连接片选信号线 $\overline{CS}$，用于使能 7279；P1.6 连接到 CLK 线，用于模拟产生串行同步时钟信号；P1.7 连接到 DATA 线，与 7279 进行双向数据传输；

P3.2 连接到 $\overline{\text{KEY}}$，这样的连接使得键值的获取既可以采用查询方式也可以采用中断方式。当有键按下时，$\overline{\text{KEY}}$ 变为低电平，MCU 可从 7279 读取键值。

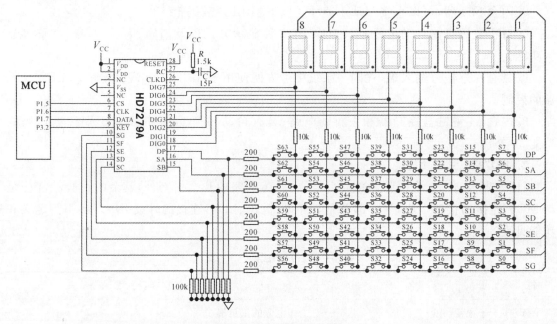

图 8-19   7279 应用电路

在 7279 外设引脚的连接中，DIG0～DIG7 既是 8 位数码管的位控信号，也是矩阵式键盘的扫描信号；SG～SA、DP 是数码管的段码输出线，也是键盘回扫信号输入线。

图 8-19 中 200Ω 的电阻是限流电阻，用来限制 LED 数码管的电流；100kΩ 和 10kΩ 的电阻分别为下拉电阻和位控电阻，如果 7279 仅用于显示器管理，则这两种电阻都可以省略。

2. HD7279 的软件控制

HD7279 的控制指令由 6 条纯指令、7 条带数据指令和 1 条读键值指令组成，表 8-6、表 8-7 和表 8-8 分别给出了各指令代码和功能。

①6 条纯指令：均为单字节指令。

表 8-6   7279 的 6 条纯指令和功能

序　号	指令名称	指令代码	指令功能
1	复位指令	A4H	清除显示，包括字符的消隐属性和闪烁属性
2	测试指令	BFH	将所有的 LED 点亮并闪烁，可用于自检
3	左移指令	A1H	将所有的显示左移 1 位，移位后，最右位空(无显示)，不改变消隐和闪烁属性
4	右移指令	A0H	与左移指令相似，只是方向相反
5	循环左移指令	A3H	将所有的显示循环左移 1 位，移位后，最左位内容移至最右位，不改变消隐和闪烁属性
6	循环右移指令	A2H	与循环左移指令相似，只是方向相反

② 7 条带数据指令：双字节指令，第 1 字节是命令，第 2 字节是数据。

表 8-7　7279 的 7 条带数据指令和功能

序号	指令名称	指令代码							
		第 1 字节	第 2 字节						
1	方式 0 译码显示	10000 a2 a1 a0	DP	X	X	X	d3	d2	d1	d0
	指令功能：第 1 字节中的 10000 为特征码，a2、a1、a0 代表第 1～8 个数码管，见表 8-9。第 2 字节为显示内容，其中 DP 为小数点控制位，DP＝1，小数点显示；DP＝0，小数点熄灭。X＝无关位，d3～d0 表示显示的内容。方式 0 的译码规则见表 8-10								
2	方式 1 译码显示	11001 a2 a1 a0	DP	X	X	X	d3	d2	d1	d0
	指令功能：该指令和方式 0 译码显示指令的含义基本相同，特征码为 11001。a2、a1、a0 与显示位关系同表 8-9，方式 1 的译码规则见表 8-10								
3	不译码显示	10010 a2 a1 a0	DP	A	B	C	D	E	F	G
	指令功能：指令特征码为 10010，a2、a1、a0 含义同上。第 2 字节为显示内容，DP 和 A～G 分别代表小数点和 LED 显示器的 7 段，相应位为 1 时，该段点亮；为 0 时，该段熄灭								
4	闪烁控制	10001000	d8	d7	d6	d5	d4	d3	d2	d1
	指令功能：规定每个数码管的闪烁属性。d1～d8 分别对应第 1～8 个数码管，该位＝1 表示不闪烁；该位＝0 表示要闪烁								
5	消隐控制	10011000	d8	d7	d6	d5	d4	d3	d2	d1
	指令功能：规定每个数码管的消隐属性。d1～d8 分别对应第 1～8 个数码管，该位＝1 表示要显示；该位＝0 表示消隐。应该注意的是：至少要有 1 位保持显示状态，如果全部消隐则该命令无效								
6	段点亮指令	11100000	X	X	d5	d4	d3	d2	d1	d0
	指令功能：指令的作用是指定点亮某个数码管中的某一段或 64 个 LED 的某一个。d5～d0 与不同数码管各段的关系见表 8-11								
7	段熄灭指令	11000000	X	X	d5	d4	d3	d2	d1	d0
	指令功能：指令的作用是指定熄灭某个数码管中的某一段或 64 个 LED 的某一个。d5～d0 与不同数码管各段的关系见表 8-11								

③ 读取键值指令：双字节指令，第 1 字节是命令，第 1 字节是从 7279 读取的数据。

表 8-8　7279 的读键值指令和功能

指令名称	指令代码							
	第 1 字节	第 2 字节						
读取键值指令	00010101	d7	d6	d5	d4	d3	d2	d1	d0

指令功能：读取当前按下按键的代码。第 1 字节写入 7279，表示要读取键值；第 2 字节是从 7279 读回的键值。64 个按键的键值是 00H～3FH，依据图 8-19 的连接，键值与芯片行、列线的关系见表 8-12；无键按下的代码是 FFH

　　当 7279 扫描到有键按下并获得该按键的键值后，就将 $\overline{\text{KEY}}$ 引脚变为低电平。该引脚可接至 MCU 的一条 I/O 引脚或外部中断输入引脚。当 MCU 查询到该引脚变为低电平时，就可以发送读键值命令读取键值；或设置外部中断为下降沿触发方式，则当 $\overline{\text{KEY}}$ 变为低电平时，向 MCU 请求中断，MCU 响应后在中断服务程序中读取键值。

表 8-9　a2、a1、a0 与显示位的关系

a2	a1	a0	显示位
0	0	0	1
0	0	1	2
0	1	0	3
0	1	1	4
1	0	0	5
1	0	1	6
1	1	0	7
1	1	1	8

表 8-10　方式 0、方式 1 的显示译码规则

d3～d0（16 进制）	方式 0 显示	方式 1 显示	d3～d0（16 进制）	方式 0 显示	方式 1 显示
0H	0	0	8H	8	8
1H	1	1	9H	9	9
2H	2	2	AH	—	A
3H	3	3	BH	E	B
4H	4	4	CH	H	C
5H	5	5	DH	L	D
6H	6	6	EH	P	E
7H	7	7	FH	空	F

表 8-11　d5～d0 与 8 位数码管各段的关系

数码管 \ d5～d0 段位	G	F	E	D	C	B	A	DP
1	00H	01H	02H	03H	04H	05H	06H	07H
2	08H	09H	0AH	0BH	0CH	0DH	0EH	0FH
3	10H	11H	12H	13H	14H	15H	16H	17H
4	18H	19H	1AH	1BH	1CH	1DH	1EH	1FH
5	20H	21H	22H	23H	24H	25H	26H	27H
6	28H	29H	2AH	2BH	2CH	2DH	2EH	2FH
7	30H	31H	32H	33H	34H	35H	36H	37H
8	38H	39H	3AH	3BH	3CH	3DH	3EH	3FH

表 8-12　64 个按键键值与芯片引脚连接的关系

键值\行线\列线	SG	SF	SE	SD	SC	SB	SA	DP
DIG0	00H	01H	02H	03H	04H	05H	06H	07H
DIG1	08H	09H	0AH	0BH	0CH	0DH	0EH	0FH
DIG2	10H	11H	12H	13H	14H	15H	16H	17H
DIG3	18H	19H	1AH	1BH	1CH	1DH	1EH	1FH
DIG4	20H	21H	22H	23H	24H	25H	26H	27H
DIG5	28H	29H	2AH	2BH	2CH	2DH	2EH	2FH
DIG6	30H	31H	32H	33H	34H	35H	36H	37H
DIG7	38H	39H	3AH	3BH	3CH	3DH	3EH	3FH

3. HD7279 的工作时序

①纯指令时序。如图 8-20 所示,令片选信号 $\overline{CS}$ 有效,MCU 发出 8 个 CLK,向 7279 传送 1 字节指令。空闲时,DATA 引脚保持高阻状态。

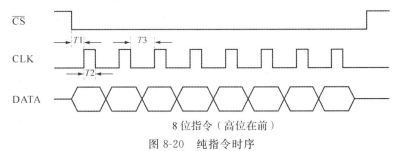

图 8-20　纯指令时序

②带数据指令时序。如图 8-21 所示,令片选信号 $\overline{CS}$ 有效,MCU 发出 16 个 CLK,前 8 个 CLK 向 7279 发送命令字节,后 8 个 CLK 向 7279 发送数据字节。空闲时,DATA 引脚保持高阻状态。

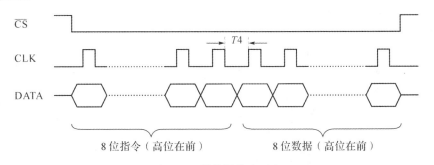

图 8-21　带数据指令时序

③读键值时序。如图 8-22 所示,令片选信号 $\overline{CS}$ 有效,MCU 发出 16 个 CLK,前 8 个 CLK 向 7279 发送"读键值命令 15H",然后 DATA 引脚变为高阻态;后 8 个 CLK 由 7279

向 MCU 返回 1 字节的键值,此时 7279 的 DATA 引脚为输出状态。在最后 1 个 CLK 的下降沿,DATA 引脚恢复到高阻态。

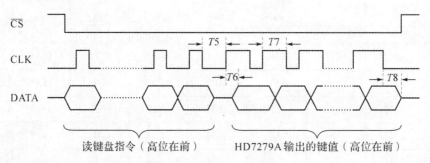

图 8-22　读键盘指令时序

图 8-20～图 8-22 中的 T1～T8 含义,如表 8-13 所示。

表 8-13　图 8-20～图 8-22 中的 T1～T8 含义

变　量	最　小	典　型	最　大	单　位
T1	25	50	250	μs
T2	5	8	250	μs
T3	5	8	250	μs
T4	15	25	250	μs
T5	15	25	250	μs
T6	5	8	—	μs
T7	5	8	250	μs
T8	—	—	5	μs

4. HD7279 的编程

HD7279 的硬件连接如图 8-19 所示,编写程序在 8 个数码管上依次显示按下按键的值。设按下的按键为 0～F 这 16 个数字键。

汇编程序:

```
;* * * * * * * * * * * * * * * 变量和口线定义 * * * * * * * * * * * * * * * * * * * *
BIT_COUNT     EQU      7FH
TIMER         EQU      7EH
TIMER1        EQU      7DH
TEN           EQU      7CH
DATA_IN       EQU      20H
DATA_OUT      EQU      21H
KEY           BIT      P3.2              ;7279 的 KEY 连接于 P3.2
CLK           BIT      P1.6              ;7279 的 CLK 连接于 P1.6
DAT           BIT      P1.7              ;7279 的 DATA 连接于 P1.7
CS            BIT      P1.5              ;7279 的 CS 连接于 P1.5
/* * * * * * * * * * * * * * * * * * 主函数 * * * * * * * * * * * * * * * * * * * */
```

```
                ORG      0000H
                SJMP     START
                ORG      0100H
START:          MOV      SP,#2FH                ;定义堆栈
                MOV      TIMER,#50              ;延时,等待 7279 复位完毕
START_DELAY:    MOV      TIMER1,#255
START_DELAY1:   DJNZ     TIMER1,START_DELAY1
                DJNZ     TIMER,START_DELAY
                CLR      CS                     ;令 7279 片选信号有效,开始操作
                MOV      DATA_OUT,#10100100B    ;复位命令
                LCALL    SEND                   ;发送命令
                SETB     CS
MAIN:           JB       KEY,MAIN               ;检测是否有键按下
                CLR      CS                     ;有键按下,开始操作 7279
                MOV      DATA_OUT,#00010101B    ;读键值命令
                LCALL    SEND                   ;发送命令
                LCALL    RECEIVE                ;调用接收子程序,读入键值到 DATA_IN
                MOV      DATA_OUT,#10100001B    ;显示左移 1 位命令
                LCALL    SEND                   ;发送命令
                MOV      DATA_OUT,#11001000B    ;方式 1 译码显示命令
                LCALL    SEND                   ;发送命令
                MOV      DATA_OUT,DATA_IN       ;显示数据
                LCALL    SEND                   ;发送数据
                SETB     CS
                SJMP     MAIN
;* * * * * * * * * * * * * * * * * 发送子程序 * * * * * * * * * * * * * * * * * * * *
;发送的内容在 DATA_OUT 中,软件模拟 SPI 接口,按位依次传送
SEND:           MOV      BIT_COUNT,#8
                LCALL    LONG_DELAY
SEND_LOOP:      MOV      C,DATA_OUT.7           ;发送最高位
                MOV      DAT,C
                SETB     CLK                    ;CLK 上升沿,数据输出到 7279
                MOV      A,DATA_OUT
                RL       A                      ;左移一位,将欲传送的位移至最高位
                MOV      DATA_OUT,A
                LCALL    SHORT_DELAY
                CLR      CLK
                LCALL    SHORT_DELAY
                DJNZ     BIT_COUNT,SEND_LOOP
                SETB     DAT
                RET
```

```
;* * * * * * * * * * * * * * * * 接收子程序 * * * * * * * * * * * * * * * * * *
;依次逐位接收 8 位数据,接收的数据存放到 DATA_IN 中
RECEIVE:          MOV         BIT_COUNT,#8
                  MOV         DATA_IN,#0
                  SETB        DAT
                  LCALL       LONG_DELAY
RECEIVE_LOOP:  SETB        CLK
                  LCALL       SHORT_DELAY
                  MOV         A,DATA_IN                  ;接收数据左移一位
                  RL          A
                  MOV         DATA_IN,A
                  MOV         C,DAT                      ;接收一位
                  MOV         DATA_IN.0,C                ;接收位,存入字节数据中
                  CLR         CLK
                  LCALL       SHORT_DELAY
                  DJNZ        BIT_COUNT,RECEIVE_LOOP
                  RET
;* * * * * * * * * * * * * * * * 延时子程序 * * * * * * * * * * * * * * * * * *
LONG_DELAY:     MOV         TIMER,#80
DELAY_LOOP:     DJNZ        TIMER,DELAY_LOOP
                  RET
SHORT_DELAY:    MOV         TIMER,#6
SHORT_LP:       DJNZ        TIMER,SHORT_LP
                  RET
                  END
```

C51 程序:

```
sbit CS = P1^5;                          //CS连接于 P1.5
sbit DAT = P1^7;                         //DATA 连接于 P1.7
sbit CLK = P1^6;                         //CLK 连接于 P1.6,上升沿数据有效
sbit KEY = P3^2;                         //按键输出KEY连接于 P3.2
/* * * * * * * * * * * * * * * * *7279 指令定义 * * * * * * * * * * * * * * * * * */
#define CMD_REST 0xA4                    //复位指令
#define CMD_L_shift 0xA1                 //左移指令
#define DECODE1 0xC8                     //以方式 1 译码
#define UNDECODE 0x90                    //非译码方式
#define READ 0x15                        //读键值指令
#define uchar unsigned char
/* * * * * * * * * * * * * * * * * 函数声明 * * * * * * * * * * * * * * * * * * * */
void send_byte(uchar out_byte);
uchar receive_byte(void);
void long_delay(void);
void short_delay(void);
```

```
void delay();
uchar read_key(void);
/* * * * * * * * * * * * * * * * 主函数 * * * * * * * * * * * * * * * * * * * * */
void main()
{
    uchar temp = 0;
    send_byte(CMD_REST);                    //发送复位命令
    while(1)
    {
        while(KEY);                         //等待按键按下
        CS = 0;                             //令片选信号有效
        send_byte(CMD_L_shift);             //左移一位
        temp = read_key();                  //读取键值
        send_byte(DECODE1);                 //以方式1译码,设置显示位置
        send_byte(temp);                    //显示按键值
        delay();                            //延时,防止按键多次响应
        CS = 1
    }
}
/* * * * * * * * * * * * * * * * * * * * * * * * * * * * * * * * * * * * * * *
 * 函数名称:send_byte
 * 函数功能描述:向 7279 芯片发送一字节指令
 * 输入参数:uchar out_byte
 * 返回数据:none
 * * * * * * * * * * * * * * * * * * * * * * * * * * * * * * * * * * * * * * */
void send_byte(uchar out_byte)
{
    uchar i;
    long_delay();
    for(i = 0;i<8;i + + )                    //8 位数据传送
    {
        if(out_byte&0x80)                    //字节从高到低逐位发送
        {
            DAT = 1;
        }
        else
        {
            DAT = 0;
        }
        CLK = 1;                             //输出数据
        short_delay();
        CLK = 0;
        short_delay();
```

```
        out_byte = out_byte * 2;                    //数据左移一位
    }
    DAT = 1;
}
/* * * * * * * * * * * * * * * * * * * * * * * * * * * * * * * * * * * * * * * * *
* 函数名称:receive_byte
* 函数功能描述:从 7279 芯片读取 1 字节数据
* 输入参数:none
* 返回数据:uchar 型
* * * * * * * * * * * * * * * * * * * * * * * * * * * * * * * * * * * * * * * * * */
uchar receive_byte(void)
{
    uchar i;
    uchar In_byte = 0x00;
    DAT = 1;                                        //端口写1,准备读数据
    for(i = 0;i<8;i+ +)                             //开始逐位读取数据,共读取 8 位
    {
        CLK = 0;
        short_delay();
        In_byte = In_byte * 2;                      //将读取的数据左移一位
        if(DAT)
        {
            In_byte = In_byte|0x01;
        }
        CLK = 1;
        short_delay();
    }
    return In_byte;
}
/* * * * * * * * * * * * * * * * * * * * * * * * * * * * * * * * * * * * * * * * *
* 函数名称:read_key
* 函数功能描述:从 7279 芯片读取键值
* 输入参数:none
* 返回数据:uchar 型
* * * * * * * * * * * * * * * * * * * * * * * * * * * * * * * * * * * * * * * * * */
uchar read_key(void)
{
    send_byte(READ);                                //发送读键值指令
    return(receive_byte());                         //读取键值
}
(延时函数略)
```

8.4 液晶显示接口技术

液晶显示器(LCD)是微机系统、通信设施和电子产品中最常用的显示设备,具有尺寸小、重量轻、功耗低、显示信息量大以及 CMOS/TTL 电路直接驱动等优点;其缺点是可视角度小、响应速度慢、工作温度范围较窄、亮度和对比度低等。但是随着 TFT-LCD(薄膜晶体管液晶显示器)技术的成熟,可以克服视角、亮度、对比度等问题,且响应速度快,因此应用越来越广泛。

8.4.1 LCD 显示原理

1. 液晶显示器的工作原理

液晶是介于液态和固态之间的晶状物质,在一定的温度范围内,液晶既具有液体的流动性,又具有晶体的某些光学特性。液晶显示器(LCD)利用液晶材料的电光效应,通过控制外部施加的电压,使液晶分子排列和光学特性发生变化,从而改变光线的通过量,控制显示内容的明暗及色彩,如图 8-23 所示。由于 LCD 依靠调制外界光实现显示,因此它属于被动显示器件。

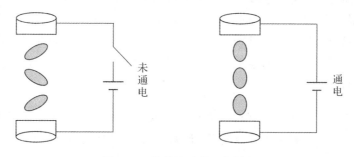

图 8-23 液晶显示的工作原理

2. 液晶显示器的驱动方式

液晶显示器的驱动方式由电极引线的选择方式确定,有静态驱动和动态(时分割)驱动两种。液晶不能使用直流电压驱动,否则液晶材料会产生电解而老化。

(1)静态驱动方式

静态驱动方式多用于段码式 LCD 的驱动,其驱动电路与波形如图 8-24 所示。图 8-24(a)中 LCD 表示某液晶显示字段,当此字段的公共电极 A 和段电极 C 上的电压相位相同时,两电极之间的电位差为零,该字段不显示;当此字段上两电极的电压相位相反时,两电极之间的电位差为二倍幅值的方波电压,该字段显示。

由图 8-24(c)可见,段电极 C 施加的电压波形,受控于显示控制信号 B。当 B=0 时,A、C 两电极施加的电压波形同相,液晶上无电场,LCD 处于非选通状态,该段不显示;当 B=1时,A、C 两电极施加的电压波形反相,液晶上施加了一个矩形波,当矩形波的电压高于液晶的阈值电压时,LCD 处于选通状态,该段显示。一般应在 LCD 的公共电极端(也称为背极)加上恒定的方波信号,通过显示控制信号 B 控制在段电极上施加同相或反相方波信号,实现 LCD 段的亮、灭控制。

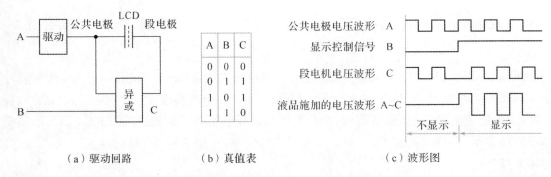

| （a）驱动回路 | （b）真值表 | （c）波形图 |

图 8-24　液晶的静态驱动回路及波形

静态驱动的特点是响应速度快、耗电少、驱动电压低,但适用于驱动段数较少的 LCD;对于段数较多或点阵式 LCD,则采用动态驱动方式。

（2）动态驱动方式

当显示段数增多时,为减少引出线和驱动回路数,必须采用动态驱动法,也叫时分割驱动或多路寻址驱动法。该方法将 LCD 显示矩阵同一行的背电极连接到一起引出,称为行电极,用 COM 标识;同一列的段电极连接到一起引出,称为列电极,用 SEG 标识。对行电极依次扫描一次称为一帧,各行的扫描时间是相等的,行数 n 的倒数也称为占空比,有 1/8、1/16、1/32 等。显示时,按照 $1/n$ 的时序逐行扫描,与该扫描时序相对应,对列电极作选择驱动,选择点亮和熄灭液晶屏上相应的像素。大矩阵的 LCD 模块(也称 LCM)有对应的显示 RAM,用来存储显示内容;列驱动和行扫描用专用芯片控制,循环周期很短,以保证 LCD 模块上呈现稳定的显示效果。

　　作为液晶使用者,没有必要详细了解液晶的驱动方式,重点是要了解常用的液晶控制芯片的功能,学习其与 MCU 的接口连接、控制方法和程序设计等,实现任意字符、汉字和图形的显示。

3. 液晶显示器的种类

根据显示颜色可分为:单色、灰度和彩色 LCD。其中彩色 LCD 又有 VA 型(MVA 或 PVA)、TN 型、HTN 型、STN 型、TFT 型、IPS 型等。

根据显示类型可分为:①段码型。如计算器、万用表等一些专用电子设备上使用的液晶,这些液晶一般需要定制。②字符型。只能显示字符控制器提供的字符,无法显示图形,灵活性较差。③点阵型。型号规格多,生产厂家多,控制器也比较多;特点是硬件内置西文字库,有些还带有二级汉字库,支持显示点阵图形和字符,允许图形 RAM 中的点阵图形和数据 RAM 中的字符按照一定的规则同屏叠加显示等。

根据驱动电压可分为:2.5V、3V、3.3V 和 5V。

8.4.2　LCD 控制器 ST7920

液晶的驱动控制芯片有很多种,较常用的控制芯片有 ST7920、T6963C 和 KS0108 等。ST7920 控制器功能强大,带有西文和中文字库,支持 4 位/8 位并口以及串口方式,是目前应用最为广泛的 LCD 控制芯片。本书主要介绍该控制器的功能与使用方法。

1. ST7920 的组成结构

ST7920 的组成结构如图 8-25 所示,具有字型产生 ROM(含有 126 个 16×8 点阵 ASCII 字符集和国标一级、二级简体中文字库,共 8192 个 16×16 点阵汉字)、字型产生 RAM、图形数据 RAM 和显示数据 RAM;还包含一组寄存器和标志位,用以对 LCD 显示器进行控制和获取当前的工作状态;能够以 4 位/8 位并行或 2 线/3 线串行多种方式与微控制器连接;具有 32 线行驱动器和 64 线列驱动器。

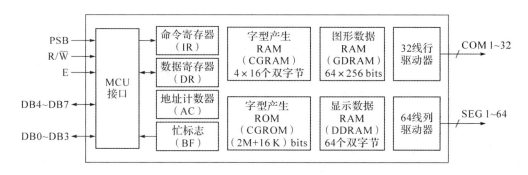

图 8-25　ST7920 内部组成结构

2. 字型产生 ROM(Custom Glyph ROM, CGROM)

字型产生 ROM(Custom Glyph ROM,CGROM)即汉字和字符发生器。CGROM 提供 8192 个 16×16 点阵的汉字字模和 126 个 16×8 点阵的字符字模。每个字符的编码为 1 个字节即为该字符的 ASCII 码、126 个字符(半角)的编码为 02H～7FH;每个汉字的编码为 2 个字节(高字节为区码、低字节为位码),它们与繁体中文 BIG5 码(ST7920-A 型控制器,汉字编码 A140H～D75FH)或国标中文 GB 码(ST7920-B 型控制器,汉字编码 A1A0H～F7FEH)相对应。编码的第 1 字节为 A1H 以上,并将自动结合下一个字节,组成双字节汉字编码,据此编码从 CGROM 中调出中文显示字模。当编码不在 CGROM 限定的 8192 个汉字字库中时,LCD 显示乱码。向显示数据 RAM 中写入双字节汉字编码时,必须高字节(区码)在前、低字节(位码)在后。

对于一个 16×16 点阵的汉字,其字模为 32 字节;一个 16×8 点阵的字符,其字模为 16 字节,所有这些字模均存放在 CGROM 中,如表 8-14 所示。当程序将字符或汉字的编码写入显示数据 RAM 时,硬件自动从 CGROM 中获取字模显示在液晶屏上。

表 8-14　字符、汉字编码写字模对照

字符编码 (单字节)	16×8 点阵的字符字模 (每个字符 16 字节)	汉字编码 (双字节)	16×16 点阵的汉字字模 (每个汉字 32 字节)
02H	"☺"的 16 字节字模	A1A0	"　"的 32 字节字模
…	…	…	…
30H	"0"的 16 字节字模	B4F3	"大"的 32 字节字模
…	…	…	…

续表

字符编码 （单字节）	16×8 点阵的字符字模 （每个字符 16 字节）	汉字编码 （双字节）	16×16 点阵的汉字字模 （每个汉字 32 字节）
61H	"a"的 16 字节字模	D6B0	"职"的 32 字节字模
…	…	…	…
7FH	"△"的 16 字节字模	F7FE	"魋"的 32 字节字模
字符 ROM：126×16×8＝16Kb		汉字 ROM：8192×32×8＝2Mb	

3. 字型产生 RAM（Custom Glyph RAM，CGRAM）

CGRAM 提供自定义字模（造字）功能，可将 CGROM 没有覆盖的生僻字或某符号的字模定义到 CGRAM 中。CGRAM 共有 4 组 16×16 点阵的字模空间，即 64 个双字节存储单元，16×16 点阵汉字字模为 16 个双字节，则可自行设计 4 个汉字字库。4 个自造汉字的编码为 0000H、0002H、0004H、0006H，对应汉字字模在 CGRAM 中的存储关系如表 8-15 所示。CGRAM 中汉字的显示与 CGROM 中汉字的显示方法相同，将对应的编码写到显示数据 RAM 中即可。

表 8-15 自定义汉字编码与 CGRAM 数据地址的关系

编　码	CGRAM 地址	说　明
0000H	00H～0FH	16 个双字节的汉字字模写入时，每行 16 点写入一个单元，16 行依次写入 16 个单元即完成定义
0002H	10H～1FH	如"m²"的字模为： 00H,00H,00H,00H,00H,0EH,00H,11H, 00H,11H,00H,11H,5DH,C6H,66H,48H,
0004H	20H～2FH	44H,50H,44H,5FH,44H,40H,44H,40H, 44H,40H,44H,40H,00H,00H,00H,00H
0006H	30H～3FH	写入 00H～0FH 这 16 个单元，则编码 0000H 的汉字即为"m²"

4. 忙标志 BF（Busy Flag）

内部状态寄存器的最高位是忙标志 BF。BF＝1，表示模块在进行内部操作，不接受外部指令和数据；BF＝0，表示准备就绪，可接收外部指令和数据。利用读状态指令，可得到 BF，以了解模块的工作状态。

5. 地址计数器 AC（Address Counter）

地址计数器 AC 用来贮存 DDRAM、CGRAM、GDRAM 之一的地址，可通过控制命令进行设置。设置初始地址后，对 DDRAM、CGRAM、GDRAM 的读取或写入，地址计数器 AC 会自动加 1。ST7920 提供光标及闪烁控制功能，由 AC 的值来指定 DDRAM 中光标闪烁的位置。

6. 显示数据 RAM（Display Data RAM，DDRAM）

（1）DDRAM 与显示屏上显示位置的映射关系

DDRAM 是字符方式工作时，用来存放需要显示的汉字或字符编码的存储器。ST7920 内置的 DDRAM 提供 64 个双字节的存储空间，每个 DDRAM 单元可存放 1 个汉字编码或

2 个 ASCII 编码。因此,最多可以控制 64 个汉字或 128 个字符的显示,即其可以控制256×64 的点阵 LCD。ST7920 中 64 个双字节 DDRAM(00H～3FH)与 256×64 点阵 LCD 显示位置的映射关系如表 8-16、表 8-17 所示。

表 8-16　ST7920 中 64 个双字节 DDRAM 与 256×64 点阵 LCD 显示位置的映射关系-1

	第1列 汉字						(每列汉字包括 16 列点阵,双字节)									第16列 汉字
第 1 行汉字 (16 行点阵)	00H	01H	02H	03H	04H	05H	06H	07H	08H	09H	0AH	0BH	0CH	0DH	0EH	0FH
第 2 行汉字 (16 行点阵)	10H	11H	12H	13H	14H	15H	16H	17H	18H	19H	1AH	1BH	1CH	1DH	1EH	1FH
第 3 行汉字 (16 行点阵)	20H	21H	22H	23H	24H	25H	26H	27H	28H	29H	2AH	2BH	2CH	2DH	2EH	2FH
第 4 行汉字 (16 行点阵)	30H	31H	32H	33H	34H	35H	36H	37H	38H	39H	3AH	3BH	3CH	3DH	3EH	3FH

表 8-17　ST7920 中 64 个双字节 DDRAM 与 256×64 点阵 LCD 显示位置的映射关系-2

DDRAM 地址	存放编码(双字节)	LCD 上显示位置
00H	"光"的编码	在表 8-16 中,00H 位置的 16×16 点阵上显示"光"
01H	"学"的编码	在表 8-16 中,01H 位置的 16×16 点阵上显示"学"
…	存放要显示的汉字或字符的 编码	编码相应的汉字或字符显示在相应位置
3EH		
3FH		

(2)DDRAM 与 12864 液晶屏的映射关系

对于 ST7920 控制的 12864 液晶模块,仅使用控制器 DDRAM 的前 32 个单元(00H～1FH)作为字符编码的显示缓冲区,对应屏幕上的 128×64 点阵(显示 4 行 8 列共 32 个 16×16 点阵的汉字,或 4 行 16 列共 64 个 16×8 点阵的字符),此时 32 个 DDRAM 单元与LCD 显示屏上字符/汉字的显示位置的映射关系如表 8-18 所示。

表 8-18　DDRAM 与 128×64 点阵 LCD 显示位置的映射关系

	第 1 列 汉字			(每列汉字 16 列点阵,双字节)				第 8 列 汉字
第 1 行汉字 (16 行点阵)	00H	01H	02H	03H	04H	05H	06H	07H
第 2 行汉字 (16 行点阵)	10H	11H	12H	13H	14H	15H	16H	17H
第 3 行汉字 (16 行点阵)	08H	09H	0AH	0BH	0CH	0DH	0EH	0FH
第 4 行汉字 (16 行点阵)	18H	19H	1AH	1BH	1CH	1DH	1EH	1FH

7. 图形数据 RAM(Graphic Display RAM,GDRAM)

(1)GDRAM 与显示屏上显示位置的映射关系

GDRAM 也叫图形帧存,ST7920 的 GDRAM 提供 64×16 个双字节的存储空间,最多可以缓冲 64×256 点阵图形,如图 8-26 所示。垂直地址 Y=00~63(64 行),水平地址 X=00~15(16 列,每列 16 个点阵),每个地址都是双字节单元。GDRAM 中每个单元的 16bit 与 LCD 屏上相应位置的 b15~b0 的 16 个像素对应,bit 内容为 1,则像素点显示;bit 内容为 0,则不显示。通过对 GDRAM 的操作,可以在显示屏上显示图形。GDRAM 地址、内容与显示屏像素的关系,见表 8-19。

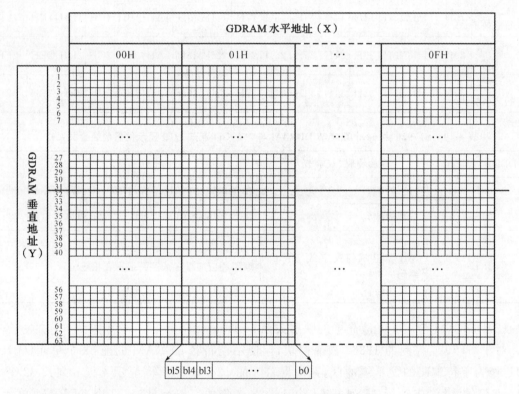

图 8-26 ST7920 控制器的 GDRAM 空间

表 8-19 GDRAM 地址、内容与显示屏像素关系

Y 地址 (行地址)	X 地址 (列地址)	GDRAM 中双字节内容					说　明
		b15	b14	b13	...	b0	
Y=0	X=0	1010101010101010					对第 0 行的 16 个 GDRAM(双字节)进行设置 bit=1,显示;bit=0,不显示 即第 0 行 256 个像素间隔显示
	X=1	1010101010101010					
	...	...					
	X=15	1010101010101010					

续表

Y 地址 （行地址）	X 地址 （列地址）	GDRAM 中双字节内容 b15 | b14 | b13 | ⋯ | b0					说　明
Y=1	X=0	11111111 11111111						第 1 行 256 个像素全部显示
	X=1	11111111 11111111						
	⋯	⋯						
	X=15	11111111 11111111						
⋯	⋯	⋯						⋯
y=63	X=0	10011100 11000011						对最后一行的 256 个像素进行显示设置 根据 GDRAM 中的内容显示
	X=1	11100100 11000011						
	⋯	⋯						
	X=15	10011100 00111011						

GDRAM 容量：64×16×16=16Kb；与显示屏 256×64=16Kb 个像素一一对应

（2）GDRAM 与 12864 液晶屏的映射关系

对于 ST7920 控制的 12864 液晶模块，仅需使用 GDRAM 的前一半空间，垂直地址 Y 范围为 00～31H，水平地址 X 范围为 00～0FH，其中 00～07H 对应上半屏的 128 列，08～0FH 对应下半屏的 128 列，如图 8-27 所示。

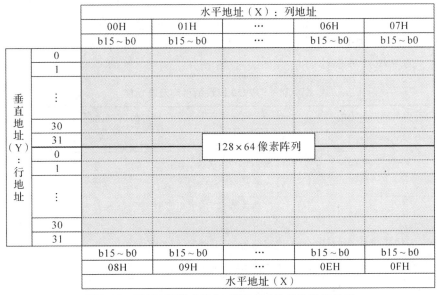

图 8-27　12864 图形点阵与 GDRAM 地址的映射关系

8.4.3　ST7920 控制的 12864 液晶模块

1. 12864 液晶模块组成

ST7920 控制器带有一个 32 线的行驱动器和一个 64 线的列驱动器，每个行驱动线能够驱动 256 列，而每个列驱动线仅能够驱动 32 行。对于 128×64 的液晶屏，相当于需要 32 线行驱动器和 256 线列驱动器,所以除芯片内的一个 64 线列驱动器外,尚需增加 3 个能够驱动 32 行的 64 线列驱动线。因此选用 2 片同系列的 96 线列驱动器 ST7921 进行扩展,如图 8-28 所示。采用 ST7920 的 LCD 模块接口灵活、操作简便、低功耗、低电压(V_{DD}:$+3.0 \sim +5.5 V$)。

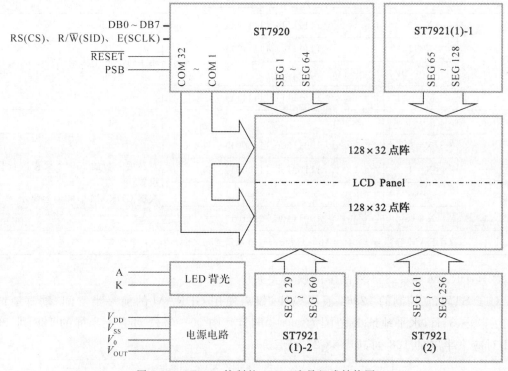

图 8-28   ST7920 控制的 12864 液晶组成结构图

2. 模块的引脚及其功能

ST7920 液晶模块外部接口信号如表 8-20 所示。

表 8-20   ST7920 模块的引脚及其功能

引　脚	引脚名称	电　平	功能描述
1	V_{SS}	0V	地
2	V_{CC}	3.3V/5V	电源
3	V_0	—	对比度(亮度)调整
4	RS	H/L	寄存器选择信号:低电平选择指令寄存器 IR,高电平选择数据寄存器 DR
5	R/$\overline{W}$	H/L	读写信号:低电平写,高电平读
6	E	H/L	使能信号:与 RS、R/$\overline{W}$ 配合使用
7~14	DB0~DB7	H/L	三态数据线
15	PSB	H/L	H:8 位或 4 位并口方式,L:串口方式
16	NC	—	空脚
17	$\overline{RESET}$	H/L	复位端:低电平有效[①]
18	V_{OUT}	—	LCD 驱动电压输出端

注:①模块内部接有上电复位电路,因此在不需要经常复位的场合可将该端悬空。

3. 模块与 MCU 的连接

ST7920 控制的 12864 液晶模块与 MCU 的连接如图 8-29 所示。P0 口与模块的 8 位数据线相连,P1.0～P1.2 分别作为 RS、R/$\overline{\text{W}}$、E 控制引脚,PSB 接高电平表示选择并口工作方式。

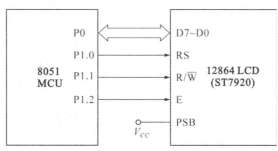

图 8-29　ST7920 液晶模块与 8051 MCU 的连接

4. 模块控制与读写时序

MCU 对液晶模块的操作包括:向 ST7920 写命令和数据、从 ST7920 读状态和数据 4 种。不同操作对应的 E、RS、R/$\overline{\text{W}}$控制信号和时序,列于表 8-21。

表 8-21　ST7920 液晶模块控制信号

E	RS	R/$\overline{\text{W}}$	功能说明
高→低	L	L	MCU 写指令到指令寄存器(IR)
高	L	H	读出忙标志(BF)及地址计数器(AC)的状态
高→低	H	L	MCU 写数据到数据寄存器(DR)
高	H	H	MCU 从数据寄存器(DR)中读出数据

5. ST7920 指令集

ST7920 包括两类控制指令:一类是基本指令集,共 11 条,见表 8-22;另一类是扩充指令集,共 5 条,见表 8-23。

表 8-22　ST7920 基本指令集(RE＝0)

指令名称	控制信号		指令码								功能描述
	RS	R/$\overline{\text{W}}$	D7	D6	D5	D4	D3	D2	D1	D0	
清除显示	0	0	0	0	0	0	0	0	0	1	将 DDRAM 填满 20H(空格的 ASCII),并设定 DDRAM 的地址计数器(AC)为 00H
地址归位	0	0	0	0	0	0	0	0	1	X	设定 DDRAM 的地址计数器(AC)到 00H,并将光标移到原点位置
进入点设定	0	0	0	0	0	0	0	1	I/D	S	指定在数据的读取与写入时,光标和画面显示的移动方向 S=0,缺省,只移动光标;否则,S=1,I/D=0,画面整体右移 S=1,I/D=1,画面整体左移
显示开/关	0	0	0	0	0	0	1	D	C	B	D=1:整体显示 ON;C=1:光标 ON;B=1:光标反白允许

续表

指令名称	控制信号		指令码								功能描述
	RS	R/$\overline{W}$	D7	D6	D5	D4	D3	D2	D1	D0	
光标/移位控制	0	0	0	0	0	1	S/C	R/L	X	X	R/L=0/1:光标左移/右移;S/C=1:显示画面根据 R/L=0/1 进行左移/右移
功能设定	0	0	0	0	1	DL	X	RE	X	X	DL=0/1:4/8 位数据接口;RE=0/1:使用基本/扩充指令集①
设定 CGRAM	0	0	0	1	AC5	AC4	AC3	AC2	AC1	AC0	设定 CGRAM 地址,AC 范围为:00～3FH(双字节单元)
设定 DDRAM	0	0	1	0	0	AC4	AC3	AC2	AC1	AC0	设定 DDRAM 地址,第一行:80H～87H;第二行:90H～97H;第三行:88H～8FH;第四行:98H～9FH
状态读取	0	1	BF	AC6	AC5	AC4	AC3	AC2	AC1	AC0	忙标志(BF)在最高位,地址计数器(AC)的值在低 7 位
写数据到 RAM	1	0	数据								将数据写入到内部 RAM (DDRAM,CGRAM,GDRAM)
读出 RAM 的值	1	1	数据								从内部 RAM(DDRAM,CGRAM,GDRAM)中读取显示数据

注:①"RE"为指令集选择位,变更"RE"后,指令集将维持最后的状态,直到再次变更;不能同时变更 RE 和其他各位,必须先改变其他位后再改变 RE,才能确保设置正确。

表 8-23　ST7920 扩充指令集(RE=1)

指令名称	控制信号		指令码								功能描述
	RS	R/$\overline{W}$	D7	D6	D5	D4	D3	D2	D1	D0	
待机模式	0	0	0	0	0	0	0	0	0	1	进入待机模式,执行其他指令都会终止待机模式
卷动地址开启	0	0	0	0	0	0	0	0	1	SR	SR=1:允许输入垂直卷动地址;SR=0:允许输入 CGRAM 地址
睡眠模式	0	0	0	0	0	0	1	SL	X	X	SL=0/1:进入/脱离睡眠模式
功能设定	0	0	0	0	1	DL	X	RE	G	0	DL=0/1:4/8 位数据;RE=0/1:基本/扩充指令集;G=0/1:图形显示关/开
设定 GDRAM 地址	0	0	1	0　　0	0　　AC5	0　　AC4	AC3　AC3	AC2　AC2	AC1　AC1	AC0　AC0	设定图形 RAM 地址(AC),先设定垂直地址 Y:AC5～AC0;再设定水平地址 X:AC3～AC0,设置后 X 地址自动增 1,直到 0FH

8.4.4　LCD 程序设计

1. 驱动函数:读写基本操作和初始化函数

驱动函数包括对 LCD 的读状态、写命令、读写数据和初始化函数,是编写 LCD 应用程序的基础。

```
SBIT RS = P1^0;
SBIT RW = P1^1;
SBIT E = P1^2;
/* * * * * * * * * * * * * * * * * * * * * * * * * * * * * * * * * * * * * * *
 * 函数名称:void Check_ST7920_State (void)
 * 函数功能:忙标志检查函数
 * 输入参数:none
```

```
 *  返回数据:none
 * * * * * * * * * * * * * * * * * * * * * * * * * * * * * * * * * * * * * */
void Check_ST7920_State (void)
{
    RS = 0;                                    //对状态寄存器操作
    RW = 1;                                    //读操作
    P0 = 0xFF;                                 //P0 口读准备
    do
    {
        E = 0;
        E = 1;
    }
    while(P0&0x80);                            //E 高电平期间读入状态,并判断最高位 Busy
    E = 0;
}
/ * * * * * * * * * * * * * * * * * * * * * * * * * * * * * * * * * * * * * *
 *  函数名称:void Write_ST7920_Com (uchar command)
 *  函数功能:向 ST7920 写一个字节命令
 *  输入参数:command(命令字节)
 *  返回数据:none
 * * * * * * * * * * * * * * * * * * * * * * * * * * * * * * * * * * * * * */
void Write_ST7920_Com (uchar command)
{
    Check_ST7920_State();
    RS = 0;                                    //命令
    RW = 0;                                    //写
    P0 = command;                              //输出命令
    E = 1;
    E = 0;                                     //E 下降沿,向 ST7920 写入
}
/ * * * * * * * * * * * * * * * * * * * * * * * * * * * * * * * * * * * * * *
 *  函数名称:void Write_ST7920_Dat(uchar data)
 *  函数功能:向 ST7920 写一个字节数据
 *  输入参数:data(数据字节)
 *  返回数据:none
 * * * * * * * * * * * * * * * * * * * * * * * * * * * * * * * * * * * * * */
void Write_ST7920_Dat(uchar data)
{
    Check_ST7920_State();
    RS = 1;                                    //数据
    RW = 0;                                    //写
    P0 = data;                                 //输出数据
    E = 1;
```

```
        E = 0;                                              //E下降沿,向 ST7920 写入
}
/* * * * * * * * * * * * * * * * * * * * * * * * * * * * * * * * * * * * * * * *
  * 函数名称:uchar Read_ST7920_Dat (void)
  * 函数功能:从 ST7920 读一个字节数据
  * 输入参数:none
  * 返回数据:P0
  * * * * * * * * * * * * * * * * * * * * * * * * * * * * * * * * * * * * * * * */
uchar Read_ST7920_Dat (void)
{
        uchar result = 0;
        P0 = 0xFF;                                          //P0 口读准备
        RS = 1;                                             //数据
        RW = 1;                                             //读
        E = 0;
        E = 1;
        Delay_40us();                                       //延时
        result = p0;
        E = 0;
        return result;
}
/* * * * * * * * * * * * * * * * * * * * * * * * * * * * * * * * * * * * * * * *
  * 函数名称:void Init_ST7920 (void)
  * 函数功能:ST7920 初始化(LCD 初始化)
  * 输入参数:none
  * 返回数据:none
  * * * * * * * * * * * * * * * * * * * * * * * * * * * * * * * * * * * * * * * */
void Init_ST7920 (void)
{
        Write_ST7920_Com (0x30);                            //基本指令集,8 位并行方式
        Write_ST7920_Com (0x0c);                            //开显示,关光标,不闪烁
        Write_ST7920_Com (0x01);                            //清屏
        Write_ST7920_Com (0x06);                            //起始点设定,光标右移
}
```

2. 字符和汉字显示

将汉字或字符的编码写入 DDRAM,就可以显示汉字或字符。对于双字节的汉字编码,要求高字节在前,低字节在后。

```
/* * * * * * * * * * * * * * * * * * * * * * * * * * * * * * * * * * * * * * * *
  * 函数名称:Disp_ST7920_String
  * 函数功能:CGROM 中的汉字、字符显示函数;适用于普通 ANSI C 规则的字符串(该字符串通常为 S Z 方
  *          式(string with zero ending),也就是 0x0 或者'\0'字符是字符串的结束符)
  * 输入参数:x 表示屏幕上的水平显示位置(取值 0~7),y 表示垂直显示位置(取值 0~3),str 参数为
```

```
*              指向字符或汉字编码的指针
* 返回数据:none
* * * * * * * * * * * * * * * * * * * * * * * * * * * * * * * * * * * * * * */
void Disp_ST7920_String(uchar x,uchar y,uchar * str)
{
    Write_ST7920_Com(0x30);                    //基本指令集
    switch(y)
    {                                          //DDRAM 显示位置设定
        case 0: Write_ST7920_Com (0x80 + x);        break;
        case 1: Write_ST7920_Com (0x90 + x);        break;
        case 2: Write_ST7920_Com (0x88 + x);        break;
        case 3: Write_ST7920_Com (0x98 + x);
    }
    while( * str)
        Write_ST7920_Dat ( * str + + );
}
```

> 本程序未对换行进行控制,调用程序时,需注意如果字符串过长,第一行的末尾部分会写入第三行,第二行末尾写入第四行。这是因为 DDRAM 中顺序存放的内容,在液晶屏上显示的位置是第 1 行、第 3 行、第 2 行、第 4 行,如果第 1 行的字符串超出一行所能显示的汉字数,则多余的汉字将显示在第3行。

如果要将"中国 2013"显示在第 2 行($y=1$)第 3 列($x=2$)开始的位置,首先确定显示屏上起始位置所对应的 DDRAM 地址,即从 12H 开始,依次写入"中国 2013"的 2 个汉字编码和 4 个字符编码(共 8 个字节),即可实现期望的显示结果。调用文本显示函数为 Disp_ST7920_String(2,1,"中国 2013")。

> ST7920 控制器是根据 DDRAM 中的编码显示内容的,每个双字节单元为 1 个汉字编码(/自定义编码)或 2 个 ASCII 编码,因此汉字编码不能跨单元写入,否则,ST7920 将取出错误编码,出现不可预料的显示结果。

对于如表 8-24 所示第 4 行的编码设置,由于"光学工程"汉字编码跨单元填入,ST7920 在控制显示时,错误地将"2"的 ASCII 码和"光"的高字节汉字编码组合,又将"光"的低字节编码和"学"的高字节编码组合……最终显示乱码。

表 8-24　字符、汉字编码在 DDRAM 单元中必须完整

列地址		00H		01H		02H		03H		04H		05H		06H		07H
行地址		H	L	H	L	H	L	H	L	H	L	H	L	H	L	H	L
1(+00H)		O	p	t	i	c	a	l		E	n	g	I	N	e	e	r
2(+10H)		*	*	*	*	中		国		2	0	1	3	*	*	*	*
3(+08H)		光		学		工		程		7	9	←		正		确	
4(+18H)		2	光		学		工		程		0	←		错		误	

注:写入 DDRAM 中的是这些汉字和字符的编码。

3. 自定义字模显示

根据要求确定自定义汉字的 16 个双字节字模；或自行设计 16×16 点阵的图形，转换为 16 个双字节的数据，写入某个 CGRAM 字模空间，即可进行造字。

例如，在内置字库中不能找到的生僻字可以通过造字获得，如 16×16 点阵"妘"的字模：

```
uchar yun[] = {                                  //"妘"字的 16 点阵字模
    0x00,0x00,0x70,0x00,0x73,0xFE,0x60,0x00,
    0xFC,0x00,0x6C,0x00,0xFC,0x00,0xFF,0xFF,
    0xDC,0xE0,0xF8,0xC0,0x79,0xF8,0x3B,0x9C,
    0x7F,0x0C,0xE7,0xFE,0xC0,0x06,0x00,0x00
}
```

对于一些常用的符号，可以当作一个自定义汉字进行造字，方便使用。如 16×16 点阵"m^2"的字模为：

```
uchar m2[] = {                                   //"m²"的 16 点阵字模
    00H,00H,00H,00H,00H,0EH,00H,11H,
    00H,11H,00H,11H,5DH,C6H,66H,48H,
    44H,50H,44H,5FH,44H,40H,44H,40H,
    44H,40H,44H,40H,00H,00H,00H,00H
}
```

自定义字模（造字）和显示的操作步骤为：①设置为扩充指令集；②设置 SR=0，允许设定 CGRAM 地址；③设置为基本指令集；④循环写入 32 个字节字模数据到 CGRAM；⑤设置 DDRAM 地址；⑥写入 CGRAM 编码。

```
/* * * * * * * * * * * * * * * * * * * * * * * * * * * * * * * * * * * * * * *
 * 函数名称：Set_ST7920_CGRAM
 * 函数功能：造字函数
 * 输入参数：num 为自定义字模编号，zimo 为指向字模空间的指针
 * 返回数据：none
 * * * * * * * * * * * * * * * * * * * * * * * * * * * * * * * * * * * * * * */
void Set_ST7920_CGRAM(uchar num,uchar * zimo)
{
    unsigned char i;
    Write_ST7920_Com(0x34);                      //扩展指令
    Write_ST7920_Com(0x02);                      //SR = 0
    Write_ST7920_Com (0x30);                     //基本指令集
    Write_ST7920_Com (0x40 + (num<<4));          //根据自定义汉字编码得到 CGRAM 的起始地址
    for(i = 0;i<16;i + +)
    {
        Write_ST7920_Dat ( * zimo + + );         //写入高 8 位字模数据
        Write_ST7920_Dat ( * zimo + + );         //写入低 8 位字模数据
    }
}
```

```
/* * * * * * * * * * * * * * * * * * * * * * * * * * * * * * * * * * * * *
 * 函数名称:void Disp_ ST7920_String2
 * 函数功能:自造汉字显示函数(因为自造汉字的编码包含"0x0",所以不能以 0 作为函数结束符,而是
 *           设置了显示字符串长度 len 作为结束条件)
 * 输入参数:x 表示屏幕上的水平显示位置(取值 0~7),y 表示垂直显示位置(取值 0~3),str 参数为指
 *           向字符或汉字编码的指针,len 为显示字符串长度
 * 返回数据:none
 * * * * * * * * * * * * * * * * * * * * * * * * * * * * * * * * * * * * */
void Disp_ ST7920_String2(unsigned char x,unsigned char y,unsigned char * str,unsigned char len)
{
    Write_ST7920_Com(0x30);                    //基本指令集
    switch(y)
    {                                          //DDRAM 显示位置设定
        case 0: Write_ST7920_Com (0x80 + x);    break;
        case 1: Write_ST7920_Com (0x90 + x);    break;
        case 2: Write_ST7920_Com (0x88 + x);    break;
        case 3: Write_ST7920_Com (0x98 + x);
    }
    while(len - - )
        Write_ST7920_Dat ( * str + + );
}
```

假如将"妘"定义为 0 号自造汉字,"m²"定义为 1 号自造汉字,通过调用 Disp_ ST7920_ String2 显示函数将"妘 m² 中国 2013"显示在屏幕第 2 行第 2 列 (1,1)开始的 LCD 屏上。程序为:

```
Set_ST7920_CGRAM(0,yun);                   //自定义编码为 0x00 的汉字"妘"
Set_ST7920_CGRAM(1,m²);                     //自定义编码为 0x02 的汉字"m²"
Disp_ST7920_String2(1,1,"\0\0\0\02",4);      //显示:妘 m²。\0\0即 0000 是"妘"的编码,\0\02
                                           //即 0002 是"m²"的编码;字符串长度为 4
Disp_ST7920_String(3,1,"中国 2013")          //显示:中国 2013
```

4. 清屏、图形显示和画图

ST7920 控制的 12864 液晶模块绘图操作基本步骤为:①设置扩充指令集,关闭图形显示;②连续写入两字节的 GDRAM 地址,先写垂直地址 Y,后写水平地址 X;③写入图形数据;④重复②~③步骤直到绘图完成;⑤打开图形显示。

(1)设置 GDRAM 位置函数

```
/* * * * * * * * * * * * * * * * * * * * * * * * * * * * * * * * * * * * *
 * 函数名称:Set_ ST7920_Cursor
 * 函数功能:设置 12864 显示屏 GDRAM 的位置
 * 输入参数:x 为水平地址(双字节地址:0~7),y 为垂直地址(像素点:0~63)
 * 返回数据:none
 * * * * * * * * * * * * * * * * * * * * * * * * * * * * * * * * * * * * */
void Set_ ST7920_Cursor(uchar x, uchar y)
```

```
{
    Write_ ST7920_Com (0x34);                    //扩充指令集,关闭图形显示
    Write_ ST7920_Com (y);                       //先写垂直地址
    Write_ ST7920_Com (x);                       //再写水平地址
}
```

(2)12864 全屏填充函数

当填充数据 dat＝0 时,所有 GDRAM 被置 0,即实现了清屏。而基本指令集中的清屏命令只对 DDRAM 有效,是不能清除 GDRAM 的。

```
/* * * * * * * * * * * * * * * * * * * * * * * * * * * * * * * * * * * * * * * *
 * 函数名称:void GUI_Fill_GDRAM(unsigned char dat)
 * 函数功能:12864 全屏填充函数
 * 输入参数:填充数据 dat
 * 返回数据:none
 * * * * * * * * * * * * * * * * * * * * * * * * * * * * * * * * * * * * * * * */
void GUI_Fill_GDRAM(unsigned char dat)
{
    unsigned char i, j, k;
    unsigned char AddrX = 0x80;                   //GDRAM 水平基准地址
    unsigned char AddrY = 0x80;                   //GDRAM 垂直基准地址
    for(i = 0;i<2;i + +)                          //上下两个屏幕分别进行
    {
        for(j = 0;j<32;j + +)                     //连续写入 32 行
        {
            for(k = 0;k<8;k + +)                  //每行有 8 个双字节单元
            {
                Set_ST7920_Cursor(AddrX + k,AddrY + j);
                                                  //设置处理点位置
                Write_ST7920_Dat(dat);            //连续写入两个字节数据
                Write_ST7920_Dat(dat);
            }
        }
        AddrX = 0x88;                             //上半屏处理完毕 x 基准坐标调整至下半屏基准位置
    }
    Write_ST7920_Com(0x36);                       //打开绘图模式
}
```

(3)图形显示函数

```
/* * * * * * * * * * * * * * * * * * * * * * * * * * * * * * * * * * * * * * *
 * 函数名称:Disp_ST7920_Icon
 * 函数功能:在 LCD 屏幕任意位置显示任意点阵图形
 * 输入参数:x 和 y 分别是水平和垂直方向的像素数(x 应能被 16 整除),clong 为图形长度(字节),hight
 *          为图形高度(像素),Icon 为图形数据指针
```

```
 *  返回数据:none
 * * * * * * * * * * * * * * * * * * * * * * * * * * * * * * * * * * * * * * * * * * * /
void Disp_ST7920_Icon (uchar x, uchar y, uchar clong, uchar hight, uchar * Icon)
{
    uchar i,j;
    for (i = 0;i<hight;i + + )
    {                                      //图标字模 16 行依次写入
        if(y + i<32)                        //判断上下两半屏,重新设定光标位置
            Set_ ST7920_Cursor(0x80 + x/16,0x80 + y + i);
                                           //在上半屏,设置起始位置
        else
            Set_ ST7920_Cursor(0x88 + x/16,0x80 - 32 + y + i);
                                           //在下半屏,设置起始位置
        for(j = 0;j<clong;j + + )           //水平方向写入数据
            Write_ST7920_Dat(Icon[clong * i + j]);//依次写入每行的数据
    }
    Write_ST7920_Com (0x36);               //扩充指令集,打开图形显示
}
```

　　如需在 $x=0$、$y=0$ 位置显示"笑脸"图标,如图 8-30 所示。该图标为 32×32 点阵图像,即图形长度为 4 字节,图形高低为 32 像素,可通过调用 Disp_ST7920_Icon (0,0,4,32,Xiao)实现,Xiao 数组存放笑脸图标的字模。如需在 $x=48$、$y=30$ 位置显示长度为 8 字节、高度为 16 像素的图标,可通过调用 Disp_ST7920_Icon(48,30,8,16,Icon)实现,该图标的前 2 行在上半屏,后 14 行在下半屏,程序在写入行数据前,要先判断上下屏,再确定具体的行列位置,然后逐行向 GDRAM 写入图形数据。

```
uchar Xiao[] =
0x00,0x00,0x00,0x00,0x00,0x00,0x00,0x00,0x00,0x00,0x00,0x00,0x00,0x3F,0xF8,
0x00,0x00,0xF0,0x1C,0x00,0x01,0xC0,0x07,0x00,0x03,0x00,0x03,0x80,0x06,0x00,0x01,
0x80,0x06,0x00,0x00,0xC0,0x0C,0xF8,0x7C,0x60,0x09,0xDC,0xEE,0x60,0x09,0x04,0xC2,
0x20,0x18,0x00,0x00,0x20,0x18,0x00,0x00,0x20,0x18,0x00,0x00,0x20,0x18,0x00,0x00,
0x20,0x18,0x00,0x00,0x20,0x08,0x00,0x00,0x20,0x08,0x18,0x20,0x60,0x0C,0x1C,0xE0,0x60,0x06,
0x07,0xC0,0xC0,0x06,0x00,0x01,0x80,0x03,0x00,0x03,0x80,0x01,0xC0,0x07,0x00,0x00,0xF0,0x1C,0x00,
0x00,0x3F,0xF8,0x00,0x00,0x00,0x00,0x00,0x00,0x00,0x00,0x00,0x00,0x00,0x00,0x00,0x00,
0x00,0x00,0x00,0x00,0x00,0x00,0x00,0x00,0x00,0x00
```

图 8-30　"笑脸"图标及其字模

(4)画图函数

　　在清屏后,根据要画点的 x、y 像素位置,找到在 GDRAM 单元中对应的 bit(确定屏幕上该点在 GDRAM 中的 x 方向上的单元和 bit 位置,以及 y 方向上的上下半屏及具体行),把该 bit 置 1 即可。由于 ST7920 是按字来进行操作,如果需要在屏幕上画点则需要读取该点所在的字(双字节),然后改变相应位再将数据写回 GDRAM。程序如下:

```
    * * * * * * * * * * * * * * * * * * * * * * * * * * * * * * * * * * * *
    * 函数名称:void Draw_Point(uchar x, uchar y)
    * 函数功能:在指定行列位置的地方画一个点
    * 参数说明:x 为行位置,取值为 0～127(像素);y 为列位置,取值为 0～63(像素)
    * * * * * * * * * * * * * * * * * * * * * * * * * * * * * * * * * * * *
    void Draw_Point(uchar x, uchar y)
    {
        unsigned char x_byte, x_bit;              //x 坐标字节与字节中的 bit 位置
        unsigned char y_byte, y_bit;              //在 y 上下屏及屏中的行
        unsigned char tmph, tmpl;                 //存放原屏幕数据
        x &= 0x7F;
        y &= 0x3F;
        x_byte = x / 16;                          //取整数,得到 x 对应的双字节地址(0～7)
        x_bit = x&0x0F;                           //去除高 4 位即取 x/16 的余数,该余数表示在字节
                                                      中的 bit 位置
        y_byte = y /32;                           //取整,若 y_byte = 0:上半屏;= 1:下半屏
        y_bit = y&0x1F;                           //确定在上或下半屏中的第几行
        Set_ST7920_Cursor(0x80 + x_byte + 8 * y_byte,0x80 + y_bit);
                                                  //先读出该位置对应的 2 字节数据
        Read_ST7920_Dat();                        //为保证读入的正确,要求先预读一字节
        tmph = Read_ST7920_Dat();                 //读高字节
        tmpl = Read_ST7920_Dat();                 //读低字节
        if (x_bit < 8)                            //如果 x_bit 位数小于 8
            tmph| = (0x01 << (7 - x_bit));
        else                                      //x_bit 位数大于等于 8
            tmpl| = (0x01 << (7 -(x_bit % 8)));   //输入行 x 位置与 GDRAM 字节数据的转换,见说明
        Set_ST7920_Cursor(0x80 + x_byte + 8 * y_byte,0x80 + y_bit);
                                                  //指向原位置,写入新数据
        Write_ST7920_Dat(tmph);                   //写入 GDRAM
        Write_ST7920_Dat(tmpl);
        Write_ST7920_Com(0x36);                   //打开绘图显示
    }
```

说明:

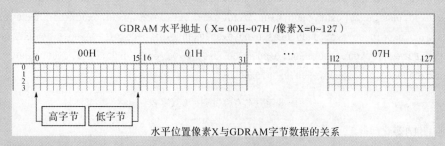

水平位置像素X与GDRAM字节数据的关系

在 GDRAM 中,每个双字节单元的 16bit 与 LCD 屏上相应位置的 16 个像素对应。每个单元是高字节在前、低字节在后,而像素点是从左向右依次递增计算的。如行位置 $x=14$,其所处位置是双字节 00H 中低字节的 bit 1;如 $x=31$,其所处位置是双字节 01H 中低字节的 bit 0;如 $x=114$,其所处位置是双字节 07H 中高字节的 bit5。所以,根据行位置 x 确定其在 GDRAM 中的位置时,要注意其转换顺序问题。

5. 实际应用编程举例

某温度测量系统要求每隔 1s 读取一次 DS18B20 的温度值(温度范围 0～40℃),并在液晶屏上画出该温度对应的点,与之前的点构成一条温度曲线。温度曲线每 1 分钟刷新一次,即到 1 分钟后,重新从原点开始画图。x 轴线条从点(7,55)到(111,55),y 轴线条为(7,8)到(7,55),并在(7,3)位置显示"X",在(0,0)位置显示"Y",表示坐标轴。显示坐标和程序流程示于图 8-31。

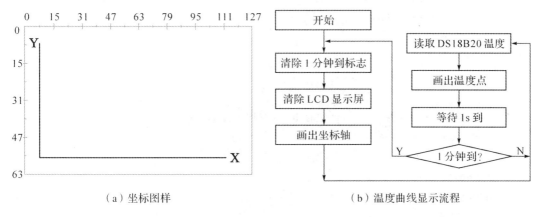

　　　(a)坐标图样　　　　　　　　　　　　(b)温度曲线显示流程

图 8-31　坐标图样和温度曲线显示流程

分析图 8-31(b),该程序需要用到与 ST7920 相关的清屏、画点等函数,另外还需用到 DS18B20 读取温度函数。根据模块化设计,设计本例程序时分成三大模块:主模块、ST7920 画图模块和读取 18B20 模块。其中,ST7920 画图模块对应的接口文件是 ST7920. h,包含清屏函数(GUI_Fill_GDRAM)、汉字显示函数(Disp_ST7920_String)、画点函数(Draw_Point)等;读取 18B20 模块对应的接口文件是 18B20. h,包含读取 18B20 温度函数 Get_Temperature(void),该函数的具体内容见 7.6.3。在主模块中包含 ST7920. h 和 18B20. h 文件,即可以直接调用相应的函数。

主模块程序如下:

```
# include <reg51.h>
# include "ST7920.h"                         //包含前述 ST7920 基本操作函数
# include "18b20.h"                          //包含读取 18b20 函数
# define uchar unsinged char
void init();                                 //定时器、中断初始化
void Draw_Axis();                            //绘制坐标轴函数
uchar s_reg = 0;                             //50ms 计数变量
bit s_flag = 0;
/* * * * * * * * * * * * * * * * * * * 主函数 * * * * * * * * * * * * * * * * * * * * */
void main()
{
    uchar i, c;                              //循环变量、温度值
    init();                                  //初始化定时器、中断
    while (1)
```

```c
    {
        GUI_Fill_GDRAM(0);                      //清屏。要用这个替代
        Draw_Axis();                            //画坐标轴
        for (i = 0; i<60; i++)
        {
            c = Get_Temperature();              //获取温度值
            Draw_Point(8 + i, 48 - c);          //画点
            while (!s_flag);                    //等待 1s 到
            s_flag = 0;
        }
    }
}
/* * * * * * * * * * * * * * * 定时器 0 中断服务程序 * * * * * * * * * * * * * * * * * * /
void myt0() interrupt 1 using 2
{
    TL0 = 0xB0;
    TH0 = 0x3C;
    if (s_reg<20) s_reg++;                      //20 次 50ms 中断为 1 秒
    else
    {
        s_flag = 1;                             //1 秒到建立标志 s_flag = 1
        s_reg = 0;                              //50μs 中断次数清 0
    }
}
/* * * * * * * * * * * * * * * 定时器 0、中断初始化函数 * * * * * * * * * * * * * * * * /
void init()
{
    TMOD = 0x01;                                //T0 方式 1
    TL0 = 0xB0;                                 //50ms 定时初值
    TH0 = 0x3C;
    EA = 1;                                     //CPU 中断允许
    ET0 = 1;                                    //T0 中断开关
    TR0 = 1;                                    //启动 T0
}
/* * * * * * * * * * * * * * * * 绘制坐标轴函数 * * * * * * * * * * * * * * * * * * * /
void Draw_Axis()                                //绘制坐标轴
{   uchar i;
    for (i = 0; i<104; i++)  draw_point(7 + i, 55);   //画出 x 轴
    for (i = 0; i<48; i++)   draw_point(7, 8 + i);    //画出 y 轴
    Disp_ST7920_String(0,0,"y");                //显示"y"
    Disp_ST7920_String(7,3,"x");                //显示"x"
}
```

8.5 触摸屏接口技术

触摸屏是一种可接收触头等输入讯号的感应式液晶显示装置,当接触了屏幕上的图形按钮时,屏幕上的触觉反馈系统可根据预先编制的程式驱动各种联结装置,可用以取代机械式的按钮面板,并借由液晶显示屏产生出生动的影音效果。

8.5.1 触摸屏的组成

一个触摸屏系统包括前面板、传感器薄膜、显示单元、控制器板和集成支持等四部分,如图 8-32 所示。其核心部件是触摸检测部件(传感器薄膜)和触摸屏控制器。触摸检测部件安装在显示器屏幕前面,当手指或其他介质接触到屏幕时,依据不同感应方式,会导致电压、电流、声波或红外线发生变化;触摸屏控制器检测其变化,确定出触压点的坐标位置并传送给 MCU,触摸屏控制器也能接收 MCU 的命令并加以执行。

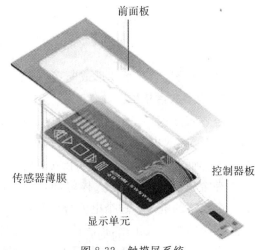

图 8-32 触摸屏系统

8.5.2 触摸屏的种类与原理

根据工作原理,触摸屏可分为四类:电阻技术触摸屏、电容技术触摸屏、红外线技术触摸屏、表面声波技术触摸屏。其中,基于电阻技术和电容技术的触摸屏应用较广泛,下面主要介绍这两种触摸屏的原理。

1. 电阻式触摸屏

电阻式触摸屏是利用压力感应实现检测与控制。如图 8-33 所示,电阻式触摸屏实际上是一块与显示器表面非常贴合的多层的复合薄膜屏。该复合膜以一块硬塑料平板或玻璃作为基板,其内层涂有一层透明氧化金属 ITO(透明的导电层)并有许多细小(小于 1/1000英寸)的透明隔离点;复合膜表层的内层也涂有 ITO 导电层,外层为聚酯纤维经硬化处理后的防刮塑料层的触摸屏。在非工作状态下,基板上的透明隔离点将基板内层 ITO 和触摸屏表层 ITO 导电层隔开并绝缘。当手指触摸屏幕时,两层 ITO 在触摸点位置发生接触而导通,接触点位置不同,在 X 和 Y 两个方向发生的电阻变化不同。触摸屏控制器通过检测相对 $(0,0)$ 位置的 X 和 Y 方向的电阻变化,就可以计算出触点 (X,Y) 的位置。根据触摸屏的引线,电阻式触摸屏主要有四线式、五线式以及八线式等类型。

经过多年的应用和发展,电阻式触摸屏技术已相当成熟,是一种对外界完全隔离的工作环境,不怕灰尘和水汽。它可以用物体来触摸,可以用来写字、画画,且价格较低,使用方便,比较适合工业控制领域及办公室内有限人的使用。但是电阻式触摸屏的涂层比较薄且容易脆断,涂得太厚又会降低透光且形成内反射降低清晰度。表层 ITO 虽多加了一层薄塑料保护层,但依然容易被锐利物件所破坏。且由于经常被触动,表层 ITO 使用一定时间后

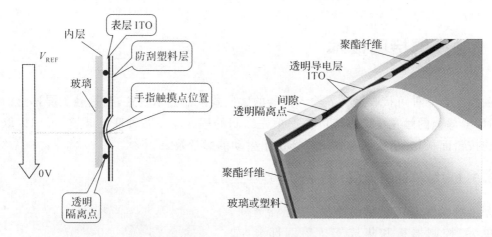

图 8-33 电阻式触摸屏原理

会出现细小裂纹,甚至变形或断裂,所以触摸屏的寿命并不长。

2. 电容式触摸屏

电容式触摸屏是利用人体的电流感应进行工作的。电容式触摸屏是一块四层复合玻璃屏,玻璃屏的内表面和夹层各涂有一层 ITO,最外层是一薄层矽土玻璃保护层,ITO 涂层作为工作面,四个角上引出四个电极,内层 ITO 为屏蔽层以保证良好的工作环境。当手指触摸在金属层上时,由于人体电场,用户和触摸屏表面形成一个耦合电容,手指从接触点吸走一个很小的电流。这个电流分别从触摸屏四角的电极流出。流经这四个电极的电流与手指到四角的距离成正比,控制器通过对这四个电流比例的精确计算,可得出触摸点的位置。

电容式触摸屏又分为表面电容式触摸屏和投射电容式触摸屏,其结构形式见图 8-34。

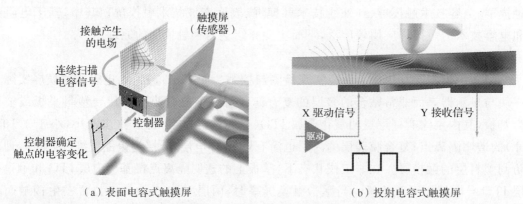

(a) 表面电容式触摸屏   (b) 投射电容式触摸屏

图 8-34 电容式触摸屏结构形式

电容触摸屏目前可支持多重触摸,无须按压操作就能很好地感应轻微及快速的触摸,且防刮擦、不怕尘埃、水及污垢影响,但用戴手套的手或手持不导电的物体触摸时没有反应。当手指触摸在金属层上时,触点的电容就会发生变化,使得与之相连的振荡器频率发生变化,通过测量频率变化可以确定触摸位置获得信息。由于电容随温度、湿度或接地情况的不同而变化,故其稳定性较差,往往会产生漂移现象,且反光严重,因此不适合在工业控制场所和有干扰的地方使用,可使用于要求不太精密的公共信息查询等场合。当外界有电感和磁感的时候,会使触摸屏失灵,而且需人体触摸,如果屏幕较小,会导致触摸困难。

3. 四种触摸屏性能比较

表 8-25 给出了四种触摸屏的性能特点。

表 8-25　四种触摸屏比较

类别特性	电阻式触摸屏	电容式触摸屏	红外线式触摸屏	表面声波触摸屏
清晰度	较好	较差	一般	很好
透光率(%)	75	85	100	92
分辨率	4096×4096	1024×1024	40×32	4096×4096
响应速度(ms)	10	15～24	15～30	10
防刮擦	一般	一般	好	非常好
漂移	无	有	无	无
防尘	不怕	不怕	不能挡住透光部	不怕
寿命	大于 3500 万次	大于 2000 万次	太多传感器,损坏概率大	大于 5000 万次
价格	中	中	低	高

8.5.3　触摸屏的控制芯片

不同原理、不同类型的触摸屏均有其相应的控制器。如 ADS7846 是四线电阻式触摸屏控制器,ADS7845 是五线电阻式触摸屏控制器。控制器的主要功能是分时在 X、Y 电极对上施加电压,实时测量两个电极上的电压,并根据电压值确定出触摸点的 X、Y 坐标。

1. ADS7846 的功能与引脚

ADS7846 是 Burr-Brown 公司推出的一种四线式触摸屏控制器,由低导通电阻模拟开关、带采样/保持功能的逐次逼近型 ADC、异步串行数据接口、温度传感器等组成。ADC 是 ADS7846 的核心,其转换速率为 125kHz,分辨率可编程为 8 位或 12 位。该器件不仅具有 X、Y 坐标测量功能,还具有电池电压、芯片温度、触摸压力和外模拟量 4 种测量功能,其工作方式可由控制字决定,片内 6 选 1 多路模拟开关可根据 MCU 的命令选择 6 个电压量之一(X_+、Y_+、Y_-、V_{BAT}、TEMP、AUX-IN),进行 A/D 转换,转换结果通过 SPI 接口传送到 MCU。ADS7846 还集成有触摸识别电路,当检测到有触摸时,该电路会在引脚输出一个低电平信号,向 MCU 提出测量触点坐标的中断请求。该芯片采用单电源供电,工作电压为 2.2～5.25V,且内部自带＋2.5V 的参考电压。ADS7846 具有 16 个引脚配置,其引脚功能如表 8-26 所示。

表 8-26　ADS7846 的引脚功能说明

引脚号	引脚名	功　能
1,10	V_{CC}	电源输入端,2.7～5.25V
2,3	X_+,Y_+	X_+,Y_+位置输入端
4,5	X_-,Y_-	X_-,Y_-位置输入端
6	GND	电源地
7	V_{BAT}	电池监视输入端

续表

引脚号	引脚名	功　能
8	AUX-IN	附属 A/D 通道输入
9	V_{REF}	A/D 参考电压输入，$1V \sim V_{CC}$
11	$\overline{PENIRQ}$	测量触点中断输出，需外接电阻（$10k\Omega$ 或 $100k\Omega$）
12,14,16	DOUT,DIN,DCLK	SPI串行接口输出、输入、时钟端，在时钟下降沿数据移出，上升沿移进
13	BUSY	忙指示
15	$\overline{CS}$	片选信号

2. ADS7846 的控制与时序

（1）ADS7846 控制命令

ADS7846 的控制字如下所示：

bit 7(MSB)	bit 6	bit 5	bit 4	bit 3	bit 2	bit 1	bit 0
S	A2	A1	A0	MODE	SER/$\overline{DFR}$	PD1	PD0

其中 S 为数据传输起始标志位，该位必为"1"。A2～A0 进行通道选择（见表 8-27 和表 8-28）。MODE 用来选择 A/D 转换的精度，"1"选择 8 位，"0"选择 12 位。SER/$\overline{DFR}$选择电压输入模式，SER/$\overline{DFR}$＝"0"为差分模式，SER/$\overline{DFR}$＝"1"为单端模式。PD1、PD0 选择省电模式："00"省电模式允许，在两次 A/D 转换之间掉电，且中断允许；"01"同"00"，只是不允许中断；"10"保留；"11"禁止省电模式。

根据控制字的 SER/$\overline{DFR}$位可以选择差分或单端工作模式，其中，差分模式可以消除开关导通压降带来的影响。当使用内部＋2.5V 基准参考电压来测量电池电压、触摸点压力或片内温度时，通常采用单端输入方式；而在正常测量触摸点位置时，通常采用差分输入方式。

表 8-27 和表 8-28 分别为单端基准模式输入配置和差分基准模式输入配置的列表。其中，M 表示测量操作。

表 8-27　单端输入模式的通道选择

A2	A1	A0	V_{BAT}	AUX	TEMP	Y$_-$	X$_+$	Y$_+$	Y$_-$ POSITION	X$_-$ POSITION	Z1$_-$ POSITION	Z2$_-$ POSITION	X$_-$ DRIVE	Y$_-$ DRIVE
0	0	0			＋IN								OFF	OFF
0	0	1					＋IN		M				OFF	ON
0	1	0	＋IN										OFF	OFF
0	1	1					＋IN				M		X$_-$,ON	Y$_+$,ON
1	0	0				＋IN						M	X$_-$,ON	Y$_+$,ON
1	0	1						＋IN		M			ON	OFF
1	1	0		＋IN									OFF	OFF
1	1	1		＋IN									OFF	OFF

表 8-28　差分输入模式的通道选择

A2	A1	A0	+REF	−REF	Y−	X+	Y+	Y−POSITION	X−POSITION	Z1−POSITION	Z2−POSITION	DRIVES ON
0	0	1	Y+	Y−		+IN		M				Y+,Y−
0	1	1	Y+	X−		+IN			M			Y+,X−
1	0	0	Y+	X−	+IN						M	Y+,X−
1	0	1	X+	X−			+IN		M			X+,X−

　　从表 8-27 和表 8-28 可以分别分析单端和差分工作模式下,各通道所代表的采集信号和相应可以得到的坐标。例如,当 ADS7846 在 X"电极对"上施加一确定的电压,而 Y"电极对"上不加电压时,X"电极对"所在的工作面上就会形成均匀连续的平行电场。当用手指触及触摸屏表面时,触点处的电压反映了触点在 X 工作面上的位置,将该电压通过 Y+(或 Y−)电极引到触摸屏控制器,并经过 A/D 转换,便可得到触点电压的数字量,即 X 坐标。同理,在 Y"电极对"上施加电压,以 X+ 电极为测量电极,便可测得 Y 坐标。Z1 和 Z2 是触摸屏的内部参数,反映触点与 X 工作面和 Y 工作面间的关系。Z1 和 Z2 的值同样可采样得到。这两个参数在测量。指尖或笔尖触及触摸屏时产生的压力值时需要用到。

　　(2)ADS7846 工作时序

　　完成一次电极电压切换和 A/D 转换的过程为:MCU 向 ADS7846 发送控制字;ADC 转换并在结束后,MCU 读取转换结果。标准的一次转换需要 24 个时钟周期,如图 8-35 所示。由于串口支持双向同时进行传送,并且在一次读数与下一次发控制字之间可以重叠,所以转换速率可以提高到每次 16 个时钟周期,如图 8-36 所示。

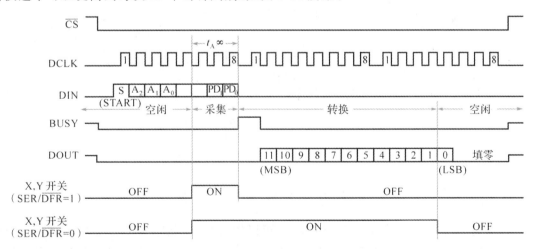

图 8-35　A/D 转换时序(每次转换需 24 个时钟周期)

　　ADS7846 与 8051 MCU 采用 SPI 串行接口传送数据。MCU 获取一个电压值需三次同步传送来完成:第一次传送的是 CPU 向 ADS7846 芯片送出的工作方式控制字,接下来的两次同步传送,则是 8051 MCU 从 ADS7846 读取 12 位 A/D 转换结果,最后传送的 4 位会自动补零。

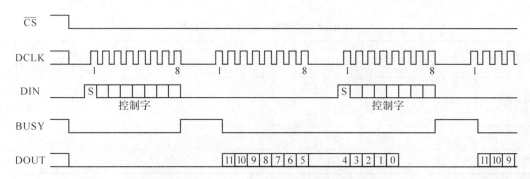

图 8-36　A/D 转换时序(每次转换需 16 个时钟周期)

8.5.4　触摸屏的应用

1. ADS7846 的典型应用

由四线电阻式触摸屏、ADS7846 触摸屏控制器、8051 微控制器组成的触摸屏输入系统如图 8-37 所示。ADS7846 通过 X$_+$、X$_-$、Y$_+$、Y$_-$ 四根引脚与触摸屏的 X、Y 电极对相连。与 8051 MCU 的接口信号有 5 个,分别为:①中断请求信号,当有触摸发生时,该信号变低,因此连接到 $\overline{INT0}$ 端;②片选信号,当该信号有效时,才能对芯片进行读写操作;③DCLK 是时钟信号,提供芯片与 MCU 传送数据的时钟;④DOUT 是串行数据输出端,输出坐标位置测量值的 12 位 A/D 转换结果;⑤DIN 是串行数据输入端,接收 MCU 的控制命令。

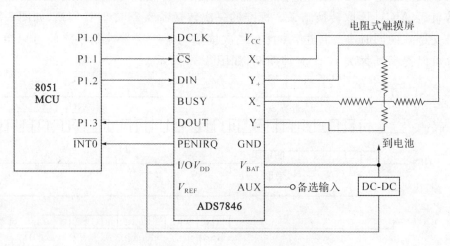

图 8-37　ADS7846 的典型应用电路

在微机系统中使用触摸屏,通常情况下可以省却按键,使系统的操作更加方便、快捷。使用触摸屏时最重要的问题是确定坐标位置,即确定触点位置是否在某个键的有效区域之内。确定坐标位置的编程方法有比较法、散转法、查表法等,都是根据 X、Y 电极对的测量数据及系统所设置的各键的坐标范围来确定的。

2. ADS7846 的编程

在触摸屏应用中,通常采用中断方式响应触摸屏操作,读取具体的坐标值。图 8-38 为触摸屏中断函数的流程,根据该流程可以编写触摸屏中断函数(其中 SPI 读、写函数省略)。

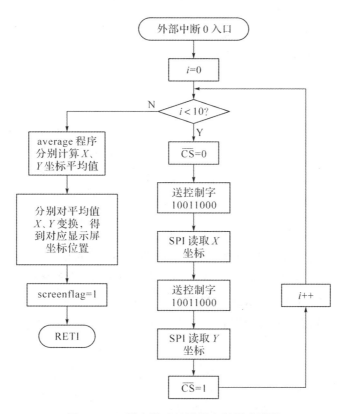

图 8-38　四线电阻式触摸屏中断程序流程

```
/ * * * * * * * * * * * * * * * * INT0中断服务函数 * * * * * * * * * * * * * * * * * * * /
//接收键盘发来的数据
void INT0SUB() interrupt 0
{
    uchar x[10],y[10],avex,avey,i = 0,X,Y;
    delay1(100);                              //延时消除抖动,使得采样数据更准确
    for(i = 0;i<10;i + + )                    //循环读取 10 次 X 坐标和 Y 坐标
    {
        CS = 0;                               //片选信号有效
        delay1(2);
        Touch_WriteCharTo7846(0x98);          //送控制字 10011000,即用差分方式读 X 坐标
        delay1(2);
        DCLK = 1;
        _nop_();_nop_();_nop_();_nop_();
        DCLK = 0;
        _nop_();_nop_();_nop_();_nop_();
        X = Touch_ReadCharFrom7846();         //读取 X 坐标值
        x[i] = X;
        Touch_WriteCharTo7846(0xD8);          //送控制字 11011000,即用差分方式读 Y 坐标
        DCLK = 1;
        _nop_();_nop_();_nop_();_nop_();
```

```
            DCLK = 0;
            _nop_();;_nop_();;_nop_();;_nop_();
            Y = Touch_ReadCharFrom7846();              //读取 Y 坐标值
            y[i] = Y;
            CS = 1;
        }
        avex = average(x);                             //X 坐标数据求平均
        avey = average(y);                             //Y 坐标数据求平均
        while(!PENIRQ);                                //等待中断请求结束
        screenflag = 1;                                //触摸屏操作标志置1,供主函数用
        delay1(2);
    }
```

当操作触摸屏时进入该中断函数,依次读取 X 坐标和 Y 坐标。为了使坐标确定更加准确,该函数采用 10 次测量值求平均的方法。在退出中断函数之前,将触摸屏操作标志 screenflag 置 1,在主函数中,可以通过判断 screenflag 标志是否为 1 来判断是否发生触摸动作,然后根据所测得的坐标值确定是哪一个键被按下,并执行相应的按键处理程序。

习题与思考题

1. 什么是按键的抖动、连击、重键? 如何消除和利用?

2. 说明按键的三种工作方式以及特点。

3. 简述矩阵式按键采用行扫描法识别按键的过程。

4. 试设计 2×8 键盘硬件原理图,并编写线路反转法扫描和识别键盘的程序。

5. LED 数码管有几种结构? 其连接特点是什么? 如何得到字符的显示段码?

6. 简述 8 位数码管动态显示的原理,给出动态扫描程序的流程和源程序。

7. 设计一个 8×8 双色 LED 阵列需要几个 8 位输出接口? 若采用串行方式扩展输出接口,请画出其电路连接图。

8. 简述键盘/显示管理芯片 HD7279 的功能和应用。

9. 如果 8051 MCU 采用中断方式响应 HD7279 的键盘操作,该如何连接 HD7279A 相关引脚? 请编写中断服务程序。

10. 采用 ST7920 控制液晶显示自定义汉字时,应将对应的字模写入哪个空间? 请写出该函数。

11. 简述 ST7920 中 DDRAM 与 12864 液晶屏的映射关系。

12. 描述在 ST7920 控制的 12864 液晶屏上,进行画图操作的基本步骤。

13. 触摸屏有哪几种类型? 有哪些接口芯片? 请找出常用的两种接口芯片。

14. 请找出 2 款常用的触摸屏接口芯片型号,并进行对比。

15. 请列举 1~2 个例子说明复合键和重键在实际系统中的应用。

本章内容总结

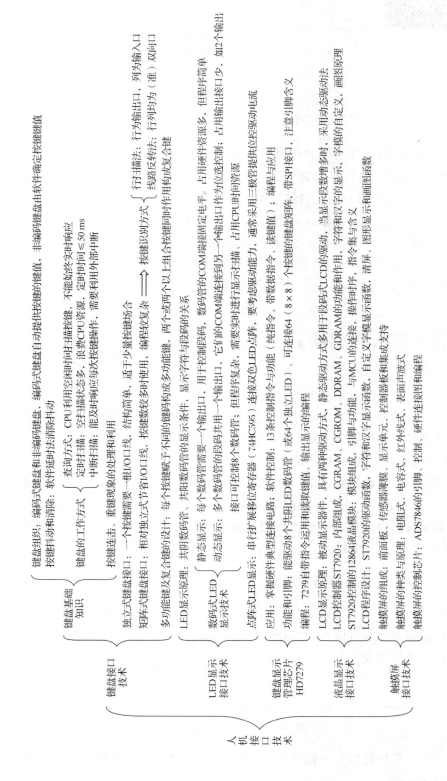

第9章

模拟接口技术

微机系统监测的信号大多是随时间连续变化的模拟量,如温度、压力、流量、振动、速度、位移及电压、电流等;很多控制对象也只能接收模拟信号。而微控制器只能接收和输出数字信号,所以模拟接口是微控制器与外部世界交换信息的重要桥梁。

模拟接口技术包括模拟输入通道与接口技术、模拟输出通道与接口技术两部分。其中,A/D 转换器和 D/A 转换器是模拟输入输出通道的核心部件。本章内容主要包括模拟输入输出通道基本结构,A/D 转换器、D/A 转换器的特性与技术指标,并行和串行 A/D 转换器及接口技术,并行和串行 D/A 转换器及接口技术,以及 ADC、DAC 的应用。

9.1 模拟输入输出通道

模拟输入通道是微机测控系统中监测对象与微控制器的连接通道,也称为测量通道(或前向通道)。测量通道的功能是将传感器输出的模拟信号转换成微控制器能接收的数字信号。实现模拟量到数字量转换的方法包括模拟/数字(A/D)转换和电压/频率(V/F)转换等,最常用的方法是 A/D 转换。

模拟输出通道是测控系统中微控制器与控制对象的连接通道,也称为控制通道(或后向通道)。控制通道的功能是将微控制器输出的数字信号转换成控制对象能接收的模拟信号。实现数字量到模拟量转换的方法包括数字/模拟(D/A)转换和频率/电压(F/V)转换等,最常用的方法是 D/A 转换。

9.1.1 模拟输入通道基本结构

模拟输入通道的基本结构如图 9-1 所示。监测参数如温度、压力、流量、振动等非电量,首先通过传感器转换为电信号,再经滤波、放大等信号调理电路后,由模数转换器转换成数字信号连接至微控制器。

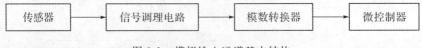

图 9-1 模拟输入通道基本结构

根据监测参数的特性和测控要求,实际微机测控系统中的模拟输入通道可分为同步采集型和分时采集型。

　　输入通道是数据采集系统的组成部分,它综合了"模拟电子技术"课程中学过的放大、滤波等模拟信号调理电路知识,放大、滤波等电路的设计指标要根据实际信号的幅值、频率以及采集系统的要求进行分析和确定,本课程不作具体讨论。

1. 同步采集型

　　同步采集型模拟输入通道的结构如图 9-2 所示,其特点是每一路信号都采用一个 A/D 转换器,因此能够实现多路信号的同步输入和同步采集,主要用于需要对多个模拟信号进行同步高速采集的场合,如互为相关的振动信号、超声信号和雷达信号等的同步检测。

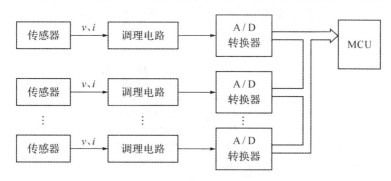

图 9-2　同步采集型输入通道结构

2. 分时采集型

　　分时采集型模拟输入通道结构如图 9-3 所示,多个监测参数经传感器转换和信号调理后接到多路模拟开关,所有监测参数共用一个 A/D 转换器。分时采集型结构的特点是电路简单、成本低,但由于多个信号分时复用一个 A/D 转换器,因此该结构适用于对多路缓变信号的采集。

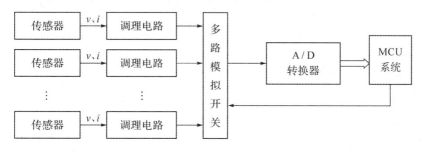

图 9-3　分时采集型输入通道结构

　　多路模拟开关是分时采集型模拟输入通道结构中的常用器件,其作用是把多路模拟信号分时地输入到 A/D 转换器进行模数转换。模拟开关的主要技术指标包括导通电阻和断开电阻,导通电阻一般小于 100Ω,也有欧姆级的模拟开关,如 ADG601 导通电阻为 2.5Ω;断开电阻产生的漏电流一般小于 1nA,隔离电容为几十皮法。导通电阻越小、断开电阻越大,则模拟开关的开关特性越好,即越接近于理想的通断状态。多路模拟开关有双向和单向,有 8 选 1、双 4 选 1 等多种型号规格。

在分时采集型结构中常用的多路模拟开关,本教材不作具体介绍。由于目前很多ADC集成了多路模拟开关,独立的多路模拟开关器件的使用日趋减少,因此本书不作详细介绍。对于测量通道,重点是了解和掌握 ADC 的应用特性、与 MCU 的接口连接以及相应的程序设计。

9.1.2　模拟输出通道基本结构

模拟输出通道的作用是将微机系统处理后的数字量转换成模拟量输出,对控制对象或执行机构进行连续控制。模拟输出通道是微机系统控制能力的体现,其基本结构如图 9-4所示。

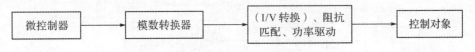

图 9-4　模拟输出通道基本结构

输出通道的核心部件是 D/A 转换器。D/A 转换器有电压和电流两种输出形式,大部分是电流输出型。电压输出型 DAC 相当于一个电压源,内阻小,选用这种芯片时,与它匹配的负载电阻应尽可能大;电流输出型 DAC 相当于电流源,内阻大,选用这种芯片时,负载电阻不能太大。

对于电流输出型 D/A 转换器,在实际应用中需要通过运算放大器转换为电压信号,再经功率放大实现对控制对象的控制。

模拟输出通道相对比较简单,主要是对 DAC 的输出进行如 I/V 转换、功率驱动等处理,以使其能够控制实际对象。I/V 转换、功率驱动等电路是模拟电子技术和电路技术课程中的内容。对于控制通道,重点是了解和掌握 DAC 的应用特性、与 MCU 的接口连接以及相应的程序设计。

9.1.3　A/D 转换器及其特性

1. A/D 转换器

A/D 转换器(Analog to Digital Converter,ADC)是将模拟信号量化并编制成有限位数字信号的集成电路。目前广泛应用于微机系统的 A/D 转换器的转换原理主要有以下几种:双积分式 ADC、逐次比较式 ADC 和 Σ-Δ(和-差)调制式 ADC,基于这些原理的 ADC 芯片种类和规格有很多。

逐次比较式 ADC 在精度、速度和价格上都比较适中,是最常用的 ADC。双积分式ADC,具有精度高、抗干扰性能好、价格低廉等优点,但速度较慢,常应用于对采样速度要求不高的测量仪器中。Σ-Δ 式 ADC 具有双积分式和逐次比较式 ADC 的双重优点,对工业现场的串模干扰具有较强的抑制能力,同时又具有较高的转换速度,信噪比高、分辨率高,基于该原理的 ADC 位数可达 20 位、24 位等。由于这些优点,Σ-Δ 式 ADC 在高精度测量仪器中得到了广泛应用。

A/D 转换器有并行输出型和串行输出型两种,通常包含一到多个模拟信号输入、并行或串行的数字量输出、参考电压 V_{REF}（有些 ADC 内部自带精密参考电压）等引脚。ADC 的分辨率仅与其转换位数有关,转换速度与转换原理、转换位数等因素有关,转换精度则与器件材料及制作工艺等有关,精度越高芯片价格也越高。

2. A/D 转换的控制

A/D 转换的控制一般分为三个过程:

①启动转换。对于并行输出型 A/D 转换器,设置有"启动转换"的控制引脚,使能该引脚就可启动转换;对于串行输出型 A/D 转换器,通常是向器件发送"启动转换"命令来启动一次转换。各芯片的启动方式稍有不同,实际使用时可查阅相关数据手册。

②等待转换结束。对于并行输出型 A/D 转换器,有"转换结束"的引脚状态,通过查询该引脚状态来判断是否转换结束;对于串行输出型 A/D 转换器,通常采用延时方式等待转换结束,即延时一个转换周期,就代表已转换结束。

③读入转换结果。对于并行输出型 A/D 转换器,MCU 通过选通 ADC 的数据输出寄存器读入转换结果;对于串行输出型 A/D 转换器,MCU 通过器件的串行总线读取内部寄存器中的转换结果。

查询方式的 A/D 转换控制过程,如图 9-5 所示。

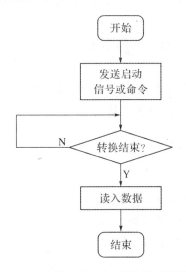

图 9-5　查询方式 A/D 转换控制过程

3. A/D 转换器的主要指标

(1)分辨率与量化误差

分辨率是反映 ADC 对输入电压微小变化的响应能力,习惯上用 ADC 输出的二进制位数表示,如 8 位、12 位、16 位等。n 位 ADC 表示可用 2^n 个数进行量化,其百分数分辨率为:

$$百分数分辨率\ \Delta_n = 1/2^n \times 100\% \tag{9-1}$$

8 位、12 位 ADC 的分辨率分别为:$\Delta_8 = 1/2^8 \times 100\% = 0.3906\%$,$\Delta_{12} = 1/2^{12} \times 100\% = 0.0244\%$,位数越多则分辨率越高。

电压分辨率与 ADC 的满量程电压有关,是输出数字量变化 1 所对应的输入电压,也称最小分辨电压,用 LSB(Least Significant Bit)最低有效位电压表示。

电压分辨率 $\Delta U_n = 1/2^n \times$ 满量程电压 $= 1LSB$　　　　　　　　　　　　　　　　(9-2)

满量程为 5V 的 8 位和 12 位 ADC,它们的电压分辨率分别为:$\Delta U_8 = 5V/256 = 19.5mV$,$\Delta U_{12} = 5V/4096 = 1.22mV$。

量化误差是指用有限个数字量对连续模拟量进行量化而引起的误差,量化误差理论上规定为一个单位电压分辨率,即 $\pm 1/2LSB$。提高分辨率减少量化误差的办法是增加 A/D 转换器的位数。

(2)转换时间和转换速率

①转换时间是指 ADC 完成一次模拟量到数字量转换所需的时间。

②转换速率是转换时间的倒数,通常用次数/秒表示,也称转换频率。如 10K/s、2M/s 速率的 ADC,它们的转换时间分别为 $100\mu s$、$0.5\mu s$。

(3)转换精度

转换精度是指 ADC 的实际输出结果与理论转换结果的偏差,有两种表示方法。

①绝对精度:用电压分辨率(LSB)的倍数表示,如 $\pm 1/2LSB$、$\pm 1LSB$ 等。

②相对精度:用绝对精度除以满量程值的百分数表示,如 $\pm 0.05\%$、$\pm 0.1\%$ 等。

分辨率与精度是两个不同的概念,同样位数的 ADC 可以有几档不同的精度,如 ADC0804 与 AD570,分辨率均为 8 位,ADC0804 的精度为 $\pm 1LSB$,而 AD570 的精度为 $\pm 2LSB$,这是因为精度与器件的材料和制作工艺有关。

(4)量程(满刻度范围)

量程是指模拟输入电压的最大范围。例如,某转换器具有 $0 \sim 10V$ 的单极性范围或 $-5 \sim +5V$ 的双极性范围,则它们的量程都为 10V。

9.1.4　D/A 转换器及其特性

1. D/A 转换器

D/A 转换器(Digital to Analog Converter,DAC)是一种将数字信号转换成模拟信号的器件。通常包括并行或串行的数字量输入引脚、电流或电压输出引脚、参考电压 V_{REF} 引脚(有些 D/A 转换器内部自带精密参考电压)等。

2. D/A 转换器的主要指标

(1)分辨率

分辨率是指 DAC 输入数字量变化 1bit 所引起的输出模拟量的变化,与 ADC 类似,用 DAC 的二进制位数表示,其百分数分辨率、电压/电流分辨率的含义及表示方式均与 ADC 相同。

DAC 的电压/电流分辨率反映了 DAC 能够输出的最小模拟量变化值,也称最小输出电压/电流。因此,为得到接近连续的模拟信号输出,要选用高分辨率的 D/A 转换器。如对于满量程为 5V 的 8 位和 10 位 DAC,它们的分辨率分别为 8 位和 10 位,电压分辨率分别为:$\Delta U_8 = 5V/256 = 19.5mV$;$\Delta U_{10} = 5V/1024 = 4.88mV$。

(2)转换精度

转换精度是 DAC 实际输出电压与理论转换电压之间的偏差,可用绝对精度或相对精度表示。

①绝对精度：DAC 输入数字量为全"1"时，实际输出与理论值之间的误差称为绝对误差，它由增益误差、零点误差及噪声等引起，一般低于 1/2LSB。

②相对精度：在满刻度校准情况下，任一数码输入时的模拟量实际输出与理论数值之差。

（3）建立时间（转换时间）

建立时间是指数字量输入到模拟量输出达到与其最终稳定值相差小于 $\pm 1/2$LSB 所需的时间。电流型 DAC 转换速度快，转换时间一般在几纳秒到几百纳秒之间；电压型 DAC 转换速度较慢，转换时间主要取决于运算放大器的响应时间。

> 　　分辨率是 ADC、DAC 的重要指标，仅仅与器件的位数有关，分辨率决定转换器的量化误差。由于该误差是由数模和模数转换原理产生的，因此在满量程电压不变情况下，提高分辨率即增加转换器的位数是减少量化误差的唯一方法。
>
> 　　ADC、DAC 的主要指标是分辨率、转换速率和转换精度，分辨率仅与转换位数有关；转换速率和建立时间与转换原理、转换位数等因素有关；转换精度则与器件材料及制造工艺有关，精度越高芯片价格也越高。
>
> 　　ADC、DAC 的主要指标是器件选择的依据，其中，转换速率应根据输入信号的最高频率来确定。采样定理要求采样频率（转换速率）应大于等于信号最高频率的 2 倍，但对于实际工程应用，采样频率应是信号频率的 10 倍以上。

9.2　A/D 转换器与接口技术

A/D 转换器的数字量输出有并行和串行两种方式。对于并行输出器件，需要占用微控制器较多的接口引脚，器件体积大。随着半导体工艺的发展和串行传输速率的提高，采用串行总线/接口的 ADC 得到迅速发展，采用 SPI 串行接口、I²C 串行总线的 ADC 越来越多，性能指标也不断提高。

9.2.1　并行 A/D 转换器与接口技术

1. ADC0809 及其内部结构

ADC0809 是采用 CMOS 工艺制成的 8 位 8 通道逐次逼近式模数转换器，可分时对 8 路模拟信号进行 A/D 转换，一次转换时间为 $100\mu s$ 左右。可单一电源供电，无须调零和满刻度调整；转换精度为 ± 1LSB，三态锁存输出，功耗 15mW。

ADC0809 包含一个 8 路模拟开关、3 位地址锁存与译码电路、逐次逼近式 A/D 转换器和三态输出锁存缓冲器等，其内部结构示于图 9-6。

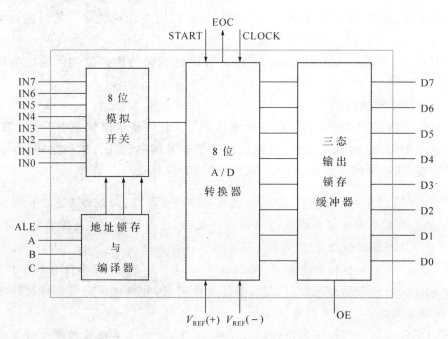

图 9-6　ADC0809 的内部组成结构

2. ADC0809 的引脚与功能

ADC0809 具有 28 个引脚,其定义与功能列于表 9-1。

表 9-1　ADC0809 的引脚定义与功能

符　号	名　称	功　能
A、B、C	模拟通道选择信号输入端	用于通道选择
ALE	通道选择信号锁存允许输入端	正跳变锁存
D0~D7	数字结果输出端	8 位转换结果并行输出
IN0~IN7	模拟量信号输入端	模拟信号范围:$V_{REF}(-)$~$V_{REF}(+)$
START	内部寄存器清 0,并启动 A/D 转换	上升沿将寄存器清 0,下降沿启动转换
EOC	转换结束信号输出端	高电平有效
OE	结果输出允许信号输入端	高电平有效
CLOCK	转换时钟输入端	时钟频率范围为 10k~1280kHz
$V_{REF}(+)$、$V_{REF}(-)$	正、负基准电压输入端	
V_{CC}、GND	电源、地	

3. ADC0809 的转换时序与过程

(1)ADC0809 的转换时序

ADC0809 的转换时序,如图 9-7 所示。

(2)ADC0809 的转换过程

①在通道选择信号锁存允许 ALE 的上升沿锁存通道选择信号 A、B、C,该信号经内部

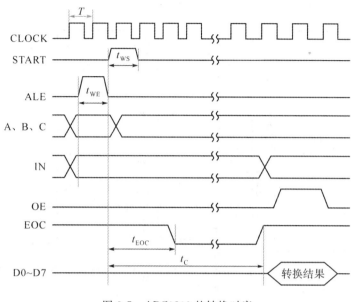

图 9-7　ADC0809 的转换时序

译码后控制多路模拟开关选通相应的模拟通道,ALE 的最小脉宽 $t_{WE}=0.1\mu s$。

②启动转换信号 START 为正脉冲信号,其上升沿清 0 内部寄存器,下降沿开始转换。最小启动脉宽 $t_{WS}=0.1\mu s$。

③START 上升沿后经转换结束信号延时时间 $t_{EOC}=8T+2\mu s$ 后,EOC 变为低电平,表示正在转换。

④START 上升沿后经转换时间 t_C(当 $f_{CLK}=640kHz$ 时,典型值为 $100\mu s$,最大值为 $116\mu s$)后,转换结果送入三态输出锁存缓冲器,EOC 变为高电平,表示转换结束,可读取转换结果。

⑤MCU 输出"输出允许信号 OE"选通 ADC 的三态输出锁存缓冲器,转换结果输出到外部输出引脚线。

　　在实际使用时,通常将 ALE 和 START 连接到 MCU 的同一条口线,当 MCU 从该口线输出一个正脉冲时,其上升沿锁存通道选择信号并清 0 寄存器,下降沿启动转换。

4. ADC0809 与 MCU 的连接及编程

ADC0809 与 8051 MCU 的接口电路示于图 9-8。ADC0809 的数据线与 P0 口相连,通道选择端 A、B、C 分别与 P2.0、P2.1、P2.2 相连,转换时钟信号 CLK 接入一个频率为 $100k\sim1280kHz$ 的外部时钟信号。由 P2.3 产生 ALE 和 START 信号来选择通道和启动 A/D 转换,由 P2.4 产生读取 A/D 转换结果的 OE 信号,"转换结束信号 EOC"经反相后接至 8051 MCU 的 $\overline{INT0}$ 引脚,当一次 A/D 转换结束,EOC 从低变高(经反相器后为由高变低)时向 MCU 请求 $\overline{INT0}$ 中断。

【例 9-1】　对 8 路模拟信号分别采集一次,结果存入 20H 开始的内部 RAM 中。

【分析】　采用中断方式,每次转换结束向 MCU 请求 $\overline{INT0}$ 中断,在中断服务程序中,读取转换结果。用 F0 作为中断发生的标志,初始化时清为 0,进入中断置位,主程序检测到

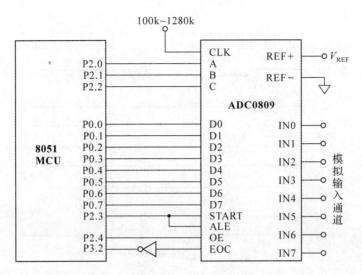

图 9-8　ADC0809 与 8051 MCU 连接图

后,再清 0。

【解】　汇编程序(中断方式):

```
            AddA      BIT     P2^0;
            AddB      BIT     P2^1;
            AddC      BIT     P2^2;
            ADSta     BIT     P2^3;
            ADOE      BIT     P2^4;
            ADEOC     BIT     P3^2;
            DATABUF   EQU     #20H


            ORG       0000H
            LJMP      MAIN
            ORG       0003H                ;外部中断 0 入口地址
            LJMP      INDATA


            ORG       0100H
MAIN:       MOV       R0,DATABUF           ;数据缓冲区首址
            MOV       R2,#8                ;8 通道计数器
            MOV       P2,#00H              ;指向 0 通道
            SETB      IT0                  ;置外部中断 0 为下降沿触发
            SETB      EX0                  ;允许外部中断 0
            SETB      EA                   ;开中断
            CLR       ADSta
START:      CLR       F0                   ;清除中断发生标志
            SETB      ADSta                ;上升沿锁存通道选择信号
            NOP
            CLR       ADSta                ;下降沿启动 A/D
LOOP:       JNB       F0,LOOP              ;判断中断发生标志,不为 1,则等待
```

```
            DJNZ      R2,START               ;8 个通道转换未结束,循环
            CLR       EX0                    ;全部转换结束,关闭中断
            SJMP      $
;* * * * * * * * * * * * * *INT0中断服务程序* * * * * * * * * * * * * * * * *
INDATA:     SETB      ADOE
            MOV       A,P0                   ;读取转换结果
            CLR       ADOE
            MOV       @R0,A                  ;存数据
            INC       R0
            INC       P2                     ;指向下一个通道
            SETB      F0                     ;建立中断标志,表示进入一次中断,读取了一个结果
            RETI
```

C51 程序(查询方式):

```c
sbit AddA = P2^0;
sbit AddB = P2^1;
sbit AddC = P2^2;
sbit ADSta = P2^3;
sbit ADOE = P2^4;
sbit ADEOC = P3^2;
void main()
{
    int i;
    unsigned char AD[8];
    for (i = 0; i<8; i++)
    {
        P2 = i;                           //设置第 i 个输入通道
        ADSta = 1;                        //锁存通道选择信号
        _nop_(); _nop_();
        ADSta = 0;                        //启动 A/D
        while (!ADEOC == 1);              //等待 EOC 变为低电平,表示 A/D 开始转换
        while (!ADEOC == 0);              //等待 EOC 变为高电平,表示 A/D 转换完毕
        ADOE = 1;
        AD[i] = P0;                       //读取转换结果
        ADOE = 0;
    }
}
```

9.2.2　串行 A/D 转换器与接口技术

1. TLC549 及其内部结构

TLC549 是一个具有 SPI 串行接口的 8 位电容阵列逐次比较型 ADC,转换时间为 $17\mu s$。三条串行接口引脚为时钟信号 CLK、片选信号 $\overline{CS}$ 和数据输出信号 DOUT,与微控制

器的接口非常简单。单一电源供电,采用差分参考电压高阻输入,抗干扰能力强。输入信号在 REF－～REF＋范围内,总失调误差最大为±0.5LSB,典型功耗值为 6mW。

TLC549 的内部结构如图 9-9 所示,由采样/保持电路(S/H)、4MHz 片内系统时钟电路、逻辑控制及输出计数器、8 位模数转换器、输出数据寄存器和 8 至 1 并转串输出及驱动器等组成。

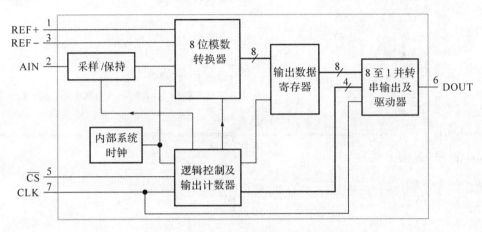

图 9-9　TLC549 的引脚分配与内部结构

2. TLC549 的引脚与功能

TLC549 仅有 8 个引脚,其定义与功能列于表 9-2。

表 9-2　TLC549 的引脚定义与功能

符　号	名　称	功　能
V_{CC}	电源电压	3～6V
GND	模拟地及数字地	
AIN	模拟输入端	输入范围为 REF－～REF＋
REF＋	正参考电压输入端	取值范围为 2.5V～V_{CC}
REF－	负参考电压输入端	取值范围为 0～2.5V
DOUT	串行数据输出端	数据的输出按从高位到低位的顺序输出,在 CLK 上升沿可靠输出当前位数据,在其下降沿,数据位切换到下一位
CLK	串行时钟输入端	时钟速率最高为 1.1MHz
$\overline{CS}$	片选信号输入端	低电平有效;$\overline{CS}$有效时启动转换。为高电平即无效时,DOUT 端呈现高阻态

3. TLC549 的转换过程

TLC549 的转换时序如图 9-10 所示。首先要令片选信号$\overline{CS}$有效,保持 CLK 为低电平;等待 t_{su} 建立时间后,在每个 CLK 的下降沿,DOUT 端输出一位转换结果数据,在 CLK 的上升沿,DOUT 端保持该输出数据稳定,MCU 可以读入;经过 8 个 CLK 脉冲就可实现 8 位转换结果的输出,输出数据的顺序是从高位到低位;然后将$\overline{CS}$拉到高电平,DOUT 即回复到高阻态,释放总线完成一次读取结果的操作。一次转换结果的输出操作,同时也是下一次转换的启动操作；等待 $17\mu s$ 转换时间后，可发起下一个读取周期，再次实现转换结果的输出和新一次转换的开始。

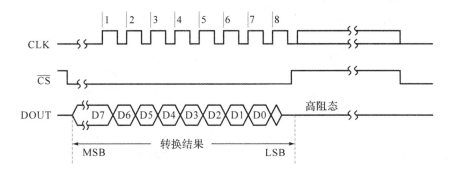

图 9-10　TLC549 的转换时序

4. TLC549 与 MCU 的连接及编程

TLC549 与 MCU 的接口非常简单，如图 9-11 所示。8051 MCU 的 P1.3、P1.4、P1.5 分别与 TLC549 的 $\overline{CS}$、CLK 和 DOUT 相连接。

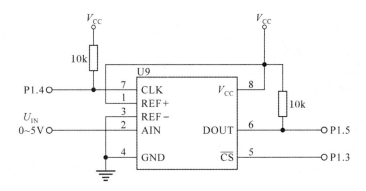

图 9-11　TLC549 与 8051 MCU 的接口电路

【例 9-2】　编写程序实现对输入模拟量连续采集 32 次，并将采集的数据保存到 30H 开始的内部 RAM 中。

【解】　汇编程序：

```
        CS      BIT     P1.3
        CLK     BIT     P1.4
        DOUT    BIT     P1.5
        ADDR    EQU     30H
        NUM     EQU     20H

        ORG     0000H
        LJMP    STAR
        ORG     0100H
STAR:   MOV     SP,#60H
        MOV     R0,#30H
```

```
            MOV      R2,#20H
            ACALL    A_D           ;通过空读一次 A/D 转换结果,启动 A/D 转换
STAR1:      MOV      R1,#8
            DJNZ     R1,$          ;延时,等待转换结束
            ACALL    A_D           ;读取转换结果
            MOV      @R0,A         ;存储当前转换结果
            INC      R0
            DJNZ     R2,STAR1
            SJMP     $
```

/ * * * * * * * * * * * * * * * * A/D 转换子程序 * /
;读取 A/D 转换结果,保存在 A 中,并自动启动下次 A/D 转换,TLC549 转换时间需要 17μs

```
A_D:        CLR      A
            MOV      R7,#8         ;读取 8 个 bit
            CLR      CLK
            CLR      CS
            NOP
REPEAT:     SETB     CLK
            MOV      C,DOUT        ;CLK 上升,DOUT 输出数据
            RLC      A
            CLR      CLK
            DJNZ     R7,REPEAT
            SETB     CS            ;再次启动 A/D 转换
            SETB     CLK
            RET
            END
```

C51 程序:

```c
#include<reg51.h>
sbit CS = P1^3;
sbit CLK = P1^4;
sbit DOUT = P1^5;
#define Address 0x30
int * Addr = Address;
int temp;
void A_D();                       //A_D 函数在 main 之后,须进行声明
/ * * * * * * * * * * * * * * * * 主函数 * * * * * * * * * * * * * * * * * * * * * /
void main()
{
    unsigned char n;
    int i;
    n = 0x20;                     //32 个采集数据
    A_D();                        //通过空读一次 A/D 转换结果,启动 A/D 转换
    while(n>0)
```

```
    {
        for(i = 0;i<8;i+ +);              //延时,等待转换结束
        A_D();                            //A/D 转换
         * Addr = temp;                   //存储当前转换结果
        Addr = Addr + 1;
        n- -;
    }
    while(1);
}
/ * * * * * * * * * * * * * * * A/D 转换子程序 * * * * * * * * * * * * * * * * * * * /
//读取 A/D 转换结果,保存到 temp 中,并自动启动下次 A/D 转换,TLC549 转换时间为 17μs
void A_D()
{
    int k;
    temp = 0;
    k = 8;
    CLK = 0;
    CS = 0;
    _nop_();
    while(k>0)
    {
        CLK = 1;
        temp = temp * 2;                  //左移一位,即移向高位
        temp = temp|DOUT;                 //读入 DOUT 状态
        CLK = 0;
        k- -;
    }
    CS = 1;                               //读取完毕,释放总线
    CLK = 1;
}
```

9.2.3　其他 A/D 转换器

1. $\sum$-Δ 型高精度 ADC

$\sum$-Δ(和-差)调制型 ADC 是目前能够达到最高分辨率和转换精度的 A/D 转换器,其转换位数在 16 位以上,有 18 位、24 位甚至 32 位。$\sum$-Δ 型 ADC 基于过采样原理,转换速度比积分式 ADC 高,比并行比较式 ADC 低。一般来说过采样频率是信号带宽的几十倍以上,目前 $\sum$-Δ 型转换器的转换率一般在 10Msps(Millian Samples per Second)以下。因此 $\sum$-Δ 型 ADC 适用于低频、高分辨率和高精度的工业级转换场合。

$\sum$-Δ 型 ADC 一般由信号采样和保持电路、$\sum$-Δ 调制器和数字滤波器以及解调器三部分组成。对于 16 位或以下精度的 $\sum$-Δ 型 ADC 一般采用单端输入,而 18 位以上精度则通常采用差分输入电路。一般来说,$\sum$-Δ 型 ADC 有片内校准微控制器和 SRAM,在 ADC 上

电后,零电平相对于模拟地引脚(AGND)进行校准,满量程相对于V_{REF}引脚进行校准。不少型号的$\sum$-Δ型 ADC 还集成有可变增益放大器(Programmable Gain Amplifier,PGA),从而可以对较大范围的输入电压进行准确测量。

MAX1403 是 18 位低功耗$\sum$-Δ型 ADC 芯片。其工作电压为 2.7~3.6V,输入引脚可以配置成 3 个全差分输入通道或者 5 个准差分输入通道,该芯片还具有两个附加的差动校正通道,能对增益和失调误差进行校正。芯片具有可编程输入零点增益(增益范围为1V/V~＋128V/V)功能。其过采样频率为 0.4M~5MHz。当频率为 2.4576MHz 或1.024MHz 时,片内数字滤波器能够对相关谐波进行处理,使得这些频率的分量为零,此时无须外接滤波器也能获得较好的滤波效果,从而提高输出端 ADC 转换的质量。当频率为4.9152MHz 时,在 50sps 转换速率下具有 16bit 精度。如果降低采样精度,最高可以达到4.8ksps 的转换速率。

MAX1403 芯片有 28 个引脚,采用 SPI 串行接口与 MCU 连接。通过对其内部 8 个寄存器的控制,实现 ADC 的控制。图 9-12 给出了 MAX1403 与 MCU 的连接,以及采集热电偶信号的电路连接。通过串口接口,可向 MAX1403 发送命令和参数、启动转换和获取A/D转换结果。MAX1403 具体功能请查阅 MAX1403 数据手册。

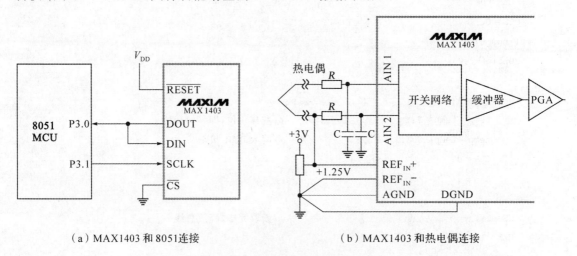

（a）MAX1403 和 8051 连接   （b）MAX1403 和热电偶连接

图 9-12   MAX1403 的典型应用连接

2. 高速 ADC

高速 ADC 的转换原理是并行比较式,最快转换速率可以达到 10Gsps。为避免高速ADC 转换时产生的开关噪声以共模噪声方式引入被转换信号中,高速 ADC 通常采用差分信号输入,因为差分信号对共模噪声不敏感,从而获得较高的信噪比。

高速 ADC 的一个重要应用是视频信号采集,通常与图像传感器结合使用,将图像传感器输出的模拟信号转换成数字视频信号,从而构成一个数字视频信号源。AD9826 是 ADI公司的一款专门用于 CCD 输出信号采集的 ADC 芯片,转换位数是 16 位,最大转换速率可达 15Msps。它采用模拟数字分开供电方式,模拟电源为 5V,数字电源为 3~5V;输入方式为单端输入,提供相关双采样方式;输入信号范围为 0~4V,采用 SPI 串行接口。

由于 8051 MCU 的速度不能直接处理视频速率的数据流,一般选用具有 FIFO(First In

First Out)功能的微控制器,利用其 FIFO 模块进行数据流的传输和控制。微控制器的功能是对 ADC 和相关的数据处理进行参数设置和传输配置。Cypress 公司生产的 CY7C68013 控制器具有增强型 8051 微控制器的内核,并集成了 USB2.0 高速传输接口和高速 FIFO。它提供了一种独特的架构,使 USB 接口和应用环境可以直接共享 FIFO,而不需要 MCU 参与数据的传输,这种模式很好地解决了 USB 高速模式的带宽问题。CY7C68013 控制器内部集成了一个通用可编程接口 GPIF,它可以作为内部 FIFO 的主控制器,时钟速率达48MHz,同时通过对 GPIF 的编程,可产生外部设备(本例中为 AD9826)所需要的控制时序。

　　由 PC 机、微控制器 CY7C68013、AD9826、线阵 CCD 构成的数字视频系统如图 9-13 所示。利用 MCU 的可编程计数器 PCA 输出 CCD 驱动芯片所需要的时序信号,该信号经过 CCD 驱动芯片的电平转换后驱动线阵 CCD 工作,CCD 输出的模拟信号由 AD9826 转换成数字量,由 CY7C68013 读取并处理。由于 CY7C68013 微控制器无标准的 SPI 串行接口,故用 I/O 口模拟串行接口(图中 P1.0、P1.1、P1.2)与 AD9826 连接,实现 MCU 对 ADC 的配置。AD9826 转换需要的高速时钟和控制时序,由 GPIF 提供。AD9826 虽然为 16 位ADC,但只有 8 条数据输出引脚,所以采用分时输出高 8 位和低 8 位的方法来实现 16 位数据的输出,该 8 条数据输出引脚直接与 CY7C68013 的 FIFO 数据口相连。线阵 CCD TCD1206 的功能和时序等,详见其数据手册。

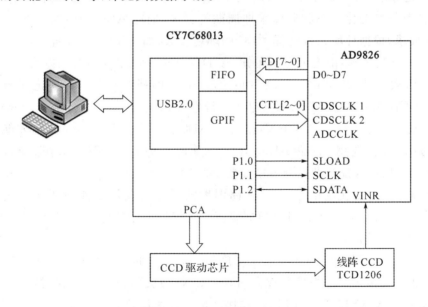

图 9-13　数字视频系统结构

　　整个数字视频系统在 PC 端软件的控制下进行视频数据的采集和传输。首先 PC 机向 CY7C68013 微控制器发出参数设置、采集命令等;再由 CY7C68013 通过 SPI 接口对 AD9826 的寄存器进行配置,设置工作模式,选择输入通道,设置放大倍数、偏置电压等;然后启动 GPIF 时序,ADC 即开始自动转换 CCD 像素的输出信号,GPIF 自动获取采集数据,并将数据存储到 CY7C68013 的 FIFO 中。把 FIFO 的 4096 个字节设置为 4 个缓冲区,每一个缓冲区大小为 1024 个字节,这样可以在采集存储的同时将已收集完整的数据包封装为 USB2.0 的数据包,自动向 PC 机发送。由此,AD9826 采集的数字视频数据流就可以通过 USB 协议高速传输到 PC 机或相关设备做进一步处理和显示。

9.2.4　A/D 转换器的应用

1. 数据采集系统

要求设计一个 8 路温度测量仪,温度范围为 0~100℃,温度传感器输出的电压为 0~100mV,要求每路温度的总测量误差≤±0.5℃,8 路温度的采样周期为 1s。已知温度传感器的测量误差≤±0.2℃。试设计该温度测量仪,并给出测量仪的硬件结构框图和程序流程。

(1)总体分析与器件选择

要设计出符合精度要求的测量仪,首先要进行系统的误差分析与分配,并根据各部分的误差进行相应器件的选择和电路设计。

①误差分析与分配:测量仪的总误差由传感器、信号调理电路、A/D 转换器三部分的误差组成。已知温度传感器测量误差≤±0.2℃;选用量程为 2.5V 的 A/D 转换器,则需要将传感器输出的 0~100mV 信号放大到 0~2.5V;假设放大电路的折合误差为≤±0.1℃,则A/D 转换器部分的折合误差应≤±0.2℃,要根据该误差和采样周期等选择 A/D 转换器。

②ADC 选择原则:根据分配在 ADC 上的最大误差,确定 ADC 的分辨率(位数)和转换精度;根据被测信号变化速率和温度采样周期的要求,确定 ADC 的转换速率,以满足测量仪的实时性要求;根据环境条件选择 ADC 的环境参数,如工作温度、功耗、可靠性等。

③ADC 的参数选择:由上面分析可知,A/D 转换部分的最大折合误差为 0.2℃,对应的最大允许电压误差为 $2500mV \times 0.2/100 = 5.0mV$,即所选 ADC 的量化误差必须小于5.0mV,因此不能选用 8 位 ADC;因其电压分辨率 LSB 为 2500mV/256≈9.76mV。若选用10 位 ADC,其电压分辨率为 2.44mV,则要求 ADC 的转换精度≤±1LSB,才能保证 A/D转换部分的精度;若选用 12 位 ADC,其电压分辨率为 0.61mV,此时选择转换精度为±2LSB或更大的器件,就能满足测量精度要求。

由于温度是缓慢变化的信号,并且 8 路温度的采样周期是 1 秒,所以可以选择转换速度较低的 ADC 芯片。环境参数可以根据温度测量仪的工作环境进行相应的选择。

(2)硬件组成结构

系统硬件结构如图 9-14 所示。各个温度传感器输出的 0~100mV 电压信号,分别经放大滤波电路滤除高频干扰并把信号放大到 0~2.5V(放大倍数为 25)后连接到 8 通道 12 位串行 A/D 转换器 MAX127,再与 MCU 连接。也可以选用独立的 8 选 1 多路模拟开关芯片和单通道 12 位串行 A/D 转换器芯片设计电路。

MAX127 由模拟多路选择器及信号调理电路、采样/保持电路(T/H)、2.5V 参考基准电压源、I²C 时序逻辑接口电路、12 位逐次逼近型 ADC 转换器和内部时钟源电路等组成。MAX127 与微控制器采用 I²C 总线连接,引脚为 SDA、SCL;8 路模拟信号由 A0、A1、A2 引脚进行通道选择;参考基准源可以由内部提供,也可以由外部接入;内部时钟源为 ADC 转换提供脉冲而无须外界时钟信号;其单通道的最高转换速率可达 8ksps;具有低功耗工作模式,$\overline{SHDN}$ 为低功耗方式选择端。当 $\overline{SHDN}$ 为低时,芯片处于全低功耗(FULLPD)状态;当

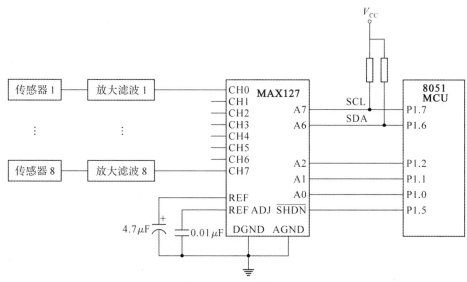

图 9-14　温度测量仪硬件结构

$\overline{\text{SHDN}}$ 为高时,芯片处于正常工作状态。

（3）主程序流程

根据设计要求,每秒对 8 路温度信号采集一次,可以在每秒开始对 8 个通道轮流采集一次,并进行数据处理和显示,余下的时间是空闲状态,为降低功耗,可让 MCU 和外围芯片进入低功耗工作方式。1 秒定时可用定时器中断实现,并用中断唤醒 MCU 进入工作状态。将 P1.5 与 $\overline{\text{SHDN}}$ 连接,在 MCU 进入睡眠状态前,通过 P1.5 控制 MAX127 也进入低功耗模式;当定时时间到、MCU 被唤醒进入数据采集时,再控制 MAX127 进入正常工作状态。程序主流程如图 9-15 所示。

2. ADC 的一种特殊应用

键盘是微机系统中最常用的输入设备,通常用 I/O 接口进行扩展。但有些微控制器的 I/O 口线很有限,无法连接较多按键。这里介绍一种用一路 A/D 转换通道扩展 16 个按键甚至更多按键的方法。

采用一个 A/D 转换通道作为键盘接口的原理如图 9-16 所示。AD0 为多路 A/D 转换器的一个模拟信号输入端,4×4 矩阵式连接的按键的不同行分别通过不同阻值的电阻接地,不同列分别接不同阻值的电阻后,串接到供电电源。

当 0～F 不同的按键按下时,+5V 电源经过不同电阻分压,在 AD0 端产生不同的电压值输入到 A/D 转换器,转换成不同的数字量。微控制器根据该数字量就可以判断此时按下的按键,实现按键的识别。如"0"键按下时,AD0 端的电压为 $V_{\text{AD0}} = \dfrac{10\text{k}}{10\text{k}+5.1\text{k}} \times 5\text{V}$;按

键"1"按下时,AD0 端的电压为 $V_{\text{AD0}} = \dfrac{2\text{k}+10\text{k}}{2\text{k}+10\text{k}+5.1\text{k}} \times 5\text{V}$;以此类推,可计算出每个按键按下时,AD0 端对应的输入电压以及对应的数字量。将 0～F 这 16 个键值与对应的 AD 值建立一张数据表,微控制器根据这个数据表就可以实现按键的识别,获取键值(由于分压电压和 A/D 转换均存在一定的误差,所以对于每个按键对应的 AD 值,要设置一定的偏差阈值)。

软件设计是 A/D 外扩键盘的核心,一旦检测的 AD 值不准确,就会造成按键误判断;机

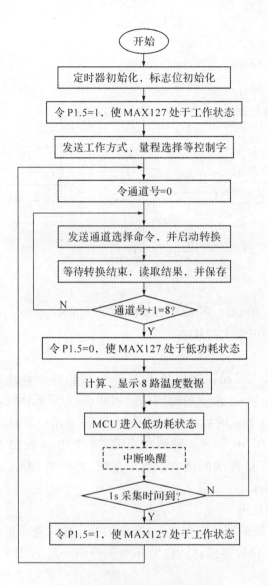

图 9-15　温度测量仪主程序流程

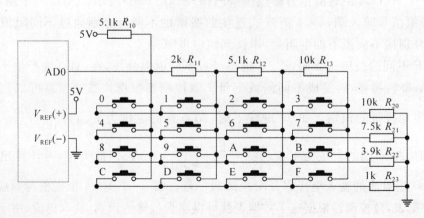

图 9-16　利用 A/D 通道扩展矩阵式键盘原理

械按键按下和弹起的瞬间存在抖动,为了获得正确的键值,要消除抖动的影响。同样可以用软件延时的方法消除抖动,另外进行多次 A/D 转换和数字滤波,增加按键 AD 值的准确性和可靠性。然后判断该数字量落在哪个按键的 AD 值区域内,实现按键识别。软件流程如图 9-17 所示,该程序类似于按键扫描程序,可以定时 50ms 执行一次。

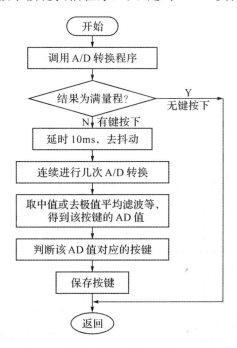

图 9-17　A/D 通道扩展键盘的扫描程序

9.3　D/A 转换器与接口技术

与 A/D 转换器相似,D/A 器件与 MCU 的接口方式也有并行和串行两种。并行 DAC 器件引脚多、体积大,占用 MCU 接口多。目前串行 DAC 已得到迅速发展,SPI、I^2C 串行总线/接口的 DAC 越来越多,且随着半导体工艺和材料的发展,器件的工作频率不断提高,功耗和体积都显著减小。

9.3.1　并行 D/A 转换器与接口技术

1. DAC0832 及其内部结构

DAC0832 是比较常用的 8 位并行 D/A 转换器,具有两级输入缓冲器,其内部逻辑结构如图 9-18 所示;由 8 位输入寄存器、8 位 DAC 寄存器、8 位 D/A 转换器、寄存器选通逻辑和输出反馈电阻等组成;采用 CMOS 工艺,功耗 20mW,参考电压 V_{REF} 的工作范围为 $-10\sim +10V$,单电源电压 V_{CC} 的范围为 $+5\sim +15V$,电流输出型,电流建立时间为 $1\mu s$。芯片内部的输入寄存器和 DAC 寄存器构成了数字输入的两级缓冲结构,使得 DAC0832 具有单缓冲和双缓冲两种输入方式。

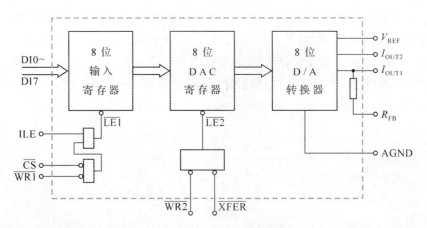

图 9-18　DAC0832 的内部逻辑结构

2. DAC0832 的引脚与功能

DAC0832 具有 20 个引脚，其定义与功能列于表 9-3。

表 9-3　DAC0832 的引脚定义与功能

符　号	名　称	功　能
DI0～DI7	8 位数据输入端	并行输入待转换数据
$\overline{CS}$	片选信号输入端	低电平有效
ILE	输入锁存允许信号，输入	高电平有效
$\overline{WR1}$	写信号 1，输入	低电平有效
$\overline{WR1}$、$\overline{CS}$、ILE 同时有效时，DI0～DI7 引脚上的数据锁存到输入寄存器中		
$\overline{XFER}$	传送控制信号	低电平有效
$\overline{WR2}$	写信号 2，输入	低电平有效
$\overline{XFER}$、$\overline{WR2}$ 同时有效时，输入寄存器中的数据传送到 DAC 寄存器，即启动了 D/A 转换		
I_{OUT1}	DAC 电流输出 1	
I_{OUT2}	DAC 电流输出 2，$I_{OUT1}+I_{OUT2}=$ 常数	
AGND	模拟地	
R_{FB}	反馈电阻(15kΩ)	固化在芯片中
V_{REF}	参考电压输入	范围：$-10～+10V$
V_{CC}、GND	电源、地	

3. DAC0832 的应用特性

DAC0832 是电流输出型 D/A 转换器，具有 I_{OUT1}、I_{OUT2} 两个电流输出端，并且 $I_{OUT1}+I_{OUT2}=$ 常数。通常 I_{OUT2} 接地，其输出电流为：

$$I_{OUT1}=\frac{D}{256R}V_{REF}=\frac{V_{REF}}{R_{W}} \tag{9-3}$$

其中，$R_w = \dfrac{256R}{D}$（R 为 DAC 内部电阻网络的电阻），V_{REF} 为参考电压，D 为输入数字量。可将 R_w 看作是一个阻值随数字量 D 变化的可变电阻。当 V_{REF} 固定时，DAC 输出电流 I_{OUT1} 随 D 变化。

当数字量 D＝FFH 时，R_w 最小，则输出电流 I_{OUT1} 最大，为 $\dfrac{255V_{REF}}{256R}$ 即满量程电流值；当数字量 D＝0 时，R_w 无穷大，则输出电流 I_{OUT1} 为 0。I_{OUT1} 的电流方向随 V_{REF} 的极性变化而改变。

为得到电压输出，可外接运算放大器，内部 R_{FB} 作为运放的反馈电阻通过 I/V 转换获得电压。电流电压转换的三种电路如图 9-19 所示。

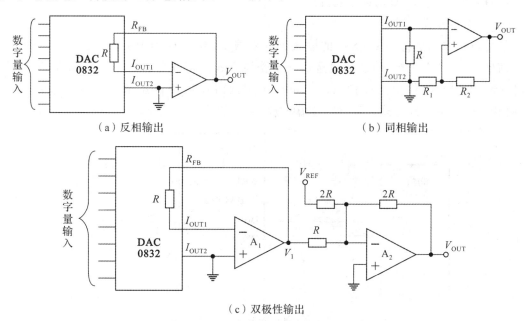

（a）反相输出　　　　　　（b）同相输出

（c）双极性输出

图 9-19　电流转电压输出的电路连接方式

图 9-19(a)为反相电压输出，反馈电阻为 DAC 内置的电阻 R，其输出电压为：

$$V_{OUT} = -I_{OUT1}R = -\frac{D \times V_{REF}}{256R} \times R = -\frac{D}{256}V_{REF} \tag{9-4}$$

V_{OUT} 是单极性的，极性与 V_{REF} 相反；其大小与输入数字量 D 成正比，当 D 从 00H 到 FFH 变化时，V_{OUT} 在 $0 \sim -\dfrac{255}{256}V_{REF}$ 变化。

图 9-19(b)为同相电压输出电路，其输出电压为：

$$V_{OUT} = I_{OUT1}R + \frac{I_{OUT1}R}{R_1} \times R_2 = I_{OUT1}R(1 + \frac{R_2}{R_1})$$

$$= \frac{D \times V_{REF}}{256R} \times R(1 + \frac{R_2}{R_1}) \tag{9-5}$$

若取 $R_1 = R_2$，则 $V_{OUT} = \dfrac{D}{128}V_{REF}$，得到与 V_{REF} 同相的输出电压。

若要得到双极性输出电压,则可采用如图 9-19(c)所示的电路。该电路是在反相输出电路后面加了一个偏移电路。偏移电路的运放 A_2 是一个反相比例求和电路,使 A_1 的输出电压 V_1 的 2 倍与 V_{REF} 求和,其输出电压为:

$$V_{OUT} = -\left(V_1 \times \frac{2R}{R} + V_{REF} \times \frac{2R}{2R}\right) = -(2V_1 + V_{REF})$$

$$= -\left(2 \times \left(-\frac{D}{256}V_{REF}\right) + V_{REF}\right) = \frac{D}{128}V_{REF} - V_{REF} \qquad (9-6)$$

对于 D=00~FFH,对应的输出电压 V_{OUT} 为 $-V_{REF} \sim +\frac{127}{128}V_{REF}$,得到了双极性的输出电压。

4. DAC0832 与 MCU 的连接及应用

(1)单缓冲方式

单缓冲方式就是将 DAC0832 的输入寄存器或 DAC 寄存器中的某一个始终处于选通方式,而另一个处于受控方式;通过选通处于受控方式的寄存器将数字量传输到 D/A 转换器,执行一次输出操作得到模拟量。也可以采用两级输入寄存器始终同时选通的连接方式,使其工作在单缓冲方式。DAC0832 单缓冲方式的接口电路见图 9-20。

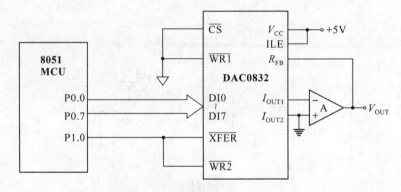

图 9-20   DAC0832 单缓冲方式接口电路

(2)双缓冲方式

双缓冲方式是分别选通 DAC0832 内部的输入寄存器和 DAC 寄存器,一个数字量要分两次传输到 D/A 转换器。双缓冲方式适合于需要两个或多个 DAC 同步输出的场合,先分别将待转换数据输出到输入寄存器,再控制几个 DAC0832 的 DAC 寄存器同时有效,就可以实现几个 DAC 同时输出模拟量。对于单个 DAC0832 工作在双缓冲方式时,可在 D/A 转换器转换前一个数据的同时,将下一个待转换数据传送到输入寄存器,从而提高系统的转换速率。2 路 DAC0832 双缓冲方式的接口电路见图 9-21。

【例 9-3】 编程实现 2 路 DAC0832 电路控制模拟式 X-Y 记录仪。

【分析】 对 X-Y 记录仪的控制有两个基本要求:一是需要两个 D/A 转换器分别给 X 通道和 Y 通道提供模拟电压,使记录笔能沿 X-Y 轴做平面运动;二是两路模拟信号要同步输出,用 X、Y 两个方向的合力控制记录笔运动,从而绘制出光滑的曲线。可将图 9-21 中两个 DAC 输出的模拟电压 V_1 和 V_2 经驱动电路后,分别加到 X-Y 绘图仪的 X 通道和 Y 通道,用于驱动 X、Y 两个方向的执行机构。如果控制记录笔做 X 和 Y 方向运动的信号不是

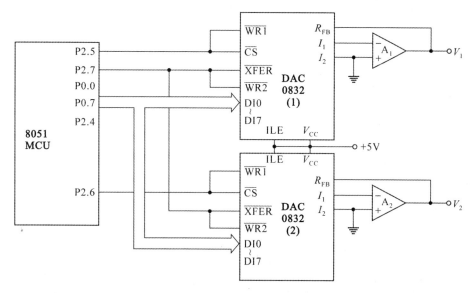

图 9-21　DAC0832 双缓冲方式接口电路

同时作用,则记录笔将以折线方式从一个点到另一个点;而当 X、Y 方向的两个信号同时作用到记录笔时,则记录笔将以曲线方式从一个点描绘到另一个点。

设用 X-Y 记录仪描绘曲线的两组数据已经分别存在内部 RAM 中,起始地址分别为 addr1 和 addr2,数据长度为 20H。编写把 addr1 和 addr2 中的数据从 1♯ 和 2♯ DAC0832 同步输出的程序。程序中 addr1 和 addr2 中的数据,即为记录仪要绘制曲线的 x、y 坐标点。

【解】　汇编程序:

```
              ORG      0000H
              LJMP     DTOUT
              ORG      2000H
addr1         DATA     20H
addr2         DATA     40H
DTOUT:        MOV      R0,♯addr1
              MOV      R1,♯addr2
              MOV      R2,♯20H
LOOP:         MOV      A,@R0
              CLR      P2.5
              MOV      P0,A           ;第 1 组数据输出到 1♯ DAC 的输入寄存器
              SETB     P2.5
              MOV      A,@R1
              CLR      P2.6
              MOV      P0,A           ;第 2 组数据输出到 2♯ DAC 的输入寄存器
              SETB     P2.6
              CLR      P2.7
              NOP                     ;两组数据同时输出到 1♯、2♯ DAC 的 DAC 寄存器
              SETB     P2.7
              INC      R0
```

```
        INC        R1
        DJNZ       R2,LOOP
        SJMP       $
```

C51 程序:

```
# include<reg51.h>
# define addr1 0x20
# define addr2 0x40
sbit CS1 = P2^5;
sbit CS2 = P2^6;
sbit start = P2^7;
int main(void)
{
    char * p1 = addr1;
    char * p2 = addr2;
    char len = 0x20;
    char i = 0;
    for(i = 0; i < len; i + +)
    {
        CS1 = 0;
        P0 = *(p1 + +);              //第 1 组数据输出到 1 # DAC 的输入寄存器
        CS1 = 1;
        CS2 = 0;
        P0 = *(p2 + +);              //第 2 组数据输出到 2 # DAC 的输入寄存器
        CS2 = 1;
        start = 0;
        _nop_();                     //两组数据同时输出到 1 # 、2 # DAC 的 DAC 寄存器
        start = 1;
    }
    while(1);
}
```

9.3.2　串行 D/A 转换器与接口技术

1. LTC1446 的内部逻辑结构

LTC1446 是采用 SPI 串行接口的双通道电压输出型 12 位轨到轨 D/A 转换器(有 DAC-A、DAC-B 两个通道),输出的模拟电压的范围接近供电电源的范围,其引脚配置及内部结构如图 9-22 所示,由 24 位移位寄存器、上电复位电路、两个 DAC 转换器和输出放大器组成。移位寄存器实现数据串行输入到并行输出的转换,DAC 寄存器实现缓冲隔离作用,通过外电路的锁存控制,在 DAC 转换器转换期间,实现移位寄存器的输出与 DAC 转换器的连接,保证转换期间的数字量保持不变。

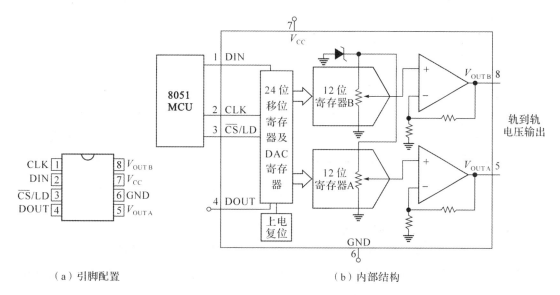

（a）引脚配置　　　　　　　　　　　　　　（b）内部结构

图 9-22　LTC1446 的引脚配置和内部结构

2. LTC1446 的引脚与功能

LTC1446 仅有 8 个引脚,其定义与功能列于表 9-4。

表 9-4　LTC1446 的引脚定义与功能

符　号	名　称	功　能
$\overline{CS}/LD$	片选信号	低电平:串行数据的输入和 DAC 寄存器的锁存功能;高电平:实现 DAC 寄存器的输出并启动 DAC-A 和 DAC-B 转换
DIN	串行数据输入引脚	输入数据顺序为 DAC-A 的高位到低位,紧接着 DAC-B 的高位到低位
DOUT	串行数据输出引脚	输出数据顺序为移位寄存器的高位到低位,即前次转换的数据内容的高位到低位
CLK	串行同步时钟引脚	CLK 上升沿实现串行数据 DIN 的输入,下降沿实现串行数据 DOUT 的输出
V_{OUTA}	转换器 A 模拟信号输出	输出模拟信号大小与数字量成比例
V_{OUTB}	转换器 B 模拟信号输出	输出模拟信号大小与数字量成比例
V_{DD}	＋5V 电源	
GND	电源地	

3. LTC1446 的转换时序

LTC1446 的转换时序如图 9-23 所示,以 $\overline{CS}/LD$ 引脚及 CLK 引脚的低电平为起始条件,$\overline{CS}/LD$ 引脚保持低电平,在 CLK 的上升沿,MCU 通过 DIN 引脚按 DAC-A 高位到低位、DAC-B 高位到低位的顺序向 D/A 转换器输入待转换数字量并移入内部移位寄存器,经过 24 个 CLK 后,2 个通道 DAC 的 2 个 12 位待转换数字量经串变并移位寄存器后保存到 DAC 寄存器;$\overline{CS}/LD$ 引脚的上升沿,即可将 DAC 寄存器的内容输出到 DAC 转换器,并启动 A、B 两个 DAC 开始转换。当 $\overline{CS}$ 为高电平时,DOUT 处于高阻态且 DIN 引脚被禁止,芯片不工作。利用 DOUT 引脚可以实现多个 LTC1446 的级联。

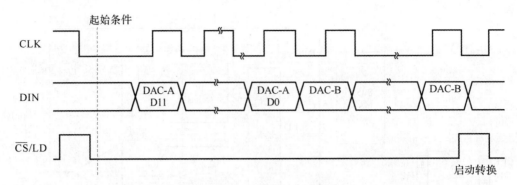

图 9-23   LTC1446 实现 DAC 转换时序

4. LTC1446 与 MCU 的接口及编程

LTC1446 与 8051 MCU 的接口电路示于图 9-24。图中 8051MCU 的 P1.0～P1.2 分别与 LTC1446 的 $\overline{CS}$/LD、CLK、DIN 即 SPI 接口引脚相连。8051 MCU 可用 I/O 模拟 SPI 总线的时序,实现对 LTC1446 的转换控制。

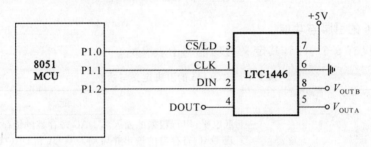

图 9-24   LTC1446 与 8051 MCU 的接口

【例 9-4】   设 2 个 12 位数据分别存放在 ABUFH(高 4 位)、ABUFL(低 8 位)和 BBUFH(高 4 位)、BBUFL(低 8 位)4 个单元中,选用 LTC1446 进行数模转换获得 2 路电压信号。请编写该转换程序。

【解】   汇编程序:

```
        ABUFH   EQU     30H
        ABUFL   EQU     31H
        BBUFH   EQU     32H
        BBUFL   EQU     33H             ;定义转换数据缓冲区
        CS      EQU     P1.0
        CLK     EQU     P1.1
        DIN     EQU     P1.2            ;定义 I/O 端口
        ORG     0000H
        SJMP    MAIN
        ORG     0030H
MAIN:   MOV     R0,# ABUFH
        MOV     R2,#2H                  ;要输出 2 个 12 位数据
        SETB    CLK
        SETB    CS
```

```
                NOP
        CLR     CLK
                NOP
        CLR     CS              ;令CS有效,准备输入数据
DATAIN: MOV     R1,#04
        MOV     A,@R0
        SWAP    A               ;高 4 位转换数据移到 A 的高 4 位
HIGHIN: RLC     A               ;移出高 4 位的转换数据
        MOV     DIN,C
        SETB    CLK
        NOP
        CLR     CLK             ;输入到 LTC1446 的移位寄存器
        DJNZ    R1,HIGHIN
        MOV     R1,#08
        INC     R0              ;调整数据地址指针,指向低 8 位数据字节
        MOV     A,@R0           ;取出低 8 位转换数据
LOWIN:  RLC     A               ;移出低 8 位的转换数据
        MOV     DIN,C
        SETB    CLK
        NOP
        CLR     CLK             ;输入到 LTC1446 的移位寄存器
        DJNZ    R1,LOWIN        ;循环 8 次
        INC     R0              ;调整数据地址指针
        DJNZ    R2,DATAIN       ;2 个数据未输出完毕,则继续
        NOP
        SETB    CS              ;DAC 寄存器内容输出到 D/A 转换器,并启动 D/A 转换
        NOP
        SETB    CLK             ;CLK 置为高电平
        SJMP    $
```

C51 程序:

```c
#include <reg51.h>
#include <intrins.h>
#define uchar unsigned char
sbit CS = P1^0;
sbit CLK = P1^1;
sbit DIN = P1^2;                    //定义 I/O 端口
void initLTC(void);
void sendDAData(uchar dataH, uchar dataL);
void startDAOut(void);
/* * * * * * * * * * * * * * * * * * * * 主函数 * * * * * * * * * * * * * * * * * * * * * * * * */
void main()
{
```

```
    uchar data * pAddr = 0x30;                  //定义指针变量和变量的存储器类型,并令指针指向首址
    uchar dataAH,dataAL,dataBH,dataBL;          //定义要发送的两个 12 位数据
    dataAH = * pAddr + + ;                      //取出指针所指数据,并指针 + 1,指向下一字节地址
    dataAL = * pAddr + + ;
    dataBH = * pAddr + + ;
    dataBL = * pAddr;
    initLTC();                                  //初始化 DAC
    sendDAData(dataAH, dataAL);                 //送一个 12 位数据到 DACA
    sendDAData(dataBH, dataBL);                 //送一个 12 位数据到 DACB
    startDAOut();                               //启动转换
}
/ * * * * * * * * * * * * * * * DAC 初始化函数 * * * * * * * * * * * * * * * * * * * * * /
void initLTC(void)
{
    CLK = 1;
    CS = 1; _nop_();
    CLK = 0; _nop_();                           // 控制引脚初始化
    CS = 0;                                     //CS 低电平,为串行数据的输入和 DAC 寄存器的锁存
}
/ * * * * * * * * * * * * * * * *发送数据到 DAC 寄存器 * * * * * * * * * * * * * * * * * * /
void sendDAData(uchar dataH, uchar dataL)
{
    int i;
    unsigned int DAData = (dataH&0x0f) * 256 + dataL;
                                                //将待发送的 2 字节数据组合成一个 16 位数据(其
                                                //中有效数据为后 12 位)
    for(i = 11; i > = 0; i - - )
    {
        DIN = (DAData&(0x01<<i))>>i;            //将后 12 位数据,从高位到低位依次取出进行发送
        CLK = 1;                                //CLK 上升沿实现串行数据 DIN 的输入
        _nop_();
        CLK = 0;                                //CLK 变为低电平,准备下一位数据的输入
    }
}
/ * * * * * * * * * * * * * * * * *启动 DAC 转换 * * * * * * * * * * * * * * * * * * * * /
void startDAOut(void)
{
    _nop_();
    CS = 1;                                     //CS 的上升沿,实现 DAC 寄存器内容的输出并启动 DA 转换
    _nop_();
    CLK = 1;                                    //芯片控制引脚恢复到初始状态
}
```

9.3.3　D/A 转换器的应用

D/A 转换器应用于许多领域,例如光学扫描器件的控制信号发生器、数字音频信号发生器、数字视频信号发生器、手机通信的数字信号调制器等。这些应用的本质是用 DAC 作为信号发生器,如产生方波、锯齿波、三角波、正弦波或任意信号等。本小节波形发生器程序的设计,均采用图 9-20 的电路。

1. 方波

运用 I/O 口线能够输出不同占空比的方波,但是该方波的上限电平和下限电平是固定的,即为输出口线的高电平和低电平。运用微机系统中的 DAC,就可以得到如图 9-25 所示占空比可变、上下电平也可变的方波。

根据上限电平 V_{max} 和下限电平 V_{min} 分别计算出 DAC 的输入数字量 D_{max} 和 D_{min},根据高电平宽度和低电平宽度,编写 delayH、delayL 两个延时子程序。改变延时时间可以改变方波的频率和占空比。

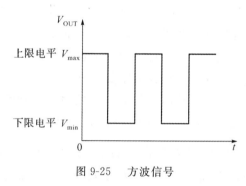

图 9-25　方波信号

汇编程序:

```
SQUARE:     CLR     P1.0
            MOV     P0,#Dmax        ;输出 Dmax,产生 Vmax
            SETB    P1.0
            LCALL   DELAYH          ;延时
            CLR     P1.0
            MOV     P0,#Dmin        ;输出 Dmin,产生 Vmin
            SETB    P1.0
            LCALL   DELAYL          ;延时
            SJMP    LOOP
```

C51 程序:

```c
#include<reg51.h>
#define Dmax MM
#define Dmin NN
sbit start = P1^0;
int main(void)
{
```

```
    while(1)
    {
        start = 0;
        P0 = Dmax;                          //输出 Dmax,产生 Vmax
        start = 1;
        delayH();                           //高电平延时函数省略
        start = 0;
        P0 = Dmin;                          //输出 Dmin,产生 Vmin
        start = 1;
        delayL();                           //低电平延时函数省略
    }
    return 0;
}
```

2. 三角波

三角波有正向、反向和双向三种,如图 9-26 所示。当 $0V \leqslant V_{min} \leqslant V_{max}$ 时,为正向三角波;当 $V_{max} < V_{min} \leqslant 0V$ 时,为反向三角波;当 V_{max} 为正、V_{min} 为负时,则为双向三角波。

首先根据 V_{max} 和 V_{min},计算出 DAC 对应的数字量 D_{max} 和 D_{min},先输出 D_{min} 进行 D/A 转换,然后每次将数字量加 1 后再输出,直到数字量达到 D_{max},这段时间得到的是三角波的上升段;接下来是要产生三角波的下降段,即从 D_{max} 开始每次将数字量减 1 后再输出,直到数字量达到 D_{min};不断循环上述过程,就可得到连续的三角波。

> 若要降低输出波形的频率,则在每次输出后,加上 NOP 指令或延时程序。若要提高输出波形的频率,则每次将数字量加 2 或 3 后再输出,但波形的步进会变大,毛刺变多。

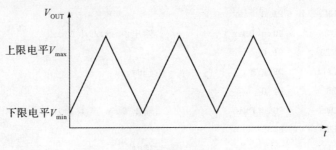

图 9-26 三角波信号

汇编程序:

```
    TRIANG:     MOV     A,♯Dmin
    UPLOOP:     CLR     P1.0
                MOV     P0,A                ;输出一个数据
                SETB    P1.0
                INC     A                   ;上升段
                CJNE    A,♯Dmax+1,UPLOOP
                DEC     A                   ;使 A 内容变回 Dmax
```

```
DOWNLOOP:      DEC        A                              ;保证 Dmax 输出一次,下降段开始
               CLR        P1.0
               MOV        P0,A                           ;输出一个数据
               SETB       P1.0
               CJNE       A,#Dmin,DOWNLOOP
               INC        A                              ;保证 Dmin 输出一次
               SJMP       UPLOOP
```

C51 程序:

```
/* * * * * * * * * * * * * * *  D/A 输出函数 * * * * * * * * * * * * * * * * * * * */
#include<reg51.h>
#define   Dmax MM
#define   Dmin NN
sbit start = P1^0;
void DAOutput(int iVol)
{
    start = 0;
    P0 = iVol;                              //输出一个数据
    start = 1;
}
/* * * * * * * * * * * * * * * *  主函数 * * * * * * * * * * * * * * * * * * * * * */
int main(void)
{
    int iVol = Dmin;
    while(1)
    {
        for(iVol = Dmin; iVol <Dmax; iVol++)
            DAOutput(iVol);
        for(iVol = Dmax; iVol >Dmin; iVol--)
            DAOutput(iVol);
    }
    return 0;
}
```

3. 正弦波

运用汇编语言设计正弦波发生器,如一个周期输出 256 个电压值,首先需要制作一张 256 个元素的表格,再用查表方法实现。因此对于正弦、余弦等函数发生器通常用 C51 进行设计程序。下面为产生正弦信号的 C51 程序。

首先根据正弦波最大电平 V_{max} 和最小电平 V_{min} 计算出 DAC 相应的输入数字量 D_{max} 和 D_{min},假设一个周期输出 256 个电平值。

```
#include<reg51.h>
#include <math.h>
```

```
#define PI 3.141592
#define Dmax MM
#define Dmin NN
sbit start = P1^0;
/ * * * * * * * * * * * * * * * * 正弦幅值计算函数 * * * * * * * * * * * * * * * * * * * /
int CalcSinVol(int index)
{
    int resultVol = 0;
    resultVol = (Dmax - Dmin)/2.0 * sin(2 * pi * index/256) + (Dmax - Dmin)/2.0 + Dmin;
    return resultVol;
}
/ * * * * * * * * * * * * * * * * * * 主函数 * * * * * * * * * * * * * * * * * * * * * * * /
int main(void)
{
    int iIndex = 0;
    int resultVol = 0;
    while(1)
    {
        for(iIndex = 0; iIndex < 256; iIndex ++ )
        {
            resultVol = CalcSinVol(iIndex);          //计算得到输出数字量
            DAOutput(resultVol);                     //调用前文三角波中的 D/A 输出函数
        }
    }
    return 0;
}
```

4. 任意波形

将事先存储在内存中的数据(如用 A/D 转换器采集得到的语音数据)按顺序输出到 D/A 转换器,就可以得到语音信号的波形,经功率驱动后接播放器,就可实现语音的回放。流程如图 9-27 所示,相应的程序如下所示(设数组长度 LEN≤256,数据存放在 AddR 开始的外部 RAM 中)。改变其中的延时时间,可得到不同的语音播放速度。

汇编程序:

```
RANDOM:    LEN      EQU      #40H
           AddR     EQU      #2000H
           ORG      0000H
           LJMP     MAIN
           ORG      0030H
MAIN:      MOV      R2,#LEN
           MOV      DPTR,#AddR
LOOP:      MOVX     A,@DPTR
           CLR      P1.0
           MOV      P0,A
```

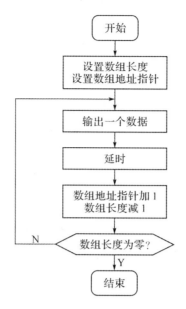

图 9-27　任意波形发生器的流程与程序

```
SETB      P1.0
LCALL     DELAY
INC       DPTR
DJNZ      R2,LOOP
SJMP      $
```

C51 程序：

```c
#include<reg51.h>
#define uchar unsigned char
#define AddR 0x2000
#define LEN 0x40
int main(void)
{
    uchar * xData = AddR;
    uchar   len = LEN;
    uchar   i = 0;
    for(i = 0; i < len; i + +)
    {
        DAOutput( * (xData + i));          //调用前文三角波中的D/A输出函数
    }
    while(1);
    return 0;
}
```

习题与思考题

1. ADC 和 DAC 各有哪些主要性能指标? 设某 14 位的 ADC, 满量程输出电压为 5V, 请问其电压分辨率是多少? 量化误差是多少?

2. 请到 ADI(www.analog.com)或者 TI(www.ti.com)网站上查找两款 2000 年以后推出的逐次逼近型 ADC, 给出它们的分辨率、最大转换速率、转换精度和满量程电压等指标参数。

3. 在 ADC 和 DAC 的主要技术指标中, "量化误差"、"分辨率"和"精度"有何区别?

4. 对于电流输出型的 DAC, 如何将电流转换成电压?

5. 简述 ADC0809 的转换过程, 画出 8051 MCU 与 ADC0809 的连接图, 给出完成 8 路模拟信号轮流一遍的程序流程, 并编写源程序。

6. 用一路 A/D 转换通道扩展 16 个按键甚至更多按键的原理是什么?

7. 画出 8051 MCU 与 DAC0832 的单缓冲、双缓冲的连接图。通常在什么情况下, 需要使用 DAC0832 的双缓冲方式?

8. 用 DAC 设计信号发生器时, 如何修改其输出信号如方波、三角波、正弦波等波形的频率?

9. 请设计一个 8051 MCU 和一款 2000 年以后推出的逐次逼近型 ADC 组成的数据采集系统, 要求模数转换分辨率不小于 14 位, 转换速率不低于 10ksps。

10. 请设计一个 8051 MCU 和一款 2000 年以后推出的 DAC 组成的任意波形发生器, 要求数模转换分辨率不小于 10 位, 转换速率不低于 100ksps。

11. 请找出一款具有 I^2C 总线的 D/A 转换器, 并分析其主要性能指标。

12. 请找出一款具有 SPI 串行接口或 I^2C 总线的 A/D 转换器, 并分析其主要的性能指标。

13. 在选择器件时, 如何较快地根据系统需求寻找器件(网上如何搜索)?

本章内容总结

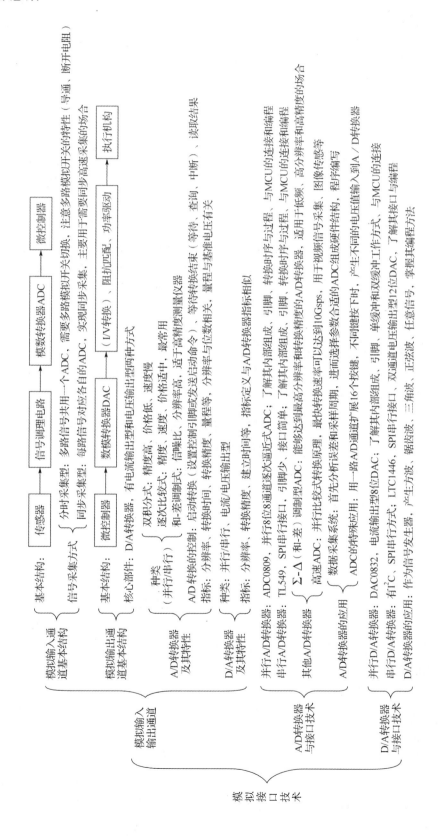

- 模拟接口技术
  - 模拟输入输出通道
    - 模拟输入通道基本结构
      - 基本结构：传感器 → 信号调理电路 → 模数转换器ADC → 微控制器
      - 信号采集方式：
        - 分时采集型：多路信号共用一个ADC，需要多路模拟开关切换，注意多路模拟开关的特性（导通、断开电阻），主要用于不需要同步采集高速采集的场合
        - 同步采集型：每路信号对应各自的ADC，实现同步采集，主要用于需要同步采集高速采集的场合
    - 模拟输出通道基本结构
      - 基本结构：微控制器 → 数模转换器DAC → （I/V转换）、阻抗匹配、功率驱动 → 执行机构
      - 核心部件：D/A转换器，有电流输出型和电压输出型两种方式
    - A/D转换器及其特性
      - 种类（并行/串行）：
        - 双积分式：精度高，价格低，速度慢
        - 逐次比较式：精度、速度、价格适中，最常用
        - Σ-Δ（和-差）调制式：信噪比、分辨率高，适于高精度测量仪器
      - A/D转换的控制：启动转换（设置控制引脚或发送启动命令）、等待转换结束（等待、查询、中断）、读取结果
      - 指标：分辨率、转换时间、转换精度、量程等。分辨率与位数相关、量程与基准电压有关
    - D/A转换器及其特性
      - 种类：并行/串行、电流/电压输出型
      - 指标：分辨率、转换精度、建立时间等，指标定义与A/D转换器指标相似
  - A/D转换器与接口技术
    - 并行A/D转换器：ADC0809，并行8位8通道逐次逼近式ADC；了解其内部组成、引脚、转换时序与过程、与MCU的连接和编程
    - 串行A/D转换器：TL549，SPI串行接口、引脚少、接口简单；了解其内部组成、引脚、转换时序与过程、与MCU的连接和编程
    - 其他A/D转换器
      - Σ-Δ（和-差）调制型ADC：能够达到最高分辨率和转换精度的A/D转换器，适用于低速、高分辨率和高精度的场合
      - 高速ADC：并行比较式转换原理，最快转换速率可以达到10Gsps，用于视频信号采集、图像传感等
    - A/D转换器的应用
      - 数据采集系统：首先分析误差和采样周期，进而选择参数合适的ADC组成硬件结构、程序编写
      - ADC的特殊应用：用一路A/D通道扩展16个按键，了解其内部组成、引脚、程序编写
  - D/A转换器与接口技术
    - 并行D/A转换器：DAC0832，电流输出型8位DAC；了解其内部组成、引脚、单缓冲和双缓冲工作方式、不同链接方式下的电压值输入到A/D转换器
    - 串行D/A转换器：有I²C、SPI串行方式；LTC1446，SPI串行接口，双通道电压输出型12位DAC，了解其接口编程，与MCU的连接
    - D/A转换器的应用：作为信号发生器，产生方波、锯齿波、三角波、正弦波、任意信号，掌握其编程方法

第 10 章

数字接口技术

数字量是微机系统中常见的信号,它们的表现形式为电平的高和低、指示灯的亮和灭、继电器或接触器的闭合和断开、马达的启动和停止、阀门的打开和关闭等。虽然微控制器是数字芯片,但仍需要考虑输入输出数字信号的匹配问题,进行电平转换、信号整形、干扰隔离、功率驱动等处理。

本章介绍数字信号的调理、测量和输出技术,包括光电隔离技术、磁电隔离技术和电平转换技术;数字量输入通道中脉冲信号的频率测量技术和周期测量技术;数字量输出通道中功率驱动技术、步进电机驱动技术、直流电机驱动技术和 PID 控制技术。

10.1 数字信号调理技术

通常微机系统的输入信号来自于现场传感器,输出信号需要控制现场的执行器,过程中现场的电磁干扰会通过输入输出通道串入微机系统中,因此需要采用通道隔离技术来防止或减少这种干扰。常用的方法有光电隔离技术、磁电隔离技术。此外,对于现场传感器、执行器件的电平与微控制器电平不一致的情况,需要采用电平变换技术实现匹配。

10.1.1 光电隔离技术

光电隔离是最常用的电气隔离方法,相应的器件称为光电耦合器(Optical Coupler,OC),亦称光电隔离器,简称光耦。

光耦是以光为媒介传输电信号的器件,通常把发光器(发光二极管 LED)与受光器(光敏二极管)封装在同一管壳内,如图 10-1 所示。当有电流使输入端发光二极管发光时,输出端光敏二极管导通并输出电流,实现了"电—光—电"转换。光耦的输入和输出通过光进行耦合,在电气上是完全隔离的,所以它对输入、输出电信号有良好的隔离作用。

1. 光耦的隔离作用

光耦的优点是能有效地抑制尖峰脉冲及各种噪声干扰,从而大大提高传输通道的信噪比。光耦具有很强抗干扰能力的原因有以下几个方面:

①光耦的输入阻抗一般为 $100\sim1000\Omega$,而干扰源内阻很大,通常为 $10^5\sim10^8\Omega$,因此分压到光耦合器输入端的噪声很小。

②干扰噪声虽有较大的干扰幅度,但能量小,只能形成微弱电流,而光耦中的发光二极管是电流驱动器件,干扰噪声由于不能够提供足够的电流而将被抑制掉。

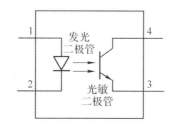

图 10-1　光耦内部结构

③光耦是在密封条件下实现输入回路和输出回路的光耦合,不会受到外界光的干扰。

④输入回路与输出回路之间分布电容很小,一般仅为 $0.5\sim2\text{pF}$,而且绝缘电阻很大,通常为 $10^{11}\sim10^{12}\,\Omega$,因此回路一边的干扰很难通过光耦馈送到另一边去。

光电耦合器传输脉冲信号的原理,如图 10-2 所示。假设外部传感器输出即光耦输入的是幅值为 V_+ 的脉冲信号,微控制器的电源为 V_{CC},光耦双边采用不同的供电电源。高电平为 V_+、带干扰的输入脉冲经光耦隔离后,由于尖峰毛刺的能量比较小,不足以转换为光信号而传输到输出端,所以在光耦的输出端得到的是无干扰、高低电平为 TTL 电平的脉冲信号,既起到隔离作用又有电平转换功能。

图 10-2 中 R 的阻值,主要根据 V_+、光耦输入电流和传输信号带宽(频率 f)确定。

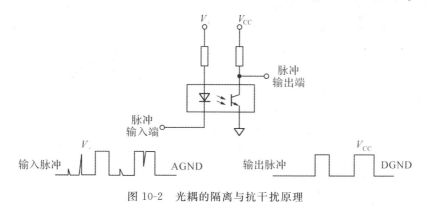

图 10-2　光耦的隔离与抗干扰原理

2. 光耦的特性参数

光耦的主要特性参数包括导通电流、频率响应和输出电流等。

(1)导通电流和截止电流

对于开关量输出场合,光隔离主要利用其非线性输出特性。当发光二极管通以一定电流 I_F 时,光隔离器输出端处于导通状态;而当流过发光二极管的电流小于某一电流值时,光隔离器的输出端截止。不同的光隔离器有不同的导通电流,典型导通电流值 $I_F = 10\text{mA}$。

(2)频率响应

由于发光二极管和光敏二极管响应时间的影响,脉冲信号传输速率和频率受光隔离器频率特性的影响,因此,在高频信号传输中要考虑其频率特性。对于开关量输出通道,由于开关信号的频率一般较低,不会因光隔离器的频率特性而受影响。

（3）输出电流

当光隔离器处于导通状态时，通过光敏二极管（或晶闸管）的电流若超过某个额定值就可能使输出端击穿而导致光隔离的损坏，这个参数对输出接口设计极为重要。一般来讲，这个电流值在毫安（mA）级，因此不能直接驱动大功率外设。

此外，光耦还有输出暗电流、输入输出压降和隔离电压等参数，一般光耦的参数都满足大部分需要，如果有特殊要求可以根据实际需要选用。

　　需要特别注意的是，为实现输入端与输出端的隔离，光耦的输入端和输出端不能共用电源和地，否则干扰源依然可以通过电源线或地线对另一方产生干扰，达不到隔离目的。

3. 光耦的种类

光耦的种类很多，有通用型、高速型、开关型、线性型和其他用途光耦，各种类型的光耦有不同特点和适用范围。

（1）通用光耦

常见的通用光耦有 TLP521 系列和 4N2X 系列。如 TLP521-1、TLP521-2 和 TLP521-4 分别表示单一芯片封装了 1 个、2 个和 4 个独立光耦。

4N2X、H11L1 为 Motorola 公司的产品。4N25 光耦合器有基极引线，可以不用，也可以通过几百千欧以上的电阻，再并联一个几十皮法小电容后接地，以提供一个基本偏置电流；4N29 为达林顿管输出，具有 150mA 驱动能力；H11L1 为施密特输出的光耦，具有较强的抗干扰能力，能够抵抗输出端的电气干扰。它们的引脚如图 10-3 所示，1 脚为输入正端；2 脚为输入负端；3 脚不用，可以悬空或接地；4 脚为输出负端；5 脚为输出正端；6 脚为基极，可以不用，也可以输入小的基本偏置电流。

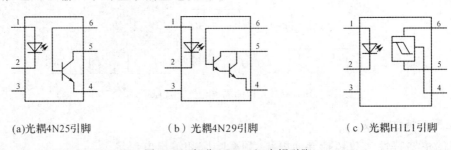

(a)光耦4N25引脚　　　　（b）光耦4N29引脚　　　（c）光耦H1L1引脚

图 10-3　部分 Motorola 光耦引脚

（2）高速光耦

常见的高速光耦有 6N137 系列和 HCPL 系列，均为 Agilent 公司产品。6N137 系列光耦为高抗共模干扰、高速 TTL 兼容的光耦合器，传输速率为 10Mbps。HCPL 系列为高速 CMOS 光耦合器，传输速率为 25Mbps。它们的引脚如图 10-4 所示。6N137 引脚为：1 脚不用，可悬空或接地；2 脚为输入正端；3 脚为输出负端；4 脚不用，可悬空或接地；5 脚为输出地；6 脚为输出信号；7 脚为输出使能，高电平有效；8 脚为输出端电源引脚。HCPL-7721 引脚为：1 脚为输入电源；2 脚为输入信号；3 脚不用，可悬空或接地；4 脚为输入地；5 脚为输出地；6 脚为输出信号；7 脚不用；8 脚为输出电源。

高速光耦可应用于 A/D、D/A 转换器的数字隔离、I/O 接口、高速逻辑系统的隔离、取代脉冲变压器等。

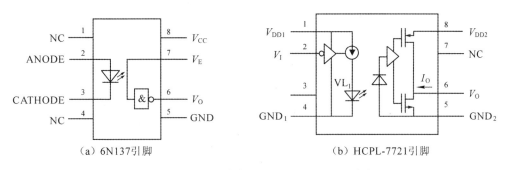

(a) 6N137引脚　　　　　　　　　(b) HCPL-7721引脚

图 10-4　6N137 系列和 HCPL-7721/0721 引脚

以上通用光耦与高速光耦均为开关型光耦,用来传输数字信号,除此以外还有线性光耦,用来传递模拟信号。

(3)其他用途光耦

①AC 交流用光耦合器。该类产品如 NEC 公司的 PS2505-1、-2、-4 和 PS2505L-1、-2、-4,以及 Toshiba 公司的 TLP620,输入端是反向并联的 GaAs 红外发光二极管。该光耦利用了光耦的线性工作区,可以实现交流检测。

②光电双向晶闸管驱动器。双向晶闸管具有双向导通功能,能在交流、大电流场合使用,且开关无触点,因此在工业控制领域有着极为广泛的应用。由于双向晶闸管的广泛应用,与之配套的光耦合器也早已推出,这种器件一般称为光耦合双向晶闸管驱动器。它与一般的光耦不同之处在于其输出部分是一硅光敏双向晶闸管,有的还带有过零触发检测器,以保证在电压接近于零时触发晶闸管。

常用的有 MOC3000 系列等,运用于不同负载电压使用,如 MOC3011 用于 110V 交流,而 MOV3041 等可适用于 220V 交流使用。用 MOC3000 系列光电耦合器直接驱动双向晶闸管,大大简化了传统的晶闸管隔离驱动电路的设计。

另外,MOC3050 系列光电双向晶闸管驱动器是美国 Motorola 公司推出的光电新器件,它可以用直流低电压、小电流来控制交流高电压、大电流。该系列器件的特点是大大加强了静态 dv/dt 能力,保证电感负载稳定的开关性能。其输入与输出采用光隔离,绝缘电压可达 7500V。

10.1.2　磁电隔离技术

近年来,利用磁电隔离技术的器件取得了较大发展。磁耦在集成度上较光耦具有较大优势,但由于磁耦价格相比光耦要高,目前的普及率还较低,随着相关技术的发展磁耦有望获得更广泛的应用。

1. 磁电隔离器的工作原理与特点

磁耦的核心是芯片级双向磁隔离变压器,磁耦芯片首先对输入数字信号进行编码,并转换成周期为 1ns 的电磁脉冲信号,这些脉冲通过驱动器放大后驱动初级线圈并耦合到次级线圈,经次级端的检测电路解码后复原出输入数字信号,其结构原理如图 10-5 所示。磁隔离变压器是双向的,通过使能端控制和读写通信协议,线圈的信号既可输入也可以输出。

此外,输入端还包含一个刷新电路,保证即使在没有输入跳变的情况下输出状态也与输入状态保持匹配。因此,即便在加电情况以及低速率波形输入或长时间恒定直流输入情况下,磁耦也能输出正确电平。

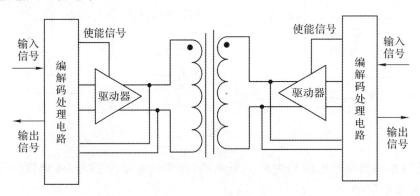

图 10-5 磁耦工作原理

磁耦的工艺和 CMOS 工艺兼容,可以方便地将耦合线圈相关输入驱动电路、输出解码电路和微处理器等制作在同一个芯片上。磁耦与光耦相比具有可靠性高、寿命长(50 年工作寿命)、低功耗(为光耦的 $1/10\sim1/6$)、高速(150Mbps)等优势。

2. 磁耦器件的种类

磁耦器件可分为通用型和专用型,代表性器件是美国 ADI 公司生产的 ADUM 系列和 ADM 系列。

(1)通用型磁耦器件

ADUM1100、ADUM3402 等与普通光耦具有相同功能;ADUM5401、ADUM5402 集成了 DC/DC 数字磁隔离器,可直接实现电源隔离,使隔离电路设计更简化;ADUM1250 可以实现双向信号的磁隔离,实现单路通道双向隔离,适用于 1-Wire、2-Wire 总线;ADUM5230是集成门级驱动型磁隔离器,提供高边及低边控制信号隔离,能直接驱动 MOS 管。

(2)专用型磁耦器件

ADM2483、ADM2587E 是磁电隔离型的 RS485 收发器;ADM3251E 集成了 RS-232 收发器,以单芯片实现 RS-232 接口隔离;ADUM4160 是 USB 总线的磁隔离器。

目前,在很多功能器件上也集成了磁耦隔离器,如具有磁隔离功能的 $\Sigma\text{-}\Delta$ 型数模转换器 AD7400 和 AD7401 等。ADUM1100、ADUM5401、ADUM1250、ADUM5230、ADM2483的详细介绍,请查阅芯片手册。

3. 应用举例

CAN(Controller Area Network)总线又称控制局域网络,最早由德国 Bosch 公司推出,用于汽车内部测量与执行部件之间的数据通信。CAN 总线规范已被 ISO 国际标准组织制订为国际标准。CAN 总线可以点对点、点对多点及广播方式收发数据,通信速率最高可达 1Mb/s(此时通信间隔最长为 40m),直接通信间隔最远可达 10km(速率在5Kb/s 以下)。由于现场情况十分复杂,各节点之间存在很高的共模电压,虽然 CAN 接口采用的是差分传输方式,具有一定的抗共模干扰的能力,但当共模电压超过 CAN 驱动器的极限接收电压时,CAN 驱动器就无法正常工作了,严重时甚至会烧毁芯片和仪器设备。因此,为了适应强干扰环境或提高性能要求,必须对 CAN 总线各通信节点实行电气隔离。

　　传统的 CAN 总线采用光电耦合器,如 Toshiba 公司的 6N137 光电隔离器。但该光耦需要外接电阻等器件,工作电流在 10mA 以上。而磁耦隔离器件 ADUM1201 一个芯片集成了一路输出通道和一路输入通道,直接可满足 CAN 总线的通信要求,最小工作电流仅为 0.8mA。无须外接电阻即可实现 CAN 总线隔离,瞬态共模抑制力、通道间匹配程度均优于传统光电隔离器。

　　如图 10-6 所示,集成有 CAN 总线协议的 Atmel 公司的 AT89C51CC01 微控制器,利用 ADuM1201 即可实现微控制器与 CAN 总线物理通信芯片 PCA82C250 的电气隔离。PCA82C250 将接收到的所有总线上传输的帧,通过磁耦的电流和电压隔离,传送到 AT89C51CC01 的 CAN 模块。

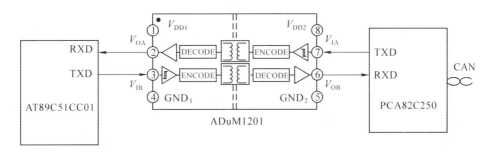

图 10-6　利用磁耦技术实现 CAN 总线电气隔离

10.1.3　电平转换技术

　　由于微控制器的电平是 TTL 或 CMOS,许多外设的输入输出信号与之不匹配而不能直接连接,这种情况需要采用电平转换技术进行转换。

1. 专用电平转换芯片

　　如果需要较快地传输数据,可以采用专用电平转换芯片,如 74LVX3245 可以实现 3V 至 5V 器件间的双向转换。在图 10-7(a)中,利用 T/$\overline{\text{R}}$ 引脚和 $\overline{\text{OE}}$ 引脚可以实现双向转换和传输功能。当允许数据传输时,设置 $\overline{\text{OE}}$ 为低,若数据需要从 A 端传向 B 端时设置 T/$\overline{\text{R}}$ 为高,若需要从 B 端传向 A 端时设置 T/$\overline{\text{R}}$ 为低;当不允许数据传输时,设置 $\overline{\text{OE}}$ 为高。图 10-7(b)为其内部电路结构,由图可知,若 $\overline{\text{OE}}$ 为低,则当 T/$\overline{\text{R}}$ 为高时,A 端的输出驱动器使能,而 B 端的输出驱动器禁止、呈现高阻态,因此这时数据从 A 端传输到 B 端;当 T/$\overline{\text{R}}$ 为低时,B 端的输出驱动器使能,而 A 端的输出驱动器禁止、呈现高阻态,因此这时数据从 B 端传输到 A 端。

　　74LVX3245 的 A 端口可以兼容 2.7～4.5V 的双向 I/O 功能,B 端口可以兼容 3.3～5.5V 的双向 I/O 功能。利用 74LVX3245 实现 3.3V 与 5V 器件双向通信应用实例如图 10-8 所示。C8051Fxxx 微控制器为 3.3V 器件,因此 74LVX3245 的 V_{CCA} 采用 3.3V 供电,这样 A0～A7 就是 3.3V 的 I/O 引脚。而 AT89C51 是 5V 器件,因此 V_{CCB} 采用 5V 供电,这时 B0～B7 都是 5V 的 I/O 端口,可以和 AT89C51 的 I/O 口相连。

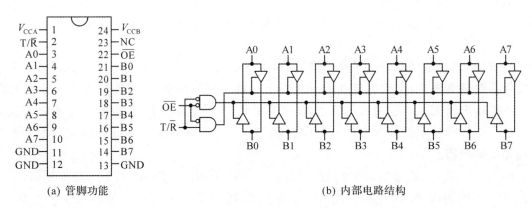

(a) 管脚功能   (b) 内部电路结构

图 10-7   74LVX3245 引脚与内部结构

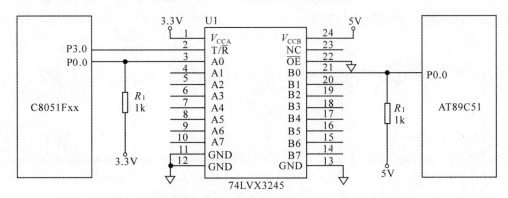

图 10-8   利用 74LVX3245 实现电平转换

2. 利用光耦实现电平转换和双向传输

典型的光耦隔离和电平转换电路有同相传递与反相传递两种。同相传递如图 10-9(a) 所示,光耦的输入正端接电源 V_{CC},输入负端连到 MCU 的 I/O 接口,光耦的输出正端(集电极)通过电阻接外设供电电源 V_P,负端直接接地,耦合信号从正端引出。这样的连接可以实现数字信号的同相传递,以及隔离和电平转换。

光耦的反相传递如图 10-9(b)所示,光耦的输入端连接方法同上,光耦的输出正端接外设供电电源 V_P,负端通过电阻接地,耦合信号从负端引出。这样的连接可以实现数字信号的反相传递,以及隔离和电平转换。图 10-9 所示的电平转换和隔离都是单向的。

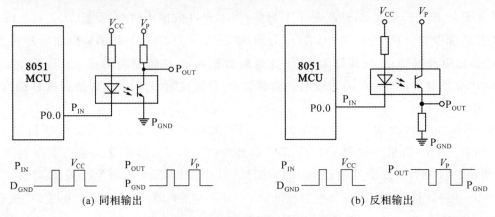

(a) 同相输出   (b) 反相输出

图 10-9   光耦的隔离和电平转换电路

为了利用光耦实现数字量的隔离、电平转换和双向传输,需要将光耦与三态门相结合,一路双向隔离与传输的连接如图 10-10 所示,三态门 A 的工作电压为 3.3V,三态门 B 的工作电压为 5V。将三态门 A 的使能端 ENA 置 1,B0 信号通过 U3 隔离、电平转换后输出到 A0,实现 B 到 A 的传输;三态门 B 的使能端 ENB 置 1,A0 信号通过 U1 隔离、电平转换后输出到 B0,实现 A 到 B 的传输。

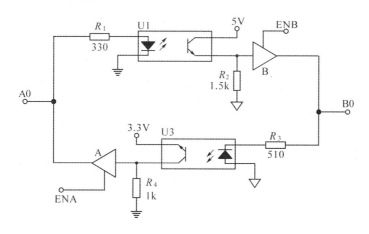

图 10-10 光耦与三态门结合实现双向传输

3. 利用磁耦实现电平转换和双向传输

由于磁耦双边可采用不同的供电电源,所以磁电隔离的同时可实现电平的转换。选用合适的磁耦型号可以实现双向通信,图 10-11 是利用 ADUM1250 实现隔离和电平转换的 I^2C 总线的连接,以及 ADUM1250 内部结构图。

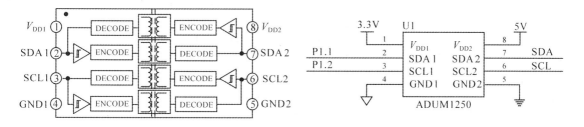

图 10-11 ADUM1250 内部结构和磁耦式隔离的 I^2C 总线的连接

在 ADUM1250 芯片左端连接工作电压为 3.3V 的微控制器,在其右端连接工作电压为 5V 的 I^2C 器件。通过 ADUM1250 隔离和电平转换,3.3V 的微控制器可以方便地与 5V 的 I^2C 器件进行通信,与相同工作电压的情况完全一样。芯片的 SDA1/SDA2 和 SCL1/SCL2 引脚完全是双向的,数据可以双向流动,因此 ADUM1250 任一边的设备都可以作为 I^2C 的主机。与光耦相比,磁耦将三态门和时序控制电路都集成在一个封装之中,一个芯片就能实现双向隔离通信,简单方便。

10.2　数字量测量技术

数字量输入通道简称 DI 通道(Digital Input),它的任务是把生产过程中的数字量、开关量信号经整形、变换、隔离等调理后接入微机系统。数字量输入通道的一般结构如图 10-12 所示。相对于模拟输入通道,数字量输入通道具有如下特点:

①接口简单、占用硬件资源少、易采用光电/磁电隔离,提高输入通道的抗干扰性能。

②输入灵活,可输入到微控制器的 I/O 引脚或外部中断引脚或定时器/计数器输入引脚。

③测量精度高、便于远距离传输,也可以调制到射频信号上,进行无线传输,实现遥测。

图 10-12　数字量输入通道的一般结构

10.2.1　脉冲信号接口形式

在实际检测系统中,脉冲信号是最常见的一种数字输入形式。有些传感器本身输出的就是脉冲信号,对于 R、L、C 参数型传感器可以通过振荡电路输出脉冲频率信号或脉宽,对于模拟信号可以选择 V/F 转换器输出脉冲频率信号。

1. 数字传感器输入通道结构

如果前向通道中采用数字式传感器,这类传感器把被测物理量变换成一定频率的脉冲信号,经放大整形和光电隔离后,即可接入微机系统,如图 10-13 所示。

图 10-13　频率输入通道

2. R、L、C/F 转换输入通道结构

这种输入通道中的传感器是 R、L、C 参量变换器,如热敏电阻、光敏电阻、应变片、电感传感器和电容传感器等。这类传感器是把被测物理量的变化转换成 R、L、C 的变化,将其接入 R、L、C 振荡电路或脉宽调制器,则振荡电路输出的频率 f 或脉宽调制器输出的周期与相应的 R、L、C 成比例。这种测量方式可以简化通道结构,也有利于提高测量精度。其通道结构如图 10-14 所示。

图 10-14　R、L、C/F 转换频率输入通道结构

3. V/F 转换输入通道结构

这种输入通道结构与一般模拟量输入通道结构相似,只是用 V/F 转换器替代 A/D 转换器,如图 10-15 所示。传感器输出的小电流或小电压信号,经信号调理电路后输入 V/F

转换器,把模拟电压转换成与之成比例的频率信号,再经光电隔离后送入微机系统。

图 10-15 V/F 转换输入通道结构

V/F 转换器是把电压信号转变成频率信号的器件。与采用 A/D 转换器的模拟信号输入通道结构相比,该输入通道结构具有以下特点:

①V/F 器件转换精度高、线性好、价格低,但转换速度较低,适合于采集速度要求不高的场合。

②外接电路简单,只需接入几个电阻、电容就可方便地构成 V/F 变换电路,并且容易保证转换精度。

③对于电磁干扰严重,以及高温、高湿等工作环境恶劣不适合微控制器工作的测量场合,可以采用 V/F 将待测模拟量转换成频率,并通过光耦隔离电磁干扰,实现较长距离的传输和远距离测量。

10.2.2 脉冲信号测量技术

为准确获得脉冲信号的频率或周期,需要根据被测量信号的频率大小来确定具体的测量方法。对于高频信号采用频率测量法,通过测量一定时间内的脉冲数来获取脉冲信号的频率;对于较低频信号采用周期测量法,通过测量被测脉冲的周期,计算获得脉冲信号的频率。

1. 高频脉冲的频率测量法

(1)测频原理

测频原理如图 10-16 所示,在定时时间 T(计数闸门)内,对输入脉冲信号进行计数,即可得到其频率。若在定时时间 T 内,计数器的计数值为 N(计数初值为 0),则待测信号的频率 $f_x = N/T$。假设定时时间 $T = 1\mathrm{s}$,计数器的值 $N = 1000$,则待测信号频率 $f_x = 1000\mathrm{Hz}$。

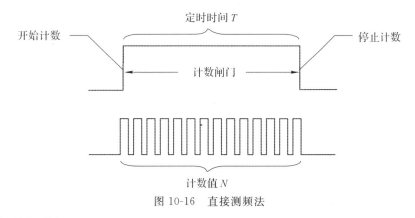

图 10-16 直接测频法

(2)测频误差分析

下面分析测频法的频率测量精度,假设计数器是上升沿进行加 1 计数。如图 10-17(a)所示,在定时时间 T 内,完整的脉冲信号是 N 个周期,但由于是上升沿计数,实际的计数值

为 $N+1$,即多计了一个脉冲。而图 10-17(b)所示情况是脉冲信号是 N 个周期,但实际计数值为 $N-1$,即少计了一个脉冲。因此,计数器的最大计数误差为 ± 1,这是由计数器的计数原理决定的。因为计数器只能对整数个脉冲进行计数,而无法获取脉冲的若干分之一。

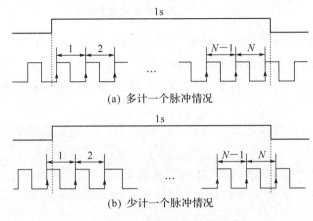

(a) 多计一个脉冲情况

(b) 少计一个脉冲情况

图 10-17　频率测量误差分析

从以上分析可知,在定时时间 T 内,实际脉冲数为 N,而测得的脉冲值可能为 N、$N+1$ 或 $N-1$,计数误差为 ± 1。因此频率测量误差为:

$$\Delta = \frac{f_{测量} - f_{实际}}{f_{实际}} = \frac{\dfrac{N\pm 1}{T} - \dfrac{N}{T}}{\dfrac{N}{T}} = \frac{\pm\dfrac{1}{T}}{\dfrac{N}{T}} = \pm\frac{1}{N} \tag{10-1}$$

由式(10-1)可知,测量误差与定时时间内的实际脉冲个数 N 有关,N 越大,则测量误差 Δ 越小。因此,高频信号用测频法可获得较高的测量精度。

(3)MCU 的测频方法

根据测频法原理,将待测脉冲信号连接到微控制器的定时器/计数器输入端(如 T0 或 T1),用另一个定时器作定时时间 T 的定时。

测频软件设计思路:设置定时器 T0 工作于定时方式,计数脉冲为系统的机器周期;T1 工作于计数方式,计数脉冲为外部待测信号。在 T0 开始定时的同时,启动 T1 开始计数。当 T0 定时达到 1s 时,读取 T1 寄存器中的值,该值即为 1s 时间内记录的外部脉冲个数,也即待测信号的频率(T1 的计数初值设为 0000H)。

定时时间设为 1s,由于计数误差为 ± 1,则频率的绝对测量误差为 ± 1Hz。当信号频率为 5kHz 时,相对测量误差为 $\pm\dfrac{1}{5000} = \pm 0.02\%$;当信号频率为 100Hz 时,相对测量误差变为 $\pm\dfrac{1}{100} = \pm 1\%$;而当信号频率为 10Hz 时,相对测量误差变为 $\pm\dfrac{1}{10} = \pm 10\%$。因此,测频法适用于较高频率信号的测量,对于低频信号该方法的测量误差大。

2. 低频脉冲的周期测量法

(1)测周原理

测周原理如图 10-18 所示,被测脉冲连接于微控制器的外部中断输入端($\overline{INT0}$ 或

$\overline{\text{INT1}}$），通过中断检测相邻两个脉冲下降沿之间的时间间隔，获得脉冲信号的周期。在第 1 个下降沿（一个脉冲周期的开始）中断时开启一个定时器开始定时，在第 2 个下降沿（该脉冲周期的结束）中断时关闭定时器工作。设待测脉冲信号的实际周期为 $T_{实}$，定时器的计数脉冲周期为 T_{CLK}。若一个脉冲周期内定时器的计数值为 N，则测量得到的周期为 $T_{测} = T_{\text{CLK}} \times N$，即被测信号的频率为 $1/T_{测}$。

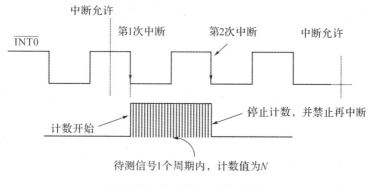

图 10-18　测周法（间接测频法）

（2）测周误差分析

由计数器的计数误差可知，脉冲周期的测量同样存在 ± 1 计数误差，该误差时间为 T_{CLK}，即待测脉冲信号的周期测量值 $T_{测} = T_{实} \pm T_{\text{CLK}}$。则低频信号的频率测量误差为：

$$\Delta = \frac{f_{测} - f_{实}}{f_{实}} = \frac{f_{测}}{f_{实}} - 1 = \frac{T_{实}}{T_{测}} - 1 = \frac{T_{实}}{T_{实} \pm T_{\text{CLK}}} - 1 = \frac{1}{1 \pm \dfrac{T_{\text{CLK}}}{T_{实}}} - 1 \quad (10\text{-}2)$$

由式（10-2）可知，周期测量误差与计数器的计数周期 T_{CLK} 有关，T_{CLK} 越小，测量误差越小，对于 8051 MCU 而言，该计数周期即为机器周期。假设晶振频率为 12Hz，则计数周期 $T_{\text{CLK}} = 1\mu s$。对于低频信号，其 $T_{实}$ 比较大，而 T_{CLK} 相对来说非常小，由误差计算公式（10-2）可知，周期的测量误差很小。

（3）MCU 的测周方法

根据测周法的原理，要求测量出脉冲信号的周期，可将外部脉冲连接到 MCU 的外部中断输入端 $\overline{\text{INT0}}$ 或 $\overline{\text{INT1}}$。设置 T0 或 T1 工作在定时方式，设置外部中断为下降沿触发，则外部脉冲的下降沿将触发一次外部中断。第一个脉冲中断时启动 T0 开始定时（时间常数设为 0），下一个脉冲中断时读取 T0 的计数值，该计数值即为外部脉冲信号一个周期的长度（即外部脉冲的周期），通过计算即可得到被测脉冲信号的频率。

设 8051MCU 的晶振频率为 12MHz，则机器周期为 $1\mu s$，即定时器的定时误差为 $\pm 1\mu s$。假设定时器的计数值为 12000，即待测脉冲的周期为 12ms，则频率为 $\dfrac{1}{12\text{ms}} = 83.3\text{Hz}$，测量误差 $\pm \dfrac{1\mu s}{12 \times 10^3 \mu s}$ 可以忽略。假设定时器的计数值为 12，即待测脉冲的周期为 $12\mu s$，此时频率为 $\dfrac{1}{12\mu s} = 83.3\text{kHz}$，测量误差 $\pm \dfrac{1\mu s}{12\mu s} = \pm 8.33\%$。因此，测周法适用于测量频率较低的脉冲信号，对于高频脉冲该方法测量误差较大。

3. 脉冲信号测量实例

对于实际应用系统,通常被测脉冲的频率范围较宽,为了保证在整个测量范围内,都能达到一定的测量精度,需要确定一个测频/测周的交界频率 $f_{交界}$。低于 $f_{交界}$ 的低频段用测周法测量,而高于 $f_{交界}$ 的高频段则用测频法测量。

【例 10-1】 某一脉冲信号的频率范围为 $10\sim5000\mathrm{Hz}$,要求整个频率范围内的测频精度 $\leqslant\pm0.2\%$。请设计测量方法,并画出测量主程序的流程图。

【解】 为保证整个范围内的测量精度,要确定 $f_{交界}$。

对于测频法来说,频率大于 $f_{交界}$ 的高频段,最大测频误差是 $\pm\dfrac{1}{f_{交界}}=\pm0.2\%$,确定 $f_{交界}=\pm\dfrac{1}{0.2\%}=500\mathrm{Hz}$;若 MCU 的机器周期为 $1\mu\mathrm{s}$,则对于测周法,最大频率测量误差为频率 $500\mathrm{Hz}$ 时的周期误差 $\pm\dfrac{1}{2000}=\pm0.05\%$,频率大于 $f_{交界}$ 时,测周法误差更小。所以脉冲频率大于 $500\mathrm{Hz}$ 的信号用测频法,脉冲频率小于 $500\mathrm{Hz}$ 的信号用测周法,就能在整个测量范围内满足测量精度要求。具体流程如图 10-19 所示。

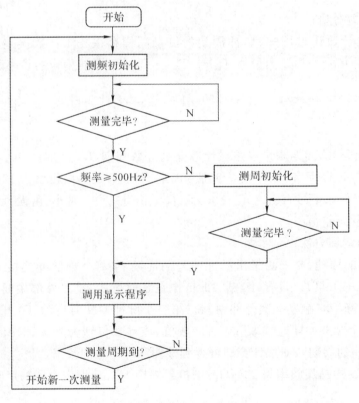

图 10-19 测量主程序流程

10.3　数字控制技术

数字量输出通道简称 DO 通道(Digital Output),它的任务是把微控制器输出的微弱数字信号转换成能对生产过程进行控制的数字驱动信号,如用 I/O 口线控制开关器件、继电器的通断,数字执行机构的运行等。数字量输出通道的一般结构如图 10-20 所示。

图 10-20　数字量输出通道的一般结构

在数字量输出通道中,因为微控制器的驱动能力有限,所以关键内容是驱动,即根据现场负荷、要求功率的不同,选用不同的功率放大器件构成不同的开关量驱动输出通道。常用的输出驱动有三极管输出驱动、继电器输出驱动、晶闸管输出驱动、固态继电器输出驱动等。大功率的输出驱动通常要配置光电耦合器隔离。

10.3.1　功率驱动技术

1. 三极管驱动输出

当外设的驱动电流只需要十几毫安或几十毫安时,采用普通功率三极管就能构成驱动电路。图 10-21 为驱动 LED 的小功率三极管输出电路,当数字信号 Di＝"1"时,NPN 型三极管导通,集电极电流驱动 LED 发光。

当外设的驱动电流需要几百毫安时,如需要驱动中功率继电器、电磁开关等装置,通常采用达林顿复合管进行驱动,它具有高输入阻抗、高增益、输出功率大及保护措施完善等特点。图 10-22 为达林顿管驱动电路,当数字信号 Di＝"1"时,达林顿复合管导通,产生的几百毫安集电极电流足以驱动大负荷负载线圈,二极管 D 形成负荷线圈断电时产生的反向电动势的泄流回路,起到保护作用。

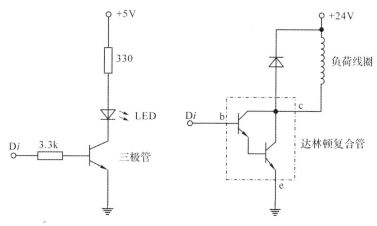

图 10-21　三极管驱动电路　　　图 10-22　达林顿管驱动电路

2. 继电器驱动输出

继电器方式的开关量输出是一种最常用的输出方式。通常用于驱动大型设备时,作为微控制器输出到最后驱动级的第一级执行机构,完成从低压直流到高压交流的过渡。继电器的开关触点有常开和常闭两种,在实际应用中可以根据需要选用。

继电器引脚结构和输出驱动电路如图 10-23 所示。在图 10-23(a)中,输入端为继电器的线圈,需要施加一定的吸合电压和控制电流才能使继电器的开关触点可靠地动作,所以微控制器输出的数字量需要通过驱动才能可靠控制。图 10-23(b)为经光电隔离的继电器输出驱动电路,当数字信号 Di = "0"时,光耦的发光二极管导通且发光,接收光敏二极管导通,继电器线圈 KA 通电使触点 K 闭合,从而使交流 220V 驱动的负载 R_L 通电工作。继电器控制电流的大小可通过改变电阻 R_2 的阻值调整。在需要较大驱动电流的场合,可在光耦与继电器之间再接一级晶体管放大以增加驱动电流,如图 10-24 所示。

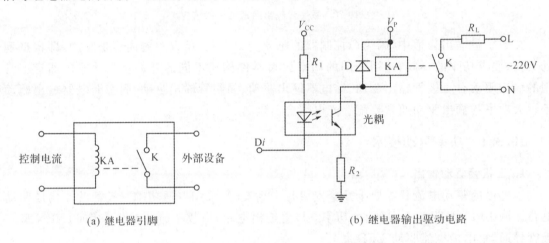

(a) 继电器引脚   (b) 继电器输出驱动电路

图 10-23   继电器引脚结构和输出驱动电路

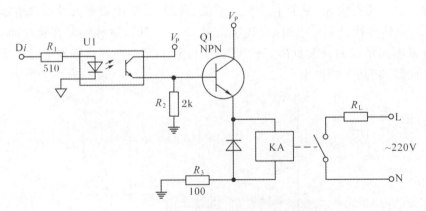

图 10-24   继电器的隔离、放大驱动电路

继电器输出也可用于低压场合,与晶体管等低压输出驱动器相比,继电器输出时输入端与输出端有一定的隔离功能,但由于采用电磁吸合方式,在开、关瞬间,触点容易产生火花,从而引起干扰;在交流高压等场合使用时,触点也容易氧化;由于继电器的驱动线圈有一定的电感,在关断瞬间可能会产生较大的感应电压,因此在继电器的驱动电路上常常反接一个保护二极管 D 用于反向放电。

目前,常用的还有一种称为固态继电器 SSR 的电子继电器。该继电器的输入端为一光耦,所需控制电流小,可用 OC 门或晶体管直接驱动;其输出端为晶体管或晶闸管的无触点驱动,因此与普通电磁式继电器和磁力开关相比,具有无机械噪声、无抖动和回跳、开关速度快(一般小于 $200\mu s$)、体积小、重量轻、寿命长、工作可靠等特点,并且耐冲击、抗腐蚀、抗潮湿,适合在微控制器测控系统中作为开关量输出的控制元件。

固态继电器可分为直流型(DC-SSR)和交流型(AC-SSR)两类。直流型 SSR 采用晶体管作为开关器件,主要用于直流大功率控制场合。其通态压降(导通时压降)一般小于 2V,断态漏电流(断开时的漏电流)通常为 $5\sim10\mathrm{mA}$,在控制小功率执行器时要特别考虑这两项参数以免引起误动作。图 10-25 为直流型 SSR 的接口电路,图示所接为感性负载。

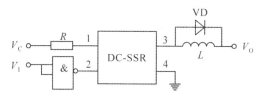

图 10-25　直流型 SSR 接口电路

交流型 SSR 采用晶闸管作为开关器件,用于交流大功率驱动场合。其输入电压为 $4\sim32\mathrm{V}$,开关时间小于 $200\mu s$,输入电流小于 $500\mathrm{mA}$,因此需要用三极管驱动;输出工作电压为交流电压,可用于 380V、220V 等常用电压;输出断态电流一般小于 $10\mathrm{mA}$。在电路设计时,应使 SSR 的通态电流(工作电流)至少为断态电流的 10 倍。负载电流若低于该值,需通过并联电阻的方式提高通态电流,如图 10-26 所示。当使用感性负载时,也可采用这种方式来避免误动作。

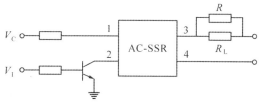

图 10-26　交流 SSR 连接

3. 晶闸管驱动输出

晶闸管(也称可控硅)是一种大功率半导体器件,有单向晶闸管和双向晶闸管两种,其符号见图 10-27。晶闸管具有效率高、控制特性好、寿命长、体积小、重量轻、耐高压等优点,被广泛应用于各种电子设备中,多用来作可控整流、逆变、变频、调压、无触点开关等。在微机测控系统中,可作为大功率驱动器件。下面主要介绍单向晶闸管的原理与应用。

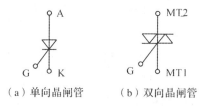

（a）单向晶闸管　　　（b）双向晶闸管

图 10-27　单向、双向晶闸管符号

在单向晶闸管的三个引脚中,A 为阳极,K 为阴极,G 为控制极。在单向晶闸管两端加以正向电压而控制极不加电压时,处于正向阻断状态,正向电流很小;在控制极与阳极间加上正电压时,则晶闸管导通,正向压降很小,此时即使撤去控制电压,仍能保持导通状态。因此,利用切断控制电压的方法不能关断负载电流,只有当阳极电压降到足够小,以及阳极电流降到维持电流 I_H 以下时,负载回路才能够阻断。若在交流回路中使用,如作大功率器件时,当电流过零进入负半周时,能自动关断,如果到正半周要再次导通,必须重新施加控制电压。

图 10-28(a)为光耦隔离的单向晶闸管 4N40,1 脚为输入正端;2 脚为输入负端;3 脚不用,可悬空或接地;4 脚为输出负端;5 脚为输出正端;6 脚为输出晶闸管控制极;输出引脚 4 和 5 之间的耐压为 400V。图 10-28(b)为利用 4N40 驱动扬声器的电路,当输入数字信号 Di＝"0"时,光耦工作触发晶闸管导通,使得 220V 交流电路驱动扬声器发声;当输入数字信号 Di＝"1"时,则晶闸管截止,此时扬声器不发声。

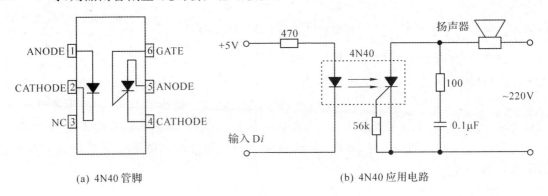

(a) 4N40 管脚   (b) 4N40 应用电路

图 10-28   单向晶闸管输出驱动电路

10.3.2   步进电机驱动技术

步进电机是工业过程控制及仪表中的主要控制元件之一。在负载能力范围内,它的角位移量或直线位移量不易因电源电压、负载、环境的变化而改变。由步进电机和驱动控制器组成的开环数控系统,既具有较高的控制精度和良好的控制性能,又能稳定可靠地工作。这些优点使步进电机在庞大的电机家族中占有不可替代的位置。由于步进电机需要的驱动电流比较大,所以微控制器与步进电机的连接都需要专门的接口和驱动电路。

1. 步进电机的工作原理与励磁方法

步进电机实际上是一个数字/角度转换器,也是一个串行的数/模转换器。步进电机的结构与步进电机所含的相数有关,从结构上看,步进电机分为三相、四相、五相等类型。下面以四相步进电机为例进行介绍。

四相步进电机结构如图 10-29 所示,电机定子上有八个凸齿,每个齿上绕有线圈,八个齿构成四对,故称为四相步进电机,即相数 $P＝4$;中间为齿数为 N 的软铁芯转子(图 10-29 中 N 为 6)。在图 10-29(a)中,A 相被激励,由于磁力作用,转子上箭头所指的齿与定子上的 A 相齿对准。若此时再激励 B 相,如图 10-29(b)所示,转子反时针转 15 度;但若 D 相被激励,如图 10-29(c)所示,则顺时针转过 15 度。

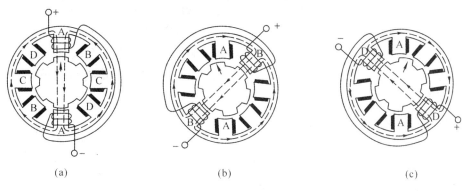

图 10-29　四相步进电机结构

步进电机的步长或称步距角,是指施加一个励磁信号使步进电机转过的最小角度,与步进电机的相数和转子的齿数有关,如式(10-3)所示。

$$L\theta = \frac{360}{P \times N} \tag{10-3}$$

由以上过程可以看出,依次激励步进电机各相即可驱动步进电机转动。按照励磁方式不同,步进电机的励磁方式可以分为:

(1)单 4 拍励磁法(1 相励磁法)

在每一瞬间只有 1 个相通电。这种方法消耗电力小、精确度良好,但转矩小、振动较大。当电机的 $N=50$ 时,步长为 1.8 度。若欲以 1 相励磁法控制步进电机正转,其励磁顺序为:A→B→C→D→A;若励磁信号反向传送,则步进电机反转。其励磁信号序列见图 10-30(a)。

STEP	A	B	C	D
1	1	0	0	0
2	0	1	0	0
3	0	0	1	0
4	0	0	0	1

(a) 单4拍励磁信号序列

STEP	A	B	C	D
1	1	1	0	0
2	0	1	1	0
3	0	0	1	1
4	1	0	0	1

(b) 双4拍励磁信号序列

STEP	A	B	C	D
1	1	0	0	0
2	1	1	0	0
3	0	1	0	0
4	0	1	1	0
5	0	0	1	0
6	0	0	1	1
7	0	0	0	1
8	1	0	0	1

(c) 单双8拍励磁信号序列

图 10-30　四相步进电机的励磁信号序列

(2)双 4 拍励磁法(2 相励磁法)

在每一瞬间都有 2 个相通电。这种方法转矩大、振动小,步长与单 4 拍方式相同,是目前使用最多的励磁方式。若以 2 相励磁法控制步进电机正转,其励磁顺序为:AB→BC→CD→DA→AB;若励磁信号反向传送,则步进电机反转。其励磁信号序列见图 10-30(b)。

(3)单双 8 拍励磁法(1~2 相励磁法)

为 1 个相与 2 个相轮流交替通电。这种方法具有转矩大、分辨率高、运转平滑等特点,故被广泛采用。这种励磁方式的步长是前面两种励磁方式的一半,即为 $0.9°$。若以 $1\sim2$ 相励磁法控制步进电机正转,其励磁信号顺序为:$A\rightarrow AB\rightarrow B\rightarrow BC\rightarrow C\rightarrow CD\rightarrow D\rightarrow DA\rightarrow A$;若励磁信号反向传送,则步进电机反转。其励磁信号序列见图 10-30(c)。

电机的输出转矩与速度成反比,速度愈快输出转矩愈小,当速度快至其极限时,步进电机即不再运转。所以每输出一次励磁信号,程序必须延时一段时间。

2. 步进电机的细分驱动原理

在前述的励磁方式中,电流都是恒定的。因此,导通时各相的平均电流都保持不变,设为 I_S。实际上,任一相的驱动电流由 0 突变到 I_S 或者由 I_S 突变到 0,会造成电机运行的不平稳。细分驱动的思想是逐渐增加或逐渐减小相中的励磁电流强度。常用的控制方法有采用模数转换器和脉宽调制(PWM)方法。由于 PWM 方式比较简单,因此实际应用中经常被使用。

四相步进电机 2 细分的励磁方式和过程如图 10-31 所示。

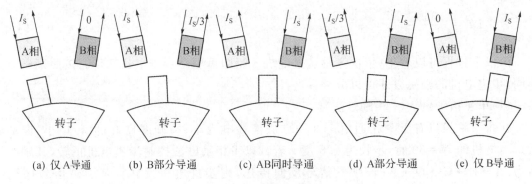

图 10-31　步进电机的励磁过程

①如图 10-31(a)所示,如果仅仅对 A 相输入电流 I_S 励磁,则转子上的齿对准 A 相,此时仅 A 相导通;

②如图 10-31(b)所示,对 A 相输入电流 I_S,对 B 相输入电流 $I_S/3$,由于 A 相电流较大、磁力也较大,B 相电流较小、磁力相对较小,因此转子上的齿在 A 相与 B 相之间靠近 A 相位置;

③如图 10-31(c)所示,对 A 相和 B 相都输入电流 I_S,这时 A 和 B 两相的磁力基本相同,因此转子上的齿基本对准 A 相和 B 相的中间位置;

④如图 10-31(d)所示,对 A 相的输入电流降低到 $I_S/3$,对 B 相输入电流 I_S,这时候 B 相的磁力较大,因此转子上的齿在 A 相与 B 相之间靠近 B 相的位置;

⑤如图 10-31(e)所示,仅仅对 B 相输入电流 I_S,则转子上的齿对准 B 相。

可以看出,由于仅增加了一个 1/3 满度工作电流的状态,步进电机的驱动状态由 4 个或 8 个增加到了 16 个,此时步长为 $0.45°$,步进电机转动一圈所需要的励磁次数比单双 8 拍励磁法增加了 2 倍,步进电机的转动也更加平稳。四相步进电机 2 细分的励磁信号序列见图 10-32。

STEP	1	2	3	4	5	6	7	8	9	10	11	12	13	14	15	16
A	1	1	1	1/3	0	0	0	0	0	0	0	0	0	1/3	1	1
B	0	1/3	1	1	1	1	1	1/3	0	0	0	0	0	0	0	0
C	0	0	0	0	0	1/3	1	1	1	1	1	1/3	0	0	0	0
D	0	0	0	0	0	0	0	0	0	1/3	1	1	1	1	1	1/3

图 10-32　四相步进电机 2 细分的励磁信号序列

采用 $I_s/3$ 电流的原因是这里采用了磁力的一级线性近似。对于状态 2 来说，由于需要转子的齿轮在离开 A 相的距离为 AB 间距离的 1/4，此时转子的齿轮在离开 B 相为 AB 间距的 3/4。假设磁力与距离的倒数成正比，磁力与电流成正比，A 相的电流应该是 B 相的 3 倍。步进电机的细分驱动方式除了线性方式还有正弦等细分方式，可以根据实际要求进行选择。同理，增加满度电流分数倍的电流状态，可以进行更多的细分，如 4 细分、8 细分、16 细分乃至 100 细分等。细分数越多，步进电机的步长越小，运转越平稳。

3. 步进电机的驱动电路

在驱动步进电机时，为了满足驱动能力的要求，通常采用 I/O 口线经达林顿管后，再连接到步进电机，然后编写程序使 I/O 口输出相应的时序来控制步进电机的转动。为了简化步进电机的驱动，也可选择使用产生驱动时序的专用芯片如 L297，其引脚和内部结构如图 10-33 所示，主要由译码器、两个 PWM 驱动器以及输出控制逻辑组成。L297 只需要时钟、方向和模式输入信号，相位由内部产生，从而减轻了 MCU 和程序设计的负担。L297 产生四相驱动信号，用以控制双极性二相步进电机或单极性四相步进电机，只需简单的设置就可以双 4 拍励磁模式或单双 8 拍励磁模式控制步进电机。

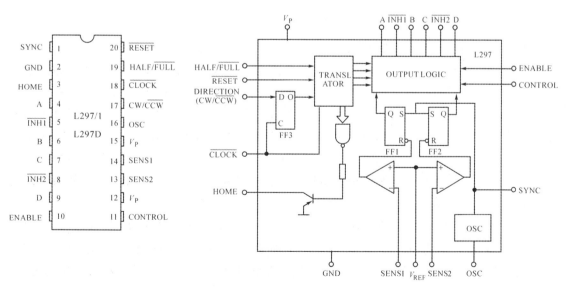

图 10-33　四相步进电机时序产生芯片 L297

通常步进电机的相电流较大，因此 L297 输出的控制时序信号，也需经过达林顿管驱动后再连接到步进电机的相线上，其硬件组成结构如图 10-34 所示。微控制器的 I/O 输出经光电耦合器,可实现逻辑电路与功率电路的隔离。

图 10-34   四相步进电机驱动原理

10.3.3   直流电机驱动技术

1. 直流电机的工作原理

直流电机由永久磁铁、电枢、换相器等组成。如图 10-35 所示,两个固定的永久磁铁(定子),上面是 N 极,下面是 S 极,磁力线从 N 到 S。两极之间可旋转的导体 *abcd* 称为电枢(转子)。电枢的 *ab* 段和 *cd* 段分别连接到两个互不接触的半圆形金属片 A、B 上,这两个金属片称为换相器。在换相器的 A、B 两端加上一个上正下负的直流电压,根据左手定则,电枢将逆时针旋转;反之,则顺时针旋转。

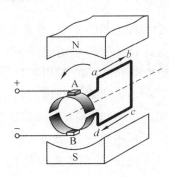

图 10-35   直流电机组成结构

2. 直流电机的 PWM 调速原理

对于小功率直流电机的调速系统,使用微控制器是极为方便的。具体方法是通过改变电枢电压的导通时间与通电周期的比值(即占空比)来控制电机速度。这种方法称为脉冲宽度调制法,简称 PWM(Pulse Width Modulation)。PWM 是通过控制固定电压电源的开关频率,从而改变负载两端的电压,进而达到控制目的的一种电压调整方法。PWM 驱动控制,即按一个固定的频率接通和断开电源,并根据需要改变一个周期内"接通"和"断开"时间的长短。通过改变直流电机电枢上电压的"占空比"来改变平均电压的大小,从而实现对直流电机转速的控制。

图 10-36 为直流电机 PWM 调速原理示意图,当电源始终接通,即 PWM 波的占空比为 1 时,电机转速最大,为 v_{max};当电源 V_P 在一个周期 T 内的导通时间为 t_1 时,电机两端的平均电压为 $V_{avg}=V_P\times(t_1/T)$,其中 t_1/T 就是 PWM 的占空比 D_C,此时电机的平均速度为:$v_{avg}=v_{max}\times D_C$。由于电机的转速与电机两端的电压成正比例,而电机两端电压与控制波形的占空比成正比,因此,电机的速度与占空比成正比例,占空比越大,电机转速越高。改变占空比 D_C,就可以得到不同的电机平均速度 v_{avg},从而达到调速的目的。电机两端加上直流电源即可实现电机的驱动,如果所施加的直流电源反相,则电机就反向转动。

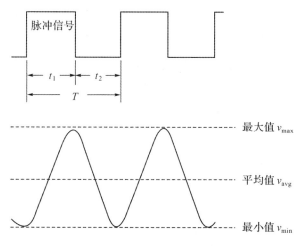

图 10-36　直流电机 PWM 驱动原理

如图 10-37 所示的 H 桥电路是最常用的直流电机驱动电路,控制电机运行时,必须使一条对角线上的两个大功率管同时导通,而另一条对角线上的两个功率管同时截止。根据不同对角线上功率管的导通情况,使流过电机的电流从正端到负端或从负端到正端,从而控制电机正转或反转。当 A 和 D 两个功率管导通而 B 和 C 两个功率管截止时,V_P 通过 A 加至电机正端、而电机负端通过 D 接地,此时电机正转;当 A 和 D 功率管截止而 B 和 C 功率管导通时,V_P 通过 C 加至电机负端、而电机正端通过 B 接地,此时电机反转。由 PWM 调速原理可知,用 PWM 信号控制一条对角线上两个功率管的导通与截止时间即可控制直流电机的转速。由于采用的三极管为 PNP 型,导通的条件是功率管基极为低电平。因此控制电机正反转的逻辑应为:

正转:PWM1＝PWM4＝0,PWM2＝PWM3＝1;

反转:PWM1＝PWM4＝1,PWM2＝PWM3＝0。

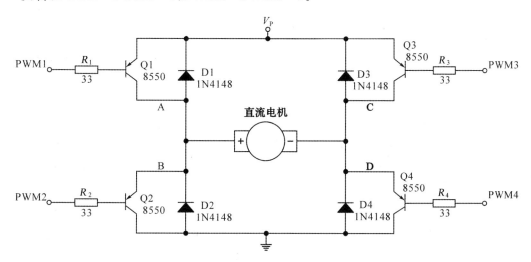

图 10-37　H 桥电机驱动组成结构

驱动电机时,应保证 H 桥上两个同侧的功率管不会同时导通。如果 A 端和 B 端的功率管同时导通,那么电流就会从电源正极通过两个功率管直接流到电源地,引起电源短路,并烧坏功率管。

当功率管关断时,电机中电流突然中断,此时会产生感应电势,其方向是力图保持电流不变。这个感应电势与电源电压叠加后加在功率管两端,容易使功率管击穿。所以在每个功率管的 c、e 端并接一个二极管(称为续流二极管),用于释放电机产生的感生电流,起到保护功率管的作用。

3. 直流电机的驱动电路设计

由于直流电机的驱动电流较大,所以经常用大功率复合管作为驱动器件,如用集成达林顿管芯片 L298。L298 是一种高电压、大电流的电机驱动芯片。该芯片内含两个 H 桥的高电压大电流全桥式驱动器,可以用来驱动直流电机和步进电机、继电器线圈等感性负载;采用标准逻辑电平信号控制。它的输入端受微控制器控制,只需修改输入端的逻辑电平,即可驱动直流电机,实现电机正转与反转。因为电机绕组为感性负载,容易造成较大的电磁干扰,若用微控制器的 I/O 口直接输出 PWM 波,电磁干扰有可能对 MCU 的正常工作造成较大影响,因此用光耦进行逻辑电路与大功率电路的电气隔离。图 10-38 所示为直流电机驱动电路结构。MCU 输出 2 路 PWM 波,经光耦电气隔离和 L298 功率驱动后,就可以采用 H 桥式驱动电路控制直流电机工作;改变 PWM 的占空比,就可以调节电机的转速;改变 H 桥导通的桥臂,就可以改变电机的转动方向。

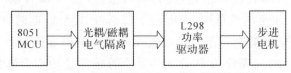

图 10-38 微控制器驱动直流电机硬件结构

10.3.4 闭环系统与 PID 控制

控制系统可以分为开环控制系统和闭环控制系统。实际应用中常用闭环控制系统以获得良好的控制效果。由于 PID 控制器简单易懂,不需精确的系统模型等先决条件,因而成为应用最为广泛的控制器之一。其中,比例和积分调节也是微机系统中使用最多的控制方式。

1. PID 控制方法

比例(P)控制是一种最简单的控制方式,其控制输出与输入误差成正比关系。一旦存在误差,控制器就往减小误差方向调节,调节的速度取决于比例系数 K_P 和误差之积,即 OUT=K_P×△。K_P 越大则调节速度快,但是控制系统也越容易发生超调或震荡现象;而 K_P 越小,调节速度慢且稳定后会存在残差。

在积分控制中,控制器的输出与输入误差的积分成正比关系。由于积分需要一个时间过程,某个固定误差会随着时间的增加而增加,控制器根据该误差积分值进行调整,从而减小稳态误差直到使误差为 0。因此,比例(P)控制和积分(I)控制两个过程结合在一起,可以使得系统进入稳态后无残差。PI 控制器的实质就是对误差累积性控制,直至消除稳态误差。所谓稳态误差,是指系统进入稳态后的实际控制值和理想值的误差。如果一个自动控制系统的稳态误差不为 0,则称这个系统为有差系统。

对于存在较大惯性和滞后效应明显的控制系统,在调节过程中容易产生震荡甚至失去稳定态。这时可以引入微分(D)控制即将误差的变化幅度大小(变化率)也作为控制的依据,从而实现超前的控制。比例(P)＋微分(D),即 PD 控制器能够改善系统在调节过程中的动态特性。

PID 控制过程如图 10-39 所示,设定值为 v_{sd},与实际测量值 v_{sj} 相减,得到的差值 e 作为控制依据,通过 PID 控制程序输出控制量 u,作用到模型为 $G(u)$ 的实际系统调整其输出 v_{sj},通过不断闭环调节,最终使输出值达到设定值。

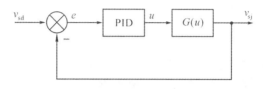

图 10-39　PID 控制过程

在应用中,可以根据实际情况选用 P、PI、PD 或者 PID 控制方法。如果采用数字电路系统如微机系统进行 PID 控制,则需要采用离散式的 PID 控制形式:

对于 P 控制:$u(n)=K_P[e(n)-e(n-1)]+u_0$

对于 PI 控制:$u(n)=K_P[e(n)-e(n-1)]+K_i e(n)+u_0$

对于 PD 控制:$u(n)=K_P[e(n)-e(n-1)]+K_d[e(n)-2e(n-1)+e(n-2)]+u_0$

对于 PID控制:$u(n)=K_P[e(n)-e(n-1)]+K_i e(n)+K_d[e(n)-2e(n-1)+e(n-2)]+u_0$

其中,K_P 为比例系数;K_i 为积分系数;K_d 为微分系数;$e(n)$、$e(n-1)$、$e(n-2)$ 分别为第 n、$n-1$、$n-2$ 次测量值与期望值的误差;u_0 为初始期望控制值。

2. PID 控制举例

下面举例说明如何用 P 控制方法实现对电机转速的闭环控制。

设一直流电机的最大转速为 4000rpm,即占空比为 100％ 时,$v_{max}=4000$rpm;占空比为 0 时,转速最小 $v_{min}=0$。如果设定系统的恒定转速值为 $v_{sd}=3000$rpm,若控制度为 1.05,给出 P 比例系数,转速控制过程。

根据 P 控制定义 $u(n)=K_P[e(n)-e(n-1)]+u_0$,占空比为 0 时,$v_{min}=0$;占空比为 100％ 时,$v_{max}=4000$rpm,可以得到:

$u_0=3000$rpm$/4000$rpm$=0.75$

因此可以将占空比初始设为 0.75,然后实时监控转速,计算并保留上次测量和本次测量与设定转速值的误差,根据 P 控制方程计算得到当前输出的占空比 $u(n)$。将 K_P 从 1 到 10 逐渐增加,观察系统在不同 K_P 情况下对扰动信号的响应情况,挑选出最快收敛的 K_P 值。

具体操作时,首先建立直流电机的驱动和测速系统,如图 10-40 所示。PWM 波形由 I/O 口模拟产生,MCU 根据控制参数改变 PWM 的占空比并输出,以此来控制电机转速。电机转速通过光电编码器转换成脉冲信号经整形后输入到 MCU 的 T0 或 T1 引脚。

根据脉冲信号频率测量方法得到电机的实际转速 v_{sj},求出与设定转速 v_{sd} 的差值即误差 e,再调用 P 调节算法子程序得到 P 调节后的输出,进而调整 PWM 波的占空比并输出,实现步进电机转速的调节。

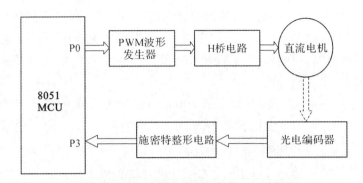

图 10-40　直流电机驱动与测速系统

图 10-41 是 P 调节算法的程序流程。在控制过程中不断改变控制参数。系统运行中，通过定时器每间隔 Tms 中断一次，完成一次 P 控制计算，从而不断调整输出 PWM 的占空比，实现转速的控制。一般情况下，输出控制增量会在一个相对较小的范围内波动，最后达到平稳控制。在程序中对输出增量大小规定了上限值 u_{i_max} 和下限值 u_{i_min}，可以防止在突发情况下系统对电机控制的崩溃现象。

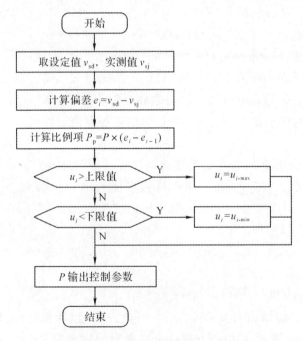

图 10-41　P 调节算法的程序流程

习题与思考题

1. 常用的电平转换方法有哪几种？各有什么特点？

2. 请比较光耦隔离技术和磁耦隔离技术的异同点。

3. 已知某型号光耦的输入电流范围为 $16\sim25$mA，输出电流范围为 $1\sim10$mA，输入端电压为 5V TTL 电平，输出为 3.3V TTL 电平，请设计同相输出电路，并给出电阻的阻值。

4. 脉冲信号测量技术有哪两种？分别简述它们的测量过程，以及测量误差。

5. 对于频率范围较宽的脉冲信号，为了保证整个范围内的测量精度，应如何选择测量方法。

6. 假如待测频率范围为 10Hz～100kHz，要求测量精度≤±0.1%。设微控制器的机器周期为 0.5μs，请分析其测量方法并给出测量程序的流程图。

7. 简述常用的功率驱动技术，以及各自的特点。

8. 简述直流电机的 PWM 调速原理，以及设计 H 桥调速电路的注意点。

9. 若需要微控制器系统驱动一个最大工作电流为 400mA 的直流电机，请选择大功率驱动器件，并给出硬件连接图。

10. 若某个四相电机的转子上有 180 个齿，则该步进电机的步长是多少？画出单双 4 拍驱动该电机的各相时序图。

11. 简述 PID 的控制原理，以及三种调节方法的作用。

12. 请举例说明如何用 PI 控制原理，实现对恒温系统的控制。

本章内容总结

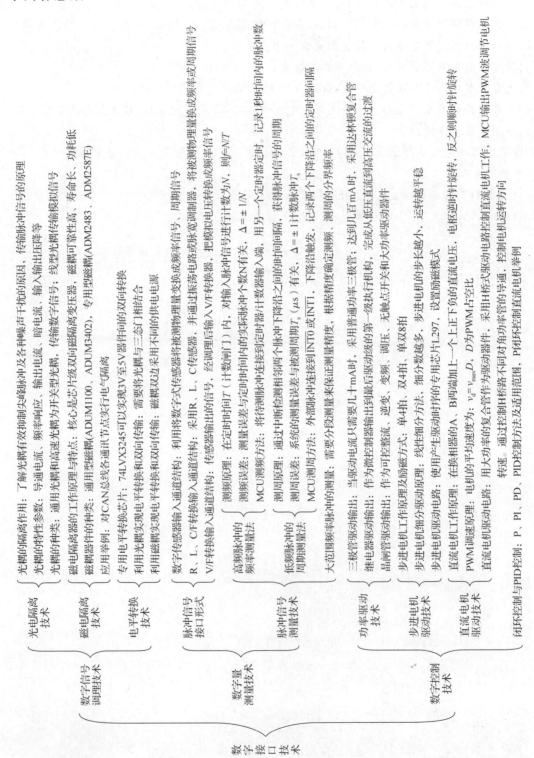

微机原理与接口技术
Microcontroller and Interface Technology

第三部分
微机系统设计

## 第 11 章

微控制器系统的可靠性设计

　　微机系统通常应用于实际测量和控制场合,其工作环境比较恶劣和复杂,多种干扰会进入微机系统而影响其正常工作,因此微机系统的可靠性设计至关重要,没有良好可靠性的微机系统是无法实际应用的。可靠的微机系统应具有以下功能:①在干扰信号出现时,能有效抑制其带来的影响;②在数据受到破坏时,能及时发现并纠正;③在程序脱离正常运行或进入"死循环"时,能及时发现并使其恢复正常。

　　本章介绍系统可靠性和干扰的定义、干扰的耦合方式和微机系统受干扰的主要途径、硬件可靠性设计方法(包括元器件选择、电源抗干扰、系统接地、PCB 设计、输入输出硬件抗干扰等),以及软件可靠性设计方法(包括输入输出软件抗干扰、程序设计可靠性和数字滤波技术等)。

11.1　可靠性与干扰

　　系统的可靠性即系统正常工作的能力。要提高系统的可靠性,首先要分析影响系统正常工作的因素——各种干扰,然后采取适当的措施来消除或抑制这些因素。

11.1.1　基本概念

1. 可靠性定义

　　微控制器系统的可靠性通常是指在一定条件下,在规定时间内完成规定功能的能力。"一定条件"包括环境条件(如温度、湿度、粉尘、气体、振动、电磁干扰等)、工作条件(如电源电压、频率允许波动的范围、负载阻抗、允许连接的用户终端数等)、操作和维护条件(如开机/关机过程、正常操作步骤、维修时间和次数等)。"规定时间"是可靠性的重要特征,常用平均无故障时间(Mean Time between Failures,MTBF)或平均维护时间(Mean Time to Repair,MTTR)表示。"规定功能"是指微机系统能够完成的各项性能指标。对于不同的系统,规定功能是不同的,如对温度控制系统,规定的功能有温度控制范围、控制精度和过渡过程时间等。

　　目前,常采用平均无故障时间(MTBF)来作为系统可靠性的指标。系统可靠性受到各种干扰因素的影响,要提高可靠性就要了解系统可能受到的干扰情况,从而采取措施加以抑制或消除,使系统在"一定条件"下可靠工作。

2. 噪声与干扰

　　噪声是一种明显不传递有效信息并且无法消除的信号,存在于任何场所、任何时间。

当噪声信号与有用信号叠加或组合,并使有用信号发生畸变或淹没时,此时的噪声称之为干扰。干扰信号可引起设备、系统、电路性能的降低,甚至不能正常工作。

因此,干扰是具有一定能量并会影响周围系统、电路正常工作的信号,其主要表现特征是单位时间内电压或电流的变化量很大,即 $\dfrac{\mathrm{d}u}{\mathrm{d}t}$ 或 $\dfrac{\mathrm{d}i}{\mathrm{d}t}$ 大。

3. 干扰源与受扰体

干扰源就是产生干扰的主体,可分为内部干扰和外部干扰。内部干扰包括系统内部元器件工作时产生的热噪声,继电器、大功率开关触点等工作时产生的电磁感应,以及开关电源、高频时钟等产生的高频振荡噪声等。外部干扰包括雷电、周围大功率电气设备的通断和电机的周期性瞬间放电,以及电源的工频干扰和环境的射频干扰等。受扰体就是受到干扰危害的设备、系统或电路,如 A/D 转换器、D/A 转换器、微控制器、弱信号放大器等。

4. 干扰的分类

(1)按干扰的传导模式分类

按干扰进入系统的模式,干扰可分为差模干扰和共模干扰。

①差模干扰。差模干扰是指能够使接收系统的一个输入端相对于另一输入端产生电位差的干扰,这种干扰通常与有用信号串在一起,因此也称为串模干扰。如图 11-1 所示,被测信号 U_s 上串接了一个干扰信号 U_n,被共同输入到测量系统中。差模干扰在测量系统中是常见的,也较难消除。当干扰信号的频率范围与有用信号相差较大时,可采用滤波方法来抑制。

②共模干扰。共模干扰是指相对于公共的电位基准点,在测量系统的两个输入端上同时出现的干扰。通常测量系统特别是分布式测量系统,各被测信号与测量系统之间需要有一段较长的导线连接,因此被测信号 U_s 的接地点和测量系统的接地点之间往往存在着一定的电位差 U_{cm},如图 11-2 所示。测量系统两个输入端的信号分别是 U_s+U_{cm} 和 U_{cm},其中 U_{cm} 是同时出现在两个输入端的干扰电压,故称共模干扰。抑制共模噪声的方法较多,如隔离、屏蔽、接地等。

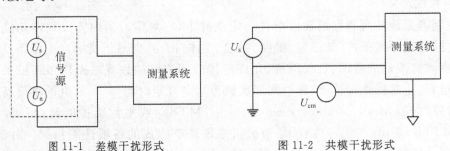

图 11-1 差模干扰形式   图 11-2 共模干扰形式

(2)按干扰的波形及性质分类

按干扰的波形特征,干扰可分为持续正弦波干扰和多种形式的脉冲波干扰。持续正弦波常以频率、幅值等特征值表示。偶发脉冲波多以最高幅值、前沿上升陡度、脉冲宽度以及能量等特征值表示,如雷击波、接点分断电阻负载、静电放电等波形。脉冲序列波以最高幅值、前沿上升陡度、单个脉冲宽度、脉冲序列持续时间等特征值表示,如接点分断电感负载、反复过电压等。

11.1.2　干扰的耦合与抑制方法

1. 静电耦合(电容性耦合)

静电耦合也称电容性耦合,是由于导线之间、电路之间存在寄生电容(杂散电容),使一个电路的电压变化通过该寄生电容耦合到另一个电路,由此产生的干扰称为静电干扰,如图 11-3 所示。

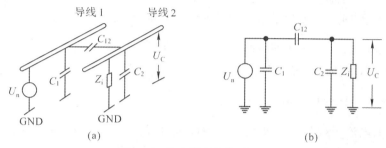

图 11-3　静电耦合与等效电路

根据电路原理分析可得,静电干扰电压 U_C 与干扰源电压 U_n、干扰源频率 ω、接收电路等效输入阻抗 Z_i 和两者之间的寄生电容 C_{12} 成正比,即 $U_C \approx \omega C_{12} Z_i U_n$。小电流、高电压对系统的干扰主要是通过电容耦合产生的。

抑制电容性干扰电压的方法如下:

① U_C 干扰电压正比于干扰源电压 U_n,降低 U_n 能够减少干扰。但大部分情况下,干扰源是周围工作的设备、系统产生的,无法改变。

② U_C 干扰电压正比于测量系统的输入阻抗 Z_i,因此对于放大微弱信号的前置放大器,其输入阻抗应尽可能小。但降低 Z_i 也会降低测量灵敏度。

③ U_C 干扰电压正比于干扰源的频率 ω,即干扰源频率愈高,通过静电耦合形式的干扰愈严重。对于微弱信号放大电路,即使是低频噪声,静电耦合干扰也不容忽视。

④ U_C 干扰电压正比于干扰源与测量电路之间的寄生电容,通过合理布线、隔离等措施,可以尽量减少寄生电容,这是最基本、最有效的抑制方法;另一个有效的方法是通过静电屏蔽来切断电容性耦合,如给微弱信号放大电路安装一个金属屏蔽罩。

2. 电磁耦合(电感性耦合)

电磁耦合也称电感性耦合,是由于两个电路间存在互感,使一个电路的电流变化通过该互感耦合到另一电路,由此产生的干扰称为电磁干扰,如图 11-4 所示。

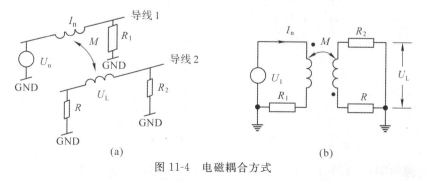

图 11-4　电磁耦合方式

根据电路理论,电磁干扰电压 U_L 与干扰源频率 ω、两个电路之间互感系数 M 和干扰源电流 I_n 成正比,即 $U_L = j\omega M I_n$。大电流、低电压干扰源主要为电感性耦合。抑制电磁干扰的主要措施是减少两个电路间的互感。

3. 漏电流耦合(电阻性耦合)

漏电流耦合是电阻性耦合方式。漏电流耦合是指相邻的导线或设备间绝缘不良,通过绝缘电阻 R_r 对测量系统引入的干扰。如图 11-5 所示,图中 U_n 为干扰源电压,R_r 为干扰源与测量系统之间的绝缘电阻,R_i 为测量系统的输入电阻。根据电路分析可知:$U_R = \dfrac{R_i}{R_r + R_i} U_n$。

当测量系统的绝缘性良好即 $R_r \gg R_i$ 时,U_R 可以忽略或影响很小;但当电路绝缘性能下降即 R_r 变小时,则会引入较大的漏电流干扰。如当 $U_n = 15\mathrm{V}$、$R_i = 10^8\,\Omega$、$R_r = 10^{10}\,\Omega$ 时,则 $U_R = \dfrac{10^8}{10^{10} + 10^8} \times 15 = 149(\mathrm{mV})$。

显然这个漏电流干扰是不能忽视的。由此也可以看到,信号电路的高输入电阻对于电阻性干扰是不利的;而提高系统的绝缘电阻是抑制漏电流的有效方法。

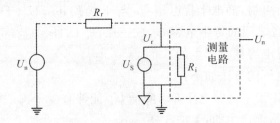

图 11-5　漏电流耦合方式

4. 公共阻抗耦合

公共阻抗耦合是指两个或两个以上电路存在公共阻抗时,一个电路电流的变化在公共阻抗上产生的电压会影响与公共阻抗相连的其他电路,成为其他电路的干扰电压。公共阻抗耦合主要有以下两种形式。

(1)电源内阻抗的耦合

当用一个电源同时给几个电路供电时,电源内阻 R_0 和线路电阻 R 就成了几个电路的公共阻抗。某一电路电流的变化,在公共阻抗上产生的电压就会通过电源线对其他电路形成干扰,如图 11-6 所示。

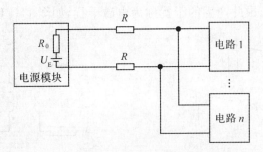

图 11-6　电源共阻抗耦合

抑制电源内阻抗的耦合干扰,可采取如下几个措施:①减小电源的内阻和线路公共电阻;②在各电路中,增加电源去耦滤波电路;③对于大功率的电路,采用不同的供电电源。

（2）公共地线耦合

由于地线本身具有一定的电阻,当有电流通过时,在地线电阻上就会产生电压,该电压就是公共地线耦合干扰,如图 11-7 所示。图 11-7(a)中,R_1、R_2、R_3 为地线电阻,其中 R_3 为三个电路的公共电阻,设 A_1、A_2 为前置电压放大器,A_3 为功率放大器,A_3 级的电流 I_3 较大,其在 R_3 上的压降 $U_3 = I_3 R_3$ 就会对 A_1、A_2 产生干扰,即电路 3 的电流变化会影响电路 1、2 的地电位。消除的方法是各电路分别接地,如图 11-7(b)所示。

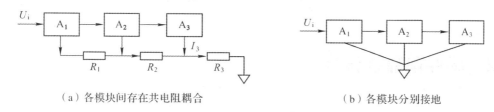

（a）各模块间存在共电阻耦合　　　　　　　　（b）各模块分别接地

图 11-7　公共地线耦合干扰

11.1.3　干扰的引入途径

1. 形成干扰的三要素

任何一个仪器/系统会受到外界干扰,是因为存在形成干扰的三要素:①无时不在、无处不在的干扰源;②对干扰敏感的仪器/系统;③干扰源到仪器/系统的耦合途径,如图 11-8所示。由于干扰源是客观存在的,仪器/系统需要接收被测信号故一定具有敏感性,因此抑制和切断干扰进入测量系统的耦合通道,是消除干扰、提高可靠性最常用和最有效的方法。

图 11-8　电磁干扰的三要素

2. 干扰引入的主要途径

多数外部干扰是通过空间电磁辐射、输入输出通道和供电电源这三种途径进入仪器/系统,并对仪器/系统产生干扰而降低其工作可靠性。空间电磁干扰通过电磁波辐射进入微机系统,多种外部干扰通过和微控制器相连接的输入输出通道进入微机系统,电网电源干扰主要通过系统的供电电源进入微机系统,如图 11-9 所示。

针对微机系统的主要干扰途径,可采取相应措施予以抑制,从而提高系统的可靠性。一般环境下,空间干扰在强度上远小于其他两种渠道进入微机系统的干扰,且该干扰可采用良好的屏蔽和正确的接地,或采用加高频滤波器的方法进行有效抑制。对于供电电源和 I/O 通道引起的干扰,要综合运用硬件可靠性设计和软件可靠性设计中的多种方法予以有效抑制,从而提高系统的稳定性和可靠性。

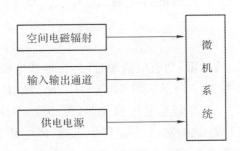

图 11-9　微机系统干扰的引入途径

11.2　硬件可靠性设计

硬件可靠性设计是微机系统可靠性设计的重要内容,也是提高系统可靠性的有效方法。实践表明,通过合理有效的硬件可靠性设计,能削弱或抑制系统的绝大部分干扰。

11.2.1　元器件选择原则

元器件的正确选用是硬件可靠性设计中的重要环节。选用的元器件是否合理、优质,将直接影响整个微机系统的性能与可靠性水平,也关系到微机系统的经济成本、维护与使用。因此,必须遵循一定的选择准则。

①MCU 的选择。MCU 选择要满足最大系统集成要求。即系统需要的外围电路尽可能包含在微控制器自身集成的外围电路中,以减少系统的外部扩展电路,从而降低硬件电路产生的失误概率。

②满足性能要求。根据系统的工作环境(温度、湿度、振动等)条件,选用技术与性能参数满足系统性能指标的元器件,如电压等级、驱动能力、频率特性、放大系数等。

③满足可靠性要求。根据微机系统的特点,主要考虑在开路、短路、接触不良、参数漂移等失效模式下的可靠性。尽量选用抗干扰性能好的元器件,以及经实践检验证明性能优良的定型元件。

④降额设计。元器件的寿命试验表明,失效率将随着工作电压、环境温度的提高而成倍地增加,因此降额设计可有效提高微机系统的可靠性。降额设计就是使元器件在低于其额定参数条件下工作。

⑤低功耗设计。因为低功耗系统比一般系统具有更高的可靠性,因此在程序设计中应尽量考虑使用低功耗(休闲或掉电)工作模式;对于可编程的外围器件,尽可能选择具有低功耗运行管理的器件(可通过设置命令或配置 I/O 电平进行低功耗选择)。特别对于电池供电的系统,更应选用低功耗的各类器件。

⑥对于 CMOS 集成电路,所有未连接的输入端都不得悬空,应接地或接电源,以防止输入端静电感应形成有效输入电平,造成逻辑状态无谓翻转,导致功耗和工作异常。

⑦尽量选用大规模集成电路,少用小规模或中规模集成电路;尽量减少元器件品种、型

号,以保证制造安装以及日后维修的方便。

⑧放大器的选择。根据传感器输出信号的类型和特点选用集成运放。在传感器工作环境复杂和恶劣时,应选用具有高输入阻抗、低输出阻抗、强抗共模干扰能力、低温漂、低失调电压和高稳定增益等特点的测量放大器,作为微弱信号监测系统中的前置放大器。为了防止共模噪声侵入系统可以采用隔离放大器,隔离放大器具有线性和稳定性好、共模抑制比高、应用电路简单、放大增益可变等特点。

⑨A/D 转换器的选择。A/D 转换器的性能与转换原理有密切关系。逐次比较式 ADC 转换速度较高,但抗干扰能力差。双积分 ADC 抗干扰能力强,尤其是对工频干扰有较强的抑制能力,转换精度高,但转换速度较低。V/F 式 ADC 也具有较好的抗干扰性能、很好的线性度和高分辨率,其转换速度适中。Σ-Δ 式 ADC 具有抗干扰能力强、量化噪声小、分辨率高和线性度好的优点,转换速度也高于积分式 ADC。可根据微机系统测量通道的具体要求选择使用。

⑩在保证可靠性的条件下,尽量选用廉价的元器件,以降低成本。

11.2.2　电源抗干扰技术

微机系统中的直流供电电源,通常是由交流电网经过变压、整流、滤波、稳压后获得,因此电网电源的波动、谐波分量、大功率设备启/停产生的尖峰脉冲等会通过供电电源引入微机系统中。根据统计分析和经验可知,实际应用系统的大部分干扰来自电源,因此抑制电源干扰是微机系统可靠性设计的最基本要求。主要采用隔离技术和滤波技术,具体包括以下几个方面。

①隔离变压器。电网上的高频噪声主要是通过变压器初、次级之间的寄生电容耦合到次级,从而引入微机系统。隔离变压器是在变压器的初、次级之间插入铜箔或铝箔屏蔽层,并使其与变压器初级绕组的交流零线相连。这相当于将初、次级隔离起来,使初级的高频干扰无法进入次级,即切断初、次级之间通过寄生电容耦合的静电干扰。屏蔽层对变压器的能量传输并无不良影响,但消除了绕组间的寄生电容。因此,隔离变压器具有良好的静电屏蔽和抗电磁干扰能力。

②低通滤波器。为滤除电网电源中的高频和中频干扰,可设计 50 Hz 的 EMI(Electron-Magnetic Interference)滤波器。EMI 滤波器是一种由电感和电容组成的低通滤波器,它能让低频的有用信号顺利通过,而对高频干扰有抑制作用。滤波器安装时外壳要加屏蔽并使其良好接地,进出线要分开,防止感应和辐射耦合。

③采用分散独立供电模块。对于大系统,可采用各功能模块电路分开供电,避免一个模块电路的负载变化对其他电路造成影响。对于一般系统,一个电源要向几个模块供电,这时应从电源的输出端直接引出给不同模块的供电线,从而避免电源公共电阻,并且在不同模块的电源引入端并接一个 $100\mu F$ 左右的电容和 $0.01\sim0.1\mu F$ 的去耦电容,起到稳压和滤波作用,为模块提供良好的工作电源。

④芯片去耦电容的配置。逻辑电路在工作时(伴随着工作状态的翻转),其工作电流变化是很大的。对于有些逻辑电路,在状态转换时会产生宽度和幅值分别为 15 ns 和 30 mA 的三角波冲击电流,它会在引线阻抗上产生尖峰噪声电压。随着制板密度的提高和电路集

成度的提高,一个芯片或一块电路板上可能会有几十个门电路同时翻转,此时这种电流变化会很大,而一般电源稳压块的稳压响应特性(取决于内部误差放大器的性能)只有10kHz。因此,这种冲击电流会引起电源电压的不稳定。

对于这种冲击电流脉冲,可以在集成电路附近加接旁路去耦电容将其抑制,如图 11-10 所示。图 11-10(a)的 $i_1, i_2, \cdots, i_n$ 是各集成芯片工作时的电流,包含了低频工作电流和高频冲击电流。流经电源回路的总电流 I 是各芯片工作电流 $I_{工作}$ 和冲击电流 $I_{干扰}$ 之和。图 11-10(b)是在每个集成芯片的电源引脚和地引脚之间加了去耦电容,这样每个芯片产生的高频冲击电流被去耦电容旁路,因此流经电源回路的总电流只有低频的工作电流,冲击电流对整个地线回路的影响被大大减少。根据经验,一般在每个集成电路的电源引脚和地引脚之间接一个 $0.01 \sim 0.1 \mu F$ 的去耦电容,能有效滤除逻辑电路工作产生的干扰电流脉冲。所以集成电路电源的去耦也是抑制电源干扰的主要措施。

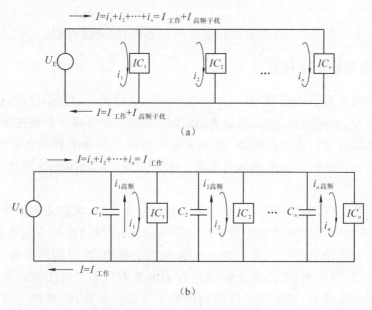

图 11-10　集成电路的干扰与抑制

⑤使用压敏电阻等吸波器件。压敏电阻是一种非线性电阻性元件,它的电阻值会随外加电压而变化,在阈值电压以下呈现高阻抗,而一旦超过阈值电压,则阻抗急剧下降,因此对尖峰电压都有一定的抑制作用,可用于交流电路的过压保护。

11.2.3　系统接地技术

在微机系统中,良好的系统接地是抑制干扰的重要手段之一。在系统设计时,若能将接地和屏蔽正确地结合起来,可以抑制大部分的干扰。

1. 微机系统中的信号地

微机系统中的信号地可以分为:①数字地也称逻辑地,是数字电路的零电位。②模拟地是放大电路、A/D 转换器和比较器等模拟器件的零电位。③功率地是大电流元件、功放器件的零电位。

通常,在微机系统电路中,有高速逻辑电路、线性模拟电路和大电流的功放电路。一般说来,数字电路的频率高,功率电路通常为开关工作状态,而模拟电路对噪声的敏感度强。因此,数字信号线和功率信号线要尽可能远离模拟电路器件,同样,彼此的信号回路也要相互隔离。一般的做法是,各部分尽量独立供电,模拟地、数字地、功率地互相分开,分别与各自的电源地线相连,如图 11-11(a)所示。若不采用各自独立的电源,则从总电源处用磁性元件(如磁珠)隔离引出各模块的电源,模拟地、数字地、功率地还是应该分开,如图 11-11(b)所示。对于这种供电方式,在 PCB 板布线时不同的地在电路板的某一点连接,这点通常设置在 PCB 板总的地线接口处。

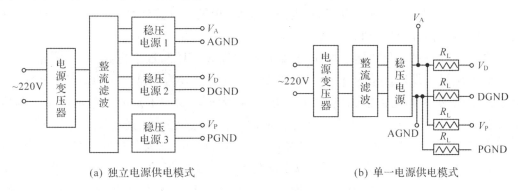

(a) 独立电源供电模式　　　　　　　　(b) 单一电源供电模式

图 11-11　MCU 供电电路

2. 微机系统信号地的连接

(1)单点接地

如图 11-12(a)所示,这种接地方式各电路的电位仅与本电路的地电流和地电阻有关,不存在公共地线阻抗,避免了各电路的地电流耦合,减少了相互干扰。因此,在低频电路中采用这种接地方式较为适宜。

(2)多点接地

对于电路中的高频信号,地线阻抗中的感抗分量增大,为避免过长的连线,可采用多点接地方式。即各电路以最短的距离分别接到就近的低阻抗接地网上,低阻抗接地网可以是有较大截面积的镀银导体,也可以是印制板上的加宽地线,如图 11-12(b)所示。

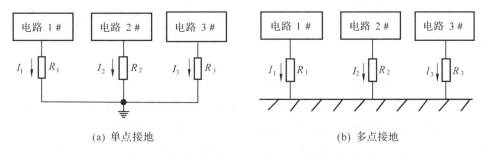

(a) 单点接地　　　　　　　　　　　(b) 多点接地

图 11-12　微机系统信号地的连接方式

(3)其他接地方式

除了信号地线的连接,微机系统还有安全接地和屏蔽接地。安全接地是指微机系统的金属外壳与地球大地相连,以保证设备和人身安全。屏蔽接地是为系统中电缆、变压器的屏蔽层提供接地,以抑制电场、磁场的干扰。在微机系统中一般采用浮地—屏蔽—机壳接地方案,其中系统内的多种信号地处于悬浮状态,与其他地线互不相连;信号传输由屏蔽层隔开,机箱和屏蔽层与大地常采用一点接地的形式相连。

11.2.4　PCB 设计技术

印制线路板的 PCB 设计是提高系统可靠性的一个重要环节,PCB 设计要注意以下几个方面。

①电路板的尺寸。印制电路板大小要适中。电路板过大会增加印制线路长度,导致阻抗增加,抗干扰能力下降,成本也变高;电路板过小,板间相互连线增密,易受线路间的互相干扰,元器件过密对散热不利。

②电路板的布局。分功能模块布局,如模拟电路、MCU 与数字电路、功率电路等,同一模块的元件应尽量靠近。晶振、时钟发生器及 MCU 时钟等为电路板内的高频干扰源,要接近其应用电路,并尽量远离模拟电路;开关量信号、大电流功率电路要尽量远离微控制器主电路,或另做一块驱动板。发热大的元器件应放置在易通风散热的位置。

③电路板的走线。数据线、地址线、控制线要尽量缩短,以减少对地电容。对双面布线的印制板,应使两面线条垂直交叉,以减少磁场耦合。高电压或大电流线路对其他线路容易形成干扰,而低电平或小电流信号线路容易受到感应干扰,布线时使两者尽量相互远离,避免平行铺设。多个输入模拟信号之间以及输出和输入信号之间可增设模拟地线进行隔离。

④电源线、地线的布置。电源线、地线的走向应尽量与数据传输的方向一致,并尽量增加其宽度,且应在印刷板需要供电和接地的地方都布设电源线和地线。接地线应尽量加粗(支线宽度通常不小于 2～3mm,干线宽度不小于 6～8mm),尽可能减少地线电阻。接地线尽量环绕印制板一周构成闭环路,各器件尽可能就近接地。对于既有模拟电源又有数字电源的电路,数字地、模拟地、功率地等要分开布设。各模块器件的模拟地和数字地引脚分别连到电路板上的模拟地线和数字地线上。对于线路板上不同区域的空白处(模拟电路区、数字电路区),可以进行相应地线的敷设,以增加地线面积、减小地线电阻。不要在印制板上留下空白铜箔层,因为它们可以充当发射天线或接收天线,应该将其接地。

另外,模拟地线可用来隔离各个输入模拟信号之间以及输出和输入信号之间的有害耦合。通常可在需要隔离的两个信号之间增设模拟地线。数字信号亦可用数字地线进行隔离。

⑤去耦电容的布局。在印制电路板的主要集成芯片上配置去耦电容是十分必要的。电源去耦,是在电源入口处的电源线与地线之间并接去耦电容。通常并接一个大容量的电解电容($10\sim100\mu F$),用于滤除低频干扰;并接一个 $0.1\mu F$ 的瓷片电容,用来滤除电源的高频干扰。集成芯片电源的去耦,必须在尽量靠近集成芯片的 V_{cc} 与 GND 两个引脚处接入 $0.1\mu F$ 的去耦电容,以达到消除集成电路工作时产生的脉冲电流干扰的目的。

⑥接插件。印制板接插件除了要考虑插拔方便,还应考虑输入端悬空造成的影响,一是要保证输入信号线没有连接时,输入端有上拉电阻或下拉电阻给以一定的信号值,并且输入端要有一定的限流措施和防高静电对电路的影响;二是在输出端有防止输出短路造成的影响,如可考虑串接一定的限流电阻等。

11.2.5 低功耗设计技术

低功耗设计并不仅仅是为了省电,系统工作电流的降低不仅可以减少电磁辐射和热噪声的干扰,同时可降低设备的工作温度从而延长器件寿命,因此低功耗技术是可靠性设计的一个重要内容。与可靠性设计相同,低功耗设计也贯穿于系统设计的整个过程,主要可从以下几方面考虑。

①选择低功耗的 MCU。如 TI 公司的 MSP430 系列为低功耗设计的 MCU。

②选用低电压工作器件。降低器件的工作电压能够明显地降低器件的耗电,目前已有工作在 1.8V 超低电压下的 MCU 和相关器件。

③尽量降低器件的工作频率。因为 CMOS 电路的工作电流主要来自于开关转换时对后一级输入端的电容充放电,所以降低 MCU 的工作频率可降低系统的功耗。

④尽量使用 MCU 的睡眠和掉电等低功耗工作模式。众所周知,MCU 的睡眠模式和掉电模式能够大大降低 MCU 的工作电流,提高可靠性。因此,要能够充分利用 MCU 的中断功能让 MCU 周期性地工作和睡眠,从而有效降低 MCU 的功耗。

⑤尽量关闭 MCU 内部不用的资源。目前有很多 MCU 内部的模块是可控制其开启和关闭的。如 80C51F02x 系列 MCU 中的 ADC、DAC、模拟比较器等,都可以在其不用的时候用软件关闭。

⑥片外 IC 的电源最好都能由 MCU 的 I/O 控制。目前有些芯片具有进入低功耗模式的控制引脚,因此可通过 I/O 进行控制。对于不具备这种功能的芯片,可以通过 I/O 设计控制其在不使用时,切断其供电电源,从而降低系统的功耗。如常用的 EEPROM 芯片 24C02,因为它是掉电记忆的,所以在它不工作的时候对它关电源。另外,任何芯片在使能(片选信号有效)时的电流都比片选无效时大很多倍,所以应尽可能使用 $\overline{\text{CS}}$ 来控制芯片,并且在满足其他要求的情况下尽可能缩短片选脉冲的宽度。

⑦慎用信号的上拉或下拉电阻。若上拉或下拉后,仅用于表示高低逻辑电平,其电流在几十微安以下,但若是驱动信号,其电流将达毫安级。因此要根据具体情况,正确使用上拉或下拉以及阻值的选取。不用的 I/O 口如果悬空,则受外界的一点点干扰就可能成为反复振荡的输入。MOS 器件的功耗基本取决于门电路的翻转次数,如果把它上拉,每个引脚也会有微安级的电流,所以最好的办法是设成输出方式,当然不能作为驱动信号。

⑧尽量使用 VMOS 作为外部功率扩展器件。因为 VMOS 是电压驱动型器件,驱动时几乎不产生功耗,要比普通的晶体管省电得多;而且由于 VMOS 的导通内阻通常只有几十个毫欧,器件自身发热小,效率比传统晶体管要高很多。对于需要产生开关速度相当高的 PWM 波时,采用高速 VMOS 效率会更高。

⑨使用 PWM 方式驱动 LED 器件,从而省略限流电阻。当器件选定后,则其内阻也就确定,而当电源电压也确定时,就可以通过占空比来确定器件上的电压从而省略限流电阻,即可以节省限流电阻上的功耗。如果是电池供电,还可以通过不定期地检测电池电压然后改变占空比,从而恒定负载上的电压,达到电源的最大利用率。

⑩软件与硬件相结合降低功耗。总线上几乎每一个芯片的访问、每一个信号的翻转都是由软件控制的,如果软件能减少外存的访问次数,多使用寄存器变量、内部 CACHE,及时

响应中断(中断往往是低电平有效并带有上拉电阻)及其他针对具体硬件所采取的特定措施都将对降低功耗做出很大的贡献。

11.2.6 输入输出的硬件可靠性

开关量和模拟量的输入输出通道都是引入外部干扰的渠道。如现场交流电机、大功率电磁阀或交流接触器等大电流负载动作产生的冲击干扰会通过 I/O 通道引入微机系统。在逻辑信号长线传输时(频率为 1MHz 的 0.5m 以上的线或频率为 4MHz 的 0.3m 以上的线均作长线处理),由于线路阻抗不匹配,会对信号传输质量产生影响。如果在传输线上传输脉冲方波,就会出现时延、畸变、衰减等现象,严重时会淹没有用信号使系统无法正常工作。输入输出通道的抗干扰措施主要包括屏蔽技术、隔离技术和长线传输技术等。

1. 屏蔽技术

高频电源、交流电源、强电设备产生的电火花等都能产生电磁波,都是微机系统的电磁干扰源。当距离较近时,电磁波会通过寄生电容和电感耦合到系统形成电磁干扰;当距离较远时,电磁波则以辐射形式构成干扰。

屏蔽是减小分布电容、抑制辐射与磁感应干扰的有效方法。通常利用低电阻的导电材料或高导磁率的铁磁材料制成屏蔽体,对易受干扰的电路如微弱信号放大器等进行屏蔽,屏蔽体同时要接大地。这样可以消除屏蔽体与内部电路的寄生电容,达到阻断或抑制各种干扰的目的。

2. 隔离技术

隔离是要切断干扰源与微机系统之间的电气传输通道,其特点是将两部分电路的供电系统分隔开来,切断阻抗耦合的可能。微机系统中常用的隔离方式有光电隔离、磁电隔离等,光电隔离能有效抑制尖峰脉冲及多种随机干扰,磁电隔离对共模干扰具有很好的抑制能力。有关隔离技术的详细内容参考本教材 10.1.1 和 10.1.2。

3. 长线传输技术

(1)双绞线传输

在长线传输中,为了抑制电磁场对信号线的干扰,应避免使用平行电缆,而要采用双绞线。因为双绞线能使各个小环路的电磁互感干扰相互抵消,从而可有效地抑制电磁干扰。

(2)电流传输

在长线传输时,用电流传输代替电压传输,可获得较好的抗干扰效果。电流的传输可以避免信号在传输线上产生压降,提高传输的可靠性。因此,很多现场传感器为电流输出型,输出电流为 $0 \sim 10\text{mA}$(或 $4 \sim 20\text{mA}$),在接收端通过 500Ω 的精密电阻将电流转换为 $0 \sim 5\text{V}$(或 $2 \sim 10\text{V}$)的电压接入微机系统。

11.3 软件可靠性设计

硬件可靠性设计是尽可能切断外部干扰进入微机系统,但由于干扰存在的复杂性和随机性,硬件的可靠性设计并不能保证将各种干扰拒之门外。因此,要同时运用软件可靠设计技术,两者结合以进一步提高微机系统的可靠性。

软件可靠性设计是当系统受干扰后使系统恢复正常运行或输入/输出信号受干扰后去伪求真的一种方法。尽管是一种被动措施,但软件设计具有灵活方便、节省硬件资源等特点,是提高微机系统可靠性的有效措施。

11.3.1　输入输出的软件可靠性

1. 输入通道的软件可靠性

对于输入信号中叠加的随机离散尖脉冲干扰,可以采用软件重复多次检测的方法予以抑制。对于开关量或数字量输入信号,以一定的时间间隔(如 1～10ms)连续多次检测,若检测结果完全一致,则结果有效;若检测结果不完全一致,表示存在干扰,此时可以采取少数服从多数的方法,取多数次结果为真实值,从而提高结果的可信度。对于模拟输入信号,通过判断检测内容是否在允许范围内,以及对多次采样结果进行多种数字滤波处理,最后得到一个可信度较高的结果值。数字滤波技术详见 11.3.3。

2. 输出通道的软件可靠性

对于微机系统的输出通道,有些输出是用于驱动各种报警装置、继电器和步进电机等执行机构的控制信号,有些是输出给 D/A 转换器的数字信号,提高数字输出接口抗干扰性能的有效方法是重复输出法。重复输出正确信息,并且重复周期尽量短,则在外部执行机构或设备接收到一个受到干扰的错误信息后,还来不及做出有效的反应,一个正确的输出信息又到来了,这就可以及时防止错误动作的发生。

11.3.2　程序设计的可靠性

当 CPU 受干扰,会导致程序计数器 PC 指针"跑飞",而使微机系统不能正常工作。为了使"跑飞"的程序恢复正常,可以采用软件陷阱技术;程序进入死循环或系统死机,可以使用"开门狗"将系统复位而重启;另外,数据的备份和检错纠错,以及低功耗工作方式也是提高软件可靠性的常用方法。

1. 软件陷阱

软件陷阱就是用引导指令捕获"跑飞"的程序并引导到指定地址进行出错处理,或将程序重新拉回到主程序的开始从头执行程序,从而使程序纳入正轨。MAIN 为主程序的首址,ERROR 为出错处理程序的首址。

引导程序 1：　　　引导程序 2：

```
NOP              NOP

NOP              NOP

LJMP ERROR       LJMP MAIN
```

软件陷阱一般安排在以下四类程序区:

①未使用的中断向量区。这里安排"软件陷阱",以便能捕获到干扰引起的错误中断。

②未使用的大片 ROM 区。未用的 ROM 空间,其内容通常为 FFH(未写内容),是 MOV　R7,A 的操作码。程序"飞"到这个区域将循序向下执行而无法逆转,故在这些区域每隔一段地址设一个陷阱,这样就一定能捕捉到"跑飞"到这里的程序。

③ROM 的数据表格区。由于表格的内容与检索值存在一一对应的关系,在表格中间安排陷阱会破坏其连续性和对应关系,因此只能在数据表格的最后安排陷阱。

④程序区。在微机系统的监控程序中有一些程序断裂点,正常执行时到此便不会继续往下执行,断裂位置就是 SJMP、LJMP、RET、RETI 指令后面。因此在这些指令后设置软件陷阱能有效地捕获"跑飞"到这里的程序。

2. 程序运行监视技术

当 CPU 受到干扰并使程序进入临时构建的"死循环"而导致系统死机时,软件陷阱就无能为力了。此时只有对 CPU 进行复位,才能使系统恢复正常。因此就有了"程序运行监视器",它能够自动监视 CPU 执行程序的工作是否正常,并在程序运行不正常时自动使系统复位。

程序运行监视器也称程序监视定时器 WDT(Watch Dog Timer),俗称"看门狗"。WDT 可保证程序非正常运行(如程序"飞逸"、"死机")时,能及时产生复位信号而使微机系统"复活"。微机系统中常采用以下几种 WDT。

(1)微控制器内部带有 WDT 功能模块

目前,增强型 MCU 均自带 WDT 功能模块,通过对该功能模块的编程和定时写入命令,可使 WDT 正常运行;而当微机系统"死机"时,WDT 就会产生复位信号,使 MCU 复位。

(2)在微机系统中配置外部 WDT 电路

WDT 电路组成和原理如图 11-13 所示,其核心部件是一个带清除端 CLR 及溢出 OF 输出的定时器/计数器,计数脉冲来自脉冲源 P_{WDT},计数器溢出信号 OF 经单稳态电路转化成微控制器的复位脉冲 W_{RST},连接至 MCU 的复位引脚。

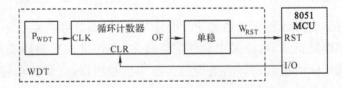

图 11-13 WDT 电路组成和原理

WDT 的工作原理:首先设计好定时器/计数器的定时时间 T_W,并使 T_W 大于程序正常运行的循环时间。程序正常运行时,主程序每隔一定的时间(小于定时器的溢出周期 T_W),从 I/O 输出一个 WDT 定时器的清除信号 CLR(即喂一次"看门狗")。这样定时器就不会产生溢出,即微控制器不会被复位。如果程序运行失常导致死机时,I/O 口不再输出定时器的清除信号 CLR(不能按时喂"看门狗"),则其定时时间到 T_W 时,就会发生溢出(输出 OF 信号)而产生复位信号 W_{RST},实现微控制器的强制性复位。

3. 数据存储和运行中的可靠性

(1)冗余存储和修复

为保证数据存储的正确性,最常用的方法是冗余存储。即把重要的系统参数,保存到关联性较少的三个存储空间,并把系统参数的校验码存入最后字节,如图 11-14 所示。使用和检查这些参数时,特别是当系统因"死机"被复位而再次使用这些数据时,就可以通过检查三份数据是否相同(或把保存的参数重新计算校验码,是否与原校验码相同),来判断数据是否被破坏。若被破坏,则可以对每个字节通过逐位比较的方法加以修复。其方法为(以修复第 1 字节为例):取出 3 个第 1 字节的数据,将 3 个字节数据逐位(D7~D0)进行比较,当同一位置的 3 个 bit 数不一致时,按多数判决法修复(即少数服从多数原则)。当全部系统数据包括校验码按此方法修复后,为保证修复后数据的正确性,要对修复后的数据计算校验码,当修复数据的校验码与修复的校验码相同时,才认为修复成功,系统数据已复原。

第一存储空间	第二存储空间	第三存储空间
第 1 字节	第 1 字节	第 1 字节
第 2 字节	第 2 字节	第 2 字节
第 3 字节	第 3 字节	第 3 字节
⋮	⋮	⋮
第 n 字节	第 n 字节	第 n 字节
校验字节	校验字节	校验字节

图 11-14　数据的冗余存储

(2)界限检查

主要是检查数据的有效性。按设定的正常数据边界,对输入的数据、处理的中间数据和结果数据,按给定的界限判别。如某温度测控系统,温度测量范围为 0~100℃,则超出此范围的数据均是不正确的;又如,某电量测量系统计算和保存的电量是压缩 BCD 码,当出现非 BCD 码值时,则为不正确的数据。

(3)逻辑性检查

该方法是根据数据间的逻辑关系来判断数据是否正确。例如,热流量计中出口温度应低于入口温度,如果出现出口温度大于入口温度,表明系统出错。

11.3.3　数字滤波技术

数字滤波技术是一种能够有效消除随机误差的方法。所谓数字滤波,即通过一定的计算程序,对采集的数据进行某种处理,从而消除或减弱干扰噪声的影响,提高测量的可靠性和精度。数字滤波具有如下优点:

①节省硬件成本。数字滤波只是一个滤波程序,无须添加硬件,而且一个滤波程序可用于多处通道,无须每个通道专设一个滤波器,因此,大大节省了硬件成本。

②可靠稳定。软件滤波不像硬件滤波需要阻抗匹配而且容易产生硬件故障。

③功能强。数字滤波可以对频率很高或很低的信号进行滤波,这是模拟滤波器难以实现的。另外,还可以同时采用多种数字滤波方法。

④方便灵活。只要适当改变软件滤波程序的运行参数,即可方便地改变滤波功能。

常用的数字滤波方法主要有以下几种。

1. 限幅滤波法

随机脉冲干扰可能造成测量信号的严重失真。限幅滤波是消除这种随机干扰的有效方法。其基本方法是求出相邻两个采样值 y_n 和 y_{n-1} 的偏差 Δy 并与允许的最大偏差 Δy_{max} 比较，若 $\Delta y < \Delta y_{max}$，则认为本次采样值有效；若 $\Delta y > \Delta y_{max}$，则可以认为采样值 y_n 受到了随机干扰应予剔除，并用 y_{n-1} 代替 y_n 作为本次测量结果。

这种方法的关键是最大允许偏差 Δy_{max} 的确定。通常按照测量参数可能的最大变化速度 v_{max} 及采样周期 T 决定 Δy_{max} 值，即根据经验确定两次采样允许的最大偏差。

$$\Delta y_{max} = v_{max} T \tag{11-1}$$

设 $\Delta y_{max} = p$，y_1、y_2 分别为前后相邻的两个采样值，限幅滤波程序如下：

```
/ * * * * * * * * * * * * * * * 限幅滤波函数 * * * * * * * * * * * * * * * * * * * * /
int filter(int y1, int y2)
{
    if(y2 - y1 > p)
        return y1;
    else
        return y2;
}
/ * * * * * * * * * * * * * * * * 主函数 * * * * * * * * * * * * * * * * * * * * * * /
#define ADDR 0x40
#define LEN 0x20
int main(void)
{
    int * pData = ADDR;
    int i = 0;
    for(i = 0; i < LEN - 1; i + +)
    {
        * (pData + 1) = filter( * pData, * (pData + 1));
        pData + + ;
    }
    return 0;
}
```

2. 中位值滤波法

中位值滤波是对某一被测参数连续采样 n 次（一般 n 取奇数），然后把 n 次采样值按大小排序，取中间值为本次采样值，因此也称"中值法"。中位值滤波能有效地克服偶然因素引起的波动或采样器不稳定引起的误码等脉冲干扰。对温度、液位等缓慢变化的被测参数具有良好的滤波效果，但对于流量、压力等快速变化的参数一般不宜采用中位值滤波。

以下各程序中，规定各次采样值为 $y_0, y_1, \cdots, y_{n-1}$，并且数字越小表示测量值越新，如 y_0 是最近一个测量值，y_{out} 为滤波输出结果，作为本次测量的真实结果。采样 3 次的中值法滤波程序如下：

```
/ * * * * * * * * * * * * * * * * 中位值滤波函数 * * * * * * * * * * * * * * * * * * * * /
float filter_1(float y0, float y1,float y2)
```

```
{
    float yout;
    if (y0>y1)
        yout = (y1>y2)? y1:((y2>y0)? y0 : y2);
    else
        yout = (y2>y1)? y1:((y0>y2)? y0 : y2);
    return(yout);
}
```

3. 算术平均滤波法

算术平均法对测量信号的 n 个采用数据 $y_i(i=0,1,2,\cdots,n-1)$ 求算术平均,并将其作为本次的实际值 y_{out},其数学表达式为:

$$y_{out} = \frac{1}{n}\sum_{i=0}^{n-1}y_i \tag{11-2}$$

算术平均滤波法适用于白噪声干扰的滤波,其滤波效果与 n 有关。当 n 较大时,滤波效果好,但对于时变信号,会降低响应灵敏度;反之,滤波效果变差但灵敏度会提高。一般对于缓变信号,n 可以适当大一些,如取 $n=12$;对于时变信号,n 要小一些,如取 $n=4$。

下面是 $n=4$ 时的算术平均滤波算法,其中 $y_0\sim y_3$ 为当前输入,y_{out} 为输出值:

```
/* * * * * * * * * * * * * * * * 算术平均滤波函数 * * * * * * * * * * * * * * * * * * /
float filter_2(float y0,float y1,float y2,float y3)
{
    float yout;
    yout = (y0 + y1 + y2 + y3)/4.0;                //计算输出
    return(yout);
}
```

4. 去极值平均滤波法

算术平均滤波法对抑制随机干扰效果较好,但对脉冲干扰的抑制能力弱,明显的脉冲干扰会使平均值远离实际值。而中位值滤波法对脉冲干扰的抑制很有效,两者的结合即是去极值平均滤波法。其算法是:连续采样 n 次,先去掉最大值和最小值(当数据量较大时,可去掉几个最大值和几个最小值),然后再求余下数据的平均值,作为本次采样的结果。

采样 5 次的去极值平均滤波源程序如下:

```
/* * * * * * * * * * * * * * * 去极值平均滤波函数 * * * * * * * * * * * * * * * * * * /
float filter_3(float * y)
{
    float yout, max, min;
    max = min = y[0];
    for (i = 0;i<4;i + +)
    {
        if(y[i + 1]>max) max = y[i + 1];
```

```
        if(y[i+1]<min) min = y[i+1];
    }
    yout = (y[0] + y[1] + y[2] + y[3] + y[4] - max - min)/3;
    return(yout);
}
```

中位值滤波和去极值平均滤波,能有效地克服偶然因素引起的波动或数据采样随机误码等引起的脉冲干扰。

5. 递推平均滤波法

算术平均滤波法需要连续采样若干个数据后,才进行运算得到本次测量结果,相当于降低了采样频率,如每采样 5 次取平均,则会使实际采样频率降低 5 倍。为了克服这一缺点,可采用递推平均滤波法。其方法是:先设置一个 n 个元素的数组(在内存建立一个缓冲区),每个采用周期依顺序存放 1 个数据(第一次采样值同时赋给数组各元素),并删除最早的一个采集数据(队列中最早的数据),再计算 n 个数据平均值。这样每个测量周期采集一个数据就计算平均值作为本次测量结果,不会降低采样频率。

递推平均滤波法对周期性干扰有良好的抑制作用,平滑度高,但对偶然出现的脉冲性干扰的抑制作用差,不易消除由于脉冲干扰引起的采样值偏差,因此不适用于脉冲干扰比较严重的场合,而适用于高频振荡的系统。

下面是 $n = 4$ 时的递推平均滤波算法,其中 y_0 为当前输入,$y_1 \sim y_3$ 为前 3 次测量值,y_{out} 为当前输出:

```
/***************递推平均滤波函数*******************/
float filter_4(float y0)
{
    static float y1,y2,y3;
    float yout;
    yout = (y0 + y1 + y2 + y3)/4.0;        //计算输出
    y3 = y2,y2 = y1,y1 = y0;               //数据前移
    return(yout);
}
```

6. 递推加权平均值滤波法

在算术平均滤波法和递推平均滤波法中,n 次采样值的权重是均等的,即 $1/n$。用这样的滤波算法,对于时变信号会引入滞后。n 越大,滞后越严重。为了增加新采样值在平均值中的权重,可采用递推加权平均滤波法。其方法是:不同时刻的数据加以不同的权,通常越接近现时刻的数据,权取得越大。其数学表达式为:

$$y_{out} = \frac{1}{n} \sum_{i=0}^{n-1} C_i y_{n-i} \tag{11-3}$$

其中,$C_0,C_1,\cdots,C_{n-1}$ 为加权系数,且满足:$C_0 + C_1 + \cdots + C_{n-1} = 1, C_0 > C_1 > \cdots > C_{n-1} > 0$。

下面是 $n = 4$ 时,递推加权平均值滤波法的程序,其中 y_0 为当前输入,$y_1 \sim y_3$ 为前 3 次的测量值,y_{out} 为当前输出:

```
/* * * * * * * * * * * * * * * * 递推加权平均值滤波函数 * * * * * * * * * * * * * * * * * */
float filter_5(float y0)
{
    static float y1,y2,y3;
    static float c0 = 0.4,c1 = 0.3,c2 = 0.2,c3 = 0.1;
    float yout;
    yout = (y0 * c0 + y1 * c1 + y2 * c2 + y3 * c3);        //计算输出
    y3 = y2,y2 = y1,y1 = y0;                               //调整状态
    return(yout);
}
```

7. 基于模拟滤波器的方法

上述基于程序逻辑判断的方法可以抑制和消除一些特定的随机干扰。下面介绍在硬件电路中最常用的低通滤波器的数字滤波法,该方法对周期性高频干扰具有良好的抑制作用。最简单的一阶 RC 低通滤波器电路如图 11-15 所示。

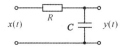

图 11-15　低通滤波电路

输入 $x(t)$ 与输出 $y(t)$ 的微分方程为:

$$RC \times \frac{\mathrm{d}y(t)}{\mathrm{d}t} + y(t) = x(t) \tag{11-4}$$

对应的差分方程为:

$$y_n = ax_n + by_{n-1} \tag{11-5}$$

其中,x_n 为未经滤波的第 n 次采样值;y_{n-1} 为第 $n-1$ 次输出;y_n 为第 n 次采样值经滤波后输出。取不同的 a、b,即可得到不同的滤波特性。

在实际应用中,微机系统所经受的随机干扰往往不是单一的,既有随机脉冲干扰,又有低频或高频的周期性干扰以及白噪声干扰等。因此,通常把多种数字滤波方法结合起来使用,形成复合滤波,以提高系统的可靠性。

习题与思考题

1. 请描述干扰的主要耦合方式和抑制方法。
2. 微机系统干扰的引入途径有哪些?
3. 电源抗干扰的主要措施有哪些?
4. 在微机系统中,可以采用哪些接地技术?
5. 设计 PCB 电路板图时,要注意哪几方面问题?
6. 微机系统的低功耗设计,可以从哪些方面考虑?
7. 在输入输出的硬件可靠性设计中,可采用哪些抗干扰措施?

8.在输入输出的软件可靠性设计中,可采用哪些抗干扰措施?

9.软件可靠性设计主要包括哪些方面? 简述各自的作用和实现方法。

10.有哪些数字滤波方法? 请简述之。

11.请简要分析一个微机系统可能存在的干扰源,并简述其引入途径。

本章内容总结

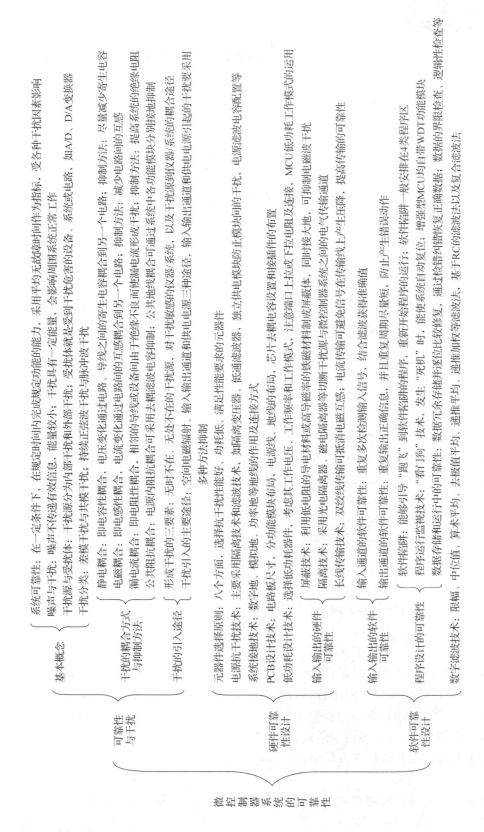

第 12 章

微控制器应用系统设计

微控制器已经越来越广泛地应用于智能仪表、工业控制、日常生活等众多领域,基于微机的家电产品、通信设备等几乎遍布我们工作、生活的每一个角落。同时,我们也可以利用微机原理与接口技术的知识,改造身边的仪器、产品、工作和生活环境,即进行微控制器应用系统设计。学习微控制器的目的也就在于此。微控制器应用系统是指以微控制器为核心,配置一定的外围电路和软件,能够实现某种功能的应用系统。

由于微控制器应用系统的种类繁多,因而设计所涉及的问题也是各式各样的,不能一概而论。本章根据实验工作和开发实践的体会,就一些共用的基本方法加以论述,主要包括系统的设计研制过程、总体设计的流程、硬件及软件的设计原则和设计环节、调试方法等。最后介绍一个具体设计实例。

12.1 设计过程

微控制器应用系统即微机应用系统由硬件和软件两大部分组成。硬件是基础,软件是在硬件的基础上进行合理的配置和使用,从而实现应用系统的功能。微机应用系统的设计首先要明确系统的功能要求、技术性能和工艺结构等,然后选择和确定应用系统的核心部件——微控制器,以及外围设备配置和软件结构。通常,微机应用系统的外围设备如键盘、显示器、输入输出等,均需要根据系统的功能需求进行设计和配置,这些涉及了微机系统的基本设计方法。一个好的设计方案既要能满足系统的功能需求,又要结构简单、可行性好,同时还应具有良好的可扩充性。为了保证产品质量、提高研制效率,设计人员应该在正确的设计思想指导下,按照合理的步骤进行开发,一般包括总体设计、硬件设计、软件设计、仿真与调试、文档编制等多个阶段,但它们不是绝对分开的,有时是交叉进行的。

12.1.1 总体设计

系统的总体设计就是根据设计任务,参考国内外同类系统(产品)的资料,进行必要的理论分析和计算,提出合理而可行的技术指标,并编写出详细的设计方案。设计方案应包括系统名称、设计目的、系统功能要求、性能指标、设计周期、设计费用、微控制器的选型、微控制器的资源分配、人机界面的形式、通信协议等,对所选用器件的生产商、精度要求、使用环境要求等也都要在该技术方案中加以说明。

1. 明确功能需求

明确系统必须具有哪些功能是总体设计的依据和出发点,它贯穿于系统设计的全过程。例如,明确需要测量哪些参数,使用何种传感器,这些参数的幅值、频率、噪声等特性如何,测量精度要求如何等;控制的对象是什么,其主要控制规律和动作条件是什么,用什么方法进行控制,被控指标用什么来测量和指示,控制精度或控制误差应在什么范围之内等。这样就可以对整个设计过程有一个总体的把握,有的放矢地进行设计并采取相应措施,达到预期的设计要求。

2. 综合软、硬件因素确定方案

从实施方案来看,总体设计应包括对硬件和软件的总体考虑。在明确了系统功能和技术指标后,应综合考虑系统的先进性、可靠性、可维护性以及成本等,并确定系统硬件、软件的总体设计方案。由于在微机系统中,软件和硬件具有一定的互换性,设计中需要不断分析权衡软件、硬件之间的配合和分工,从开发要求、实现途径、开发周期、系统成本、设计可靠性诸方面全面地考虑软、硬件安排。

一个好的设计方案往往要经过反复推敲和论证,最终达成共识,它的好坏直接影响下一步的设计工作,关系到系统性能的优劣和研制周期的长短。实践证明,设计人员如能在总体设计阶段制订详细、可靠的设计方案,对接下来的硬件设计和软件设计提供明确的方向,将有利于设计人员在开发系统的过程中,把握软、硬件设计的方法和质量,并尽早完成系统开发任务。

12.1.2　硬件设计步骤

硬件设计的主要任务是确定硬件结构和核心器件,进行具体电路设计与制作。硬件设计的原则是要充分利用微控制器的片内资源,当最小系统不能满足要求时,再进行外部硬件扩展。因此,核心部件 MCU 的选择很重要。目前可供选择的 MCU 种类、型号非常多,有普通型、增强型的 8 位微控制器,ARM 内核的 32 位微控制器,以及具有强大数据处理能力的数字信号处理 DSP 芯片等。其生产厂家也很多,如多个公司生产的 8051 系列 MCU、Motorola 公司的 MCU、Microchip 公司的 PIC 系列 MCU 以及 AVR 系列 MCU 等。

1. 选择 MCU 要考虑的两个方面

（1）适用性原则

根据应用系统的需求,在满足字长、速度、功耗、可靠性等主要指标的条件下,并在系统成本可以承受的条件下,应优先选择内部功能模块多的 MCU,以减少外围功能器件的扩展,简化系统电路。例如,内部集成有 I^2C 和/或 SPI 接口,则可方便外扩 I^2C 和/或 SPI 器件并简化接口软件的设计。另外,使用者对 MCU 的熟悉程度和是否有使用经验也是考虑的一个重要因素。

（2）软、硬件支持

选择微控制器时,应考虑其是否有足够的软、硬件支持。从硬件来说,是否方便外围芯片的扩展从而构成满足功能需求的 MCU 应用系统,外扩功能芯片的购买是否便利等。另外,软件开发环境和系统调试的硬件开发系统是否具备或方便获得。

2. 具体电路设计的注意点

关于具体电路设计,除元器件选择、输入输出接口设计、系统接地、PCB 板设计等内容（请参考 11.2 章节内容）外,还要考虑和注意以下几点。

①可以通过软件实现的功能尽可能由软件来实现,以简化硬件电路、降低系统功耗、节省成本。但必须注意,用软件来实现硬件功能时,需要消耗 CPU 的时间资源,会影响系统的响应速度。因此,微机系统的软、硬件设计需要通盘考虑和权衡利弊。

②尽可能选用集成电路芯片、集成组件而不选用分立元件,以简化电路、减少体积、提高可靠性。

③为减少电源种类,尽可能选用单电源供电的组件,避免选用供电要求特殊的组件。对于只能采用电池供电的场合,必须选用低功耗器件。

④微机系统的扩展与外围配置的容量和能力,应充分考虑整个系统的功能需求,并留有适当的余地,以便二次开发。

⑤电路各模块互相连接时,要注意是否能直接连接,如模拟电路连接时是否要加电压跟随器进行阻抗隔离;数字电路和 MCU 接口电路连接时,要不要逻辑电平转换;要不要加驱动器、锁存器和缓冲器等。

⑥当模拟信号传送距离较远时,要以电流信号代替电压信号传输;当信号共模干扰较大时,应采用差动信号传送。当数字信号传送距离较远时,要考虑采用“线驱动器”。线驱动器允许在一个信号源与一个信号终端之间建立长距离连接,类似于分配放大器,具有可变的增益控制功能,通过多种途径对信号进行处理,以保证长距离传输时的信号品质。

12.1.3　软件设计步骤

软件设计的任务是根据硬件电路设计软件流程,划分软件功能模块和编写程序。设计开发一个微机系统,软件设计的工作量往往大于硬件设计的工作量,因此,要尽可能采用结构化和模块化方法设计应用程序,这对程序的编写、查错、调试、增删等都十分有利。对于同一硬件电路,配以不同的监控应用软件,将实现不同的功能。因此,设计人员必须掌握软件设计的基本方法。软件设计通常包括软件需求分析、确定程序流程和功能模块、程序编写。

1. 软件需求分析

在着手软件设计之前,设计者必须先进行软件需求分析。所谓软件需求分析,就是在软件设计前,明确要实现的系统功能,软件应完成什么任务;然后结合硬件结构,进一步细化软件任务的具体内容。主要包括以下几点。

①定义并说明各输入/输出口的功能,是模拟信号还是数字信号、电平范围如何等。

②合理分配存储空间,包括系统主程序、常数表格、功能子程序块的划分及入口地址表,考虑是否有系统参数需要断电保护。

③清楚地列出系统各个部件与软件设计的有关特点,并进行定义和说明,即进行软件的功能划分,以此作为软件设计的根据。

④对运行状态进行标志化管理。对各个功能程序的运行状态、运行结果及运行需求都设置状态标志,以便查询和控制。

2. 确定程序流程和功能模块

根据软件需求分析,将系统软件分成若干个相对独立的模块。根据它们之间的联系和时间上的关系,确定软件流程和总体结构,并尽量使其结构清晰、流程合理。如此一来,根据软件流程就可以一目了然软件的功能模块以及需要完成的各函数,便于程序的编写、调试、连接,又便于移植、修改。

一般来说,软件所要完成的功能模块主要分为三大部分:

①接口驱动程序。如驱动 EEPROM 进行数据读写、驱动 A/D 转换器采集数据、I/O 控制继电器等。

②数据分析处理程序。对采集的数据进行转换、滤波等运算与处理,对控制参数进行控制方法计算并输出。

③显示/通信程序。完成微控制器与主控机的数据通信,将结果显示在 LED 或 LCD 显示设备上等。

为提高软件的总体设计效率,划分好模块后,应以简明、直观的方法对模块任务进行描述,做好模块的入口和出口函数封装,明确输入输出参数,以便模块间联调。

3. 程序编写

在确定程序流程和功能模块后,就可以编写程序了。一般程序编写过程如下:根据程序模块任务中的函数定义,描述出函数的输入变量和输出变量及其相互关系,然后给出程序的简单功能流程框图,再对其进行扩充和具体化,即对存储器、寄存器、标志位等工作单元做具体的分配和说明,从而绘制出详细的程序流程图。微机应用程序尽量采用高级语言编写,保证其可读性和可维护性,并采用模块化、函数化的程序架构。这样一方面便于局部程序的编写与调试,另一方面也可以在设计其他系统时进行同类功能程序的调用、移植和修改,从而缩短开发周期。在程序设计过程中,还必须进行优化工作,即仔细推敲、合理安排,使编出的程序所占内存空间较小、执行时间短。

一个好的应用软件,不仅要能够执行规定的任务,而且在开始设计时,就应该考虑到维护和再设计的方便,使它具有足够的灵活性、可扩充性和可移植性。

12.1.4　仿真与调试

仿真是在设计印刷电路板图前,应用 EDA(Electronic Design Automation,电子设计自动化)技术及相应软件进行电路功能和软件功能的仿真,这是降低软、硬件设计错误率、缩短开发周期、提高设计效率的有效方法。通过仿真调试确认电路设计正确无误后,即可进行电路印刷板图的设计与制作,然后对实际电路板进行硬件调试以及软、硬件联调和系统性能测试。

1. 仿真调试

对于微控制器及外围器件的仿真调试,最常用的仿真软件是 Proteus 软件。Proteus 软件是英国 Labcenter Electronics 公司出版的 EDA 工具软件。它不仅具有其他 EDA 工具软件的仿真功能,还能仿真微控制器及外围器件。从原理图布图、代码调试到 MCU 与外围电路协同仿真,也可一键切换到 PCB 设计,真正实现了从概念到产品的完整设计,是世界上唯一将电路仿真软件、PCB 设计软件和虚拟模型仿真软件三合一的设计平台。Proteus 可以仿真 8051 系列、AVR、PIC、ARM 等常用主流微控制器,还可以直接在基于原理图的虚拟原型上编程,再配合显示及输出,直接观察运行后输入输出的效果。配合系统配置的虚拟逻辑分析仪、示波器等,Proteus 建立了完备的电子设计开发环境。

采用 Proteus,结合虚拟的电路和相应的软件,不仅可以直观有效地观察微控制器虚拟电路的运行状态,从而评估硬件电路的设计正确性,还能与 Keil C 开发软件联用,对硬件原理图进行软件调试,从而验证整个设计的功能,尽可能发现设计错误并及时更正,提高设计效率,减少试验成本,缩短开发周期。

2. 目标系统的硬件调试

系统硬件电路的调试通常包括静态调试和动态调试两种。

(1)静态调试

首先是逻辑故障的排除。通过目测、万能表测试,对照加工印制板,检查印制板加工过程中是否存在短路或断路的情况,检查焊接后电路板上的器件方向、有极性元件(电源稳压芯片、电容、二极管等)的连接是否正确,防止极性错误和电源短路情况的发生。在确定每个集成块的电源引脚电压正常、电路板电源端无短路现象后,才能进行加电检查和联机检查。电源接通后,首先要观察是否有异常现象,如冒烟、气味异常、元器件发烫等,如果有,应立即关断电源,待排除故障后方可重新接通电源。

(2)动态调试

利用开发系统的人机界面,访问和控制硬件系统各个部分的电路,以找出存在的问题,并进行故障排除。对于模拟电路,加上输入信号,观测电路输出信号是否符合要求,可通过调整电路的交流通路元件(如电容、电感等),使电路相关点交流信号的波形、幅度、频率等参数达到设计要求。对于数字电路,观测输出信号的波形、幅值、脉冲宽度、相位及动态逻辑关系是否符合要求。在数字电路调试中,常常希望让电路状态发生一次性变化,而不是周期性的变化。因此,输入信号应为单阶跃信号,用以观察电路状态变化的逻辑关系。对于 MCU 电路,其动态调试往往与软件结合起来进行。

3. 结合目标硬件系统的软件调试

软件调试方法就是采用仿真开发软件并结合系统硬件进行程序功能的调试。仿真软件通常有很多调试方法,如单步、设置断点、连续运行等,也可加入一些中间结果的输出控制,通过检查用户系统 CPU 寄存器的现场数值、RAM 的内容以及 I/O 口的状态,确定程序执行结果是否符合设计要求。通过上述方法,一般可发现程序中的死循环错误及跳转错误,同时也可以发现用户系统中的硬件故障、硬件设计错误及软件算法错误。

与程序模块化设计的方法相对应,首先进行各功能模块程序的查错和调试,这是微机系统软件设计中很关键的一步。对于每个模块程序,根据要实现的功能,通过人为修改输入参数和初始条件等方法,使得程序中的每个分支(执行路径)都能够被调试到。通过调试发现程序存在的 bug,并逐一消除。

完成每个模块的查错和调试后,再将各模块联合起来进行综合调试,这样既容易排除错误,又能提高效率。综合调试可以发现以下程序常见错误:模块之间或子程序之间的参数传递是否正确、子程序现场保护与恢复是否正确、数据缓冲单元是否发生冲突、标志位的置位与清除是否关联、堆栈是否溢出、外接芯片或设备的 I/O 接口状态是否正常等。

12.1.5 文档编制

系统设计完成后,需要进行设计文档的整理和编制。设计文档对于将来系统功能的修改、扩展以及程序的移植非常重要。一个完整的设计文档,应包括以下内容。

①系统任务和功能需求、设计技术方案和论证、软件功能需求等。

②软件文档：包含总流程图、各功能模块程序的功能说明（包括函数说明、出入口参数、参量定义清单等）、程序清单和注释。

③硬件文档：包含电路原理图、元器件布置图、接插件引脚图、线路板图、注意事项以及主要芯片的 data sheet。

④测试文档：包含功能测试方法说明、测试结果和报告。

实际上，文档编制工作贯穿于微机系统设计和调试的全过程。各个阶段都应注意收集和整理有关的资料，最后的编制工作只是把各个阶段的文件连贯起来，并加以完善而已。

12.2　设计实例

本节以网络式 LED 照明控制系统（由多个 LED 控制器通过总线构成网络）设计为实例，来阐明微机系统的设计方法、设计步骤和具体的实现过程。这是一个简单又典型的微机应用系统，期望给读者提供一个设计范例，使读者能够体会微机应用系统设计的规范过程，每个过程中应设计和考虑的内容以及注意的问题，期望读者从中领悟设计方法要领并受到启发，从而培养和提高系统分析能力、软硬件设计能力等。并希望借助设计范例的学习，使读者养成良好的系统设计习惯，包括按规范进行总体流程设计，进行硬件、软件的模块化设计，学习查阅元器件数据手册和使用说明书，记录分析调试过程和问题，编写完整的设计文档等。

12.2.1　设计要求

LED 照明控制系统是利用微控制器驱动和控制大功率白光 LED 光源的电流，实现 LED 灯亮度的控制；同时，实时监测和控制 LED 的温度，来提高 LED 灯的使用寿命。LED 属于直流驱动器件（AC-LED 除外），其光学参数随驱动电流的变化而变化，因此，可以方便地采用微控制器系统中常用的 PWM 方式控制 LED 的亮度和温度，实现 LED 智能化控制。具体要求如下：

①LED 驱动。采用方便 MCU 实现的基于 PWM 控制的恒流芯片来实现 LED 灯的驱动，MCU 只要向该芯片输出不同占空比的 PWM，就可以改变其输出电流，从而实现 LED 的恒流驱动和亮度控制。

②监控 LED 发出的光通量。由于在正常范围内，LED 发出的光通量与驱动电流呈线性关系，所以实时测量 LED 驱动电流的平均值，以该平均值来衡量 LED 光通量的大小，从而简化光通量的测量方法。

③监控 LED 工作温度。LED 的寿命与工作温度（也称结点温度）直接相关，因此需实时监控 LED 的工作温度，当工作温度高于某阈值时，通过减小 PWM 占空比，降低光通量使温度降下来。

④LED 亮度（光通量）设定及测试数据显示。对于亮度下限，将设置一个光通量下限，当实际光通量低于该下限时，自动增加驱动电流来提高光通量；对于亮度的上限，实际上是

受限于 LED 的工作温度,所以温度上限间接决定了 LED 的亮度上限。因此,需要设置的系统参数是:LED 亮度下限、工作温度上限。可通过键盘本地设置,也可以通过 RS485 通信接口进行远程设置。实际光通量、工作温度等数据可在液晶屏上显示或通过 RS485 上传到远程的主控机,进行数据分析、处理和显示。

12.2.2　总体设计方案

根据系统要求,网络式 LED 照明控制系统的总体结构如图 12-1 所示,由主控机(可以是 PC 机或一个微机系统)通过 RS485 总线连接多个 LED 控制器,每个 LED 控制器是 RS485 总线上的一个节点。主控机通过寻址总线上的各节点,可以对控制器上的 LED 灯进行开启、关闭、调光、参数设置等远程操作,以及读取各节点 LED 的光通量、工作温度等数据,并在主控机上进行数据分析、处理和显示,实现整个 LED 照明网络上全部信息的展示。每个 LED 控制器装有 4 个 LED 灯,每个 LED 灯独立工作,任何一个 LED 发生故障,不会影响其他 LED 的正常工作。下面主要介绍单个 LED 照明控制系统(LED 控制器)的设计。

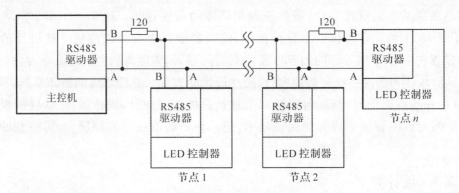

图 12-1　网络式 LED 照明控制系统总体结构

12.2.3　硬件设计

根据 LED 控制器要实现的功能,硬件设计包括 LED 选择、驱动方式、亮度调节方式、温度测量、电流检测方法,以及按键、显示器的连接等,其组成结构如图 12-2 所示。其中,EEPROM 用于保存系统参数,包括工作温度上限、LED 亮度下限、节点地址等;通过按键,

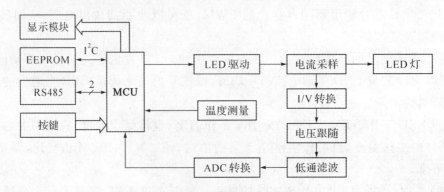

图 12-2　LED 控制器硬件组成结构

可以本地操控 LED 灯,包括复位、开启、关闭、亮度调节,以及设置 LED 控制器的系统参数;温度测量传感器紧贴 LED 芯片,以尽可能真实地测量到 LED 的结点温度。

1. 按键设置

系统需要设置 LED 的亮度下限、工作温度上限,以及进行本地操控 LED,所以设置 6 个按键:启停键、亮度设置键、温度设置键、增 1 键、减 1 键、确认键。"启停键"交替选择 LED 的启动和关闭;按下"亮度设置键",表示将进行亮度下限的设置,此时"增 1 键"、"减 1 键"用于修改设置的亮度值,按"确认键"将设置值保存到 EEPROM;按下"温度设置键",表示将进行温度上限的设置,此时"增 1 键"、"减 1 键"用于修改设置的温度值,按"确认键"将设置值保存到 EEPROM。不进行参数设置时,"增 1 键"、"减 1 键"用于 LED 亮度增加、降低的操作。

2. 显示模块

用 LCD 作为显示设备。参数设置时,用于显示设置过程参数的改变情况;正常工作时,用于显示测量的光通量、工作温度等数据。

3. LED 的选择

根据设计要求选择 LED,在满足技术指标的前提下,优先选择市场上最常见、性价比高、易于采购的器件。本例中选用的白光 LED 为德国 OSRAM 公司生产的 OSTAR-LE CW E3B,特别适用于要求高亮度照明的场合。这款 LED 在一个封装内集成有 6 个 LED 芯片,输出光为白色冷光源,色温为 2700K。当输入电流 700mA 时(功率约 15 W)时,LED 输出的光通量大于 500lm。

4. LED 的驱动

LED 的恒流驱动采用 MAX16820 芯片,其最大工作电流为 700mA,工作电源是 +24V,因此需要一个～220V 到 +24V 的开关电源,相关电路如图 12-3 所示。MAX16820 是一个采用脉冲宽度调制(PWM)信号控制的恒流驱动输出芯片,控制信号 PWM 的占空比可在 0～100％连续调节,当占空比固定时,芯片输出的驱动电流恒定,LED 灯的光学参数也保持恒定。把 MAX16820 芯片的 PWM 频率设定在 500Hz,因此人眼观察不到 LED 光源闪烁。LED 控制器逻辑电路需要的低压电源,则由另一个 DC-DC 模块将 +24V 转换到 3.3V 或 5V。

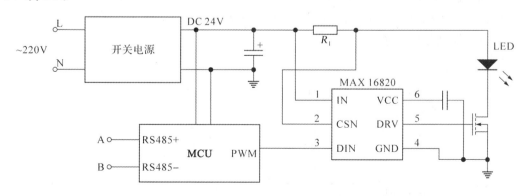

图 12-3　LED 恒流驱动电路

5. LED 光通量的反馈

MCU 通过监控流过取样电阻 R_1 上的平均电流,来间接得到当前 LED 的光通量。监控电路如图 12-4 所示,运算放大器 INA139 监控取样电阻 R_1 上的平均电流,并通过负载电阻 R_2 转换为监控电压。在对监控电压进行 A/D 转换前,为实现阻抗匹配,并起到前后级电路的缓冲,在 A/D 转换电路前加入了 TLC271 运算放大器设计的电压跟随器。A/D 转换部分采用 SPI 串行接口的 A/D 转换器 ADS7822,经 A/D 转换后的数字量送入 MCU,再换算成 LED 的平均电流,从而获得当前 LED 光通量的大小,并与系统设定的亮度下限进行比较,判断其是否低于下限;若是,则 MCU 通过增加输出 PWM 波的占空比,来提高 LED 的驱动电流,从而实现 LED 光通量(即亮度)的控制;在主控机访问该节点时,向主控机发送当前电流值、电流报警信息,和当前 LED 光通量、工作温度、工作电流,以及该节点 LED 控制器的系统参数等。

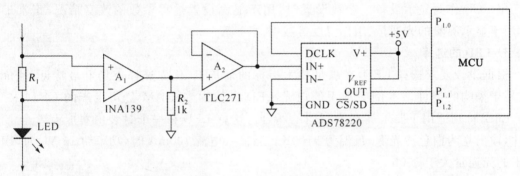

图 12-4　LED 灯的光通量监控电路

6. LED 工作温度的监控

LED 的工作温度采用数字温度传感器 DS18B20 进行测量,电路连接如图 12-5 所示。DS18B20 的温度测量范围为 $-55\sim +125℃$,在 $-10\sim +85℃$ 范围内,精度为 $\pm 0.5℃$。用导热硅胶将 DS18B20 黏贴在 LED 金属芯板铝散热器的表面,则 LED 管芯温度与测量表面的温度之差大约在 $0.2℃$ 之内。MCU 通过 1-Wire 总线读取 DS18B20 测量得到的温度值,并与设定的温度上限进行比较,判断 LED 工作温度是否超限。当超出设定的阈值时,MCU 通过减小输出 PWM 波的占空比,来减小 LED 的驱动电流,实现温度的控制;在主控机访问该节点时,向主控机发送温度报警信息,和当前 LED 光通量、工作温度、工作电流,以及该节点 LED 控制器的系统参数等。

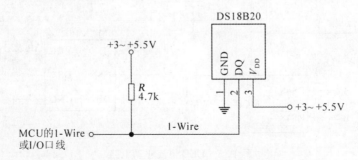

图 12-5　LED 灯的工作温度监控

12.2.4　软件设计

根据 LED 控制器的功能要求和硬件设计分析,软件要实现的功能包括:系统初始化、LED 光通量(工作电流)监控、LED 工作温度监控、LED 驱动控制、测量结果显示、RS485 通信、按键响应和处理、系统参数读写等,根据它们之间的联系和时间顺序上的关系,设计出软件总体流程如图 12-6 所示。由于系统的实时性要求不高,所以假设测量控制周期为 1s。

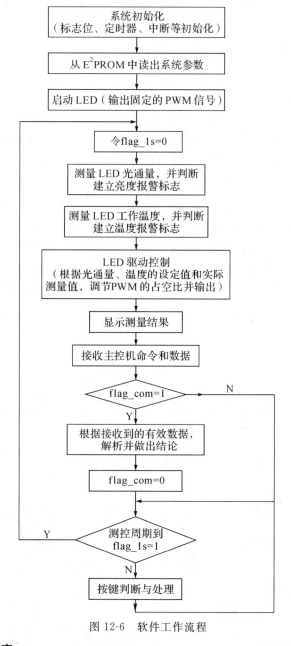

图 12-6　软件工作流程

1. 功能模块的确定

采用模块化设计方法,将以上主要软件功能分为 5 个模块:主模块、LED 温度测量模块、LED 光通量测量模块、RS485 通信模块和系统参数读写模块。

①LED 工作温度测量模块。主要运用 DS18B20 进行温度测量，为主模块提供读取温度接口函数。与该模块相关的文件是 18B20.c 和 18B20.h 文件。

②LED 光通量测量模块。通过测量流经 LED 的工作电流予以实现，为主模块提供读取光通量接口函数。与该模块相关的文件是 LED.c 和 LED.h 文件。

③RS485 通信模块。主要包括串口初始化函数、接收主控机命令/数据函数、向主控机上传数据等。主控机是主机，其余为从机；每次通信均由主控机发起，主机首先发送从机地址来寻址欲要通信的从机。与该模块相关的文件是 UART.c 和 UART.h 文件。

④系统参数读写模块。运用 I²C 总线将系统参数写入 EEPROM 或从 EEPROM 中读出，系统参数包括 LED 亮度下限、工作温度上限、节点地址等。与该模块相关的文件是 I2C.c 和 I2C.h 文件。

⑤主模块。软件流程中的其他功能合并到主模块中，主要包括系统初始化（Initial）、启动 LED（Start_LED）、LED 驱动控制（Control_LED）、测量结果显示（Display）、按键判断与处理（Key_process）以及通信命令解析和执行（Command_function），其中 Command_function 是根据 RS485 通信模块提供的通信命令标志 flag_com 的值来判断是否要执行的，若 flag_com＝1 表示命令有效，则执行该函数，否则不执行。此外，主模块还要启动定时器 T0，设置为 50ms 定时中断，中断 20 次即到 1s 时，建立测控周期到标志（令 flag_1s＝1）。与该模块相关的文件是 main.c 文件。

模块化的好处是系统软件可以由几个人一起共同完成，如主模块由一个设计人员完成，另四个模组程序非常明确，可以由 1～2 个设计人员完成，各模块设计人员只需留出接口函数供主模块调用即可。总体功能划分和各模块主要函数见图 12-7。

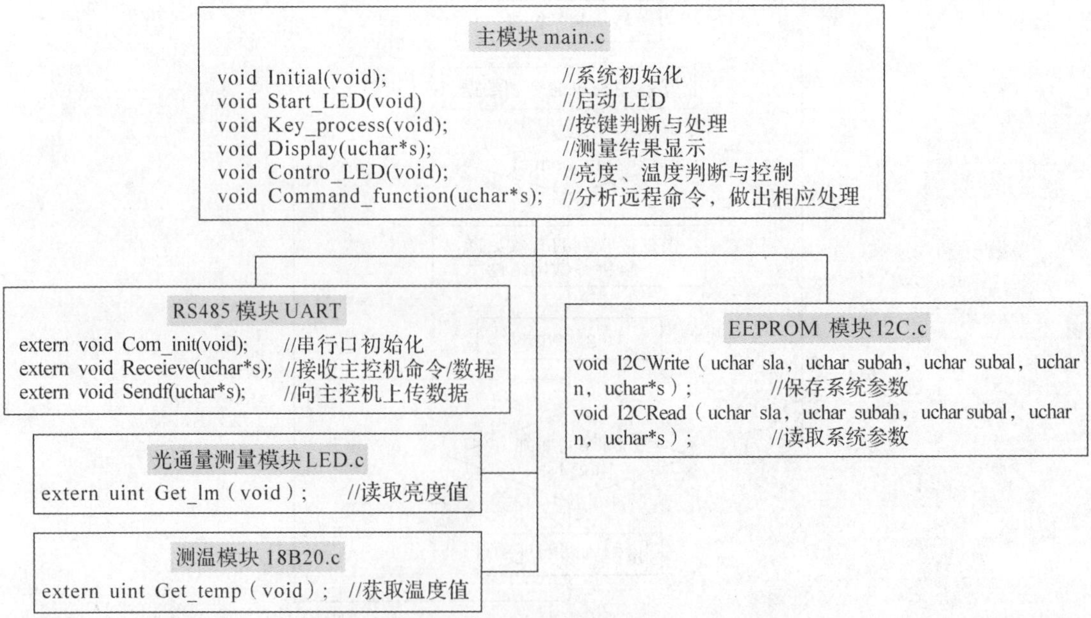

图 12-7   软件的功能划分

2. 主要函数流程与分析

（1）通信命令解析和处理函数

Command_function 完成通信命令的解析与执行，从而实现 LED 照明控制系统的远程控制,其流程如图 12-8 所示。通信内容主要包括:①启动 LED、关闭 LED、增加亮度、降低亮度,这四项内容可以进行广播通信(广播地址为 0xFF),即网络上全部节点都接收并做出响应;②设置系统参数,读取 LED 工作数据。③读取测量数据和系统数据。

　　LED 控制器根据命令做出相应处理:对 LED 进行控制,或将系统参数写入 EEPROM,或向主控机发送数据(系统参数和测量结果)。

　　对于任何通信系统,都需要建立通信双方(或多方)要遵循的通信协议,即规定通信的具体内容,包括数据帧格式、通信波特率、命令和数值的含义和解析方法等。通信时,各方均按照协议进行数据的发送、接收和解析,这样才能保证通信的有效性和可靠性。

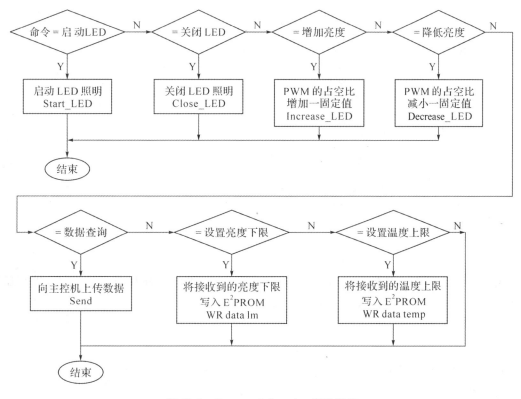

图 12-8　Command_function 程序流程

　　(2)RS485 接收函数

　　Receive 是接收主控机发送的命令和数据,当主机发送的是广播地址,表示要对全部子节点进行远程操控;若是某个节点地址,则各节点在接收从机地址后,首先比较是否与本机地址相符,若相符表示本机被寻址应继续接收后续数据,其流程如图 12-9 所示。接收命令和数据后,再判断其有效性,若有效则令标志 flag_com=1,否则令 flag_com=0。该标志供主函数查询,以此决定是否要进行通信命令的解析和执行。

　　(3)按键判断与处理函数

　　Key_process 实现 LED 控制器的本地按键操作与控制功能,包括 LED 的启动和关闭,LED 亮度增加、降低控制,光通量下限设定,温度上限设定,以及设置值的确定,其程序流程如图 12-10 所示。在按键判断时,应增加去抖动处理,流程中未给出。

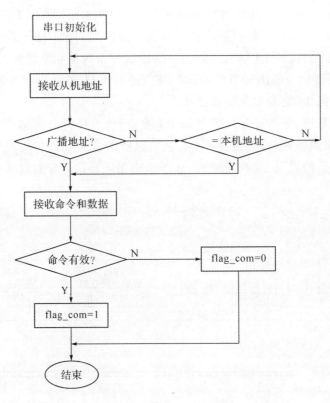

图 12-9　RS485 通信流程

3. 程序结构

相关设计人员完成各模块设计并调试无误后,即可将各个模块整合在一起,进行组合调试。根据以上的程序功能及模块划分,除主模块外,各模块均有对应的".c"和".h"文件,对应的文件关系如下。

主模块:main.c;

光通量测量模块:LED.c 和 LED.h;

温度测量模块:18B20.c 和 18B20.h;

RS485 通信模块:UART.c 和 UART.h;

系统参数读写模块:I2C.c 和 I2C.h。

(1)光通量测量模块程序设计

该模块的主要函数是光通量测量函数 Get_lm。由于在主模块中需要循环测量 LED 的光通量,因此该函数应在 LED.h 头文件里作外部声明,以方便主模块调用。

```
/* * * * * * * * * * * * * * * * * * LED.h * * * * * * * * * * * * * * * * * * * * * * * */
#ifndef _LED_H_
    #define _LED_H_
    extern uint Get_lm(void);
#endif
```

(2)温度测量模块程序设计

该模块的 18B20.c 文件包括 18B20 初始化函数、18B20 读字节函数、写字节函数和读

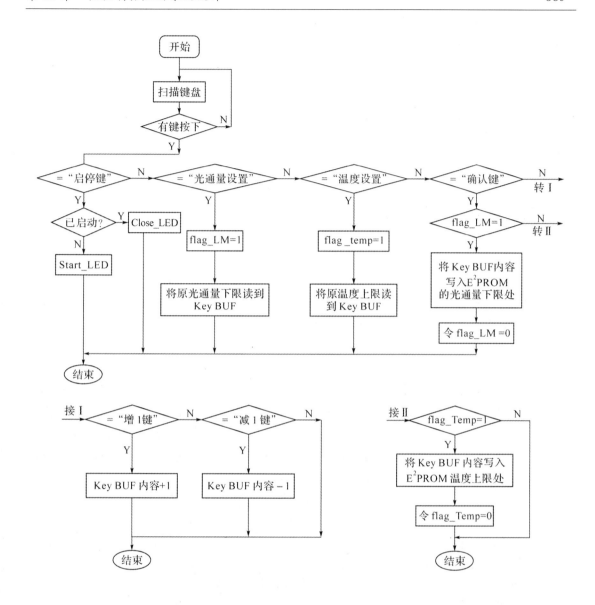

图 12-10 Key_process 程序流程

取温度函数。在主模块中只需要调用读取温度函数,所以在 18B20.h 文件中只需要对该函数进行外部声明。

```
/* * * * * * * * * * * * * * * * * * 18B20.h * * * * * * * * * * * * * * * * * * * * * * */
#ifndef _18B20_H_
#define _18B20_H_
extern uint Get_temp(void);
#endif
```

(3)RS485 通信模块程序设计

该模块的 UART.c 文件包括串口初始化函数、数据/命令接收函数和数据上传函数等。在主模块中需要调用数据接收函数,根据接收的字节,按照通信规约做出相应的动作;当主控机要求查询数据时,还需要调用数据上传函数,所以在 UART.h 文件中需要对这两个函数进行外部声明。

```
/* * * * * * * * * * * * * * * * * UART.h * * * * * * * * * * * * * * * * * * */
#ifndef _UART_H_
#define _UART_H_
    extern void Receive (uchar * s);          //接收主控机命令
    extern void Send (uchar * s);             //向主控机上传数据
#endif
```

（4）系统参数读写模块程序设计

该模块的 I2C.c 文件包括 I^2C 总线启动、停止函数，I^2C 总线读函数、写函数。在主模块中需要调用读、写函数，所以在 I2C.h 文件中需要对这两个函数进行外部声明。

```
/* * * * * * * * * * * * * * * * * I2C.h * * * * * * * * * * * * * * * * * * * */
#ifndef _I2C_H_
#define _I2C_H_
    void I2CWrite(uchar sla,uchar subah,uchar subal,uchar n,uchar * s);
    void I2CRead (uchar sla,uchar subah,uchar subal,uchar n,uchar * s);
#endif
```

（5）主函数模块程序设计

主模块除了调用其他模块所提供的接口函数外，还包括系统初始化函数（Initial）、启动 LED 函数（Start_LED）、LED 驱动控制函数（Control_LED）、测量结果显示函数（Display）、按键判断与处理函数（Key_process）以及通信命令解析与执行函数（Command_function）等，这些主要的函数声明如下。

```
/* * * * * * * * * * * * * * * * * * main.c * * * * * * * * * * * * * * * * * * */
    void Initial(void);                       //系统初始化
    void Start_LED(void);                     //启动 LED
    void Key_process(void);                   //按键判断与处理
    void Display(uchar * s);                  //测量结果显示
    void Control_LED(void);                   //亮度、温度判断与控制
    void Command_function(uchar * s);         //分析远程命令,做出相应处理
```

> 本例介绍各模块".h"文件时，只给出模块需要提供的主要接口函数，以便了解其与主模块之间的联系。在具体程序设计中，根据实际编写情况可能需要增加其他供外部调用的函数；另外，模块间需要传递的变量，也应该在".h"文件中予以声明。

软、硬件设计完成后，采用 Proteus 仿真软件进行各个函数的调试，检查系统软、硬件的正确性，及时发现并修改存在的问题和错误。仿真结束后，制作电路板图，加工焊接后，就可以对实际电路板进行调试，并测试系统的功能、指标和可靠性，以达到设计要求。系统硬件、软件调试通过后，就可以把调试完毕的软件固化到 MCU 的程序存储器中，之后就可以脱机运行。再接下来，要在真实环境或模拟真实环境下进行较长时间的性能测试和运行考核，一切正常后，开发过程即可结束。这时的系统只能作为样机系统，给样机系统加上外壳、面板，再配上完整的文档资料，就可生成正式的系统（或产品）。

习题与思考题

1. 微机应用系统的设计过程,通常包括哪些环节?

2. 简述硬件设计的一般步骤,以及 MCU 选择和具体电路设计需要考虑的因素。

3. 简述软件设计的一般步骤,以及每个步骤的具体内容。

4. 简述仿真调试的作用和常用方法。

5. 简述硬件电路的调试步骤和方法。

6. 简述软件调试的步骤和方法。

7. 微机系统的设计文档,应包括哪些具体内容?

8. 请找出生活中一个复杂的微机应用系统,并分析其系统需求和软件功能模块。

本章内容总结

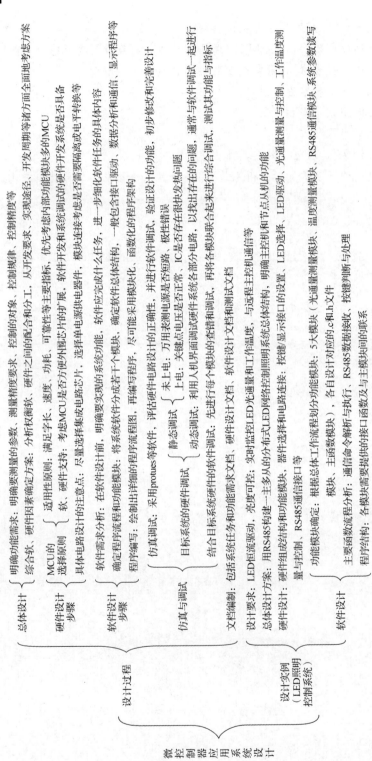

附录 1

8051 微控制器引脚中英文名称一览表

引　脚	英文注释	中文注释
P0.7～P0.0	bit 7～bit 0 of port 0	并行口 P0 的 D7～D0
P1.7～P1.0	bit 7～bit 0 of port 1	并行口 P1 的 D7～D0
P2.7～P2.0	bit 7～bit 0 of port 2	并行口 P2 的 D7～D0
P3.7～P3.0	bit 7～bit 0 of port 3	并行口 P3 的 D7～D0
XTAL1～2	External Crystal Oscillator	外部晶振引脚
ALE	Address Latch Enable	地址锁存允许信号输出端
$\overline{PSEN}$	Program（Memory）Store Enable	外部程序存储器读选通信号输出端
RST	Reset	复位信号输入端
$\overline{EA}$	External Access（Enable）	外部程序存储器访问允许输入端
RXD(P3.0)	Receive External Data	接收数据输入端
TXD(P3.1)	Transmit External Data	发送数据输出端
$\overline{INT0}$(P3.2)	Interrupt 0	外中断 0 输入端
$\overline{INT1}$(P3.3)	Interrupt 1	外中断 1 输入端
T0(P3.4)	Timer 0	定时器/计数器 0 输入端
T1(P3.5)	Timer 1	定时器/计数器 1 输入端
$\overline{WR}$(P3.6)	Write	写控制输出端
$\overline{RD}$(P3.7)	Read	读控制输出端
AD7～AD0	Address and Data	低 8 位地址线/8 位数据线
A15～A8	Address	高 8 位地址线

附录2

特殊功能寄存器中英文名称一览表

地　址	符　号	英文名称	中文名称
F0H	B	—	辅助寄存器 B
E0H	ACC	Accumulator	累加器 A
D0H	PSW	Program Status Word	程序状态字
B8H	IP	Interrupt Priority	中断优先级控制寄存器
B0H	P3	Port 3	并行口 P3
A8H	IE	Interrupt Enable	中断允许控制寄存器
A0H	P2	Port 2	并行口 P2
99H	SBUF	Serial Data Buffer	串行口数据寄存器
98H	SCON	Serial Control	串行口控制寄存器
90H	P1	Port 1	并行口 P1
8DH	TH1	Timer 1 High Byte	定时器 1 高 8 位
8CH	TH0	Timer 0 High Byte	定时器 0 高 8 位
8BH	TL1	Timer 1 Low Byte	定时器 1 低 8 位
8AH	TL0	Timer 0 Low Byte	定时器 0 低 8 位
89H	TMOD	Timer Mode	定时器/计数器方式寄存器
88H	TCON	Timer Control	定时器/计数器控制寄存器
87H	PCON	Power Control	电源控制寄存器
83H	DPH	Data Pointer High Byte	数据指针 DPTR 高 8 位
82H	DPL	Data Pointer Low Byte	数据指针 DPTR 低 8 位
81H	SP	Stack Pointer	堆栈指针
80H	P0	Port 0	并行口 P0

PSW(Program Status Word)：程序状态字

	7	6	5	4	3	2	1	0
	Cy	AC	F0	RS1	RS0	OV	F1	P
英文注释	Carry	Assistant Carry	Flag 0	Register Bank Selector bit 1	Register Bank Selector bit 0	Overflow	Flag 1	Parity Flag

IE(Interrupt Enable)：中断允许控制寄存器

	7	6	5	4	3	2	1	0
	EA	—	—	ES	ET1	EX1	ET0	EX0
英文注释	Enable All Interrupts	—	—	Enable Serial Interrupt	Enable Timer 1 Interrupt	Enable External 1 Interrupt	Enable Timer 0 Interrupt	Enable External 0 Interrupt

IP(Interrupt Priority)：中断优先级控制寄存器

	7	6	5	4	3	2	1	0
	—	—	—	PS	PT1	PX1	PT0	PX0
英文注释	—	—	—	Serial Interrupt Priority	Timer 1 Interrupt Priority	External 1 Interrupt Priority	Timer 0 Interrupt Priority	External 0 Interrupt Priority

TCON(Timer Control)：定时器/计数器控制寄存器

	7	6	5	4	3	2	1	0
	TF1	TR1	TF0	TR0	IE1	IT1	IE0	IT0
英文注释	Timer 1 Overflow	Timer 1 Run	Timer 0 Overflow	Timer 0 Run	Interrupt External 1 Flag	Interrupt 1 Type Control bit	Interrupt External 0 Flag	Interrupt 0 Type Control bit

TMOD(Timer Mode)：定时器/计数器方式寄存器

	7	6	5	4	3	2	1	0
	GATE	C/$\overline{\text{T}}$	M1	M0	GATE	C/$\overline{\text{T}}$	M1	M0
英文注释	Gate	Counter/ Timer	Mode bit 1	Mode bit 0	Gate	Counter/ Timer	Mode bit 1	Mode bit 0

for Timer 1　　　　　　　　　for Timer 0

SCON(Serial Control)：串行口控制寄存器

	7	6	5	4	3	2	1	0
	SM0	SM1	SM2	REN	TB8	RB8	TI	RI
英文注释	Serial Mode bit 0	Serial Mode bit 1	Serial Mode bit 2	Receive Enable	Transmit bit 8	Receive bit 8	Transmit Interrupt Flag	Receive Interrupt Flag

PCON(Power Control)：电源控制寄存器

	7	6	5	4	3	2	1	0
	SMOD	—	—	—	GF1	GF0	PD	IDL
英文注释	Serial Mode	—	—	—	General Flag 1	General Flag 0	Power Down bit	Idle Mode bit

助记符缩写与全称一览表

助记符	英文全称	助记符	英文全称	助记符	英文全称
ACALL	Absolute Subroutine Call	JBC	Jump if Bit is Set and Clear bit	POP	Pop Byte from Stack
ADD	Add Byte to Accumulator	JC	Jump if Carry is Set	PUSH	Push Byte into Stack
ADDC	Add Byte to Accumulator with Carry	JNB	Jump if Bit is Not Set	RET	Return from Subroutine
AJMP	Absolute Jump	JNC	Jump if Carry is Not Set	RETI	Return from Interrupt Subroutine
ANL	AND Logical	JNZ	Jump if Accumulator is Not Zero	RLC	Rotate Accumulator Left with Carry
CJNE	Compare and Jump if Not Equal	JZ	Jump if Accumulator is Zero	RR	Rotate Accumulator Right
CLR	Clear	LCALL	Long Subroutine Call	RRC	Rotate Accumulator Right with Carry
CPL	Complement	LJMP	Long Jump	SETB	Set Bit
DA A	Decimal Adjust Accumulator for Addition	MOV	Move	SJMP	Short Jump
DEC	Decrement	MOVC	Move Code	SUBB	Subtract Byte with Borrow from Accumulator
DIV	Divide	MOVX	Move External Byte Variable	SWAP	Swap Nibbles within the Accumulator
DJNZ	Decrement and Jump if Not Zero	MUL	Multiply	XCH	Exchange Accumulator with Byte Variable
INC	Increment	NOP	No Operation	XCHD	Exchange Low-order Digit
JB	Jump if Bit is Set	ORL	OR Logical	XRL	Exclusive OR Logical
JMP	Jump	RL	Rotate Accumulator Left		

8051 微控制器指令表

指令操作码	指令助记符		指令功能	字节数	周期数
			数据传送类指令		
E8~EF	MOV	A,Rn	(A)←(Rn)	1	1
E5	MOV	A,direct	(A)←(direct)	2	1
E6,E7	MOV	A,@Ri	(A)←((Ri))	1	1
74	MOV	A,♯data	(A)←data	2	1
F8~FF	MOV	Rn,A	(Rn)←(A)	1	1
A8~AF	MOV	Rn,direct	(Rn)←(direct)	2	2
78~7F	MOV	Rn,♯data	(Rn)←data	2	1
F5	MOV	direct,A	(direct)←(A)	2	1
88~8F	MOV	direct,Rn	(direct)←(Rn)	2	2
85	MOV	direct2,direct1	(direct2)←(direct1)	3	2
86,87	MOV	direct,@Ri	(direct)←((Ri))	2	2
75	MOV	direct,♯data	(direct)←data	3	2
F6,F7	MOV	@Ri,A	((Ri))←(A)	1	1
A6,A7	MOV	@Ri,direct	((Ri))←(direct)	2	2
76,77	MOV	@Ri,♯data	((Ri))←data	2	1
90	MOV	DPTP,♯data16	(DPTP)←data16	3	2
93	MOVC	A,@A+DPTR	(A)←((A)+(DPTR))	1	2
83	MOVC	A,@A+PC	(PC)←(PC)+1,(A)←((A)+(PC))	1	2
E2,E3	MOVX	A,@Ri	(A)←((Ri))	1	2
E0	MOVX	A,@DPTR	(A)←((DPTR))	1	2
F2,F3	MOVX	@Ri,A	((Ri))←(A)	1	2
F0	MOVX	@DPTR,A	((DPTR))←(A)	1	2
C0	PUSH	direct	(SP)←(SP)+1,((SP))←(direct)	2	2
D0	POP	direct	(direct)←((SP)),(SP)←(SP)−1	2	2
C8~CF	XCH	A,Rn	(Rn)↔(A)	1	1

指令操作码	指令助记符		指令功能	字节数	周期数
C5	XCH	A,direct	(direct)↔(A)	2	1
C6,C7	XCH	A,@Ri	((Ri))↔(A)	1	1
D6,D7	XCHD	A,@Ri	((Ri))3~0↔(A)3~0	1	1
C4	SWAP	A	(A)7~4↔(A)3~0	1	1
算术运算类指令					
28~2F	ADD	A,Rn	(A)←(A)+(Rn)	1	1
25	ADD	A,direct	(A)←(A)+(direct)	2	1
26,27	ADD	A,@Ri	(A)←(A)+((Ri))	1	1
24	ADD	A,#data	(A)←(A)+data	2	1
38~3F	ADDC	A,Rn	(A)←(A)+(Rn)+Cy	1	1
35	ADDC	A,direct	(A)←(A)+(direct)+Cy	2	1
36,37	ADDC	A,@Ri	(A)←(A)+((Ri))+Cy	1	1
34	ADDC	A,#data	(A)←(A)+data+Cy	2	1
98~9F	SUBB	A,Rn	(A)←(A)−(Rn)−Cy	1	1
95	SUBB	A,direct	(A)←(A)−(direct)−Cy	2	1
96,97	SUBB	A,@Ri	(A)←(A)−((Ri))−Cy	1	1
94	SUBB	A,#data	(A)←(A)−data−Cy	2	1
04	INC	A	(A)←(A)+1	1	1
08~0F	INC	Rn	(Rn)←(Rn)+1	1	1
05	INC	direct	(direct)←(direct)+1	2	1
06,07	INC	@Ri	((Ri))←((Ri))+1	1	1
A3	INC	DPTR	(DPTR)←(DPTR)+1	1	2
14	DEC	A	(A)←(A)−1	1	1
18~1F	DEC	Rn	(Rn)←(Rn)−1	1	1
15	DEC	direct	(direct)←(direct)−1	2	1
16,17	DEC	@Ri	((Ri))←((Ri))−1	1	1
A4	MUL	AB	(BA)←(A)·(B)	1	4
84	DIV	AB	(A)←(A)/(B)的商,(B)←余数	1	4
D4	DA	A	对(A)进行十进制调整	1	1

续表

指令操作码	指令助记符		指令功能	字节数	周期数
			逻辑操作类指令		
58~5F	ANL	A,Rn	(A)←(A)∧(Rn)	1	1
55	ANL	A,direct	(A)←(A)∧(direct)	2	1
56,57	ANL	A,@Ri	(A)←(A)∧((Ri))	1	1
54	ANL	A,♯data	(A)←(A)∧data	2	1
52	ANL	direct,A	(direct)←(direct)∧(A)	2	1
53	ANL	direct,♯data	(direct)←(direct)∧data	3	2
48~4F	ORL	A,Rn	(A)←(A)∨(Rn)	1	1
45	ORL	A,direct	(A)←(A)∨(direct)	2	1
46,47	ORL	A,@Ri	(A)←(A)∨((Ri))	1	1
44	ORL	A,♯data	(A)←(A)∨data	2	1
42	ORL	direct,A	(direct)←(direct)∨(A)	2	1
43	ORL	direct,♯data	(direct)←(direct)∨data	3	2
68~6F	XRL	A,Rn	(A)←(A)⊕(Rn)	1	1
65	XRL	A,direct	(A)←(A)⊕(direct)	2	1
66,67	XRL	A,@Ri	(A)←(A)⊕((Ri))	1	1
64	XRL	A,♯data	(A)←(A)⊕data	2	1
62	XRL	direct,A	(direct)←(direct)⊕(A)	2	1
63	XRL	direct,♯data	(direct)←(direct)⊕data	3	2
E4	CLR	A	(A)←0	1	1
F4	CPL	A	(A)←($\overline{A}$)	1	1
23	RL	A	(A)循环左移1位	1	1
33	RLC	A	(A)带进位标志C的循环左移1位	1	1
03	RR	A	(A)循环右移1位	1	1
13	RRC	A	(A)带进位标志C的循环右移1位	1	1

续表

指令操作码	指令助记符		指令功能	字节数	周期数
			控制转移类指令		
02	LJMP	addr16	$(PC) \leftarrow addr16$	3	2
*1	AJMP	addr11	$(PC) \leftarrow (PC)+2$ $(PC_{10\sim0}) \leftarrow addr11$	2	2
80	SJMP	rel	$(PC) \leftarrow (PC)+2, (PC) \leftarrow (PC)+rel$	2	2
73	JMP	@A+DPTR	$(PC) \leftarrow (A)+(DPTR)$	1	2
60	JZ	rel	$(A)=0,则(PC) \leftarrow (PC)+2+rel$ $(A) \neq 0,则(PC) \leftarrow (PC)+2$	2	2
70	JNZ	rel	$(A) \neq 0,则(PC) \leftarrow (PC)+2+rel$ $(A)=0,则(PC) \leftarrow (PC)+2$	2	2
B5	CJNE	A,direct,rel	$(A)=(direct),则(PC) \leftarrow (PC)+3$ $(A)>(direct),则(PC) \leftarrow (PC)+3+rel,(Cy) \leftarrow 0$ $(A)<(direct),则(PC) \leftarrow (PC)+3+rel,(Cy) \leftarrow 1$	3	2
B4	CJNE	A,#data,rel	$(A)=data,则(PC) \leftarrow (PC)+3$ $(A)>data,则(PC) \leftarrow (PC)+3+rel,(Cy) \leftarrow 0$ $(A)<data,则(PC) \leftarrow (PC)+3+rel,(Cy) \leftarrow 1$	3	2
B8~BF	CJNE	Rn,#data,rel	$(Rn)=data,则(PC) \leftarrow (PC)+3$ $(Rn)>data,则(PC) \leftarrow (PC)+3+rel,(Cy) \leftarrow 0$ $(Rn)<data,则(PC) \leftarrow (PC)+3+rel,(Cy) \leftarrow 1$	3	2
B6~B7	CJNE	@Ri,#data,rel	$((Ri))=data,则(PC) \leftarrow (PC)+3$ $((Ri))>data,则(PC) \leftarrow (PC)+3+rel,(Cy) \leftarrow 0$ $((Ri))<data,则(PC) \leftarrow (PC)+3+rel,(Cy) \leftarrow 1$	3	2
D8~DF	DJNZ	Rn,rel	$(Rn) \leftarrow (Rn)-1$ $(Rn) \neq 0,则(PC) \leftarrow (PC)+2+rel$ $(Rn)=0,则(PC) \leftarrow (PC)+2$	2	2
D5	DJNZ	direct,rel	$(direct) \leftarrow (direct)-1$ $(direct) \neq 0,则(PC) \leftarrow (PC)+3+rel$ $(direct)=0,则(PC) \leftarrow (PC)+3$	3	2
12	LCALL	addr16	$(PC) \leftarrow (PC)+3$ $(SP) \leftarrow (SP)+1,((SP)) \leftarrow (PCL)$ $(SP) \leftarrow (SP)+1,((SP)) \leftarrow (PCH)$ $(PC) \leftarrow addr16;实现子程序调用$	3	2
*1	ACALL	addr11	$(PC) \leftarrow (PC)+2$ $(SP) \leftarrow (SP)+1,((SP)) \leftarrow (PCL)$ $(SP) \leftarrow (SP)+1,((SP)) \leftarrow (PCH)$ $(PC_{10\sim0}) \leftarrow addr11;实现子程序调用$	2	2

续表

指令操作码	指令助记符		指令功能	字节数	周期数
22	RET		(PCH)←((SP)),(SP)←(SP)−1, (PCL)←((SP)),(SP)←(SP)−1, 从子程序返回	1	2
32	RETI		(PCH)←((SP)),(SP)←(SP)−1, (PCL)←((SP)),(SP)←(SP)−1, 从中断程序返回	1	2
00	NOP		空操作	1	1
位操作类指令					
A2	MOV	C,bit	(Cy)←(bit)	2	1
92	MOV	bit,C	(bit)←(Cy)	2	2
C3	CLR	C	(Cy)←0	1	1
C2	CLR	bit	(bit)←0	2	1
D3	SETB	C	(Cy)←1	1	1
D2	SETB	bit	(bit)←1	2	1
B3	CPL	C	(Cy)←($\overline{Cy}$)	1	1
B2	CPL	bit	(bit)←($\overline{bit}$)	2	1
82	ANL	C,bit	(Cy)←(bit)∧(Cy)	2	2
B0	ANL	C,/bit	(Cy)←(Cy)∧($\overline{bit}$)	2	2
72	ORL	C,bit	(Cy)←(Cy)∨(bit)	2	2
A0	ORL	C,/bit	(Cy)←(Cy)∨($\overline{bit}$)	2	2
40	JC	rel	(C)=1,则(PC)←(PC)+2+rel (C)=0,则(PC)←(PC)+2	2	2
50	JNC	rel	(C)=0,则(PC)←(PC)+2+rel (C)=1,则(PC)←(PC)+2	2	2
20	JB	bit,rel	(bit)=1,则 PC←(PC)+3+rel (bit)=0,则 PC←(PC)+3	3	2
30	JNB	bit,rel	(bit)=0,则 PC←(PC)+3+rel (bit)=1,则 PC←(PC)+3	3	2
10	JBC	bit,rel	(bit)=1,则 PC←(PC)+3+rel,(bit)←0 (bit)=0,则 PC←(PC)+3	3	2

汇编指令操作码速查表

高半字节＼低半字节	0	1	2	3	4	5	6,7*	8～F**
0	NOP	AJMP0	LJMP addr 16	RR A	INC A	INC dir	INC @Ri	INC Rn
1	JBC bit,rel	ACALL0	LCALL addr 16	RRC A	DEC A	DEC dir	DEC @Ri	DEC Rn
2	JB bit,rel	AJMP1	RET	RL A	ADD A,#da	ADD A,dir	ADD A,@Ri	ADD A,Rn
3	JNB bit,rel	ACALL1	RETI	RLC A	ADDC A,#da	ADDC A,dir	ADDC A,@Ri	ADDC A,Rn
4	JC rel	AJMP2	ORL dir,A	ORL dir,#da	ORL A,#da	ORL A,dir	ORL A,@Ri	ORL A,Rn
5	JNC rel	ACALL2	ANL dir,A	ANL dir,#da	ANL A,#da	ANL A,dir	ANL A,@Ri	ANL A,Rn
6	JZ rel	AJMP3	XRL dir,A	XRL dir,#da	XRL A,#da	XRL A,dir	XRL A,@Ri	XRL A,Rn
7	JNZ rel	ACALL3	ORL C,bit	JMP @A+DPTR	MOV A,#da	MOV dir,#da	MOV @Ri,#da	MOV Rn,#da
8	SJMP rel	AJMP4	ANL C,bit	MOVC A,@A+PC	DIV AB	MOV dir,dir	MOV dir,@Ri	MOV dir,Rn
9	MOV DPTR,#da	ACALL4	MOV bit,C	MOVC A,@A+DPTR	SUBB A,#da	SUBB A,dir	SUBB A,@Ri	SUBB A,Rn
A	ORL C,/bit	AJMP5	MOV C,bit	INC DPTR	MUL AB		MOV @Ri,dir	MOV Rn,dir
B	ANL C,/bit	ACALL5	CPL bit	CLR C	CJNE A,#da,rel	CJNE A,dit,rel	CJNE @Ri,#da,rel	CJNE Rn,#da,rel
C	PUSH dir	AJMP6	CLR bit	CLR C	SWAP A	XCB A,dir	XCH A,@Ri	XCH A,Rn
D	POP dir	ACALL6	SETB bit	SETB C	DA A	DJNZ dir,rel	XCHD A,@Ri	DJNZ Rn,rel
E	MOVX A,@DPTR	AJMP7	MOVX A,@R0	MOVX A,@R1	CLR A	MOV A,dir	MOV A,@Ri	MOV A,Rn
F	MOVX @DPTR,A	ACALL7	MOVX @R0,A	MOVX @R1,A	CPL A	MOV dir,A	MOV @Ri,A	MOV Rn,A

注：* 6,7 对应的寄存器为 R0 或 R1。

　　** 8～F 对应的寄存器为 R0～R7。

　　表中：dir＝direct；da＝data。

附录6

微控制器系统设计题

题目1 十字路口交通灯控制

设计任务:用微控制器控制4个双色LED,模拟十字路口交通灯。

设计要求:

● 一个双色LED承担东南西北某个方向路口的红、黄、绿灯。

● 交通灯显示规则为:东西方向的2个路口亮绿灯,南北方向两个路口亮红灯,20s后,两个方向4个路口均亮黄灯或黄灯闪烁3s;然后切换方向,执行相同操作。

● 如此重复循环执行。

题目2 双色点阵LED显示设计

设计任务:在两块8×8双色LED点阵上显示不同颜色的数字和图案。

设计要求:

● 用点阵LED以滚动方式显示自己的学号。

● 可以通过按键选择学号显示的颜色。

● 用定时器定时刷新屏幕,分别显示学号、电话号码等。

题目3 LCD显示的实时时钟

设计任务:设计多功能实时时钟,用LCD显示。

设计要求:

● 用LCD显示器显示从时钟芯片读取到的当前日期和时间。

● 可以通过键盘实现年、月、日、星期、时、分、秒等初始值的设定。

● 具有闹铃功能,时间到则发出音乐声。

● 具有阳历和农历换算功能(2010—2020年)。

题目4 信号发生器

设计任务:设计一个能输出常见标准信号(如正弦波、方波、三角波、梯形波、锯齿波)的信号发生器。

设计要求:

● 可以通过键盘选择输出信号的类型。

● 可以设置输出信号的频率和幅值。

● 能够在液晶显示屏上显示输出的波形、幅值以及频率等参数。

题目5　多路数据采集系统设计

设计任务：设计一个多路数据采集系统（信号可由信号发生器产生）。

设计要求：

● 自动轮流采集缓变信号（如温度）：以1秒的采样间隔轮流采集通道1到通道8的输入信号，并显示出通道号和采集结果。

● 用某个通道采集交变信号，可通过键盘设定信号的采样频率，并在LCD上实时画出采集的波形。

题目6　恒温控制系统设计

设计任务：设计一个恒温控制系统。

设计要求：

● 采用 DS18B20 数字温度传感器或其他温度传感器实现温度的实时测量。

● 可以用键盘进行温度上下限的设定；当测量温度超过设定的上下限时，给出报警提示，如蜂鸣器响或 LED 亮。

● 在 LCD 上显示出当前温度值，并画出温度随时间变化的曲线。

题目7　LED正向伏安特性(*V-I*)自动测试系统

设计任务：构建一个8051微控制器最小系统，可以自动检测 LED 的正向伏安特性曲线。

设计要求：

● DAC 输出递增的电压，并进行功率放大以驱动 LED 发光。

● 用采样电阻和 ADC 采集在不同 DAC 输出电压下流过 LED 的电流，并将数据存入内部 RAM。

● 能够在 LCD 屏上画出 LED 的正向伏安特性曲线。

题目8　测频仪设计

设计任务：设计一个频率测量仪，实现不同频率的测量。

设计要求：

● 利用定时器/计数器，实时测量外部脉冲的频率。

● 外部脉冲频率的范围为 10Hz～50kHz，要求整个范围内的频率测量精度 $\leqslant \pm 0.2\%$。

● 将测量结果显示在数码管或 LCD 屏上。

题目9　数字电表设计

设计任务：设计一个数字电表，实时计量用户使用的电量。

设计要求：

● 电表具有实时时钟、LCD 显示的功能。

● 能准确测量和计算不同时段使用的电量；能根据不同时段的不同电费费率，计算不同时段的电费。如高峰期 18：00—23：00，电费为 0.7 元/千瓦时；其他时间为平时段，电费为 0.5 元/千瓦时。

● 在 LCD 屏上，实时显示当月截至当前时刻的高峰电量和平时段电量、当月使用的电费等。

题目 10　电子跑表设计

设计任务：设计一个多功能电子跑表。

设计要求：

● 实现时钟和秒表计时功能，并能够用按键实现模式切换。

● 在时钟模式时，在数码管上显示时—分—秒，计时范围为 00—00—00 到 23—59—59。

● 在秒表模式时，只显示秒，显示范围为 000.0 秒到 999.9 秒。

题目 11　篮球计分器设计

设计任务：设计一个用于篮球赛的计分器系统。

设计要求：

● 具有赛程时间设置、赛程时间启/停、比赛时间倒计时等功能。

● 可以通过按键实现 A 队、B 队的加分和减分，视罚球、两分球及三分球等不同的情况进行设置。

● 能够将比赛时间、双方比分、加减分情况等显示在 LCD 屏上。

题目 12　楼道灯光节能控制系统设计

设计任务：设计一个楼道灯光自动感应控制系统。

设计要求：

● 当楼道内光亮度低于某一阈值，且有人经过楼道时，灯光自动打开，亮 60 秒后自动关闭。

● 能够根据楼道光的不同亮度，采用 PWM 方式控制灯光的亮度，实现楼道灯光的节能控制。

题目 13　步进电机控制系统设计

设计任务：设计一个步进电动机控制器。

设计要求：

● 能通过按键控制步进电机的启动、加速、恒速、减速、停止、正反转等过程。

● 能够在数码管或 LCD 上显示当前的速度值。

● 通过按键设置电机转速的上下限，当转速超出范围时，给出报警提示，如显示内容闪烁等。

题目 14　洗衣机控制器设计

设计任务：设计一个洗衣机控制器，实现完整的自动洗衣过程。

设计要求：

● 能够通过按键单独控制洗衣过程中的进水、排水、洗涤、漂洗、甩干等多个动作(可以通过控制直流电机的转向和速度来模拟)。

● 能够自动完成一个洗衣过程，包括洗涤、漂洗、甩干等；各个步骤的时间可以设置。

● 能提示(在数码管上显示)当前进行的步骤及该步骤剩余的时间等信息，整个过程结束时，给出洗衣结束的提示音乐。

题目 15　光立方显示系统设计

设计任务：设计一个光立方显示系统，可以显示不同的三维动态图形。

设计要求：

● 利用多个 LED 制作一定大小的立方体，如 $8 \times 8 \times 8$。

● 具有开机画面，在立方体外围四面顺时针或逆时针滚动显示某一图案。

● 能够采用蓝牙方式控制光立方显示不同的字幕、动画。

● 利用蜂鸣器，在显示图案的时候能够播放背景音乐。

题目 16　语音识别系统设计

设计任务：设计一个语音识别系统。

设计要求：

● 可识别简单的中文、英文语音(至少各 10 条指令)。

● 进行语音识别后，能够复读播放出该语音，或在 LCD 上显示该语音内容。

● 根据设计条件，可设计根据语言发出一定的控制信号等。

题目 17　数字音乐盒设计

设计任务：设计一个多功能音乐盒。

设计要求：

● 利用键盘如 1~7，发出哆~西 7 个不同的音调；利用一根口线控制蜂鸣器发出相应的音调。

● 保存多首乐曲在存储器中；在 LCD 上显示存储的乐曲信息。

● 能够用按键选择要播放的乐曲；播放时显示歌曲名称。

● 具有控制暂停、继续和退出等功能，并在 LCD 上显示相应的状态。

题目 18　模拟电子琴设计

设计任务：设计一款简易的电子琴。

设计要求：

● 利用键盘模仿电子琴琴键，可以实时弹奏乐曲，如《欢乐颂》。

● 模仿随身听，可以播放已录制的乐曲。

● 具有录音功能，可以录制实时弹奏的乐曲。

● 弹奏、播放和录音时，同时在 LCD 上显示出相应的乐谱。

题目 19　单词记忆测试器设计

设计任务：设计一个单词记忆测试器，帮助学习和记忆英文单词。

设计要求：

● 实现 30 个以上单词的录入，存在 EEPROM 或 Flash 中。

● 自动将存储的单词轮流显示在 LCD 上，由使用者用按键选择认识还是不认识；能够统计答题正确率，并予以显示。

● 可以在多次背单词后，把上次做错以及跳过的单词再次显示出来，提醒用户再次记忆，直到用户全部都记住为止。

题目 20　出租车计价器

设计任务：设计一台出租车计价器。

设计要求：

● 利用 LCD 显示当前状态，包括行驶里程、行车时间、等待时间及当前时间。

● 一次使用结束时，能够显示总行车时间、里程和费用。

● 用按键实现开始计价、停止计价、单价调制、数据复位、白天和黑夜模式切换（白天、黑夜模式有不同的计价标准）等功能。

附录7

各章习题参考答案

第 1 章　　　　第 5 章　　　　第 9 章

第 2 章　　　　第 6 章　　　　第 10 章

第 3 章　　　　第 7 章　　　　第 11 章

第 4 章　　　　第 8 章　　　　第 12 章

主要参考文献

1. I Scott MacKenzie,Raphael C-W Phan. 8051 微控制器(第 4 版). 张瑞峰,等译. 北京:人民邮电出版社,2008

2. 张迎新,等. 单片机初级教程——单片机基础(第 2 版). 北京:北京航空航天大学出版社,2006

3. 张俊谟. 单片机中级教程——原理与应用(第 2 版). 北京:北京航空航天大学出版社,2006

4. 何立民. 单片机高级教程——应用与设计(第 2 版). 北京:北京航空航天大学出版社,2007

5. 张毅刚,彭喜元. 单片机原理及接口技术. 北京:人民邮电出版社,2008

6. 王汀. 微处理机原理与接口技术. 杭州:浙江大学出版社,2008

7. 8051 单片机外部引脚英文全称. http://www.21ic.com/jichuzhishi/mcu/questions/2013-01-25/157440.html

8. 51 单片机专用寄存器中英文对照. http://www.360doc.com/content/11/0122/23/507289_88405282.shtml

9. 8051 单片机指令系统助记符英文全称. http://www.docim.com/p-264974809.html